系统能力培养（计算机网络）系列教材

计算机网络原理
实验分析与实践

姚 烨 朱怡安 主编

電子工業出版社
Publishing House of Electronics Industry
北京 • BEIJING

内 容 简 介

本书系统地介绍了计算机网络原理实验的有关内容，主要包括：实验环境搭建、网线制作、Windows和Linux系统网络应用服务的配置、网络通信编程技术、网络通信协议分析以及主要网络命令使用等。本书实验环节基于主流开发环境和工具，不需要特殊的软、硬件平台的投入，既方便学生课后实践，又方便教师组织实践教学活动。

本书系统性较强、结构清晰、讲述清楚。在内容的组织上，本书强调知识的实用性，既注重工程实践，化繁为简，又将理论融入具体实例中，化难为易，以达到准确、清楚地验证计算机网络基本概念和原理的目的。

本书可作为高等院校相关专业本科生的专业教材或参考书，也可作为相关技术人员的自学用书。

图书在版编目（CIP）数据

计算机网络原理实验分析与实践 / 姚烨，朱怡安主编. —北京：电子工业出版社，2020.6
ISBN 978-7-121-38107-2

Ⅰ.①计… Ⅱ.①姚… ②朱… Ⅲ.①计算机网络－高等学校－教材 Ⅳ.①TP393

中国版本图书馆 CIP 数据核字（2019）第 274233 号

责任编辑：孟　宇
印　　刷：北京虎彩文化传播有限公司
装　　订：北京虎彩文化传播有限公司
出版发行：电子工业出版社
　　　　　北京市海淀区万寿路 173 信箱　邮编：100036
开　　本：787×1092　1/16　印张：18.5　字数：473 千字
版　　次：2020 年 6 月第 1 版
印　　次：2020 年 6 月第 1 次印刷
定　　价：56.00 元

凡所购买电子工业出版社图书有缺损问题，请向购买书店调换。若书店售缺，请与本社发行部联系，联系及邮购电话：（010）88254888，88258888。

质量投诉请发邮件至 zlts@phei.com.cn，盗版侵权举报请发邮件至 dbqq@phei.com.cn。

本书咨询联系方式：mengyu@phei.com.cn。

前 言

2010 年，教育部高等学校教学指导委员会（简称“教指委”）组织启动了“高等院校计算机类专业系统能力培养项目”。至今，该项目取得了丰富的成果，示范高校探索出具有各自特色的系统能力培养的课程体系和实践教学体系，开展了一系列宣讲和师资培训、教师交流等活动，推选出了一些示范高校和许多试点院校，使系统能力培养的改革理念在全国高校得到普及和推广，并且推动了系统能力培养在全国高校的落地实施。

在此大背景下，计算机网络原理课程作为计算机专业一门核心课程，探索出一条“以问题为引导，以实践为抓手，以能力培养为核心，践行‘讲网络不如做网络’，实现知行统一”的教育教学新模式就显得尤为重要。为此，编者通过多年理论教学和实践发现：理论课程教学若以问题为牵引，以案例教学为核心，则更容易引发学生思考，培养学生分析问题的能力，启发学生思维，激发学生的学习兴趣。在实践方面采用多层次实践教学方法：（1）课程实验主要解决学生对计算机网络工作基本原理、通信协议和应用服务的验证、分析能力；（2）课程项目主要以每节课的内容为核心，指导学生将每节课核心内容用软件实现一遍，做到“所讲即所见”；（3）网络综合实验主要培养学生网络工程实践、协议栈设计及实现等方面的能力。实践表明：以上方法可以较好地解决学生学习成绩断崖式下降的问题；提升学生网络实践能力，提高学生对课程的认同感。

编者对计算机网络实践过程内容和经验进行总结，形成一套计算机网络课程系列实践教材。本教材内容主要针对课程实验这一部分：第 1 章主要介绍搭建网络实验环境；第 2 章讲解网线线序国际标准，详细介绍了交叉线和直通线制作和测试的全过程；第 3、4 章主要介绍网络应用服务的功能，以及在 Windows 和 Linux 环境下的配置方法；第 5 章详细介绍基于 Socket 的网络编程技术；第 6 章以 Wireshark 数据包捕获工具应用为例，分析和验证网络协议的工作原理；第 7 章详细介绍常用网络管理命令的操作；第 8 章以 ping 命令为例，通过对源代码的分析，讲解 ICMP 协议的工作原理，同时介绍如何构建、发送、接收和解析 ICMP 请求报文分组；第 9 章为计算机网络原理实验，共有 8 个实验，每个实验后均给出实验报告模板。

编者在本书的编写过程中，得到西北工业大学计算机学院老师和同学们的很多支持和指导，在此表示感谢！

由于编者水平有限，书中难免有错误或不妥之处，恳请读者批评指正。

作者于西北工业大学

2020.1

目　录

第 1 章　网络实验环境……1

1.1　引言……1

1.2　VMware Workstation 的安装……1

1.3　虚拟机的镜像安装……5

1.3.1　虚拟机镜像安装的快捷方法……5

1.3.2　虚拟机镜像安装的传统方法……5

1.4　网络配置……9

1.4.1　桥接模式……9

1.4.2　网络地址转换模式……10

1.4.3　主机模式……11

1.4.4　Windows 虚拟机网络配置……12

1.5　共享文件夹配置……22

1.5.1　安装 VMware Tools……22

1.5.2　Windows 虚拟系统建立共享目录……22

1.5.3　Linux 虚拟系统创建共享目录……23

1.5.4　指定虚拟机的映射文件路径……24

第 2 章　网线制作……25

2.1　引言……25

2.2　双绞线……25

2.3　网线制作……27

2.4　网线测试……27

第 3 章　Windows 系统网络应用服务的配置……28

3.1　引言……28

3.2　DNS 服务器配置……29

3.3　万维网服务器配置……35

3.4　FTP 服务器配置……41

3.5　邮件服务器配置……49

3.6　DHCP 服务器配置……54

3.7　Telnet 服务器配置……67

第 4 章　Linux 系统网络应用服务的配置……71

4.1　Linux 系统基础知识……71

4.2　Linux 系统常用命令……71

4.3 Web 服务器配置 …… 76
4.3.1 Apache 的历史和特性 …… 76
4.3.2 Apache 的安装与基本配置 …… 77
4.3.3 Apache 的控制存取方式 …… 83
4.3.4 Apache 的高级配置 …… 86
4.3.5 配置动态 Web 站点 …… 90
4.3.6 Apache 日志管理和统计分析 …… 95
4.3.7 建立基于域名的虚拟主机 …… 96
4.3.8 建立基于 IP 地址的虚拟主机 …… 97
4.3.9 Apache 中的访问控制 …… 98
4.4 FTP 服务器的安装与配置 …… 98
4.4.1 vsftpd 的安装与配置 …… 98
4.4.2 FTP 客户端的配置与访问 …… 105
4.4.3 文件传输命令 …… 106
4.5 邮件服务器配置 …… 112
4.5.1 电子邮件服务器概述 …… 112
4.5.2 Sendmail 邮件服务器 …… 114
4.5.3 Postfix 邮件服务器 …… 116
4.5.4 POP3 和 IMAP 邮件服务器 …… 123
4.5.5 Web 方式收发电子邮件 …… 126
4.6 Samba 服务器配置 …… 127
4.6.1 Samba 服务器 …… 128
4.6.2 Samba 服务器的配置文件 …… 129
4.6.3 smb.conf 文件 …… 130
4.6.4 Samba 服务器的安全级别 …… 134
4.6.5 访问 Samba 共享资源 …… 134
4.7 代理服务器的配置与应用 …… 135
4.7.1 代理服务器的工作原理 …… 135
4.7.2 Squid 服务器的配置 …… 135
4.7.3 Squid 服务器的高级配置 …… 140
4.7.4 代理客户端的配置 …… 141
4.7.5 Squid 日志的管理 …… 142
4.8 Telnet 服务与虚拟终端服务的配置和应用 …… 143
4.8.1 Telnet 服务 …… 143
4.8.2 VNC 服务 …… 146
4.9 DNS 服务器的配置 …… 149
4.10 DHCP 服务器的配置 …… 154
第 5 章 网络通信编程 …… 162
5.1 Socket 基本函数 …… 162
5.2 Socket 通信基本流程 …… 178
5.3 基于 UDP 单向通信 …… 179

5.4 TCP 单向通信 182
5.5 UDP 双向通信 185
5.6 TCP 双向通信 188
5.7 UDP 文件传输 191
5.8 TCP 文件传输 194

第 6 章 数据捕获及网络协议分析 197

6.1 网络抓包工具 197
6.2 Wireshark 操作 197
6.3 Wireshark 抓包实例 204
6.4 网络协议分析 214
6.5 Web 服务实例分析 218

第 7 章 网络管理命令的操作 223

7.1 引言 223
7.2 ping 命令 223
7.3 ipconfig 命令 226
7.4 tracert 命令 228
7.5 arp 命令 230
7.6 route 命令 232
7.7 netstat 命令 233
7.8 nslookup 命令 236

第 8 章 ping 命令分析与实现 242

8.1 引言 242
8.2 ping 命令实现分析 243
8.3 ICMP 协议接收 ECHO 请求报文 252

第 9 章 计算机网络原理实验 256

9.1 实验一：网线制作 256
9.2 实验二：多媒体文件传输 259
9.3 实验三：网络服务配置综合实验 262
9.4 实验四：TCP 端口扫描 266
9.5 实验五：网络协议分析与验证 270
9.6 实验六：网络广播报文的发送与接收 274
9.7 试验七：ICMP 协议分析与验证 280
9.8 实验八：FTP 客户端设计与实现 283

参考文献 286

第1章 网络实验环境

1.1 引言

本章主要介绍 VMware Workstation 的安装与实验环境配置，通过在一台宿主主机上同时运行多个操作系统（如 Windows XP、Windows Server 2003、Linux），建立一个虚拟的网络实验环境。VMware Workstation 是 VMware 公司开发的兼容英特尔 x86 的一个虚拟机系统。用户在一台宿主主机上可创建和运行多个 x86 虚拟机，每个虚拟机可以运行各自的操作系统，如 Windows、Linux、UNIX 等多种版本，实现一台宿主主机内同时运行多个操作系统，将工作站和服务器转移到虚拟机环境中，使系统管理简单化。VMware Workstation 主要的功能包括（1）不需要分区或重开机就能在一台宿主主机上运行两种以上的操作系统；（2）实现完全隔离，保护不同操作系统的操作环境及所有安装在操作系统上的应用软件和数据；（3）同一个宿主主机不同的操作系统之间可以互操作，如网络通信、文件和目录共享以及复制、粘贴等功能；（4）能够随时修改虚拟机内操作系统的环境参数，如内存、硬盘、网络和 I/O 设备参数等。VMware 公司在 2009 年 4 月正式发布 VMware Workstation 的下一代虚拟系统管理软件 VSphere，该管理软件是虚拟化平台 VMware Infrastructure 3 的下一代产品。

1.2 VMware Workstation 的安装

虚拟机可将一台宿主主机虚拟化为多个具备完整计算机功能和性能的系统，所有独立系统均共享该宿主主机的硬件资源，因此对安装虚拟机的宿主主机的硬件配置要有一定要求，否则可能会影响虚拟机内操作系统的性能。目前可以创建虚拟机的系统主要有 VMware Workstation 和 Virtual Box 等，其中 VMware Workstation 是比较受欢迎的一款虚拟机系统，该系统不仅运行稳定，而且支持可为不同的操作系统分配诸如 CPU、内存以及硬盘等硬件资源比例，可有效防止某个操作系统资源不足而占用其他操作系统资源的情况。VMware Workstation 安装过程如下。

（1）双击 VMware Workstation 安装程序后，进入安装向导，如图 1-1 所示。

（2）在弹出的对话框中选中“我接受许可协议中条款”单选框，然后单击“下一步”按钮，如图 1-2 所示。

（3）在“设置类型”选项中，用户可根据需求，选择典型或自定义两种安装方式进行安装，如图 1-3 所示。

图 1-1 安装向导

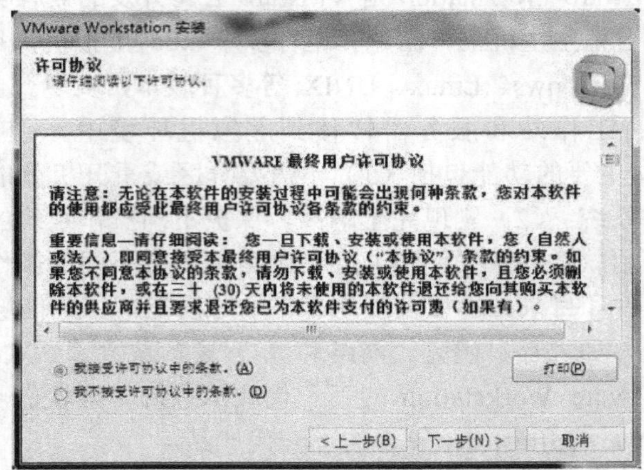

图 1-2 “许可协议”选项

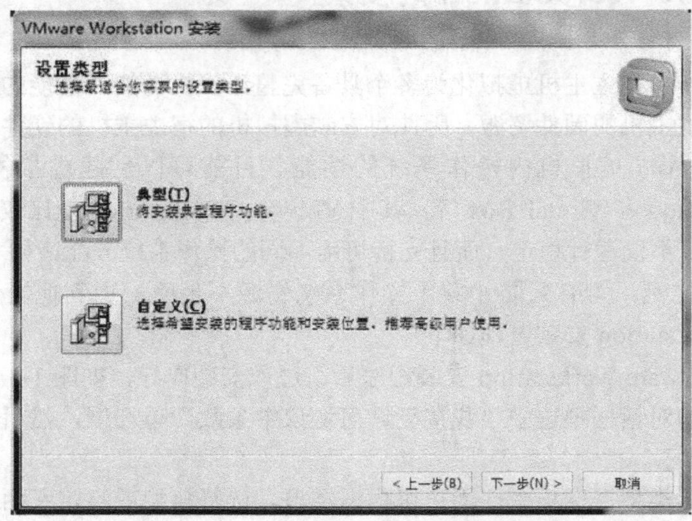

图 1-3 “设置类型”选项

（4）如果用户选择了自定义安装，那么安装向导会弹出“选择安装组件”对话框，如图 1-4 所示，用户可以自行选择需要安装的组件以及安装路径，单击“下一步”按钮。注意：组件安装路径最好选择默认路径，这样与虚拟机安装在同一个路径下，便于管理和维护。

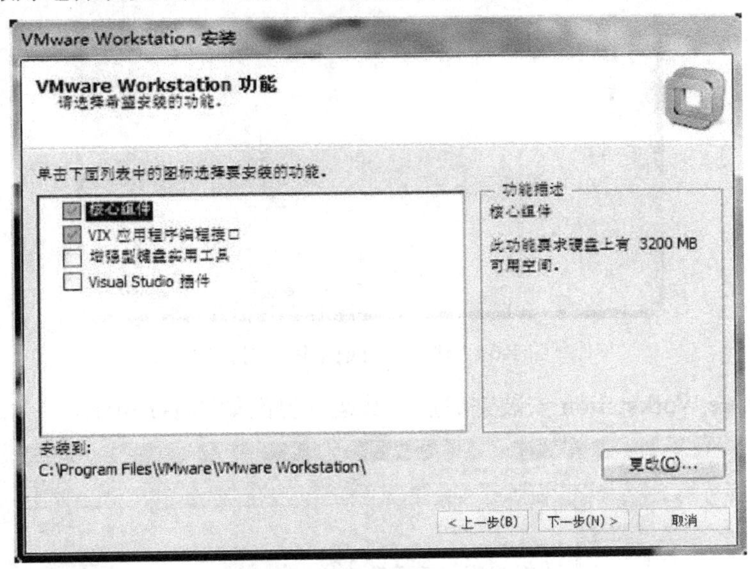

图 1-4 “选择安装组件”选项

（5）在“组件配置”对话框中（见图 1-5），用户可以更改共享虚拟机存储路径，最好与 VMware Workstation 安装在同一个路径下，方便以后更新或者删除，其他选项保持默认，然后单击“下一步”按钮。

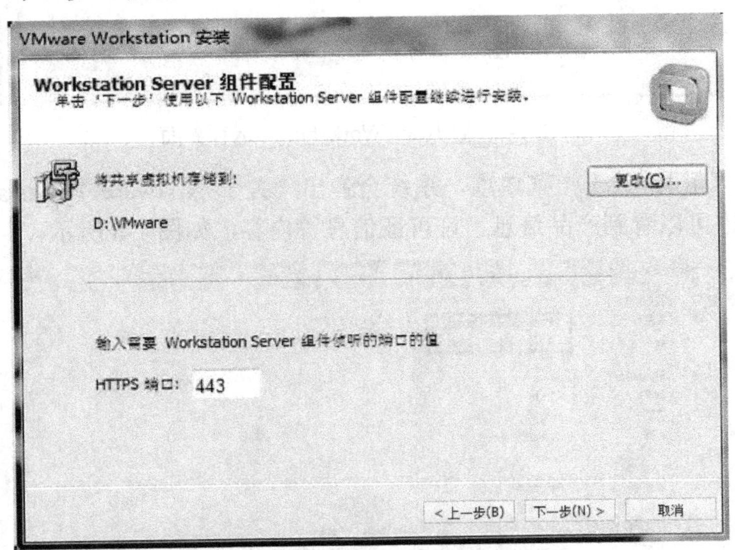

图 1-5 “组件配置”对话框

（6）在“输入许可证密钥”对话框中，用户可输入许可证密钥 XXXXX-IU3D5-9IJK9-XXXXX-XXXXX，然后单击“输入”按钮，安装向导提示安装完成，并在桌面生成快捷方式，如图 1-6 所示。

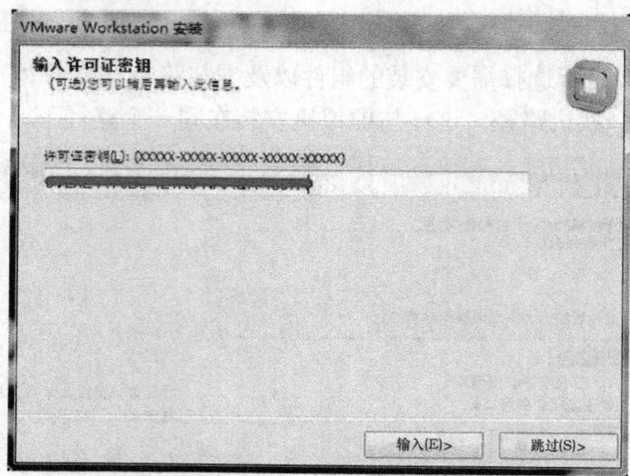

图 1-6 “输入许可证密钥”对话框

（7）VMware Workstation 安装完成后，其运行界面如图 1-7 所示。

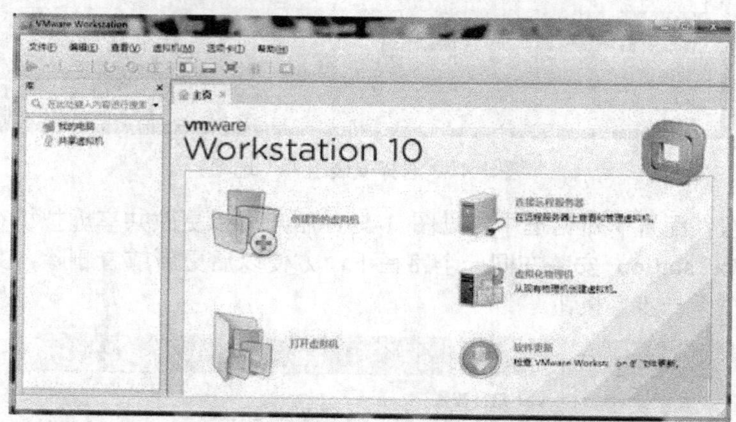

图 1-7 VMware Workstation 运行界面

（8）单击“帮助–关于”菜单项，系统会弹出“关于 VMware Workstation”页面，用户在该对话框中可以看到产品信息、许可证信息等内容，如图 1-8 所示。

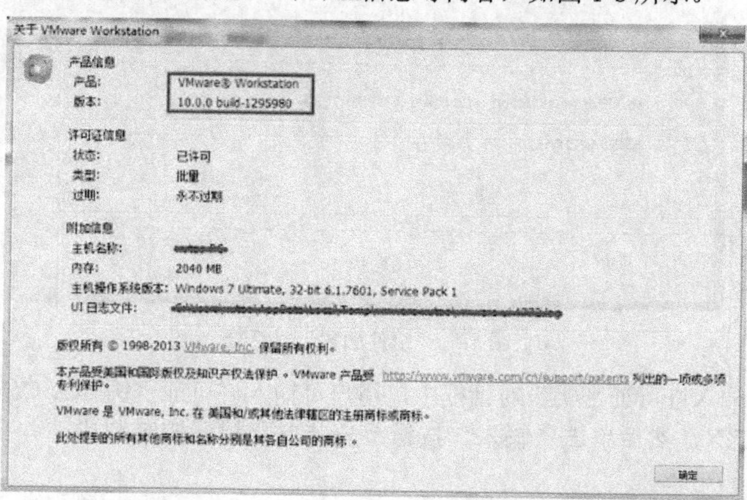

图 1-8 “关于 VMware Workstation”页面

1.3 虚拟机的镜像安装

1.3.1 虚拟机镜像安装的快捷方法

如果用户有一个虚拟系统的配置文件，其扩展名为*.vmx（如 win-xp.vmx win-server.vmx，ubuntu.vmx 等虚拟机配置文件），那么其安装方法最快捷，只需要两步即可完成。

第一步：运行 VMware Workstation；

第二步：进入虚拟系统的配置文件路径，双击虚拟机配置文件，该虚拟系统会自动安装到 VMware Workstation 中。

1.3.2 虚拟机镜像安装的传统方法

（1）运行 VMware Workstation，单击“文件”→“新建虚拟机”，进入创建虚拟机向导，在弹出“新建虚拟机向导”页面的选项区域内选择“自定义”按钮，用户可以自定义内存和硬盘容量，如图 1-9 所示，然后单击“下一步”按钮。

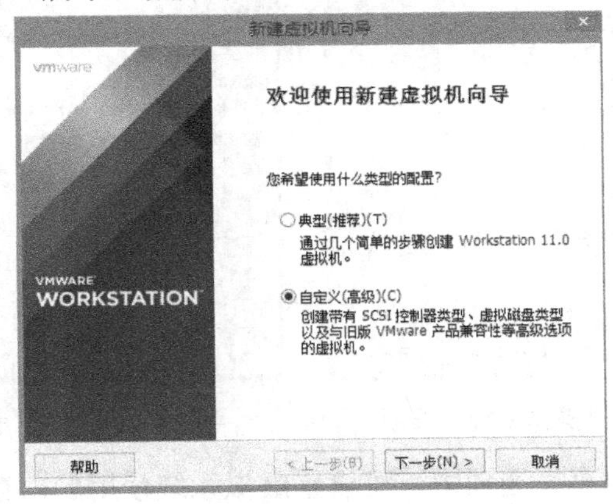

图 1-9 “新建虚拟机向导”页面

（2）在“选择虚拟机硬件兼容性”选项中，可选择虚拟机支持的硬件兼容性类型。在硬件兼容性下拉列表框中，在 Workstation 4.0～10.0 之间进行选择。通常情况下选择 Workstation 10.0，因为新的虚拟机硬件格式支持更多的功能，如图 1-10 所示，选择好后单击“下一步”按钮。

（3）在“安装客户机操作系统”选项中，若用户选择“安装程序光盘映像文件”，并通过“浏览”按钮选择映像文件，则虚拟机会为用户创建一个物理的虚拟系统；若用户选择“稍后安装操作系统”，则虚拟机为用户创建一个空的虚拟系统，如图 1-11 所示。

（4）在“选择客户机操作系统”选项中，选择要创建的虚拟系统类型及要运行的操作系统版本，这里选择 Windows Server 2003 Standard Edition 操作系统，然后单击“下一步”按钮，如图 1-12 所示。

（5）在“命名虚拟机”选项中，可为新建的虚拟系统命名并且选择保存路径，如图 1-13 所示，选择好后单击“下一步”按钮。

（6）在“处理器配置”选项中，可选择虚拟系统的处理器数量，若选择 2 或 2 以上，则宿主主机必须是多处理器系统，如图 1-14 所示，选择好后单击“下一步”按钮。

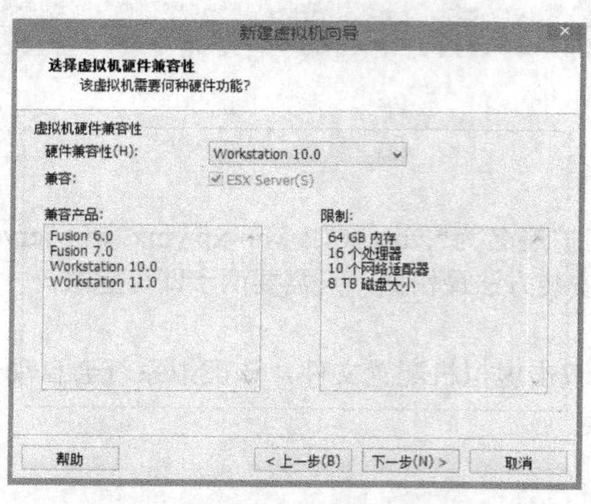

图 1-10 “选择虚拟机硬件兼容性”选项

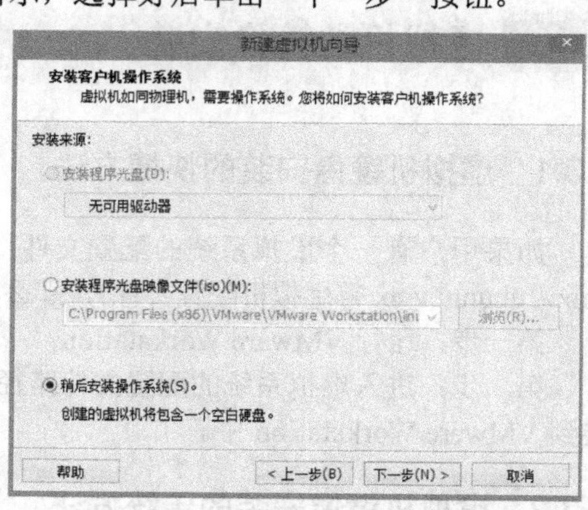

图 1-11 “安装客户机操作系统”选项

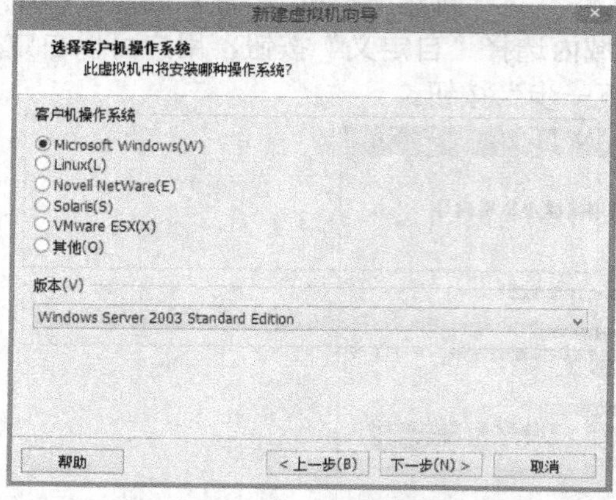

图 1-12 “选择客户机操作系统”选项

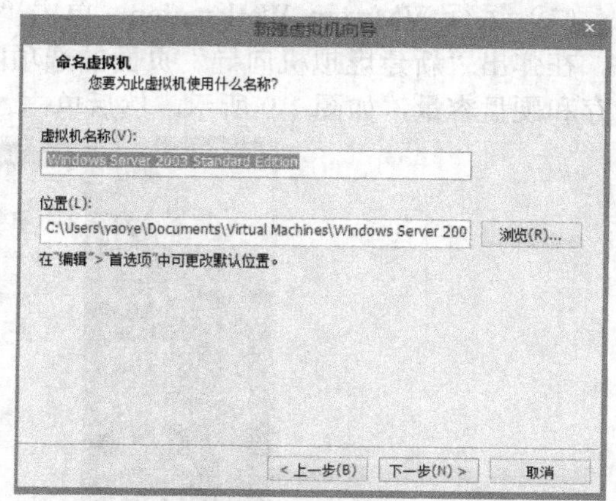

图 1-13 “命名虚拟机”选项

（7）在“虚拟机的内存”选项中，可设置虚拟系统使用的内存容量。一般情况下，对于 Windows 7 及其以下的系统可设置为 64MB，对于 Windows 2000/XP 最少需要设置为 96MB，对于 Windows Server 2003 最少需要设置为 128MB，对于 Windows Vista 虚拟系统最少需要设置为 512MB，如图 1-15 所示，设置好后单击“下一步”按钮。

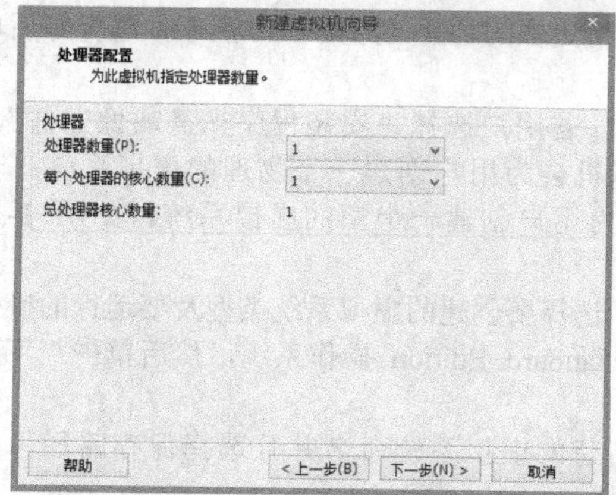

图 1-14 “处理器配置”选项

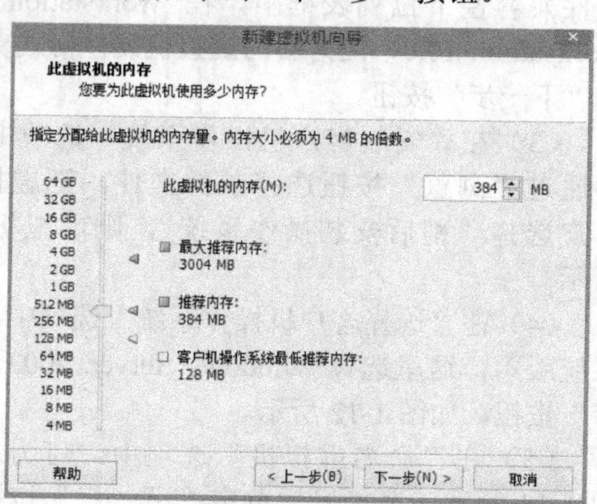

图 1-15 “虚拟机内存”选项

（8）在“网络类型”选项中，用户可根据需要选择“桥接”模式、“网络地址转换”模式或“仅主机”模式这三种模式，如图 1-16 所示，选择好后单击“下一步”按钮。

（9）在“选择 I/O 控制器类型”选项中，选择默认的“LSI Logic（L）”单选框，如图 1-17 所示，选择好后单击“下一步”按钮。

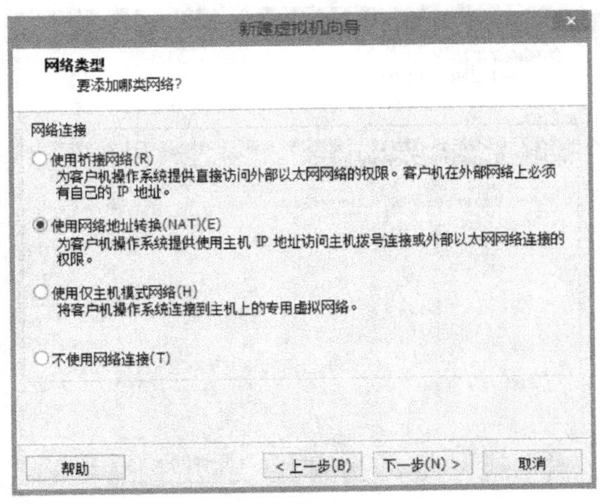

图 1-16　“网络类型”选项

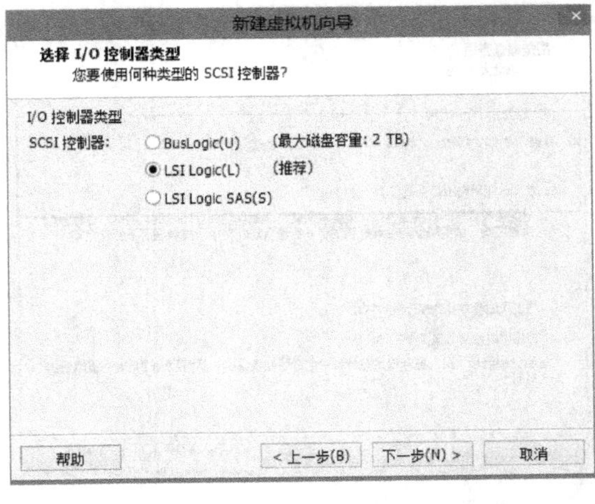

图 1-17　“选择 I/O 控制器类型”选项

（10）在“选择磁盘类型”选项中，选择默认的“SCSI（2）推荐”单选框，如图 1-18 所示，然后单击“下一步”按钮。

（11）在“选择磁盘”选项中，当用户第一次建立虚拟系统时选择第一项；第二项适用于创建第二个或更多虚拟系统，即使用已经建立好的虚拟系统磁盘，目的是减小虚拟机占用的物理磁盘空间；第三项允许虚拟系统可以直接读/写磁盘空间，此选项比较危险，适合对磁盘使用比较熟悉的高级用户，若用户有误操作则会导致物理磁盘中的数据被删除，如图 1-19 所示。

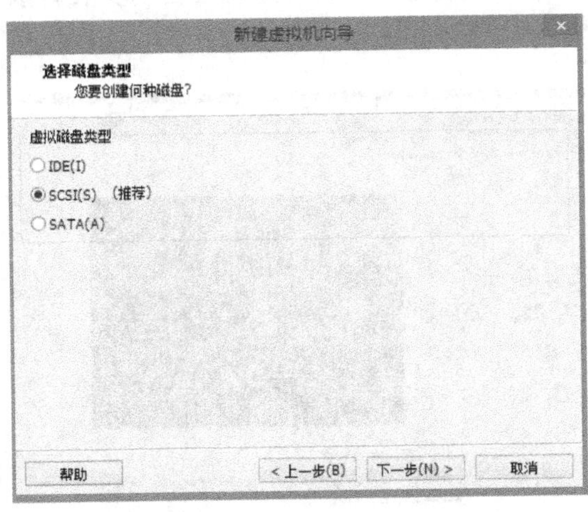

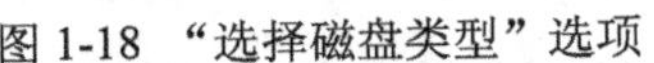
图 1-18　“选择磁盘类型”选项

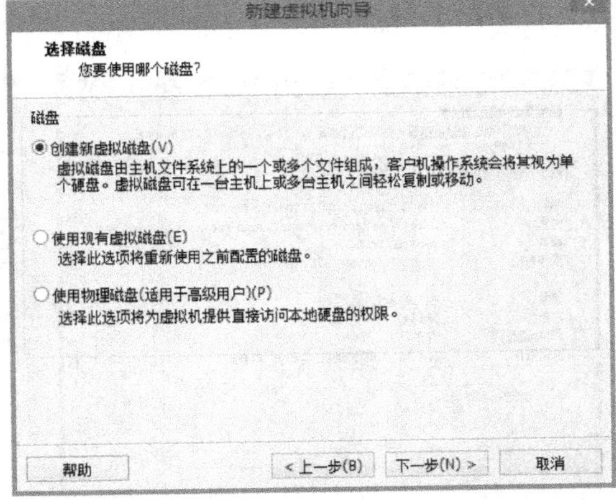

图 1-19　“选择磁盘”选项

（12）在“指定磁盘容量”选项中，第一项用户可以定义虚拟系统磁盘具体容量；第二项允许虚拟系统无限使用磁盘空间，但要求物理磁盘的容量要足够大；第三项要求每块虚拟磁盘的最大容量均为 2GB，如图 1-20 所示。

（13）在“指定磁盘文件”选项中，用户可以为虚拟机创建多个虚拟磁盘文件，并且选择存放路径，单击“下一步”按钮，如图 1-21 所示。

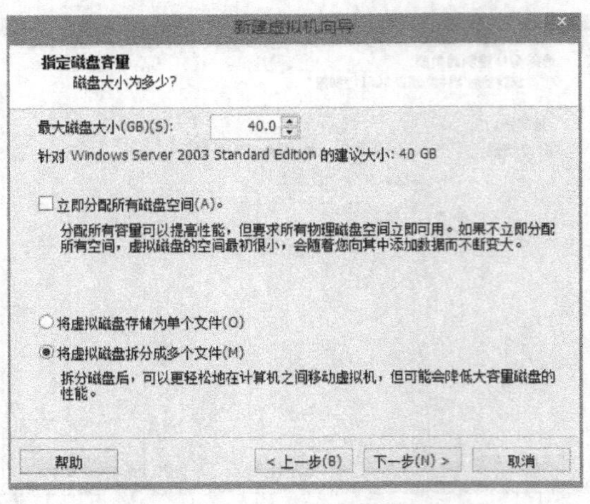

图 1-20 “指定磁盘容量”选项

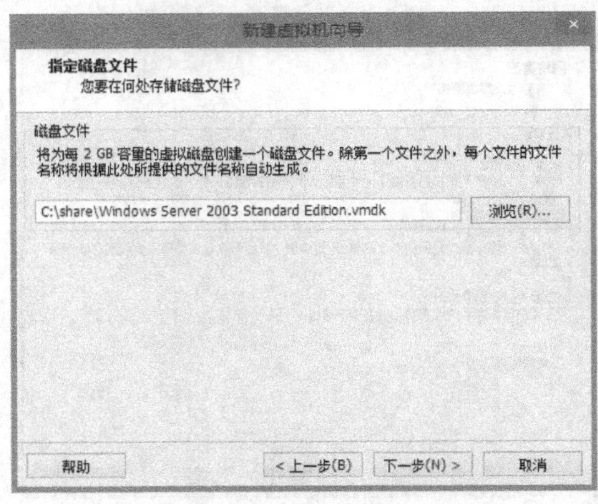

图 1-21 “指定磁盘文件”选项

（14）在“已准备好创建虚拟机”页面中，用户可以检查虚拟系统创建信息是否正确，然后单击“完成”按钮，一个新的虚拟系统就创建完成了，如图 1-22 所示。

（15）用户单击“开启虚拟系统”按钮并运行新的虚拟系统时，系统有时没有反应，主要是因为刚才创建的虚拟系统没有指定“ISO 映像文件”，即新创建的虚拟系统是空的，如图 1-23 所示。此时选中此虚拟系统下的“设备–CD/DVD”选项卡并双击，如图 1-24 所示，系统会弹出“虚拟机设置”对话框。

（16）在“虚拟机设置”对话框中，选中“使用 ISO 映像文件”单选按钮，并通过“浏览”按钮指定虚拟系统 ISO 映像文件路径，单击“确定”按钮，系统会自动安装虚拟系统，如图 1-24 所示。

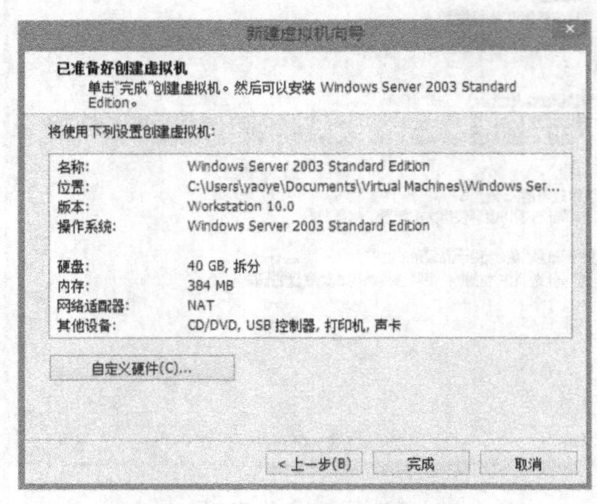

图 1-22 “已准备好创建虚拟机”页面

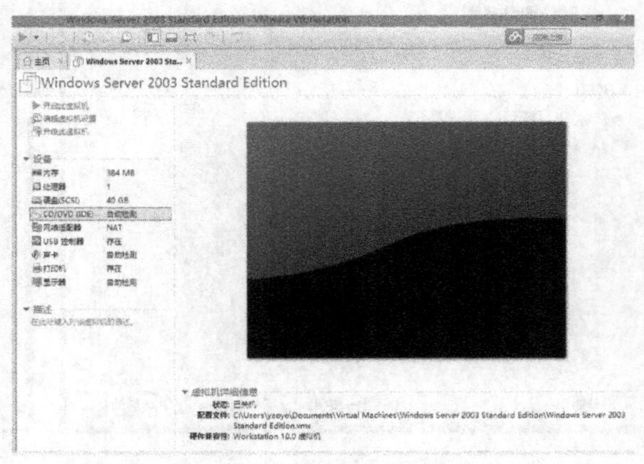

图 1-23 运行空的虚拟系统

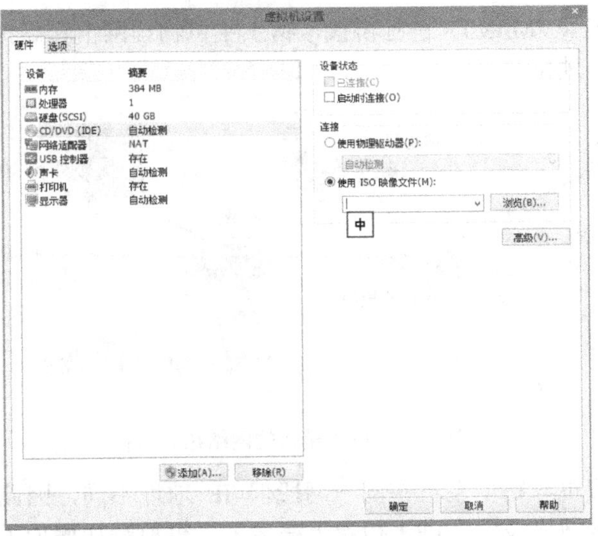

图 1-24 “虚拟机设置”对话框

1.4 网络配置

VMware Workstation 提供了三种网络工作模式，分别是桥接模式（Bridged）、网络地址转换模式（NAT）和主机模式（Host-Only）。若用户想让虚拟系统成为宿主主机所在网络中的主机之一，并且实现可访问外网、宿主网络和虚拟网络，则虚拟机的网络模式可设置为桥接模式，但桥接模式需要为虚拟系统分配额外的 IP 地址。网络地址转换模式最简单，基本不需要手动配置 IP 地址等相关参数，就可以实现虚拟系统访问外网，必要时用户也可对虚拟系统网络信息进行静态配置。若要求虚拟网络与宿主网络隔离，则可选择主机模式。VMware Workstation 安装结束后，虚拟机在宿主主机上会自动产生两个虚拟接口，分别为 VMnet1 和 VMnet8；其中 VMnet1 是虚拟机主机模式的虚拟网络接口，VMnet8 是网络地址转换模式的虚拟网络接口，这两个虚拟接口的默认配置用户一般都不需要改变。用户在对虚拟机进行网络配置时，只需直接进入虚拟机，在虚拟机内配置接口的网络信息即可。

1.4.1 桥接模式

在桥接模式下，VMware Workstation 虚拟出来的操作系统就像是局域网中的一台独立的主机，虚拟机可以访问宿主网络内任何一台主机。在该模式下，用户需要手动为虚拟机配置 IP 地址和子网掩码，默认网关及域名服务器的 IP 地址，注意要与宿主主机处于同一网段，其他配置和宿主主机类似，这样虚拟系统才能与宿主主机进行通信，并可访问外网。实际上，使用桥接模式的虚拟系统和宿主主机的关系就像连接在同一个集线器上的两台主机，VMware Workstation 默认给虚拟机提供了一个虚拟网卡（Windows 下默认为 VMnet0，Linux 下默认为 eth0 设备），虚拟机通过该网卡与外网通信。若用户想利用 VMware 在局域网内新建一个虚拟服务器为宿主网络用户提供网络服务，则应该选择桥接模式。其网络拓扑结构如图 1-25 所示。在图 1-25 中，宿主主机物理网卡和虚拟机的虚拟网卡通过虚拟集线器（VMnet0）进行桥接，宿主主机物理网卡和虚拟机的虚拟网卡在网络拓扑结构中处于同等地位。

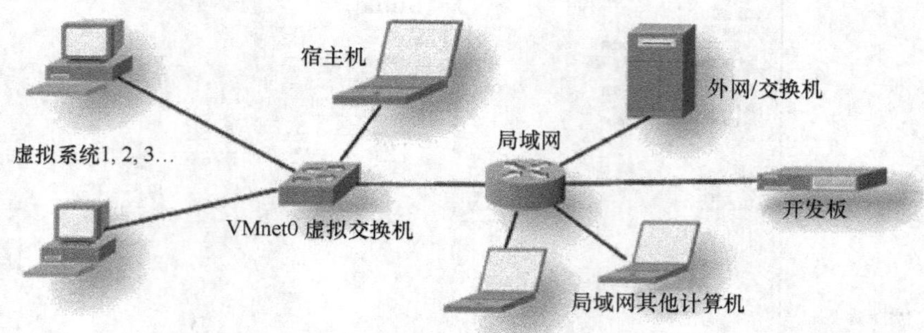

图 1-25　桥接模式的网络拓扑结构

另外，由于虚拟机与宿主主机在同一网段但 IP 地址不同，因此虚拟机加入了宿主主机所在的网络中。从网络技术上讲，相当于在宿主主机前端加增加了一个虚拟集线器，宿主主机和所有虚拟系统均连接在该虚拟集线器上。宿主网络内其他主机均可访问虚拟系统，虚拟系统既可访问宿主网络内的其他主机，又可以访问外网。

1.4.2　网络地址转换模式

在网络地址转换模式中，虚拟机采用网络地址转换（NAT）技术，通过宿主主机访问外网。由于虚拟系统的 TCP/IP 配置信息是由 VMnet8虚拟网络的动态主机设置协议（DHCP）服务器提供的，因此只要宿主主机能访问外网，虚拟机就不需要进行任何其他的网络配置，而可以直接访问外网。因此，若用户想利用 VMware 创建一个新的虚拟机，在虚拟机中不用进行任何手动配置就想直接访问外网，可采用网络地址转换模式。注意：在这种模式中，宿主主机、宿主网络以及外网中的主机无法主动访问虚拟机。

在网络地址转换模式中，VMware Workstation 默认利用 VMnet8 虚拟交换机建立虚拟网络，该虚拟交换机利用内置的网络地址转换服务器将虚拟系统的 IP 地址转换成宿主主机的 IP 地址，进而借用宿主主机地址访问其他主机、宿主主机所在的网络及外网。

在图 1-26 中，VMware Network Adapter VMnet1 是主机模式通信时采用的虚拟网卡，而 VMware Network Adapter VMnet8 的网卡是网络地址转换模式通信时采用的虚拟网卡。VMware Network Adapter VMnet8 虚拟网卡的作用是为虚拟主机系统和宿主主机之间提供一个通信接口，即使宿主主机关闭该虚拟网卡，虚拟操作系统仍然可以通过网络地址转换访问外网和虚拟网络内的其他虚拟操作系统；但是在此模式下，虚拟操作系统无法主动访问宿主主机。网络地址转换模式的网络拓扑结构如图 1-27 所示。

图 1-26　宿主主机虚拟网卡

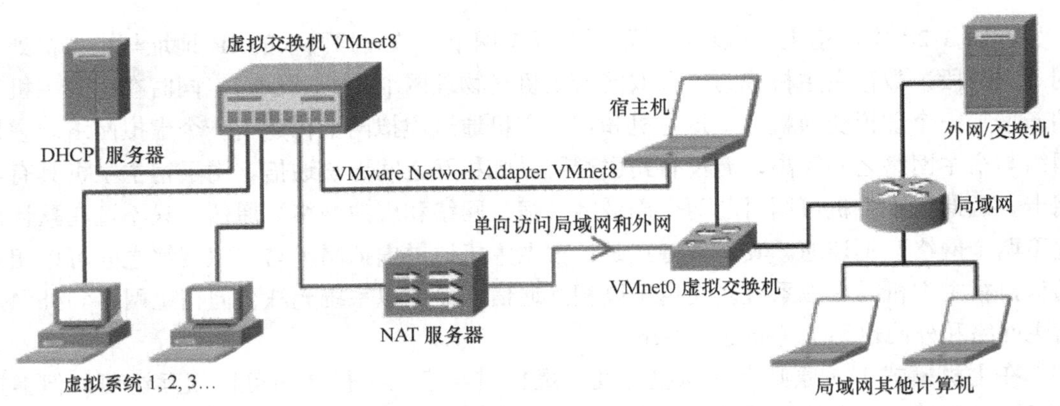

图 1-27 网络地址转换模式的网络拓扑结构

在图 1-27 中，虚拟机没有自己的外网 IP 地址，而是共享宿主主机的 IP 地址；宿主主机成为双网卡主机，同时参与宿主网络和虚拟网络的通信。由于新增加一个虚拟网络地址转换服务器，使得虚拟网络中的虚拟机在访问外网时全都采用宿主主机的 IP 地址。从外部网络来看，只能看到宿主主机，完全看不到虚拟网络和其中的虚拟机。这种方式可以实现宿主主机与虚拟机之间的双向访问，但外网和宿主网络内的其他主机不能主动访问虚拟机，而虚拟机可通过宿主主机，利用网络地址转换服务器访问外网，并且可主动访问虚拟网络内的主机。

1.4.3 主机模式

采用主机模式可实现宿主网络环境和虚拟网络环境之间的隔离。在主机模式中，所有的虚拟机之间都可以相互通信，虚拟机和宿主主机之间也可以相互通信，但虚拟机和外网是隔离开的，两者之间都无法相互通信。在主机模式下，虚拟机的 TCP/IP 配置信息（如 IP 地址、子网掩码、网关地址、DNS服务器IP 地址等）都是由 VMnet1虚拟网络的 DHCP 服务器来动态分配的。若用户想利用 VMware 创建一个与宿主网络和外网相隔离的虚拟网络，可选择采用主机模式。

在主机模式下，虚拟机所在的虚拟网络是一个全隔离网络，唯一能够访问的就是宿主主机和虚拟网络，虚拟机无法访问外网和宿主网络，虚拟机与宿主主机之间的通信是通过 VMware Network Adapter VMnet1 虚拟网卡实现。主机模式网络拓扑结构如图 1-28 所示。

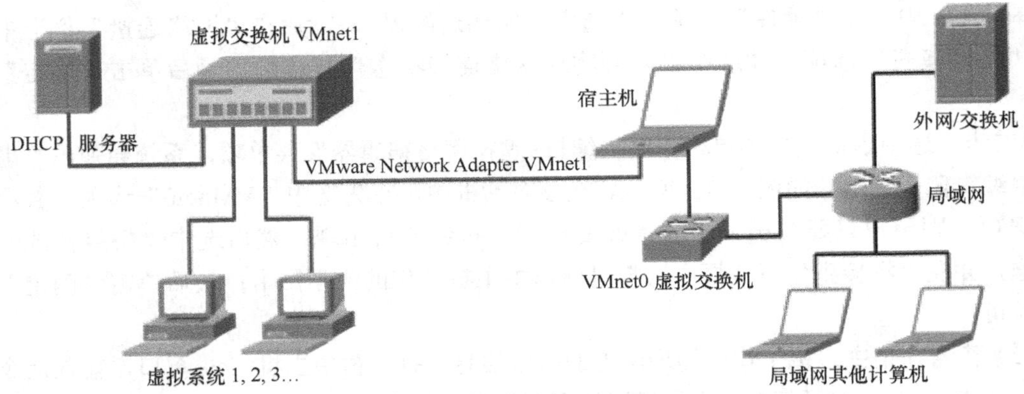

图 1-28 主机模式网络拓扑结构

在图 1-28 中，宿主主机新增加了一个虚拟网卡，该虚拟网卡的 IP 地址与虚拟机处于同一个网段，故宿主主机成为一台双网卡主机（物理网卡+虚拟网卡）。同时在宿主主机后端新增加一个虚拟交换机，虚拟主机和宿主主机通过虚拟网卡构建了一个虚拟网络。虚拟网络与宿主网络之间隔离，若没有路由配置，则相互之间无法通信。由于宿主主机具有双网卡，因此宿主主机可同时与两个局域网（宿主网络和虚拟网络）通信，只不过在默认情况下两个网络互不连通。其通信特点是：宿主主机通过虚拟网卡与虚拟网络之间可以相互通信，宿主主机与虚拟系统之间也可以相互通信，而虚拟系统无法访问宿主网络和外网，宿主网络和外网也无法访问虚拟网络。

在主机模式下，原则上虚拟机之间、虚拟机与宿主主机之间可以相互访问，但虚拟机无法访问外网。在该网络模式下，为了实现虚拟机也可以访问外网，需要实施如下网络配置。

（1）首先在宿主主机上查看 VMnet1 网卡的 IP 地址，假设 IP 地址为 192.168.0.1/24。

（2）若虚拟机安装结束后，并且 VMware 虚拟机网络配置为主机模式，则虚拟机的 IP 地址会自动配置，假设 IP 地址为 192.168.0.99，并且网关和 DNS 服务器的 IP 地址设置为 192.168.0.1，这时需要将 DNS 服务器的 IP 地址修改为宿主主机 DNS 服务器的 IP 地址。

（3）在用户可访问外网的物理网卡上设置 Internet 连接共享。在宿主主机上，单击“本地连接-->属性-->高级-->连接共享”，然后选择 VMnet1，将网络共享给 VMnet1。

（4）在宿主主机上利用“ping”命令检查网络是否连接成功，在 DOS 命令窗口中输入 ping 192.168.0.99，若网络连接成功，则说明配置正确。

（5）进入虚拟系统，此时用户可以访问外网。

1.4.4 Windows 虚拟机网络配置

1. 桥接模式配置

（1）将 VMware 虚拟机网络工作模式配置为桥接模式。

第一步：首先运行 VMware 虚拟系统，然后运行一个虚拟机，如 Windows XP 虚拟机；然后在 VMware 虚拟机的主菜单栏中单击“虚拟机-设置”菜单项，弹出“虚拟机设置”对话框，如图 1-29 所示。

图 1-29 中，在“硬件”选项卡中选中“网络适配器”，然后在“网络连接”栏选中单击“桥接模式”选项，并选中“复制物理网络连接状态”复选框，最后单击“确定”按钮。

第二步：选中虚拟机主菜单栏中的“编辑-虚拟网络编辑器”菜单项，系统会弹出“虚拟网络编辑器”选项，如图 1-30 所示。在该对话框中，首先选中“VMnet0”选项，若没有该选项，则用户只要单击下面的“改变设置”按钮即可出现；然后选中“桥接模式”单选框，并在“桥接到”下拉框中选择目前宿主主机工作的物理网卡；最后单击“确定”按钮即可。

（2）查看在宿主主机工作的物理网卡的网络信息。打开宿主主机 dos 窗口，输入命令 dos> ipconfig /all ，即可查看宿主主机网络配置信息，如图 1-31 所示。

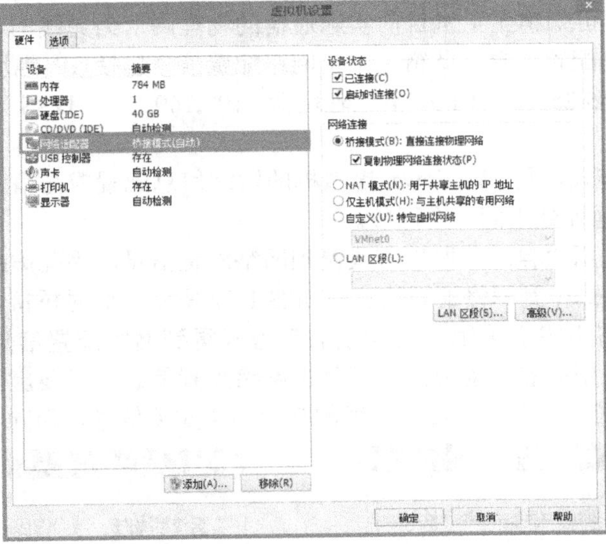

图 1-29　“虚拟机设置”选项

虚拟网络编辑器

名称	类型	外部连接	主机连接	DHCP	子网地址
VMnet0	桥接模式	Intel(R) Wireless-N 7260	-	-	
VMnet1	仅主机…	-	已连接	已启用	192.168.28.0
VMnet8	NAT 模式	NAT 模式	已连接	已启用	192.168.112.0

添加网络(E)...　移除网络(O)

VMnet 信息

◉ 桥接模式(将虚拟机直接连接到外部网络)(B)

桥接到(T): Intel(R) Wireless-N 7260　自动设置(U)...

○ NAT 模式(与虚拟机共享主机的 IP 地址)(N)　NAT 设置(S)...

○ 仅主机模式(在专用网络内连接虚拟机)(H)

□ 将主机虚拟适配器连接到此网络(V)

主机虚拟适配器名称: VMware 网络适配器 VMnet0

□ 使用本地 DHCP 服务将 IP 地址分配给虚拟机(D)　DHCP 设置(P)...

子网 IP (I):　子网掩码(M):

还原默认设置(R)　确定　取消　应用(A)　帮助

图 1-30　“虚拟网络编辑器”选项

```
命令提示符

无线局域网适配器 WLAN:

   连接特定的 DNS 后缀 . . . . . . . :
   描述. . . . . . . . . . . . . . . : Intel(R) Wireless-N 7260
   物理地址. . . . . . . . . . . . . : F8-16-54-6E-20-DF
   DHCP 已启用 . . . . . . . . . . . : 是
   自动配置已启用. . . . . . . . . . : 是
   本地链接 IPv6 地址. . . . . . . . : fe80::dfa:1481:a1f6:4565%3(首选)
   IPv4 地址 . . . . . . . . . . . . : 192.168.1.104(首选)
   子网掩码 . . . . . . . . . . . . : 255.255.255.0
   获得租约的时间 . . . . . . . . . : 2016年1月12日 0:08:58
   租约过期的时间 . . . . . . . . . : 2016年1月12日 2:08:58
   默认网关. . . . . . . . . . . . . : 192.168.1.1
   DHCP 服务器 . . . . . . . . . . . : 192.168.1.1
   DHCPv6 IAID . . . . . . . . . . . : 66590292
   DHCPv6 客户端 DUID . . . . . . . : 00-01-00-01-1B-99-E1-02-00-90-9E-9A-AD-69

   DNS 服务器 . . . . . . . . . . . : 192.168.1.1
   TCPIP 上的 NetBIOS . . . . . . . : 已启用

以太网适配器 VMware Network Adapter VMnet1:

   连接特定的 DNS 后缀 . . . . . . . :
   描述. . . . . . . . . . . . . . . : VMware Virtual Ethernet Adapter for VMnet
```

图 1-31　宿主主机网络配置信息

在图 1-31 中，可知宿主主机目前实际通信的物理网卡为无线网卡，并且通过“自动获取”功能获得网络配置信息。此宿主主机网络配置信息包括 IP 地址为 192.168.1.104，子网掩码为 255.255.255.0，网关 IP 地址为 192.169.1.1，DNS 服务器 IP 地址为 192.168.1.1。

（3）利用手动方式，将 Windows 虚拟机的网络信息配置成与宿主主机相同的网络信息，并且两者的 IP 地址处于同一个网段。

由于宿主主机采用“自动获取”方式得到网络配置信息，因此虚拟机的虚拟网卡也可通过“自动获取”方式得到网络配置信息，如图 1-32 所示，此时桥接模式配置完成。

实际上，虽然宿主主机采用“自动获取”方式得到网络配置信息，但是为了实验需要，虚拟机也可以采用静态手动方式配置静态网络配置信息，只要虚拟机的 IP 地址与宿主主机的 IP 地址在同一个网段即可，两者的其他网络配置信息均相同，如图 1-33 所示。

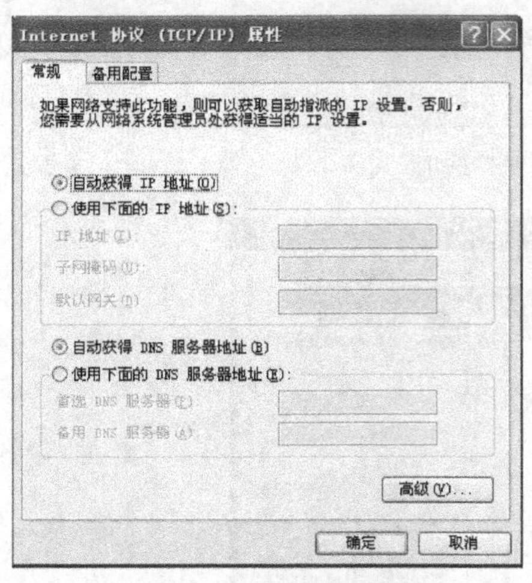

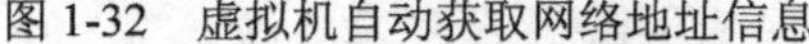
图 1-32　虚拟机自动获取网络地址信息

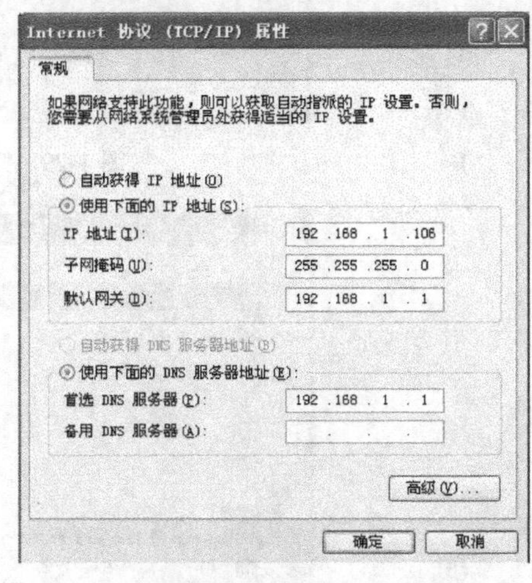

图 1-33　虚拟机静态配置网络地址信息

（4）Ubuntu 虚拟机的网络地址信息配置。在默认情况下，Ubuntu 的 IP 地址和 DNS 服务器地址是自动获取的。因为 VMnet0 并不提供 DHCP 服务，所以这里配置网络地址信息改为静态配置网络地址信息。启动 Ubuntu 虚拟系统，首先进入其命令窗口界面，在该命令窗口界面提示符下打开 interfaces 文件，即

```
Ubuntu > sudo gedit /etc/network/interfaces
```

若在 interfaces 文件中找到下面这两个语句，则用#注释掉。

```
auto eth0
iface eth0 inet dhcp
```

若没有找到，则在 interfaces 文件的空白位置写入下面几个语句：

```
auto eth0
iface eth0 inet static              //将网络地址信息配置模式改为静态手动配置
address 192.168.1.106               //IP 地址
netmask 255.255.255.0               //子网掩码
gateway 192.168.1.1                 //网关 IP 地址
```

修改完成后保存 interfaces 文件，关闭 gedit。然后根据情况，再对 DNS 服务器的 IP 地址信息进行修改。最后进入 Ubuntu 虚拟系统命令窗口界面，在该命令窗口界面提示符下打开 resolv.conf 文件，即

```
Ubuntu > sudo gedit /etc/resolv.conf
```

在 resolv.conf 文件中添加两个 nameserver 记录项，并输入与宿主主机上的 DNS 服务器相同的 IP 地址，具体如下：

```
nameserver 202.117.80.2
nameserver 202.117.80.3
```

修改完成后保存 resolv.conf 文件，并关闭 gedit；然后在 Ubuntu 虚拟系统命令窗口界面提示符输入如下命令：

```
Ubuntu > sudo /etc/init.d/networking restart  //重新启动网络，使配置生效
Ubuntu > ifconfig eth0  // 查看网卡信息，若显示地址信息为刚配置的信息，则说明配置成功
```

（5）网络配置信息测试。若宿主主机与虚拟机所在的虚拟网络之间可以相互连通，同时虚拟网络内部的虚拟机之间也可以相互连通，并且宿主主机和虚拟机均可连网，说明桥接网络模式配置正确。

2. 网络地址转换模式

由于在网络地址转换模式下的虚拟机的网络配置信息由 VMnet8（NAT）虚拟网络的 DHCP 服务器提供，并且无法进行手动修改，因此虚拟机也无法与宿主网络中的其他主机（宿主主机除外）进行通信。采用网络地址转换模式最大的优势是虚拟机接入外网简单，不需要进行任何其他的配置，只需要宿主主机能访问外网即可。网络地址转换模式相当于以宿主主机为基础建立一个内部虚拟网络（简称私网），虚拟网络内的虚拟机的 IP 地址都是由虚拟机的虚拟 DHCP 服务器分配的，当然也可以采用手工设置。注意：虚拟机之间的 IP 地址不要出现冲突。

（1）将 VMware 虚拟机网络工作模式配置为网络地址转换模式。

第一步：首先运行 VMware 虚拟系统，并运行一个虚拟机，如 Windows XP 虚拟机；然后在 VMware 虚拟机主菜单栏中单击“虚拟机-设置”菜单项，弹出“虚拟机设置”页面，如图 1-34 所示。

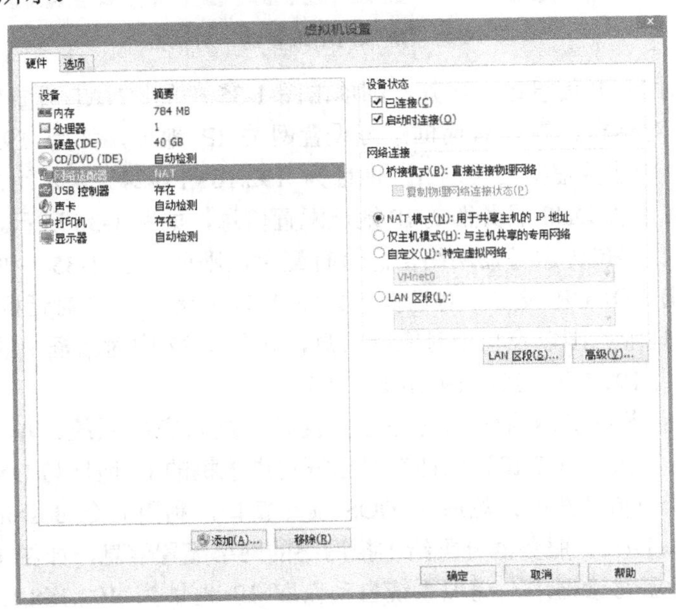

图 1-34 “虚拟机设置”页面

在图 1-34 中，在“硬件”选项卡中选中“网络适配器”，然后在“网络连接”栏选中“NAT 模式（N）用于共享主机的 IP 地址”单选框，最后单击“确定”按钮。

第二步：选中虚拟机的主菜单栏中的“编辑–虚拟网络编辑器”菜单项，系统会弹出“虚拟网络编辑器”对话框，如图 1-35 所示。在该对话框中，首先选中“VMnet8”选项，若该项下的网络配置信息无法修改，则用户只要单击下面的“更改设置”按钮即可，该按钮需要管理员权限；然后选择“NAT 模式”单选框，并选中“将主机虚拟适配器连接到此网络”复选框和“使用本地 DHCP 服务器将 IP 地址分配给虚拟机”复选框，最后单击“确定”按钮。

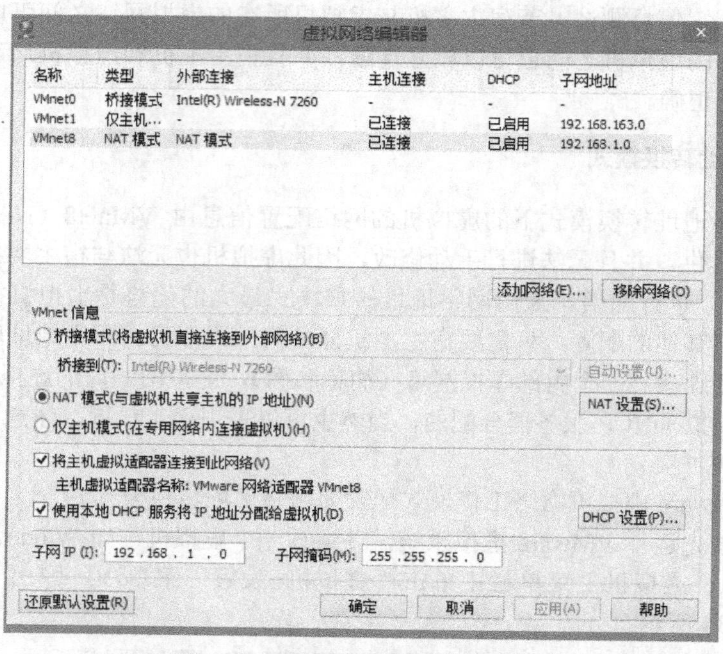

图 1-35 “虚拟网络编辑器”对话框

若用户需要对 NAT 信息进行配置，则单击图 1-35 中的“NAT 设置”按钮，系统会弹出“NAT 设置”对话框，在该对话框中可设置网关 IP 地址，如为 192.168.1.2；可看到 VMnet8 虚拟网卡所连接虚拟网络的 IP 地址为 192.168.1.0/24。当然用户通过单击“DNS 设置”按钮也可以设置 DNS 服务器的 IP 地址配置信息，如图 1-36 所示。

若用户需要对 DHCP 服务器网络信息进行配置，则单击图 1-35 中的“DHCP 设置”按钮，系统会弹出“DHCP 设置”对话框，如图 1-37 所示。在该对话框中设置 DHCP 服务器可分配的 IP 地址范围以及租用时间等信息，如图 1-37 中对话框中的 DHCP 服务器可分配 IP 地址范围为 192.168.1.128~192.168.1.254。

（2）Windows 虚拟机网络信息动态配置查看。进入虚拟系统，单击“本地连接–属性”，在“Internet 协议（TCP/IP）属性”对话框将虚拟机的 IP 地址与 DNS 服务器的 IP 地址获取方式均设置为自动获取；然后在 DOS 命令窗口，利用命令 dos>ipconfig/all 查看通过 VMnet8 的虚拟 DHCP 服务器分配给虚拟网络的网络配置信息，如图 1-38 所示。

在图 1-38 所示对话框中，虚拟系统自动获取 IP 地址为 192.168.1.128；子网掩码为 255.255.255.0；默认网关的 IP 地址和 DNS 服务器的 IP 地址均为 192.168.1.2；虚拟机可分配 IP 地址段为 192.168.1.0/24，网络地址转换模式下动态网络配置此时已经完成，用户可以通过虚拟系统访问外网。

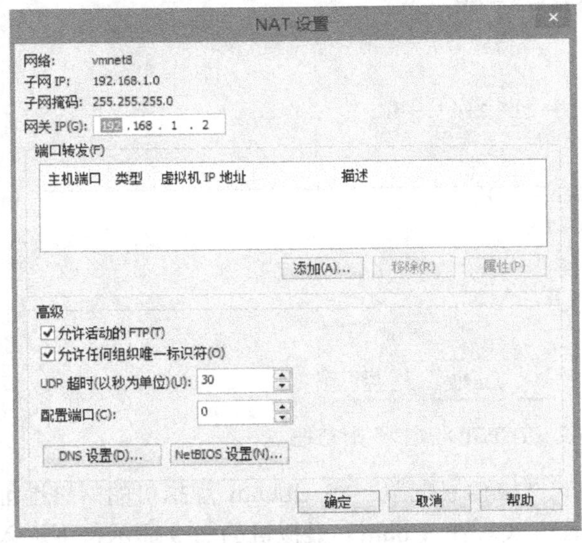

图 1-36　“NAT 设置”对话框

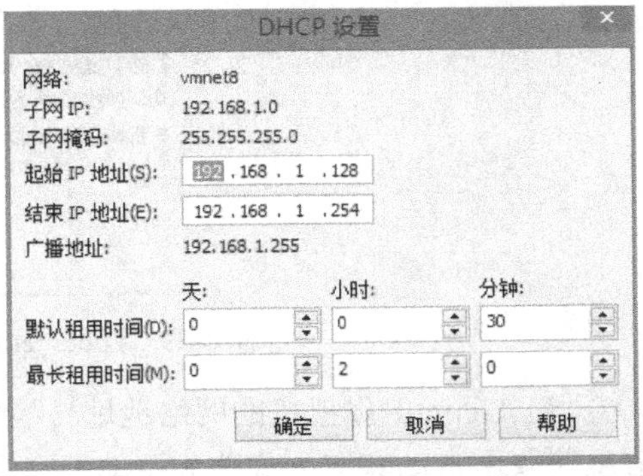

图 1-37　“DHCP 设置”对话框

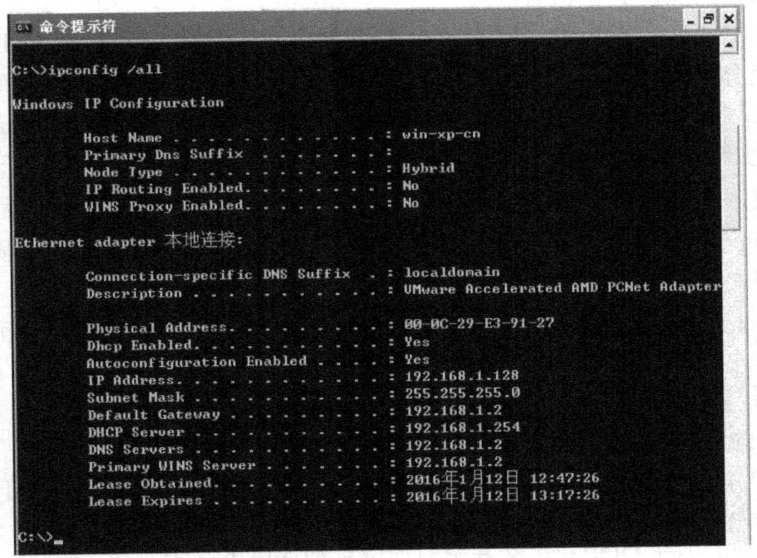

图 1-38　虚拟机自动获取网络地址信息

（3）Windows 虚拟机网络信息静态配置。虽然虚拟机动态获取网络地址信息比较方便，但是用户在每次运行虚拟系统的过程中，虚拟系统都有可能分配不同的 IP 地址，这样不便于实验测试，因此可采用静态方法配置虚拟机的 IP 地址。单击虚拟机的“本地连接–属性”，在“Internet 协议（TCP/IP）属性”对话框中，根据图 1-38 显示的信息，将虚拟机的 IP 地址配置为 192.168.1.0/24 网段（不要出现虚拟机的 IP 地址冲突），子网掩码配置为 255.255.255.0，默认网关和 DNS 服务器配置为 192.168.1.2（根据需要），单击“确定”按钮，此时静态网络信息配置完成，用户可通过虚拟系统访问外网，如图 1-39 所示。

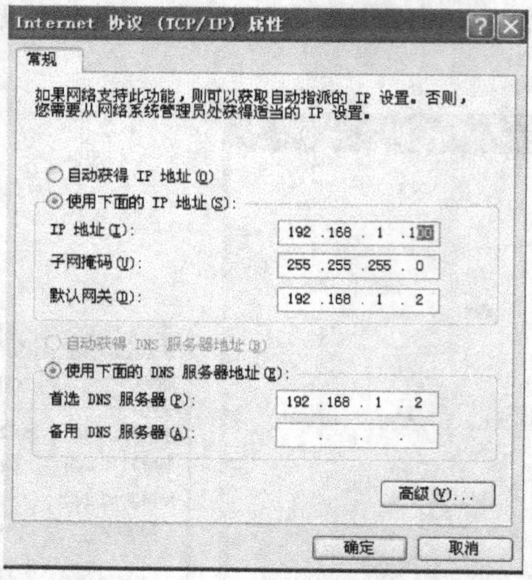

图 1-39 “Internet 协议（TCP/IP）属性”对话框

（4）Ubuntu 虚拟机的网络地址转换模式网络信息配置。将 Ubuntu 虚拟机的网络地址信息获取由自动获取方式改为手动静态配置方式。在 Ubuntu 虚拟机的命令提示符下输入如下命令：

```
Ubuntu > ifconfig eth0
```

可以查看 VMware 虚拟机利用 DHCP 服务器自动分配给 Ubuntu 虚拟机的网络地址信息，若宿主主机网卡的 IP 地址为 192.168.1.90，则发现 Ubuntu 虚拟机的 IP 地址为 192.168.2.116，并且每次登录后 Ubuntu 虚拟机 IP 都会发生变化，但 Ubuntu 虚拟机与宿主主机之间可以相互连通，并且 Ubuntu 虚拟机可以访问外网，而外网无法主动访问 Ubuntu 虚拟机。由于每次登录后 Ubuntu 虚拟机的 IP 地址都会发生变化，因此用户每次都要利用 ifconfig eth0 命令来查看，这样很不方便，下面方法可将 Ubuntu 虚拟机静态设置为固定 IP 地址，具体方法如下。

启动 Ubuntu 虚拟系统，首先进入其命令窗口界面，在该命令窗口界面提示符下打开 interfaces 文件：

```
Ubuntu > sudo gedit /etc/network/interfaces
```

若在 interfaces 文件中找到以下语句，则用#注释掉。

```
auto eth0
iface eth0 inet dhcp
```

若没有找到，则在 interfaces 文件空白的位置加入以下几个语句：

```
auto eth0
iface eth0 inet static          // 将网络地址信息配置模式改为静态手动配置
address 192.168.1.100           // Ubuntu 虚拟机的静态 IP 地址
netmask 255.255.255.0           // 子网掩码
gateway 192.168.1.2             // 网关 IP 地址
```

注意：Ubuntu 虚拟机的静态 IP 地址要与宿主主机中 VMnet8 网卡属于同一个网段。修改完成后保存 interfaces 文件，关闭 gedit。然后根据情况，再对 DNS 服务器的 IP 地址信息进行修改。进入 Ubuntu 虚拟系统的命令窗口界面，在该命令窗口界面提示符下打开 resolv.conf 文件：

```
Ubuntu > sudo gedit /etc/resolv.conf
```

在 resolv.conf 文件中添加两条 nameserver 记录项，并输入与宿主主机上 DNS 服务器相同的 IP 地址，具体如下：

```
nameserver  192.168.1.2
nameserver  202.117.80.2
```

修改完成后保存 resolv.conf 文件，并关闭 gedit。然后在 Ubuntu 虚拟系统的命令窗口界面提示符输入如下命令：

```
Ubuntu > sudo /etc/init.d/networking restart  //重新启动网络，使配置生效
Ubuntu > ifconfig eth0  // 查看网卡信息，若显示地址信息为刚配置的信息，则说明配置
                        // 成功
```

（5）测试验证。若宿主主机与虚拟机所在的虚拟网络均可以访问外网，同时虚拟机可以主动访问宿主主机，并且虚拟机之间可以相互访问，则说明网络地址转换模式下静态配置正确。

3. 主机模式

主机模式下网络通信特点：虚拟机与宿主主机之间可以相互通信，宿主网络内的其他主机不能主动访问虚拟主机，虚拟机之间可以相互访问。主机模式没有网络地址转换功能，因而虚拟机无法访问外网。解决这个问题可以利用 Windows 2000/XP 系统里面自带的 Internet 连接共享功能，实际上是通过一个简单的路由网络地址转换功能，令虚拟机通过虚拟主机的真实网卡访问外网。

（1）将 VMware 虚拟机的网络工作模式配置为主机模式。

第一步：首先运行 VMware 虚拟系统，并运行虚拟机，如 Windows XP 虚拟机；然后在 VMware 虚拟机的主菜单栏中单击“虚拟机–设置”菜单项，弹出“虚拟机设置”页面，如图 1-40 所示。

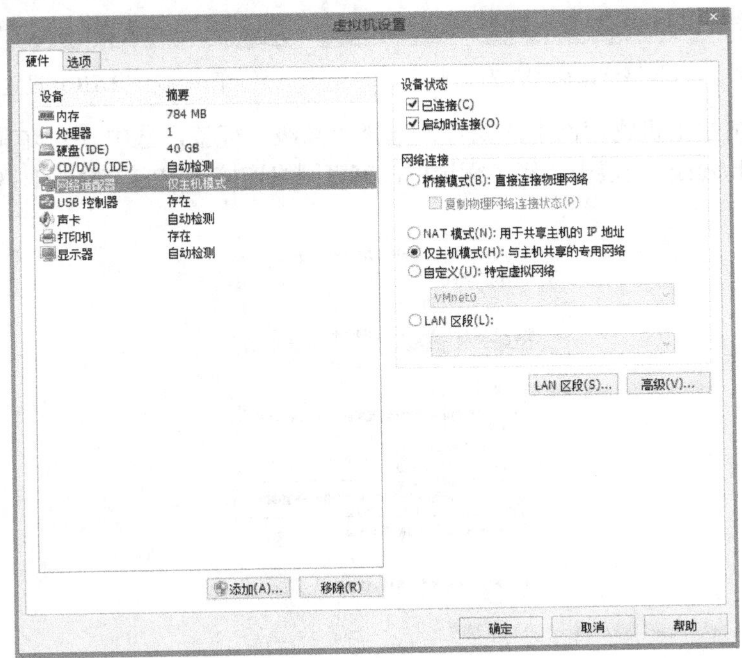

图 1-40 “虚拟机设置”页面

图 1-40 中，在“硬件”选项卡中选中“网络适配器”，然后在“网络连接”栏选中“仅主机模式（H）：与主机共享的专用网络”单选按钮，最后单击“确定”按钮。

第二步：选中虚拟机主菜单栏中的“编辑-虚拟网络编辑器”菜单项，系统会弹出“虚拟网络编辑器”对话框，如图 1-41 所示。在该对话框中，首先选中“VMnet1”选项，若该项下的网络配置信息无法修改，则用户只要单击下面的“更改设置”按钮即可，该功能需要管理员权限；然后选中“仅主机模式”按钮，并选中“将主机虚拟适配器连接到此网络”复选框和“使用本地 DHCP 服务将 IP 地址分配给虚拟机”复选框，最后单击“确定”按钮。

若用户需要对 DHCP 服务器网络信息进行配置，则单击图 1-41 中的“DHCP 设置”按钮，系统会弹出“DHCP 设置”对话框，如图 1-42 所示。在该对话框中可设置 DHCP 服务器可分配的 IP 地址范围以及租用时间等信息，在图 1-42 中 DHCP 服务器可分配的 IP 地址范围为 192.168.2.128～192.168.2.254。

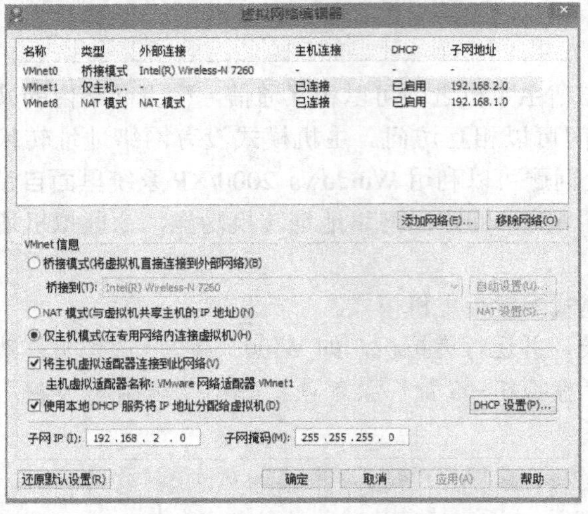

图 1-41 “虚拟网络编辑器”对话框

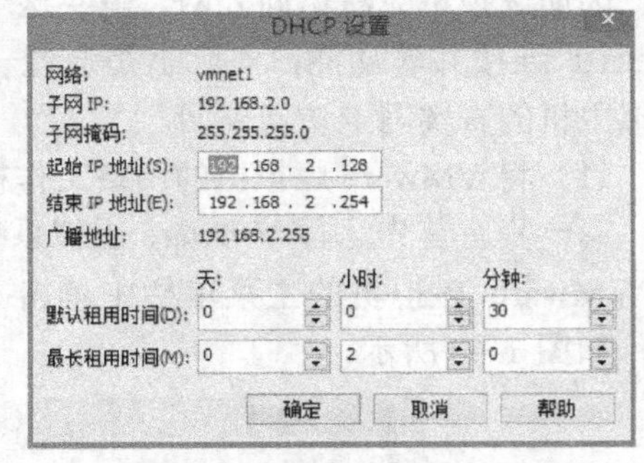

图 1-42 “DHCP 设置”对话框

（2）查看宿主主机物理网卡的属性，选择“高级”标签，选中“允许其他网络用户通过此计算机的 Internet 连接来连接”复选框，家庭网络连接设置为 VMnet1 网卡，如图 1-43 所示。

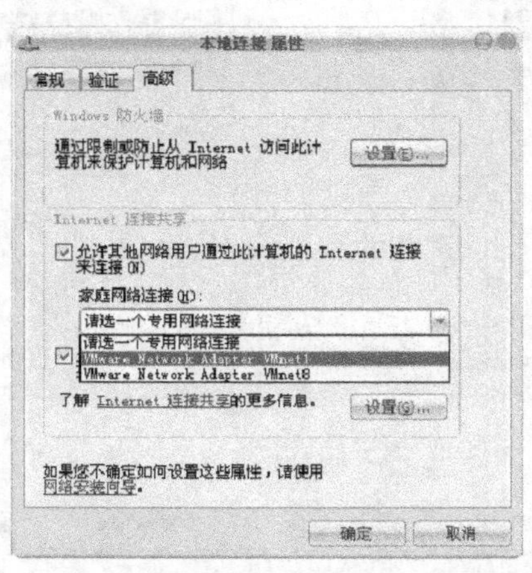

图 1-43 宿主主机物理网卡“本地连接属性”对话框

（3）在宿主主机上，将 VMnet1 网卡的 TCP/IP 配置为自动获取 IP 地址和 DNS 服务器 IP 地址，在 DOS 命令窗口下，查看 VMnet1 网卡网络地址信息，VMnet1 网卡 IP 地址为 192.168.2.1，子网掩码为 255.255.255.0，如图 1-44 所示。

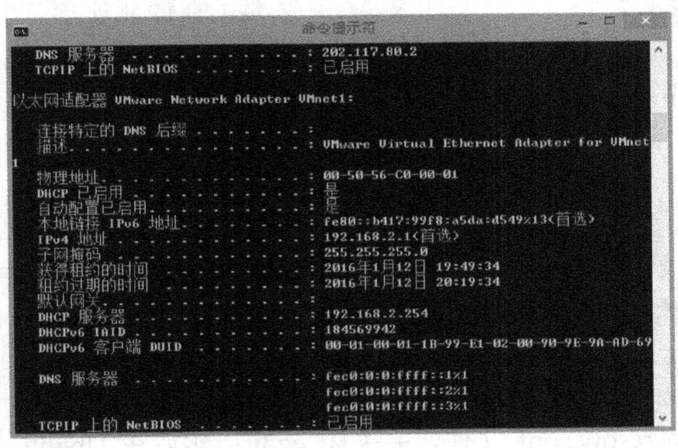

图 1-44　宿主主机 VMnet1 网卡网络地址信息

（4）对 Windows 虚拟机进行网络信息静态配置。进入虚拟系统，将虚拟机网卡的 IP 地址配置为与 192.168.2.1/24 在同一个网段，子网掩码为 255.255.255.0，网关为 192.168.2.1；DNS 服务器的 IP 地址可以与宿主主机的 VMnet1 网卡的 DNS 地址相同，也可以是宿主主机物理网卡 DNS 服务器的 IP 地址，如图 1-45 所示。此时，即使在主机模式下，虚拟机也可以访问外网。

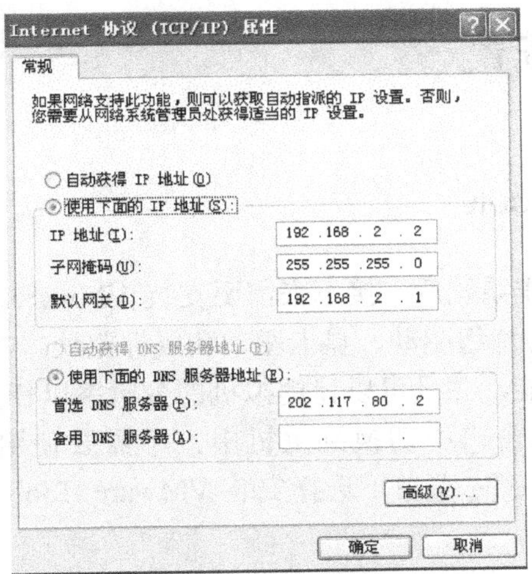

图 1-45　虚拟系统网络信息静态配置

（5）Ubuntu 虚拟机的主机模式网络配置。启动 Ubuntu 虚拟系统，首先进入其命令窗口界面，在该命令窗口界面提示符下打开 interfaces 文件：

```
Ubuntu > sudo gedit /etc/network/interfaces
```

若在 interfaces 文件中找到下面两个语句，用#注释掉。

```
auto eth0
iface eth0 inet dhcp
```

若没有找到，则在 interfaces 文件的空白位置加入下面几个语句：

```
auto eth0
```

```
iface eth0 inet static          // 将网络地址信息配置模式改为静态手动配置
address 192.168.2.2             // Ubuntu 虚拟机的静态 IP 地址
netmask 255.255.255.0           // 子网掩码
gateway 192.168.2.1             // 网关的 IP 地址
```

注意：Ubuntu 虚拟机的静态 IP 地址要与宿主主机中的 VMnet1 网卡属于同一个网段。修改完成后保存 interfaces 文件，关闭 gedit。然后根据情况，再对 DNS 服务器的 IP 地址信息进行修改。进入 Ubuntu 虚拟系统命令窗口界面，在该命令窗口界面提示符下打开 resolv.conf 文件：

```
Ubuntu >  sudo gedit /etc/resolv.conf
```

在 resolv.conf 文件中添加两条 nameserver 记录项，并输入与宿主主机上 DNS 服务器相同的 IP 地址，具体如下：

```
Nameserver 202.117.80.2
Nameserver 202.117.80.3
```

修改完成后保存 resolv.conf 文件，并关闭 gedit；然后在 Ubuntu 虚拟系统命令窗口界面提示符下输入如下命令：

```
Ubuntu >  sudo /etc/init.d/networking restart  //重新启动网络，使配置生效
Ubuntu > ifconfig eth0   // 查看网卡信息，若显示地址信息为刚配置的信息，则说明配置
                         // 成功
```


（6）测试验证。若虚拟机与宿主主机之间可以相互通信，同时宿主网络内的其他主机不能主动访问虚拟主机，虚拟机之间可以相互访问，同时虚拟机可以访问外网。

1.5 共享文件夹配置

1.5.1 安装 VMware Tools

在虚拟机中安装完操作系统后，接下来需要安装 VMware Tools。VMware Tools 相当于 VMware虚拟机的主板芯片组驱动、显卡驱动和鼠标驱动。在安装 VMware Tools 后，可以极大地提高虚拟机的性能，并且可以让虚拟机的分辨率以任意大小进行设置，特别是可以使用鼠标直接从虚拟机窗口中切换到主机中，不需要使用快捷键 Ctrl+Alt。VMware Tools 的安装很简单，即从 VM 菜单下选择安装 VMware Tools，按照提示进行安装，最后重新启动虚拟机即可。

1.5.2 Windows 虚拟系统建立共享目录

用户运行 VMware 虚拟机，并选中 Windows 虚拟系统的选项卡，选择主菜单中的“虚拟机-设置”菜单项，在弹出的“虚拟机设置”对话框中，选择“选项”选项卡中的“共享文件夹”选项，然后选择“总是启用”单选框，选中“在 Windows 客户机中映射为网络驱动器”复选框，通过“添加”按钮用户选择需要共享的宿主主机文件夹，最后单击“确定”按钮即可，如图 1-46 所示。

用户进入运行的 Windows 虚拟系统后，打开“我的电脑”，在网络驱动栏中，用户会看到共享的宿主主机目录的磁盘映射，如图 1-47 所示。

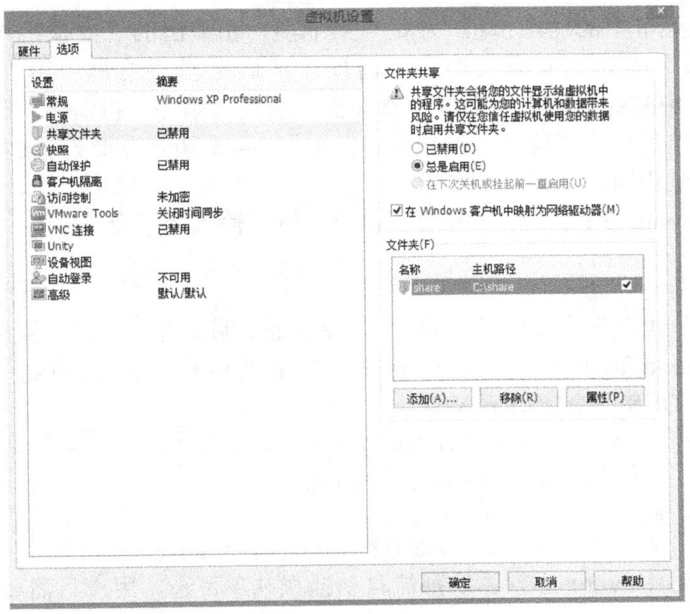

图 1-46　“虚拟机设置”页面

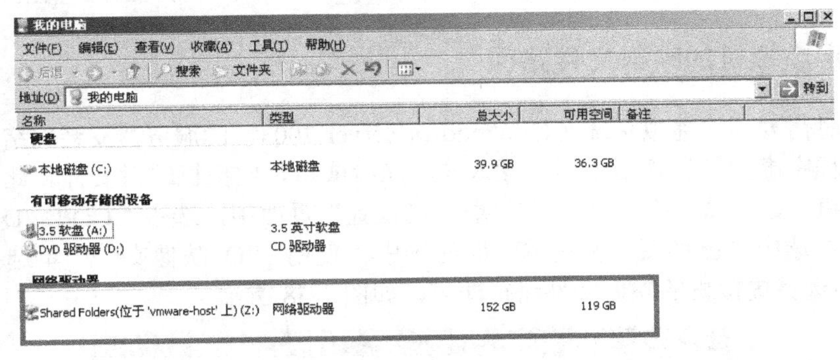

图 1-47　宿主主机共享目录磁盘映射

1.5.3　Linux 虚拟系统创建共享目录

第一步：安装 VMware Tools。

（1）运行 Ubuntu 虚拟系统后，单击“虚拟机–安装 VMware Tools（Install VMware Tools)”菜单选项，此时在 Ubuntu 系统桌面上出现 VMware Tools 的光盘图标。双击该图标后，会发现有两个文件：manifest.txt 和 VMwareTools-8.4.5-324285.tar.gz，说明 VMware Tools 已经下载成功。然后将 VMwareTools-8.4.5-324285.tar.gz 复制到/tmp 目录下并解压缩，即 Ubuntu> cd /tmp Ubuntu> tar zxvf VMwareTools-8.4.5-324285.tar.gz。

（2）输入 Ubuntu> cd vmware-tools-distrib，进入解压后对应的文件夹中，然后按回车键。

（3）输入 Ubuntu> sudo./vmware-install.pl（安装软件 VMware Tools)，然后按回车键，此时会提示让用户输入密码（输入安装 Ubuntu 虚拟系统时设置的密码），按照提示信息，用户只需按回车键采用默认操作即可完成 VMware Tools 的安装。

第二步：共享宿主主机文件夹。

（1）选择主菜单中的“虚拟机-设置”菜单项，在弹出的“虚拟机设置”对话框中选择“选项”选项卡中的“共享文件夹”选项，然后选择“总是启用”按钮，选中“在Windows 客户机中映射为网络驱动器”复选框，通过“添加”按钮用户选择需要共享的宿主主机文件夹，然后单击“确定”按钮即可，如图 1-46 所示，此设置过程与 Windows 虚拟系统下设置完全相同。

（2）进入 Ubuntu 虚拟系统 DOS 命令窗口，然后输入如下命令：

```
Ubuntu> cd /mnt/hgfs ;
Ubuntu> ls
```

若目录列表下出现宿主主机共享目录 share，则说明文件夹共享设置成功。

第三步：若/mnt/hgfs 目录下没有解决宿主主机共享目录（share）问题，则需要在 Ubuntu 虚拟系统 DOS 命令窗口输入如下命令：

```
Ubuntu> sudo apt-get install open-vm-dkms
```

然后一直按回车键选择默认选项，则会出现

```
Ubuntu>sudo mount -t vmhgfs .host: /
/mnt/hgfs，此时在/mnt/hgfs 中会出现宿主主机共享目录。
```

为了每次启动 Ubuntu 虚拟系统都能自动挂载共享目录，用户只需要在/etc/init.d/open-vm-tools 文件末尾增加一行：


```
sudo mount -t vmhgfs .host: /  /mnt/hgfs   （host: / 处有 2 个空格）
```

1.5.4 指定虚拟机的映射文件路径

用户有时需要利用虚拟系统（如 Windows Server 2003）的服务器安装网络服务组件，但在安装过程中虚拟机往往要求用户插入安装光盘或指定虚拟机映射文件。此时，用户可选择“虚拟机-设置-硬件”选项，在“虚拟机设置”页面中，选中“CD/DVD”选项卡，在设备状态栏选中“已连接”复选框，同时选中“使用 ISO 映像文件”单选按钮，通过“浏览”按钮选择虚拟机的映射文件路径即可，如图 1-48 所示。

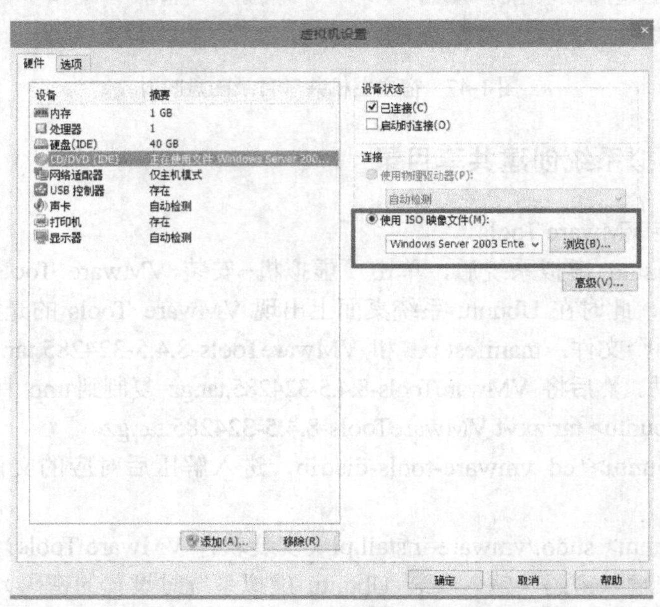

图 1-48 “虚拟机设置”页面

第2章

网线制作

2.1 引言

本章通过介绍双绞线的通信特点、568A和568B线序的国际标准，指导读者制作交叉线和直通线，并通过线缆测试仪对制作的网线进行测试，验证制作的正确性，从感性上加强读者对双绞线连线特点的认识。最后读者需要深入自学常用网络命令，如ping、ipconfig、tracert、arp、nslookup、route、net等，一方面帮助读者正确理解各种网络命令的使用语法，并且培养读者网络管理技能和服务意识；另一方面为读者在实际网络工程工作过程中提供一种发现问题、解决问题和评价解决效果的有效工具。

2.2 双绞线

双绞线是一种最常用的传输介质，由螺线缠绕两根绝缘导线扭绞在一起构成一对线，这样做是为了减小线对内两根铜线之间的电磁干扰。双绞线既可用于传输模拟信号，又可用于传输数字信号。在局域网中所使用的双绞线可分为无屏蔽双绞线（Unshielded Twisted Pair，UTP）和屏蔽双绞线（Shielded Twisted Pair，STP）两类，分别如图2-1和图2-2所示。UTP分为3类UTP、4类UTP和5类UTP，它们的传输带宽分别为16 MHz、20 MHz和100 MHz。

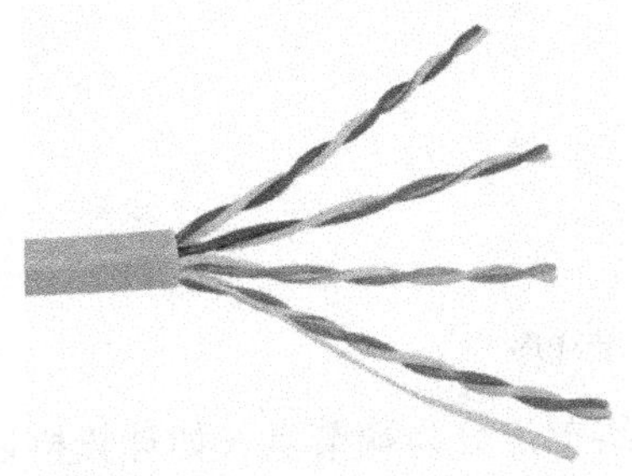

图2-1　无屏蔽双绞线

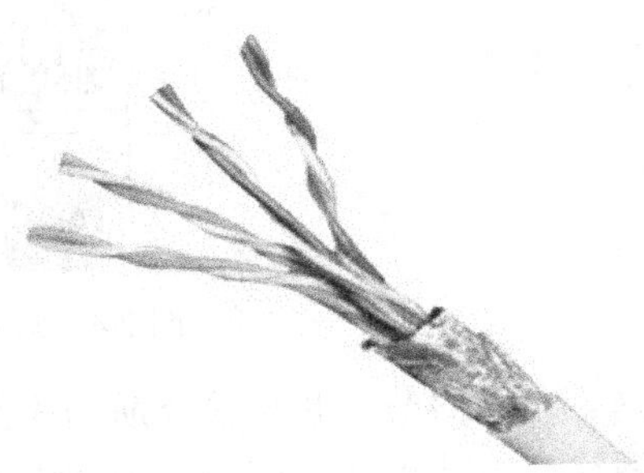

图2-2　屏蔽双绞线

RJ45连接器（俗称水晶头）有8个凹槽，简称为8P；凹槽内的金属接点共有8个，简称为8C，故RJ45水晶头也被称为“8P8C”。当左手拿水晶头（金属片在上且塑料卡向下）时，从左到右的引脚序号是1～8。EIA/TIA布线标准中规定了两种标准线序：568A标准线序和568B标准线序。

568B标准线序：白橙-1，橙-2，白绿-3，蓝-4，白蓝-5，绿-6，白棕-7，棕-8；如图 2-3 所示。实际上在原始线序（白橙-1，橙-2，白绿-3，绿-4，白蓝-5，蓝-6，白棕-7，棕-8）基础上，只要将引线 4 与引线 6 对调即可得到 568B标准线序。

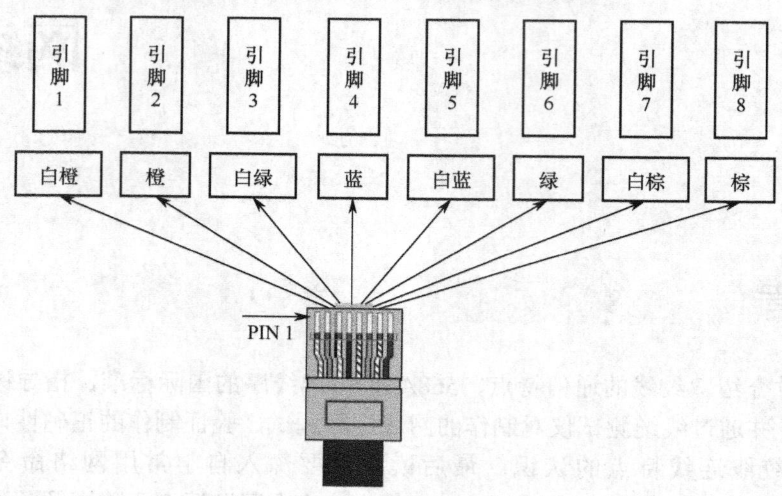

图 2-3　568B 标准线序

568A标准线序：白绿-1，绿-2，白橙-3，蓝-4，白蓝-5，橙-6，白棕-7，棕-8；如图 2-4 所示。实际上在 568B标准线序基础上，只要将引线 1 与引线 3，以及引线 2 与引线 6 对调，即可得到 568A标准线序。

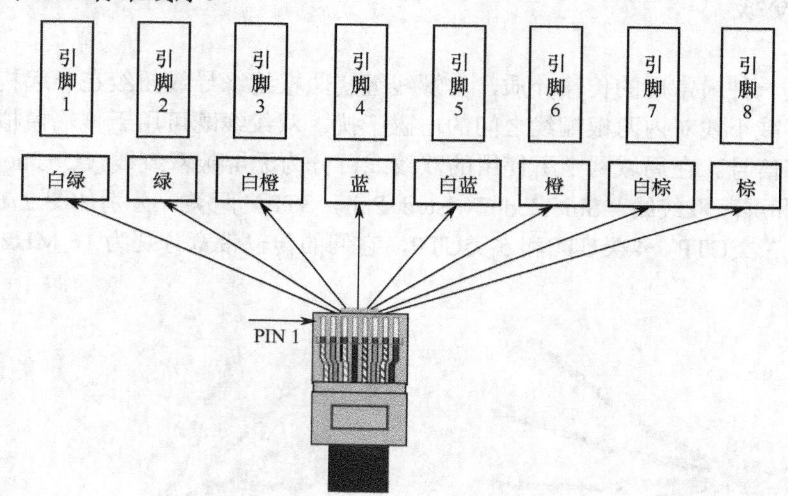

图 2-4　568A 标准线序

计算机网络由网络节点和传输介质构成，网络节点分为端节点（如计算机以及各种终端设备）和网络交换节点（如交换机和路由器）。网络节点用到的RJ45 接口可分为两种类型：MDI（Media Dependent Interface）和MDI-X；由于计算机和路由器RJ45 接口类型相同（均为MDI）而交换机RJ45 接口类型为MDI-X，因此网络节点之间的连线方式需要遵循以下规则：（1）同类型接口的设备之间采用交叉线，如计算机之间、路由器之间、计算机与路由器之间以及交换机之间均采用交叉线；（2）不同类型接口的设备之间采用直通线。如计算机/路由器与交换机之间采用直通线。交叉线是指双绞线两端所连接的RJ45 接口的线序一端采用 568B线序标准而另一端采用 568A线序标准；直通线是指双绞线两端所连接的RJ45接口的线序均采用 568B线序标准。

2.3 网线制作

网线制作需要双绞线 2 段、RJ45 水晶头若干、专用剥线钳一个以及网线测试仪，其中专用剥线钳和网线测试仪分别如图 2-5 和图 2-6 所示。网线制作步骤如下。

（1）剥线：用专用剥线钳剪线刀口将双绞线线头剪齐，在将双绞线一端伸入剥线刀口并触及前挡板，紧握专用剥线钳同时慢慢旋转双绞线，使刀口划开双绞线保护塑料外胶皮，并取下塑料外胶皮，注意不要划伤铜线芯，剥线长度为 20mm左右。

（2）理线：将双绞线按照 568A或 568B标准线序进行平行排列，用手轻轻整理排列好的线，然后用专用剥线钳的剪线刀口将整理好的线前端剪齐，长度留 12～15mm为宜。

（3）插线：左手捏住RJ45 水晶头，注意有塑料卡子的一侧向下，右手平捏双绞线并用力将双绞线水平插入水晶头线槽顶端，对于 568B标准线序，第一引脚应为白橙线；对于568A标准线序，第一引脚应为白绿线。

（4）压线：将RJ45 水晶头放入专用剥线钳的夹槽中，用力捏几下专用剥线钳，压紧线头即可；双绞线另一端采用相同的方法制作，网线即可制作完成。

图 2-5　专用剥线钳

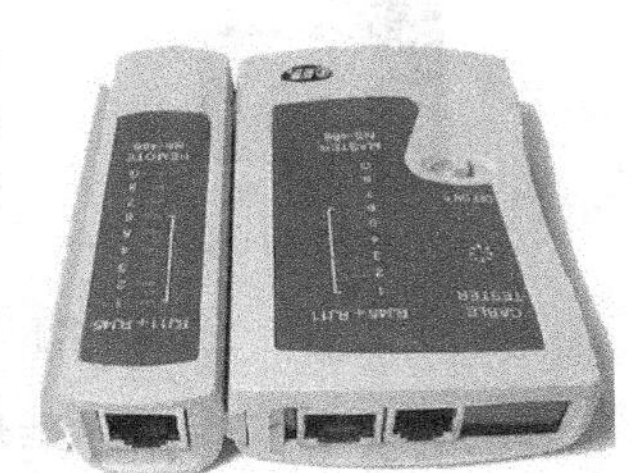

图 2-6　网线测试仪

2.4 网线测试

将制作好的网线的两端RJ45水晶头分别插入到网线测试仪的两个RJ45插口中，打开网线测试仪，若网线制作正确，则LED灯会按序逐对闪烁；若LED灯不亮或没有按序逐对闪烁，则说明网线制作有问题，需要重做。对于直通线LED逐对显示顺序应该为：1 对 1，2 对 2，3 对 3，4 对 6，5 对 5，6 对 4，7 对 7，8 对 8。对于交叉线LED逐对显示顺序应该为：1 对 3，2 对 6，3 对 1，4 对 4，5 对 5，6 对 2，7 对 7，8 对 8。

第 3 章

Windows 系统网络应用服务的配置

3.1 引言

本章主要介绍 DNS 服务器、万维网服务器、FTP 服务器、邮件服务器、DHCP 服务器和 Telnet 服务器的配置。实验网络拓扑结构如图 3-1 所示。

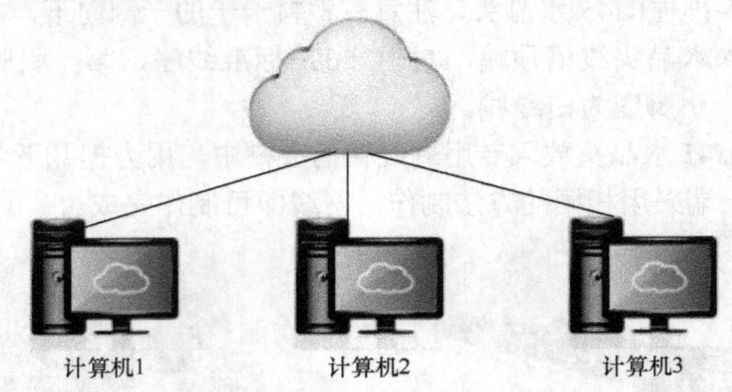

图 3-1 实验网络拓扑结构

在如图 3-1 所示的实验网络拓扑结构中，计算机 1 为 Windows XP 或 Windows 7 系统，作为测试客户端计算机，其网络配置信息如表 3-1 所示。

表 3-1 计算机 1 的网络配置信息

网络配置信息	值
IP 地址	192.168.0.100
子网掩码	255.255.255.0
默认网关	192.168.0.1
DNS 服务器的 IP 地址	192.168.0.3

若计算机 2 作为 Web、FTP、POP3、SMTP、DHCP、Telnet 服务器，安装的操作系统为 Windows 网络操作系统服务器版本，如 Windows Server 2003，其主要功能是完成各种服务器的服务功能，计算机 2 的网络配置信息如表 3-2 所示。

表 3-2 计算机 2 的网络配置信息

网络配置信息	值
IP 地址	192.168.0.2
子网掩码	255.255.255.0
默认网关	192.168.0.1
DNS 服务器的 IP 地址	192.168.0.3

计算机 3 作为 DNS 服务器，安装的操作系统为 Windows 网络操作系统服务器版本，如

Windows Server 2003，其主要功能是完成对域名的解析，计算机 3 的网络配置信息如表 3-3 所示。

表 3-3　计算机 3 的网络配置信息

网络配置信息	值
IP 地址	192.168.0.3
子网掩码	255.255.255.0
默认网关	192.168.0.1
DNS 服务器 IP 地址	192.168.0.3

3.2 DNS 服务器配置

DNS 系统主要用来实现从域名到 IP 地址的解析服务，DNS 系统采用 C/S 结构，由 DNS 客户端、DNS 服务器和 DNS 通信协议三部分组成，如图 3-2 所示。

图 3-2　DNS 系统的 C/S 结构

DNS 客户端查询 IP 地址的步骤：① 首先查找本地 Windows 系统目录\..\etc\hosts 下的文件（如 c:\windows\system32\drivers\etc\hosts 文件），系统在该文件中查找域名对应的 IP 地址；② 若未找到，则下一步在本地 DNS 缓冲中查找；③ 若还未找到，则 DNS 客户端向本地 DNS 服务器发送 DNS 请求；④ 若本地 DNS 服务器还未找到域名对应的 IP 地址，则 DNS 系统按照递归算法或迭代算法到根域名服务器及其他 DNS 服务器进行查找，直到查找到域名对应的 IP 地址为止；⑤ 否则 DNS 系统本次解析域名失败。DNS 服务器具体配置步骤如下。

1. 添加 DNS 服务组件

（1）依次单击“控制面板”→“添加/删除程序”→“添加/删除 Windows 组件”，系统弹出“Windows 组件向导”页面，如图 3-3 所示。

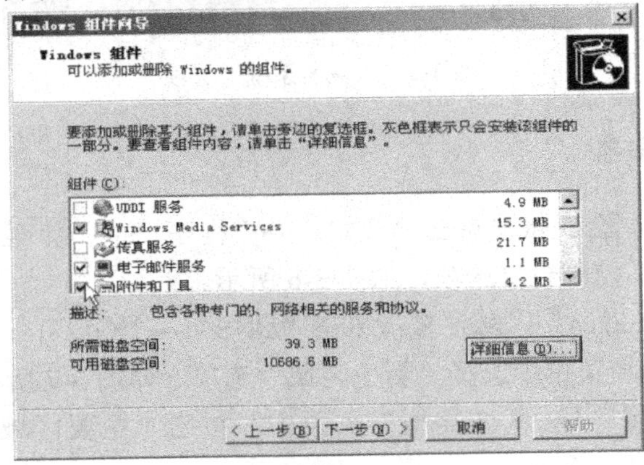

图 3-3　“Windows 组件向导”页面

（2）依次单击“网络服务”→“详细信息”，再单击“下一步”按钮，如图3-4所示。

（3）依次单击“域名系统（DNS）”→“确定”→“下一步”，然后将Windows Server 2003安装光盘放入光驱内，DNS服务组件安装完成，如图3-5所示。

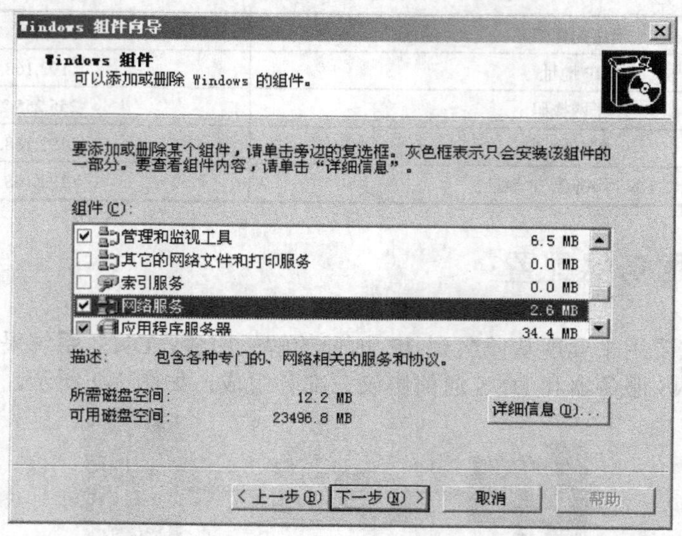

图3-4 “网络服务”选项

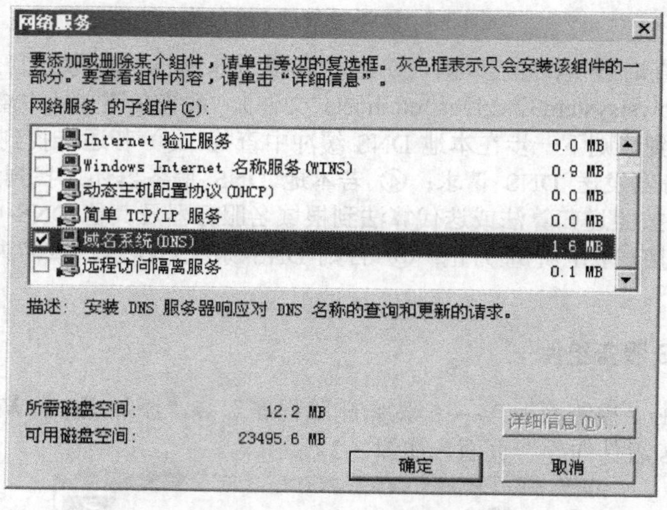

图3-5 “域名系统”选项

2. 配置DNS服务器

（1）打开DNS控制台：依次单击“开始”→“程序”→“管理工具”，然后双击DNS服务组件，弹出“DNS控制台”选项，如图3-6所示。

（2）建立“nwpu.edu.cn”区域：依次单击“DNS”→“G12”，然后单击鼠标右键选中“正向搜索区域”，在快捷菜单中选择“新建区域”选项，如图3-7所示。

（3）在“新建区域向导-区域类型”页面中，单击“主要区域”单选框，然后单击“下一步”按钮，如图3-8所示。

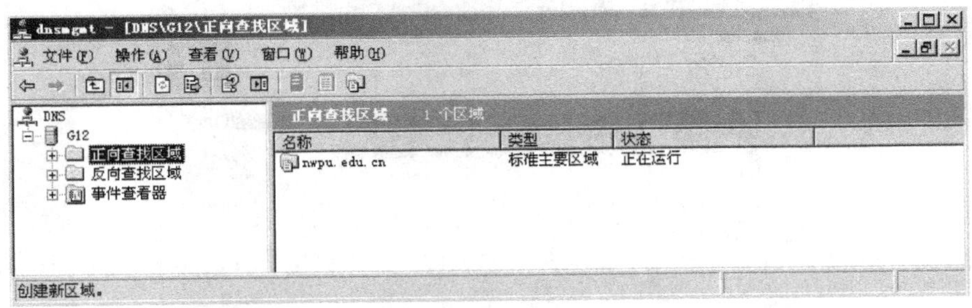

图 3-6 “DNS 控制台”选项

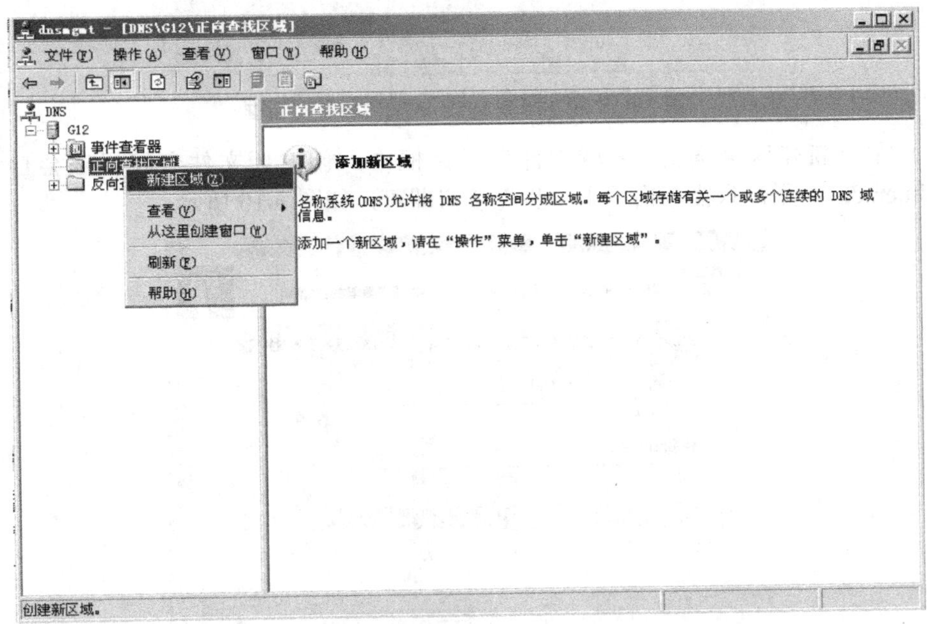

图 3-7 “DNS 控制台新建区域”选项

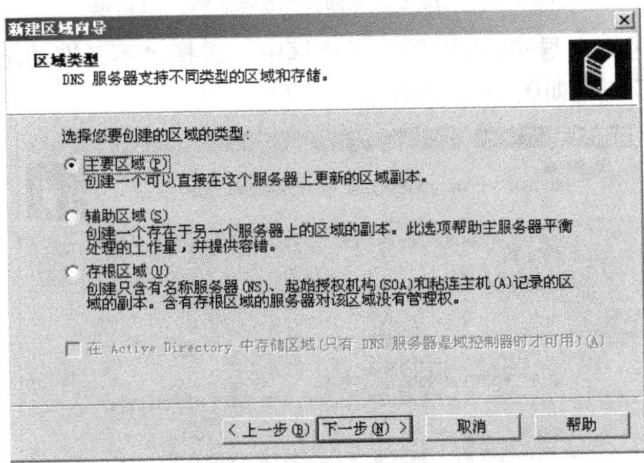

图 3-8 “新建区域向导-区域类型”页面

（4）在“新建区域向导-区域名称”对话框中，在区域名称编辑框中输入 nwpu.edu.cn，然后单击“下一步”按钮，如图 3-9 所示。

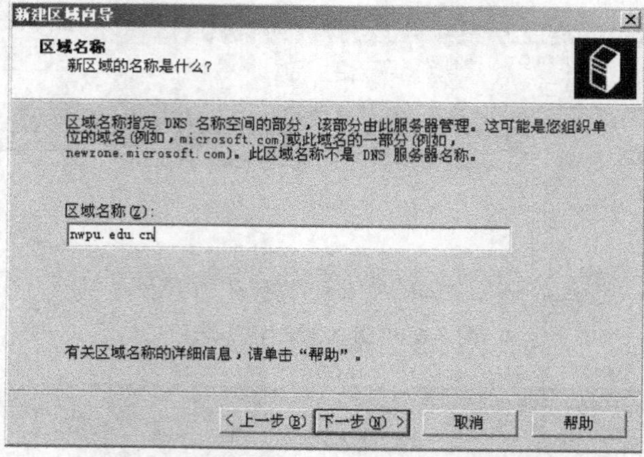

图 3-9 "新建区域向导-区域名称"对话框

（5）在"新建区域向导-区域文件"对话框中，创建新文件名编辑框会自动填写 nwpu.edu.cn.dns，用户只需单击"下一步"按钮即可，如图 3-10 所示。

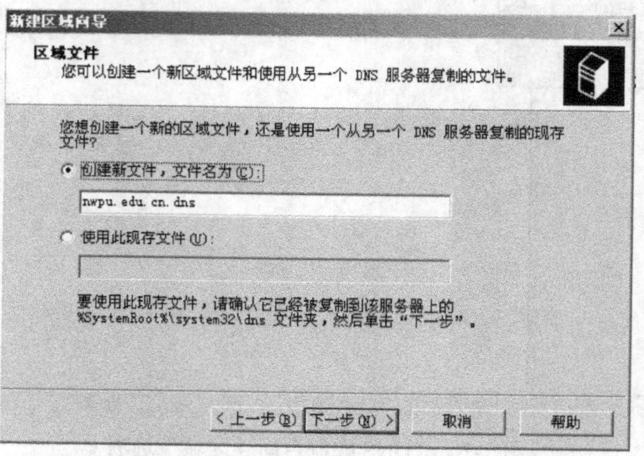

图 3-10 "新建区域向导-区域文件"对话框

（6）在"新建区域向导-动态更新"对话框中，选择"不允许动态更新"单选框，然后单击"下一步"按钮，如图 3-11 所示。

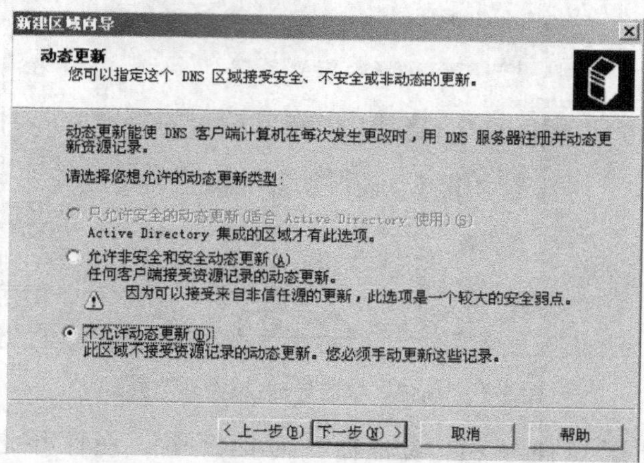

图 3-11 "新建区域向导-动态更新"对话框

（7）在“新建区域向导-正在完成新建区域向导”对话框中，单击“完成”按钮即可，如图 3-12 所示。

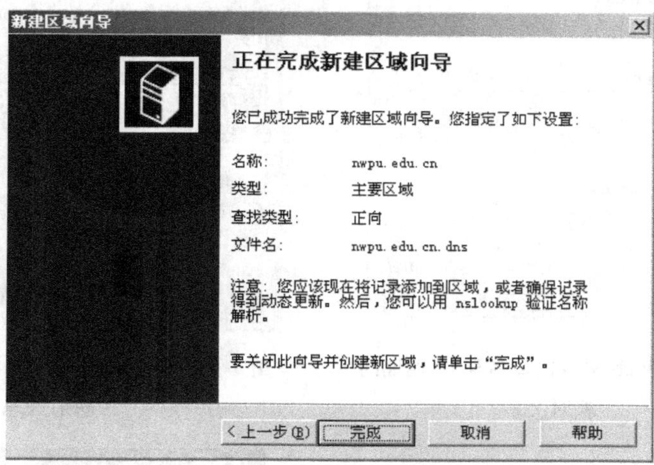

图 3-12 “新建区域向导-正在完成新建区域向导”对话框

（8）在“DNS 控制台”对话框中，选中“nwpu.edu.cn”选项，在弹出的快捷菜单中选择“新建主机”选项，如图 3-13 所示。

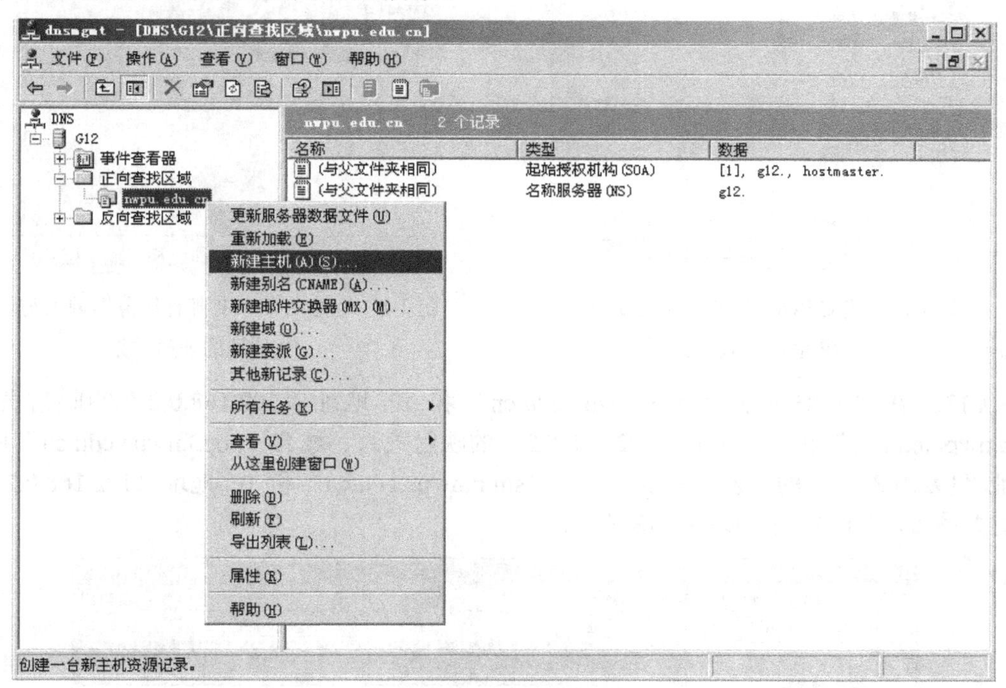

图 3-13 “DNS 控制台-建立主机”选项

（9）在“新建主机”对话框中，在“名称”编辑框中输入 www；在“IP 地址”编辑框中输入 192.168.0.2，如图 3-14 所示。

（10）利用（9）中同样的方法，建立 FTP 服务器域名与 IP 地址的映射关系，如图 3-15 所示。

（11）建立 POP3 邮件服务器域名与 IP 地址的映射关系，如图 3-16 所示。

（12）建立 SMTP 邮件服务器域名与 IP 地址的映射关系，如图 3-17 所示。

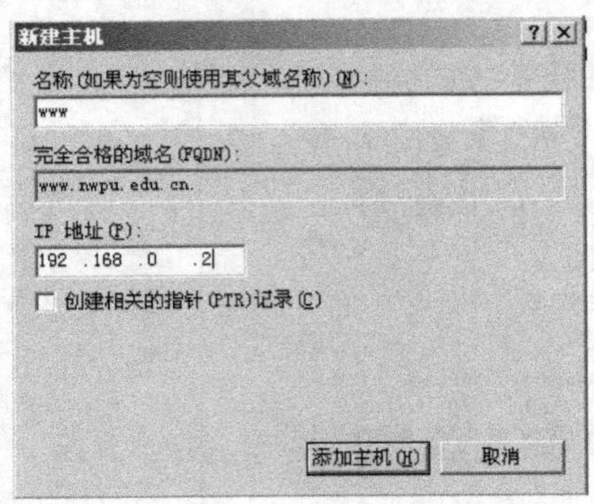

图 3-14　建立 Web 服务器域名与 IP 地址的映射关系

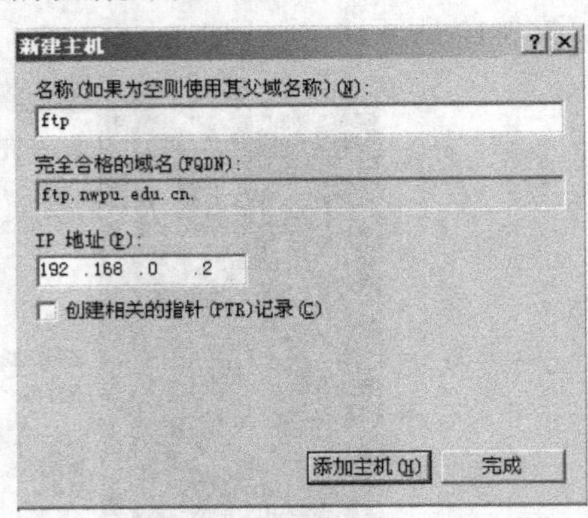

图 3-15　建立 FTP 服务器域名与 IP 地址的映射关系

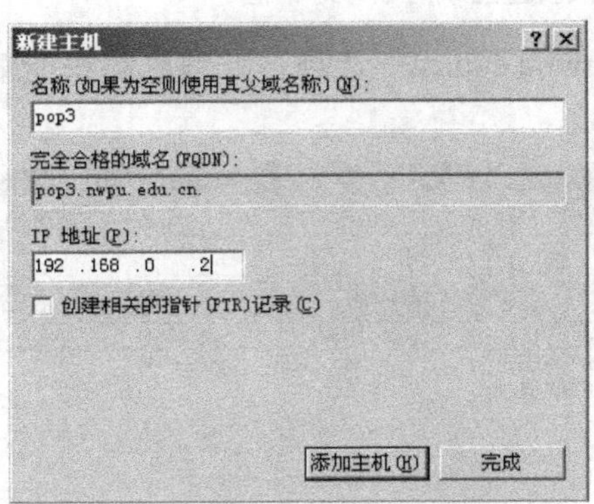

图 3-16　建立 POP3 邮件服务器域名与 IP 地址的映射关系

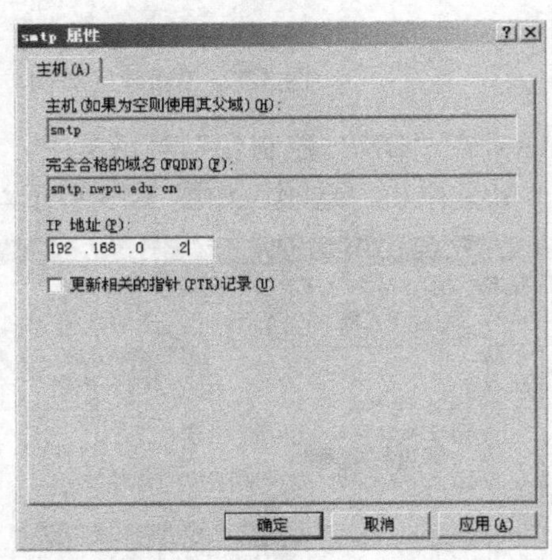

图 3-17　建立 SMTP 邮件服务器域名与 IP 地址的映射关系

（13）在建立好域名“www.nwpu.edu.cn”和 IP 地址“192.168.0.2”的映射关系、“ftp.nwpu.edu.cn”和 IP 地址“192.168.0.2”的映射关系、域名“pop3.nwpu.edu.cn”和 IP 地址“192.168.0.2”的映射关系以及域名“smtp.nwpu.edu.cn”和 IP 地址“192.168.0.2”的映射关系后，其映射关系如图 3-18 所示。

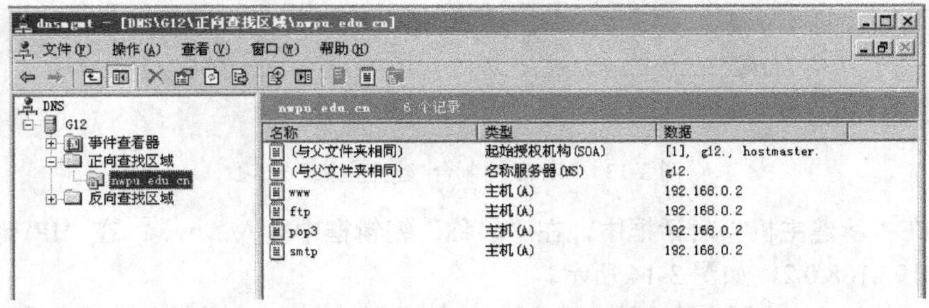

图 3-18　DNS 服务器域名与 IP 地址的映射关系

3. 验证 DNS 服务器的配置

使用 ping 命令验证客户端已有的配置是否成功，在 DOS 窗口下输入 ping www.nwpu.edu.cn 或 ping ftp.nwpu.edu.cn 或 ping pop3.nwpu.edu.cn 或 ping smtp.nwpu.edu.cn，然后进行验证。以 ping www.nwpu.edu.cn 为实例，若测试结果为客户端能收到 ICMP 应答报文，则说明 DNS 服务器上对 Web 服务器域名到 IP 地址映射关系的配置是正确的，其配置如图 3-19 所示。其他映射关系的验证方法与该方法类似。

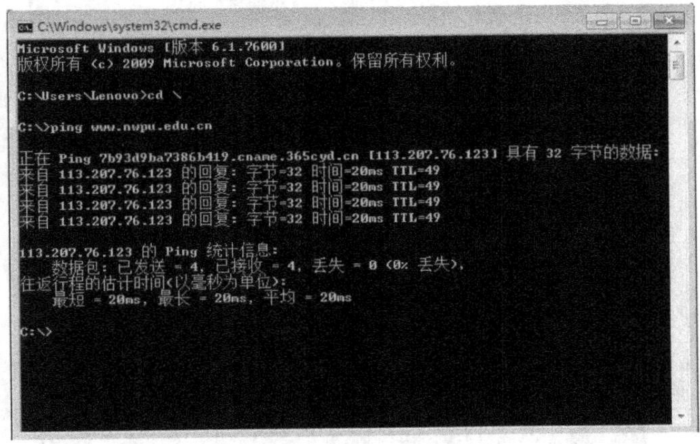

图 3-19　验证 Web 服务器域名到 IP 地址映射关系的配置

3.3 万维网服务器配置

万维网（World Wide Web，WWW）并非特殊的计算机网络，它是一种大规模的、联机式的信息存储方式，用户可采用“链接”方法从因特网上一个站点访问另一个站点的网页（超媒体信息包括本文、视频、音频、图像），用户可以主动地按需获取丰富的信息，这种访问方式称为“链接”（超链）。

万维网系统采用 C/S 结构，由 Web 客户端（如各种浏览器）、Web 服务器和 HTTP 通信协议三部分组成，如图 3-20 所示。

图 3-20　万维网系统的 C/S 结构

1. 添加 Web 服务组件

（1）依次单击“控制面板”→“添加/删除程序”→“添加/删除 Windows 组件”→“应用程序服务器”，最后单击“详细信息”按钮，如图 3-21 所示。

（2）在“Windows 组件向导”对话框中，选择“Internet 信息服务（IIS）”复选框，然后单击“详细信息”按钮，如图 3-22 所示。

（3）在“Windows 组件向导-子组件”对话框中，选择“万维网服务”复选框，然后单击“确定”按钮，最后在光驱中插入 Windows Server 2003 光盘，Web 服务组件安装完成，如图 3-23 所示。

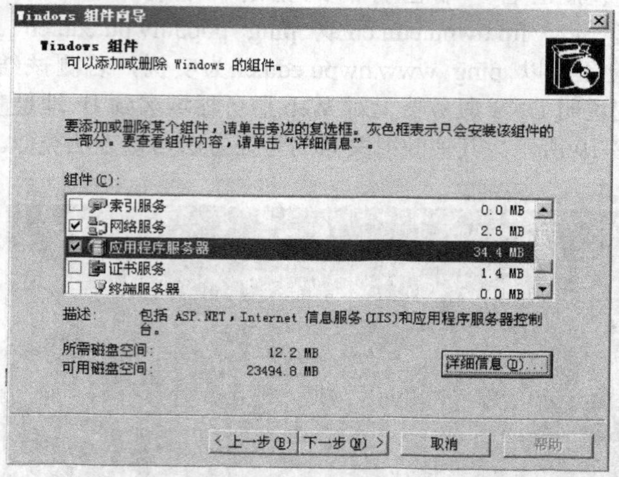

图 3-21 “Windows 组件向导”对话框

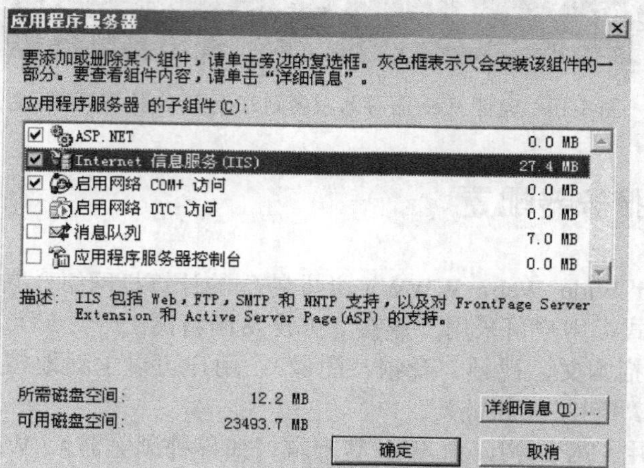

图 3-22 “应用程序服务器”对话框

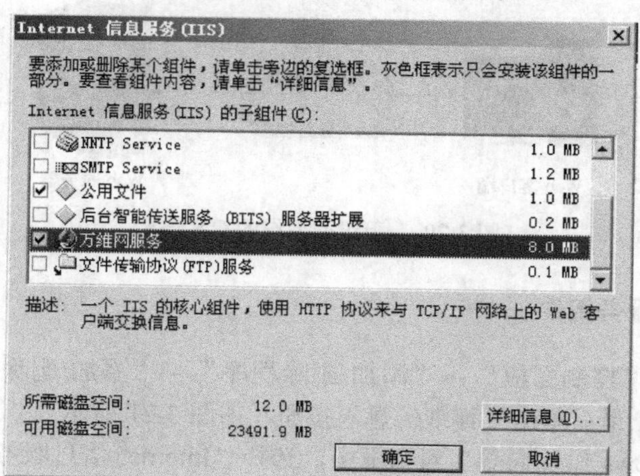

图 3-23 “Windows 组件向导-子组件”对话框

2. 配置 Web 服务器

（1）依次选择“开始”→“程序”→“管理工具”→“Internet 信息服务”，单击鼠标右键选择“默认网站”选项，在弹出的快捷菜单中选择“新建→网站”选项，如图 3-24 所示。

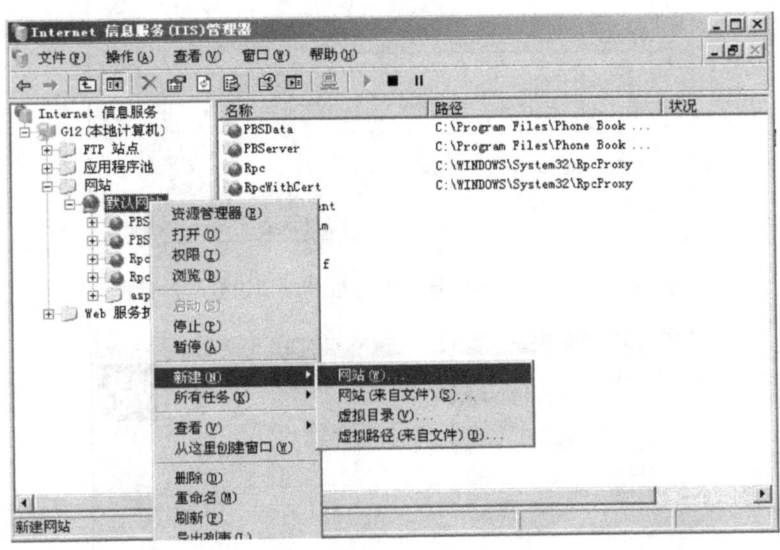

图 3-24 “Internet 信息服务（IIS）管理器”对话框

（2）在“网站创建向导－网站描述”对话框中，在“描述”编辑框中输入“webtest”，然后单击“下一步”按钮，如图 3-25 所示。

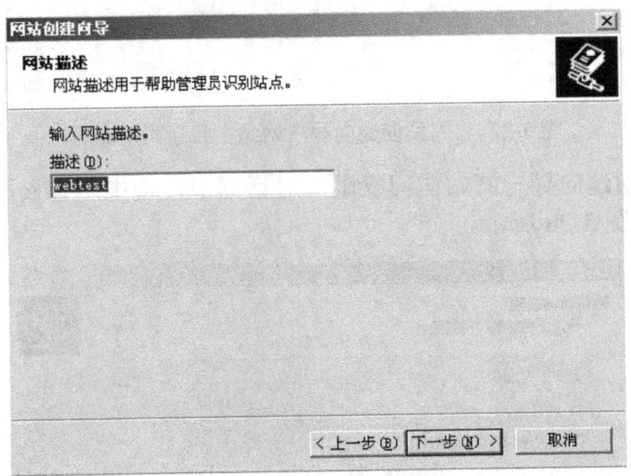

图 3-25 “网站创建向导－网站描述”对话框

（3）在“网站创建向导－IP 地址和端口设置”对话框中，在“网站 IP 地址”编辑框中输入 192.168.0.2，“网站 TCP 端口”采用默认值 80，然后单击“下一步”按钮，如图 3-26 所示。

（4）在“网站创建向导－网站主目录”对话框中，在“路径”编辑框使用“浏览”按钮选择“C:\webtest”，并选中“允许匿名访问网站”单选框，然后单击“下一步”按钮，如图 3-27 所示。

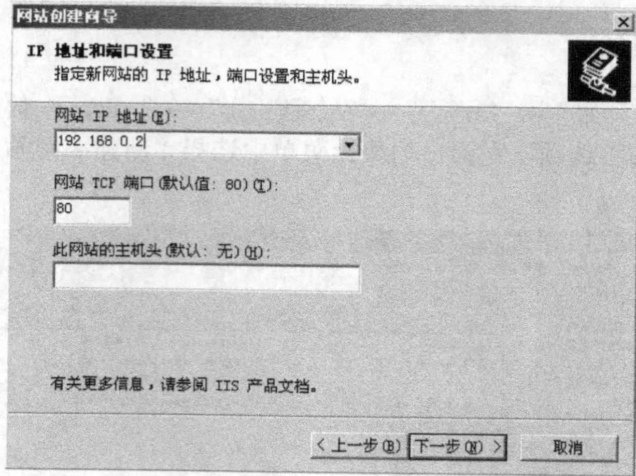

图 3-26 “网站创建向导－IP 地址和端口设置”对话框

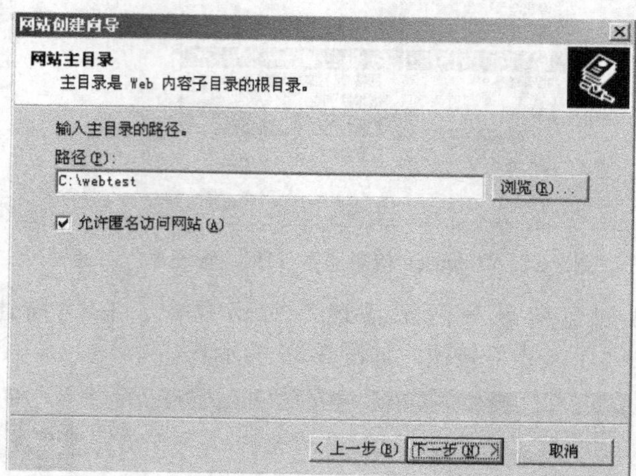

图 3-27 “网站创建向导－网站主目录”对话框

（5）在“网站创建向导－网站访问权限”对话框中，选中所有权限复选框，然后单击“下一步”按钮，如图 3-28 所示。

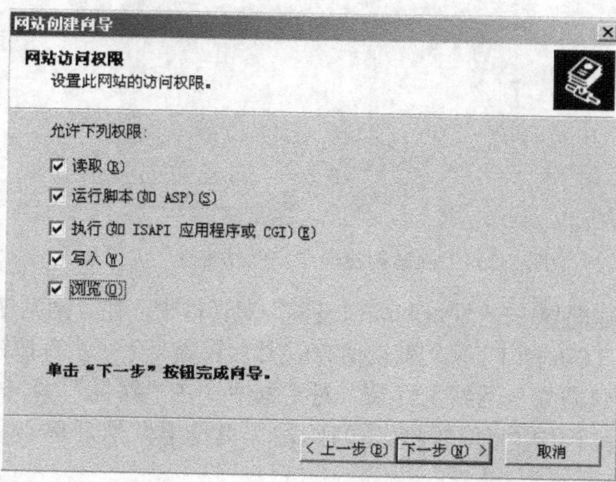

图 3-28 “网站创建向导－网站访问权限”对话框

（6）在“网站创建向导一已成功完成网站创建向导”页面中，单击“完成”按钮即可，如图 3-29 所示。

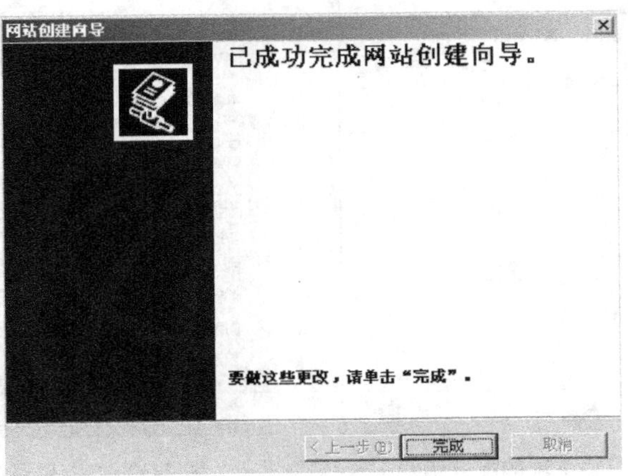

图 3-29 “网站创建向导一已成功完成网站创建向导”页面

（7）在“Internet 信息服务（IIS）管理器”界面中，选中“webtest”，并单击鼠标右键，在弹出的快捷菜单中选择“属性”选菜单项，如图 3-30 所示。

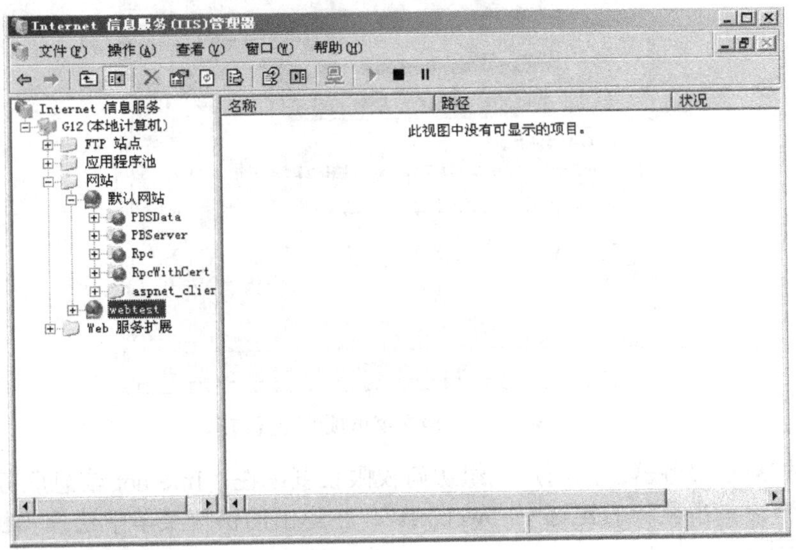

图 3-30 “Internet 信息服务（IIS）管理器”界面

（8）在“webtest 属性”对话框中，选择“网站”菜单项，配置信息如图 3-31 所示，然后检查是否正确。

（9）在“webtest 属性”对话框中，选择“主目录”菜单项，配置信息如图 3-32 所示，然后检查是否正确。

（10）在“webtest 属性”对话框中，选择“文档”菜单项，通过“添加”按钮增加 index.html 默认文档，配置信息如图 3-33 所示。

（11）其他内容保持默认设置不需要修改，直接单击“确定”按钮即可，这时会出现“继承覆盖”对话框，一般选择“全选”选项后再单击“确定”按钮，即可完成“默认 Web 站点”的属性设置或检查。

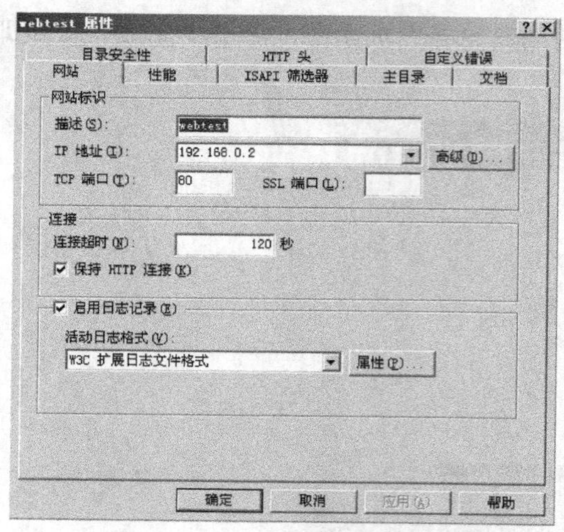

图 3-31 “网站”菜单项的配置信息

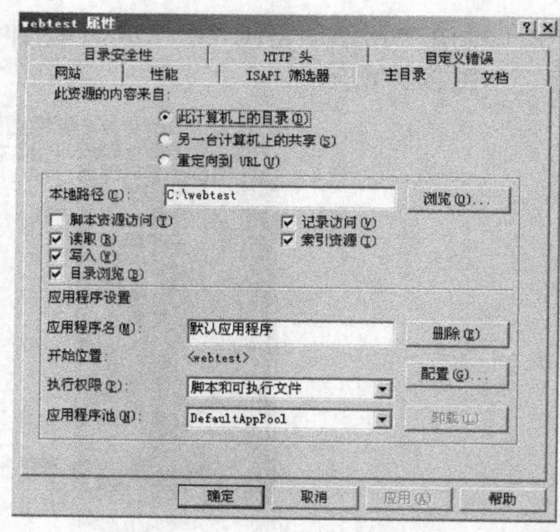

图 3-32 “主目录”菜单项的配置信息

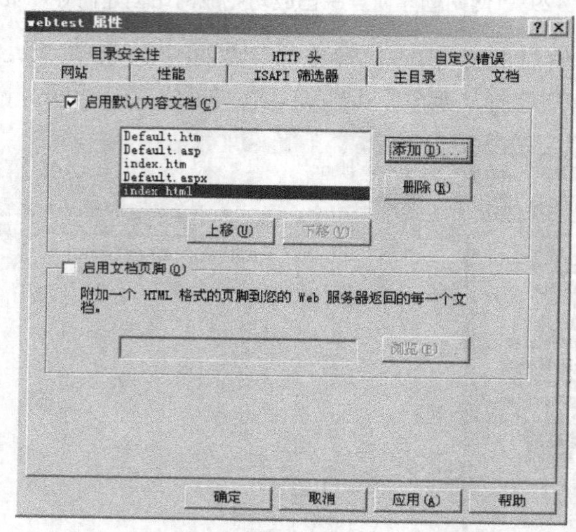

图 3-33 “文档”菜单项的配置信息

（12）对 Web 服务器上的用户或组访问权限设置：在“Internet 信息服务（IIS）管理器”对话框中，单击鼠标右键选中“webtest”，在弹出的快捷菜单中选择“权限”选项，如图 3-34 所示。

（13）在“安全”对话框中，可通过“添加”按钮添加访问该 Web 服务器的组或用户，并对其设置访问权限，如图 3-35 所示。

（14）启动或停止 Web 站点服务：在“Internet 信息服务 IIS 管理器”对话框中，单击鼠标右键选中“网站名称”，在弹出的快捷菜单中利用“启动”和“停止”菜单项，可启动或关闭相应的 Web 服务器，如图 3-36 所示。

3. 验证 Web 服务器的配置

Web 站点测试验证：在文件夹“C:\webtest”目录下建立文件 index.html，使用“记事本”编辑如下内容并保存。

```
<html>
```

```
<head>
<title>  网站测试页面 <title>
</head>
<body>
这是我第一个 Web 测试页面
</body>
</html>
```

在测试客户端主机上打开浏览器，在地址中栏输入www.nwpu.edu.cn然后按回车键，若配置正确，则客户端主机浏览器会正确显示页面内容。

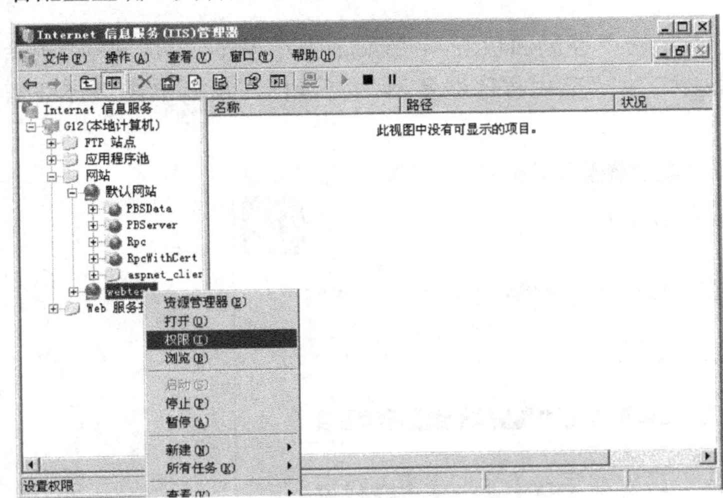

图 3-34　“Internet 信息服务（IIS）管理器”对话框

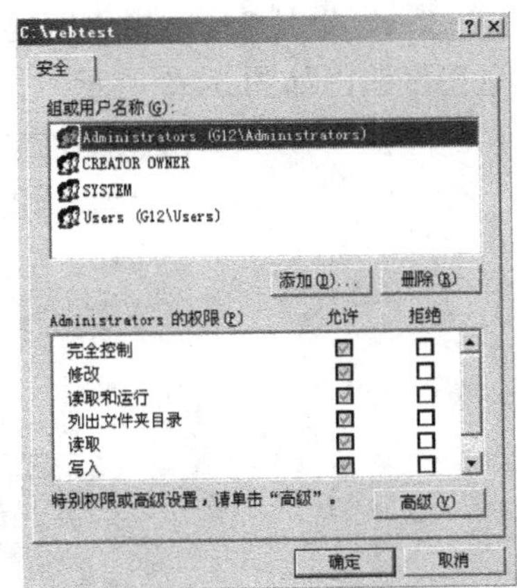

图 3-35　“安全”对话框

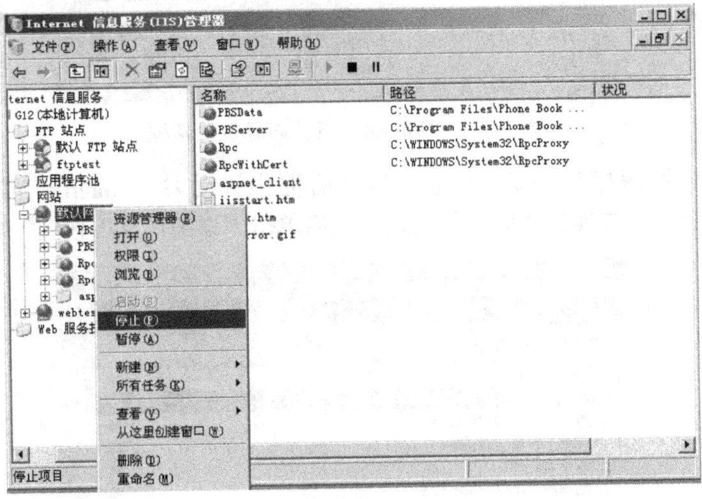

图 3-36　“Internet 信息服务（IIS）管理器”对话框

3.4　FTP 服务器配置

文件传输（FTP）系统采用 C/S 结构，如图 3-37 所示。用户通过一个支持 FTP 通信协议的客户端程序连接到远程主机上的 FTP 服务器程序，并通过客户端程序向服务器程序发出命令，服务器程序执行用户所发出的命令，并将执行的结果返回到客户端。

FTP
通信协议
FTP 客户端
FTP 服务器

图 3-37　FTP 系统的 C/S 结构

1. 添加 FTP 服务组件

（1）在 FTP 服务器上，依次单击“控制面板”→“添加/删除程序”→“添加/删除 Windows 组件”，选择“网络服务”和“应用程序服务器”复选框，最后单击“详细信息”按钮，如图 3-38 所示。

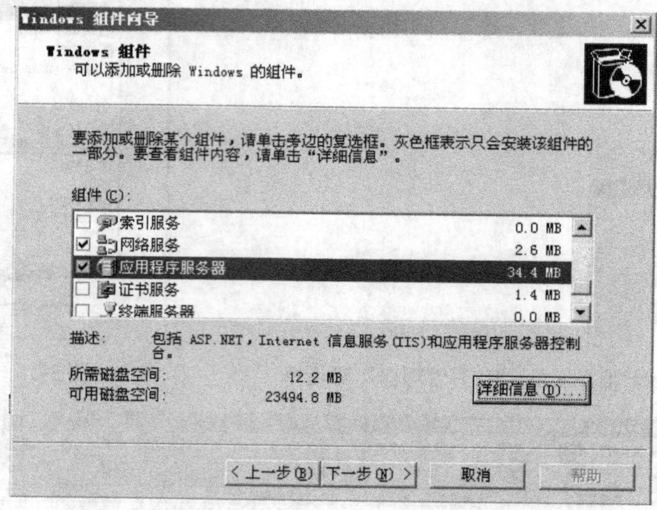

图 3-38　“Windows 组件向导”对话框

（2）在“应用程序服务器子组件”对话框中，选中“Internet 信息服务（IIS）”“ASP.NET”“启用网络 COM+访问”复选框，然后单击“详细信息”按钮，如图 3-39 所示。

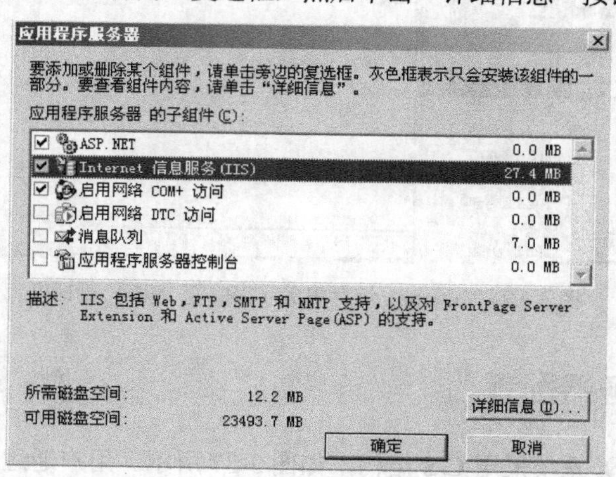

图 3-39　“应用程序服务器–子组件”对话框（1）

（3）在“应用程序服务器–子组件”对话框中，选中“公用文件”和“文件传输协议（FTP）服务”复选框，然后单击“确定”按钮，最后在光驱中插入 Windows Server 2003 光盘即可，如图 3-40 所示。

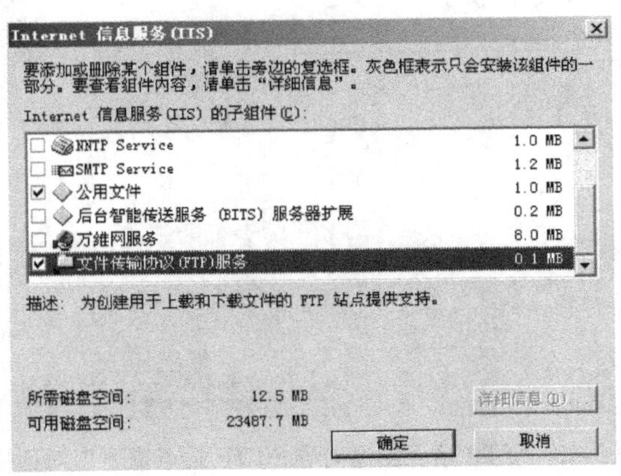

图 3-40 “应用程序服务器–子组件”对话框（2）

2. 配置 FTP 服务器

（1）在 FTP 服务器上，依次单击“开始”→“程序”→“ 管理工具”→“Internet 信息服务”，然后单击鼠标右键选中“FTP 站点”，在弹出的快捷菜单中选择“新建→FTP 站点”选项，如图 3-41 所示。

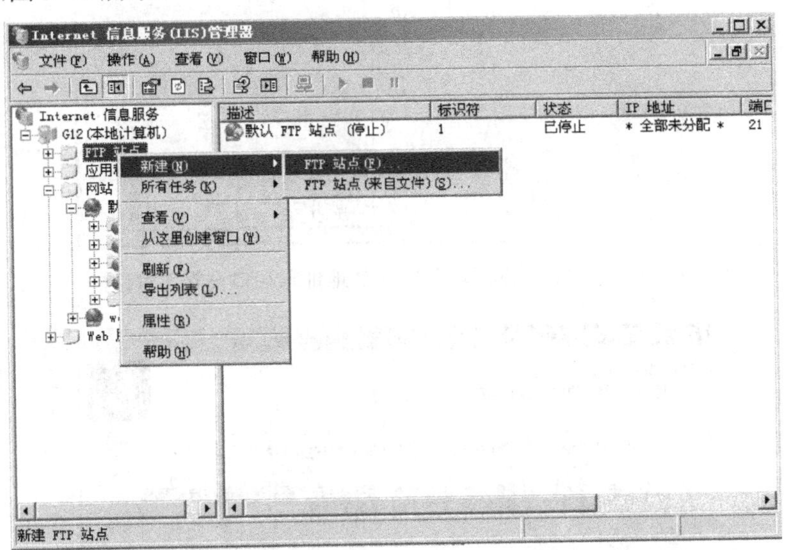

图 3-41 “Internet 信息服务（IIS）管理器”界面

（2）在“FTP 站点创建向导－FTP 站点描述”对话框中，在“描述”编辑框中输入 ftptest，然后单击“下一步”按钮，如图 3-42 所示。

（3）在“FTP 站点创建向导－IP 地址和端口设置”对话框中，在 IP 地址处输入 192.168.0.2，在 TCP 端口输入 21，然后单击“下一步”按钮，如图 3-43 所示。

（4）在“FTP 站点创建向导－FTP 用户隔离”对话框中，选中“不隔离用户”单选框，然后单击“下一步”按钮，如图 3-44 所示。

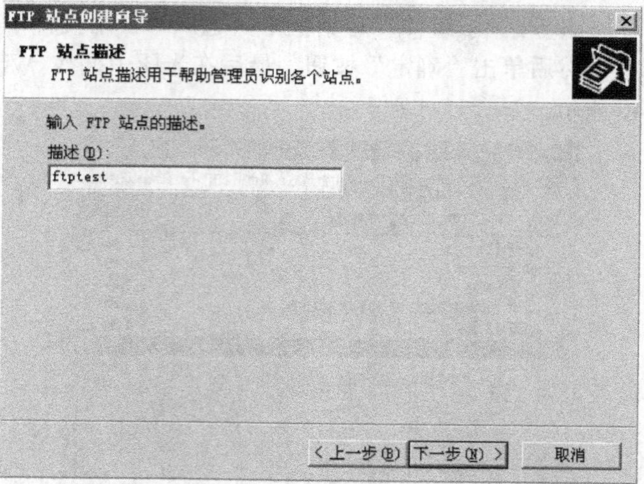

图 3-42 “FTP 站点创建向导－FTP 站点描述”对话框

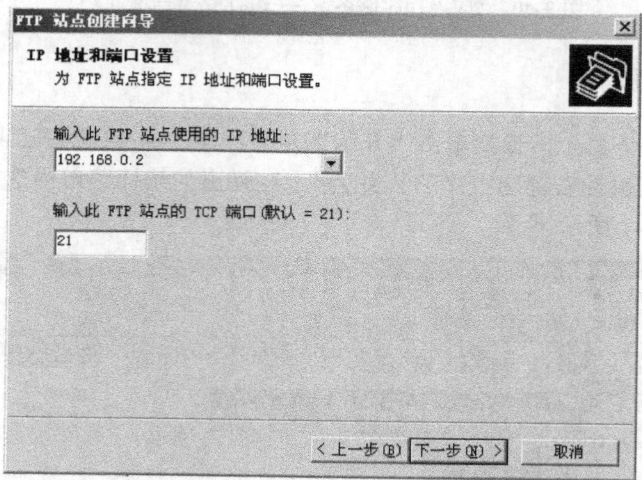

图 3-43 “FTP 站点创建向导－IP 地址和端口设置”对话框

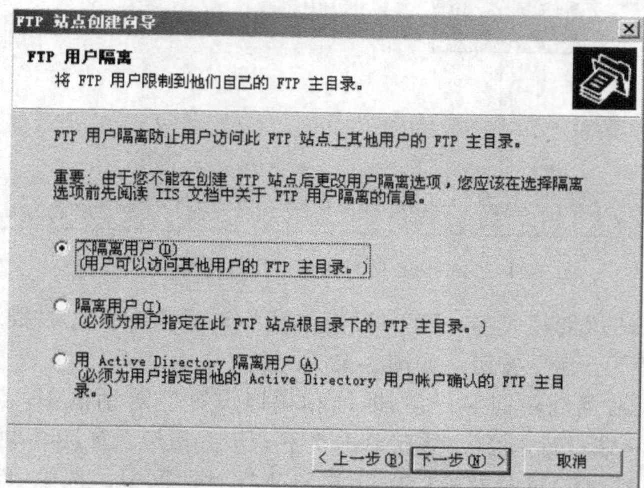

图 3-44 “FTP 站点创建向导－FTP 用户隔离”对话框

（5）在“FTP 站点主目录”选项中，在“路径”编辑框中单击“浏览”按钮，选择 FTP 服务器管理资源的路径信息，或者输入“C:\ftptest”，然后单击“下一步”按钮，如图 3-45 所示。

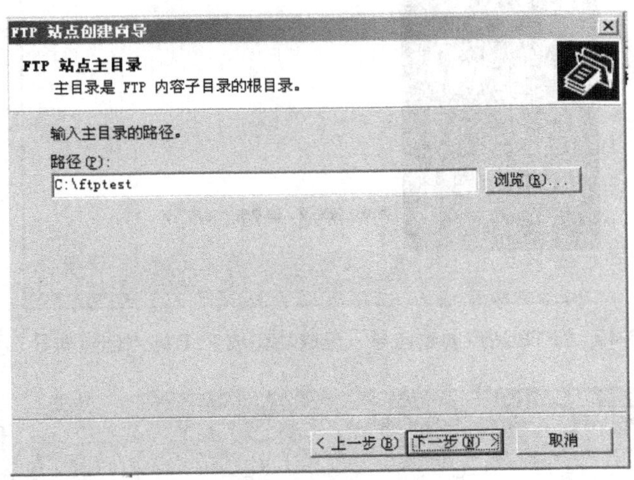

图 3-45 “FTP 站点主目录”选项

（6）在“FTP 站点访问权限”选项中，选中“读取”和“写入”复选框，然后单击“下一步”按钮，如图 3-46 所示。

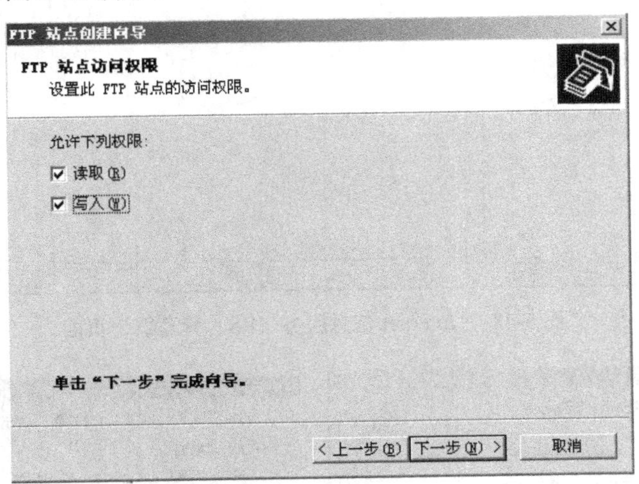

图 3-46 “FTP 站点访问权限”选项

（7）在“FTP 站点创建向导－已成功完成 FTP 站点创建向导”页面中，单击“完成”按钮即可，如图 3-47 所示。

（8）在“Internet 信息服务（IIS）管理器”界面中，单击鼠标右键选中“ftptest”站点，在弹出的快捷菜单中选择“属性”菜单项，如图 3-48 所示。

（9）在“ftptest 属性”对话框中，选择“FTP 站点”选项，检查所有配置信息，如图 3-49 所示。

（10）在“ftptest 属性”对话框中，选择“安全账户”选项，选中“允许匿名连接”单选框，检查所有配置信息，如图 3-50 所示。

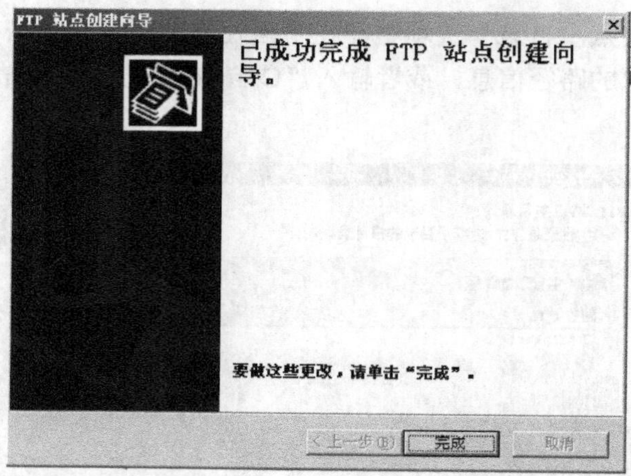

图 3-47 “FTP 站点创建向导－已成功完成 FTP 站点创建向导”页面

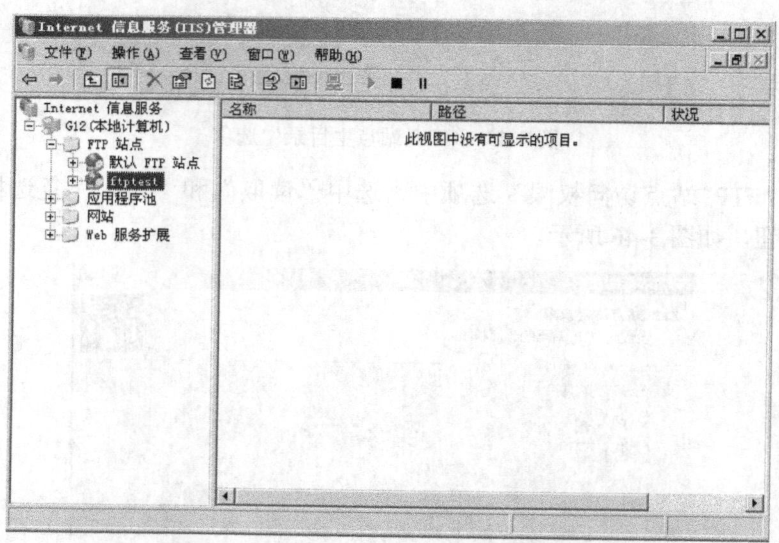

图 3-48 “Internet 信息服务（IIS）管理器”页面

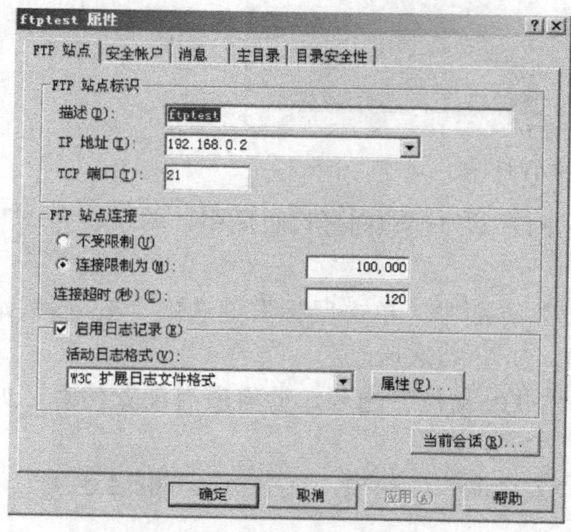

图 3-49 “FTP 站点”选项

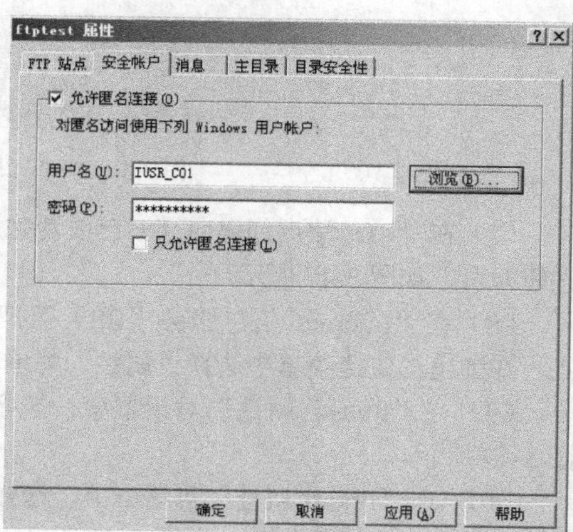

图 3-50 “安全账户”选项

（11）在“ftptest 属性”对话框中，单击“消息”选项，配置“欢迎”和“退出”信息，如图 3-51 所示。

（12）在“ftptest 属性”对话框中，选择“主目录”选项，检查配置信息，如图 3-52 所示。

（13）在“ftptest 属性”对话框中，选择“目录安全性”选项，选中“授权访问”单选框，单击“添加”按钮，输入阻止访问该网站的主机 IP 地址 192.169.0.10，如图 3-53 所示。

（14）在“ftptest 属性”对话框中，选择“目录安全性”选项，除 IP 地址为 192.169.0.10 外，其他主机均可访问该 FTP 服务器，也可以对各项进行编辑和删除操作，如图 3-54 所示。

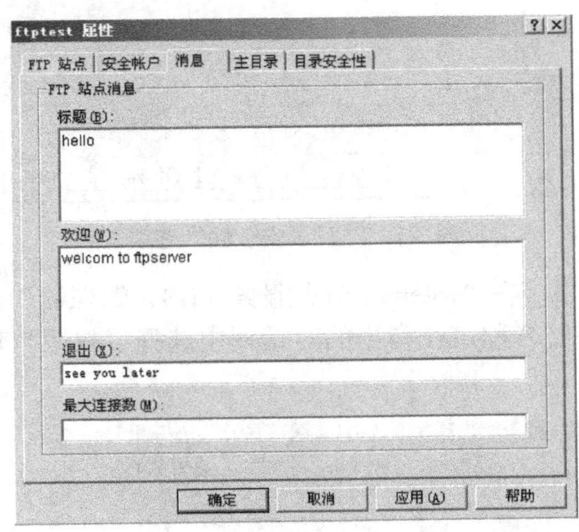

图 3-51 “消息”选项

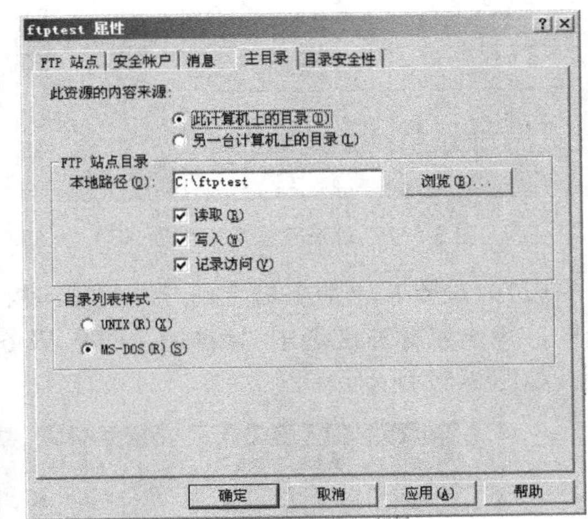

图 3-52 “主目录”选项

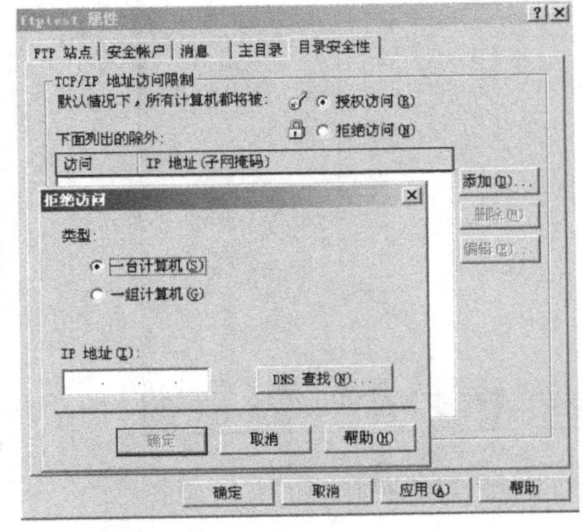

图 3-53 “目录安全性”选项（1）

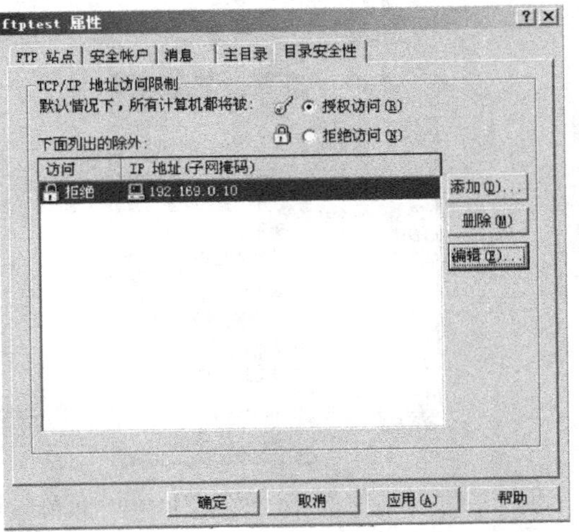

图 3-54 “目录安全性”选项（2）

（15）在“ftptest 属性”对话框中，选择“目录安全性”选项，选中“拒绝访问”单选框，单击“添加”按钮，输入允许访问该 FTP 服务器的主机 IP 地址 192.168.0.11，如图 3-55 所示。

（16）在“ftptest 属性”对话框中，选择“目录安全性”选项，除 IP 地址为

192.169.0.11 外，其他主机均被拒绝访问该 FTP 服务器，也可以对各项进行编辑和删除操作，如图 3-56 所示。

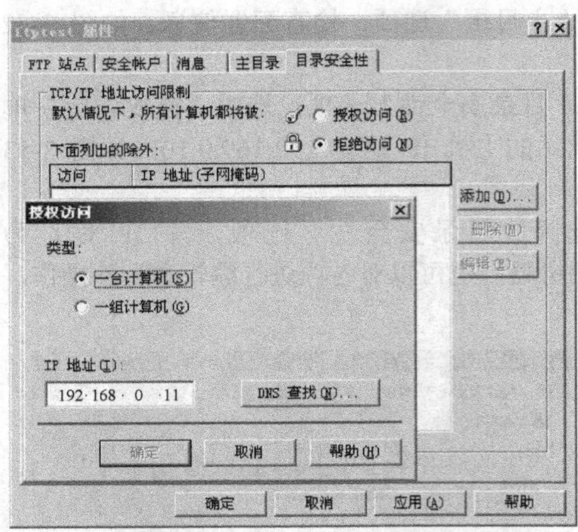

图 3-55 “目录安全性”选项（3）

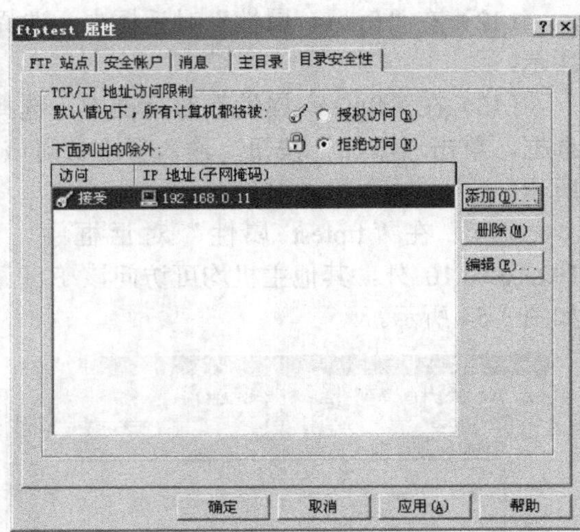

图 3-56 “目录安全性”选项（4）

（17）设置 FTP 服务器上用户及组访问权限：在“Internet 信息服务（IIS）管理器”界面中，单击鼠标右键选中“ftptest”FTP 服务器名称，在弹出的对话框中选择“权限”选项，如图 3-57 所示。

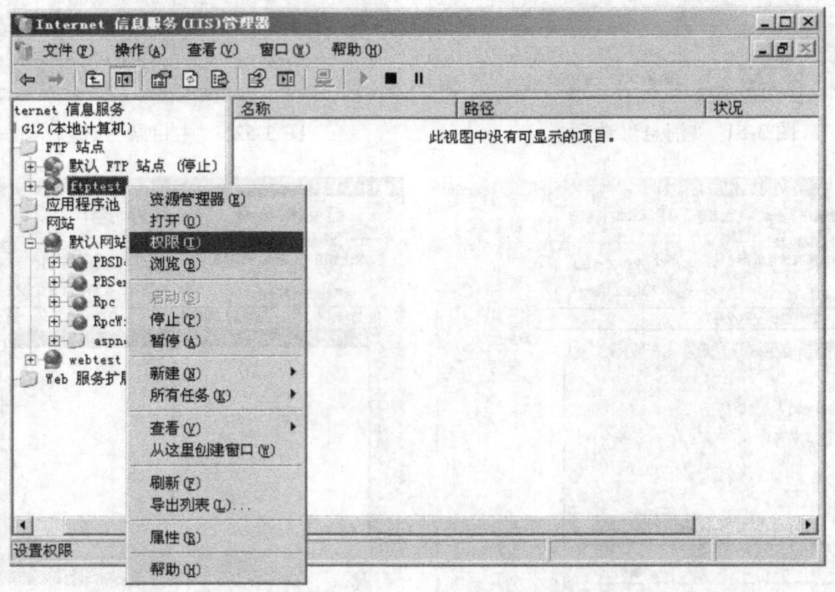

图 3-57 “Internet 信息服务（IIS）管理器”界面（1）

（18）在“安全”选项中，通过“添加”按钮，用户可增加访问该 FTP 服务器的用户或组，并设置相应的访问权限，如图 3-58 所示。

（19）启动或停止 FTP 服务器：在“Internet 信息服务（IIS）管理器”界面中，单击鼠标右键选中 FTP 服务器名称，在弹出的对话框中选择“启动”或“停止”选项，可实现对某个 FTP 服务器的服务启动或关闭，如图 3-59 所示。

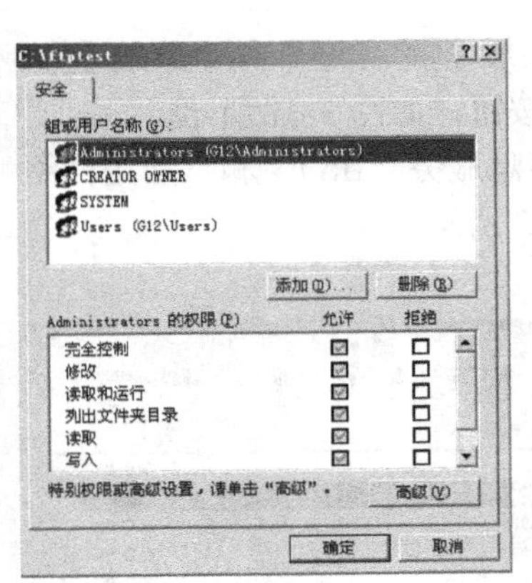

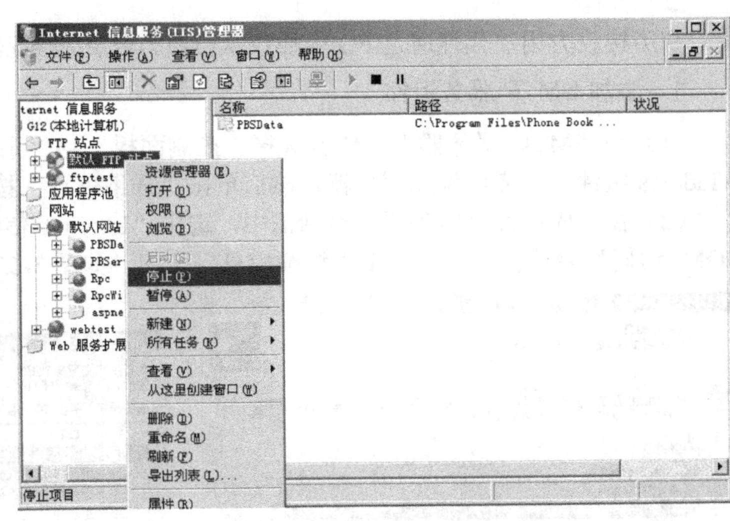

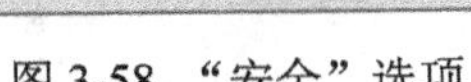
图 3-58 “安全”选项

图 3-59 “Internet 信息服务（IIS）管理器”界面（2）

3. 验证 FTP 服务器配置

FTP 服务器站点验证：在测试客户端的浏览器地址栏输入ftp://ftp.nwpu.edu.cn，若允许匿名用户登录，则可采用匿名登录方式；若不允许匿名登录方式，则会弹出登录界面，该界面要求用户输入用户的账户信息（用户名和密码），身份认证通过后即可顺利登录 FTP 服务器。用户也可以在 DOS 命令窗口下输入 dos>ftp ftp.nwpu.edu.cn，通过 DOS 下交互会话来登录 FTP服务器。

3.5 邮件服务器配置

电子邮件系统是因特网最为流行的应用之一，该系统同邮递员分发投递传统邮件一样。电子邮件采用异步方式，也就是说用户可以在任意时刻发送和阅读邮件，无须预先与接收方协同。与传统邮件服务系统不同的是电子邮件发送速度快、易于分发且成本低廉。另外，现代的电子邮件消息内容包含超链接、HTML 格式文本、图像、声音甚至视频等内容。电子邮件系统由 4 部分组成：发送方用户代理（UA）、发送方邮件服务器、接收方邮件服务器和接收方用户代理（UA），其中发送邮件采用 SMTP 协议，而接收邮件采用 POP3 协议，如图 3-60 所示。

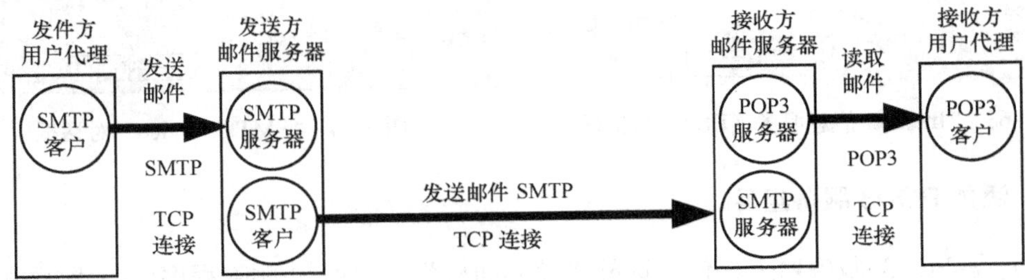

图 3-60 电子邮件系统组成

在图 3-60 中，发送方利用自身的用户代理编辑好邮件并通过 SMTP 协议发送给发送方邮件服务器，发送方邮件服务器接收到邮件后，再将邮件发送给接收方邮件服务器，接收方利用接收方用户代理通过 POP3 协议从接收方邮件服务器读取发送给自己的邮件。

1. 添加 SMTP 服务组件

（1）在 SMTP 服务器上，依次选择“控制面板”→“添加/删除程序”→“添加/删除 Windows 组件”→应用程序服务器，然后单击“详细信息”按钮，如图 3-61 所示。

（2）在“应用程序服务器”对话框中，选中“Internet 信息服务（IIS）”和“启用网络 COM+访问”复选框，然后单击“详细信息”按钮，如图 3-62 所示。

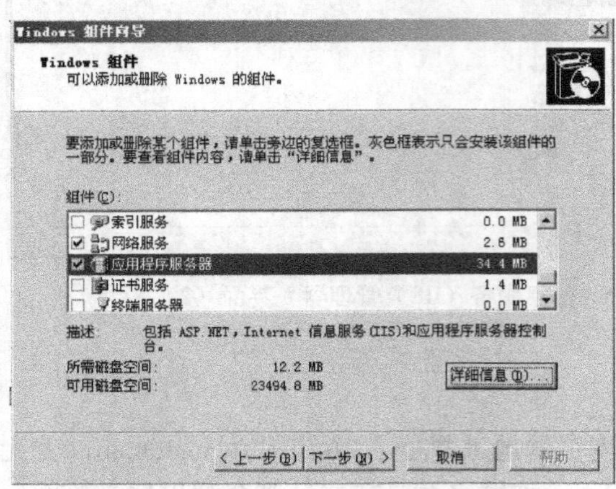

图 3-61 “Windows 组件向导”对话框

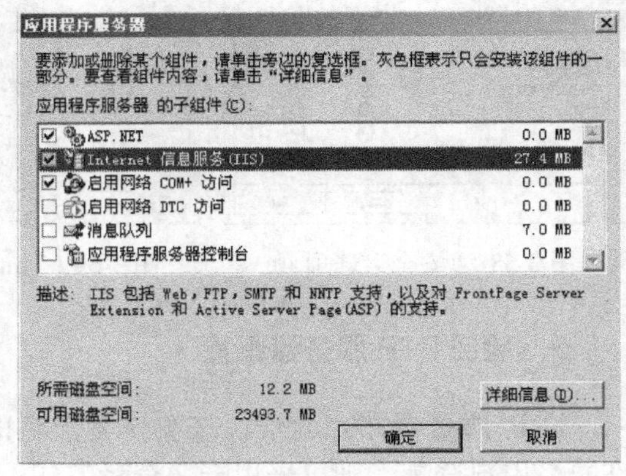

图 3-62 “应用程序服务器”对话框

（3）在“Internet 信息服务（IIS）”对话框中，选中“SMTP Service 和公用文件”复选框，然后单击“详细信息”按钮，如图 3-63 所示。

（4）在“SMTP Service”对话框中，选中“SMTP Service”复选框，然后单击“确定”按钮，然后在光驱中插入 Windows Server 2003 光盘即可，如图 3-64 所示。

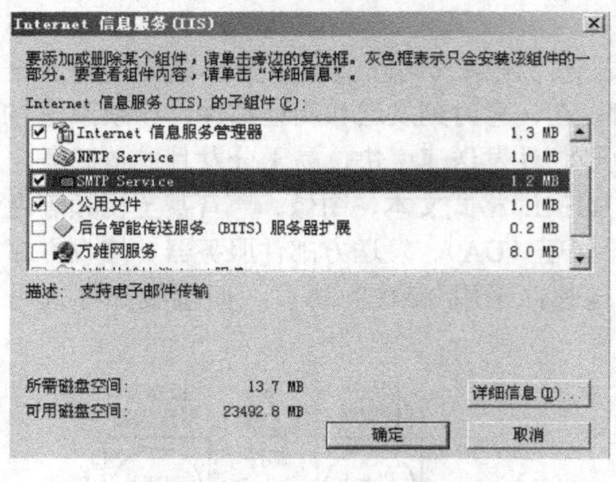

图 3-63 “Internet 信息服务（IIS）”对话框

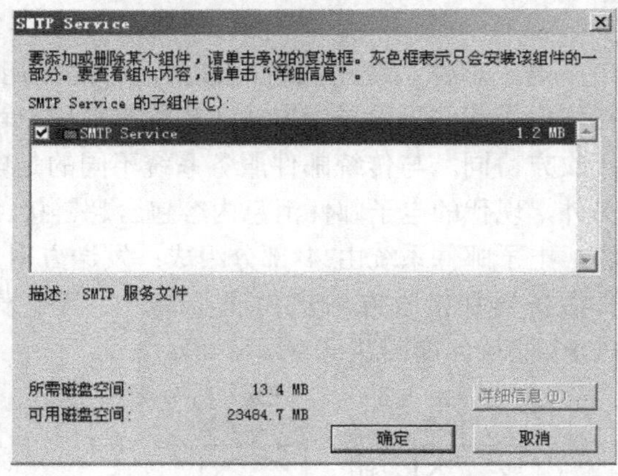

图 3-64 “SMTP Service”对话框

2. 添加 POP3 服务组件

（1）在 POP3 服务器上，依次选择“控制面板”→“添加/删除程序”→“ 添加/删除 Windows 组件”→“电子邮件服务”，然后单击“详细信息”按钮，如图 3-65 所示。

（2）在“电子邮件服务”对话框中，选中“POP3 服务”和“POP3 服务 Web 管理”两个复选框，单击“确定”按钮，然后在光驱中插入 Windows Server 2003 光盘即可，如图 3-66 所示。

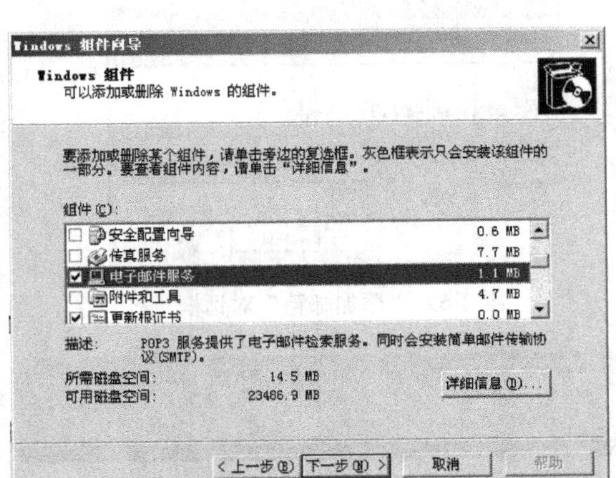

图 3-65 “Windows 组件向导”对话框

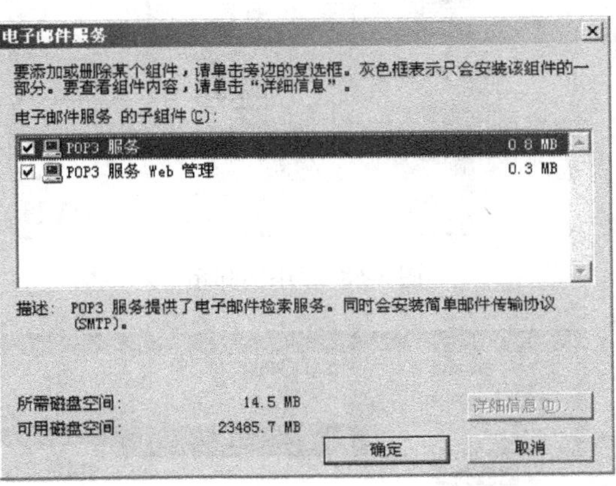

图 3-66 “电子邮件服务”对话框

3. 配置邮件服务

（1）在“电子邮件服务”对话框中，打开 POP3 控制台，依次选择“开始”→“程序”→“管理工具”→“POP3 服务器”。

（2）建立邮件域“nwpu.edu.cn”：依次选择“POP3 服务”→“SERVERPC09876”，单击鼠标右键，在弹出的快捷菜单中选择“新建域”菜单项中的“添加域”选项，在“域名”编辑框中输入域名“nwpu.edu.cn”，然后单击“确定”按钮，如图 3-67 所示。

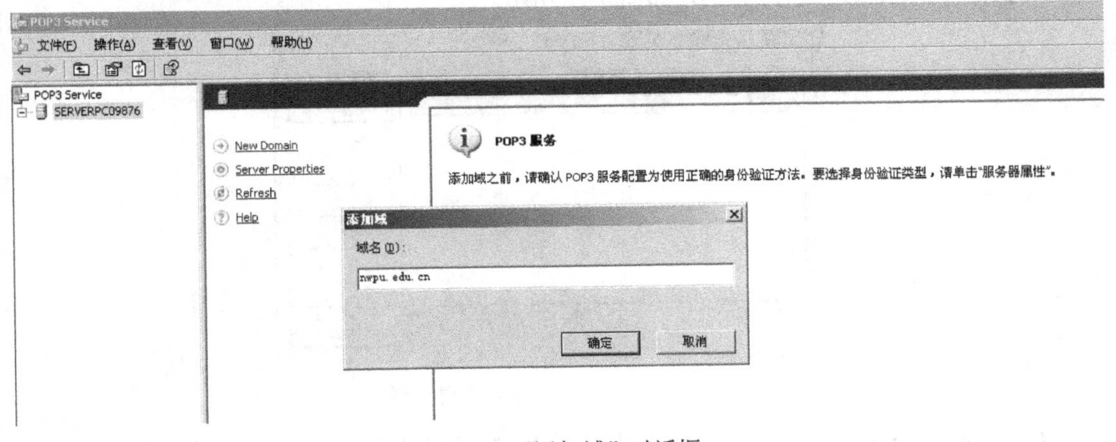

图 3-67 “添加域”对话框

（3）建立邮箱：在“POP3 控制台”对话框中，选择邮件域“nwpu.edu.cn”，单击鼠标右键，在弹出的快捷菜单中选择“新建邮箱”菜单项，弹出“添加邮箱”对话框，如图 3-68 所示，在“邮箱名”编辑框中输入邮箱名，如 zhangsan，在“密码”编辑框输入密码，如 123456，然后单击“确定”按钮。

（4）添加邮箱：按照步骤（3），添加多个邮箱，如邮箱名 lisi，密码为 123456 或其他密码，如图 3-69 所示。

（5）邮件服务器上建立两个邮箱，分别为 zhangsan 和 lisi，如图 3-70 所示。

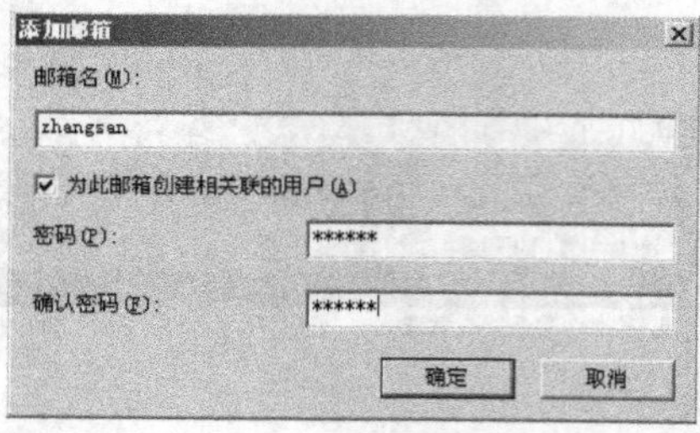

图 3-68 “添加邮箱”对话框

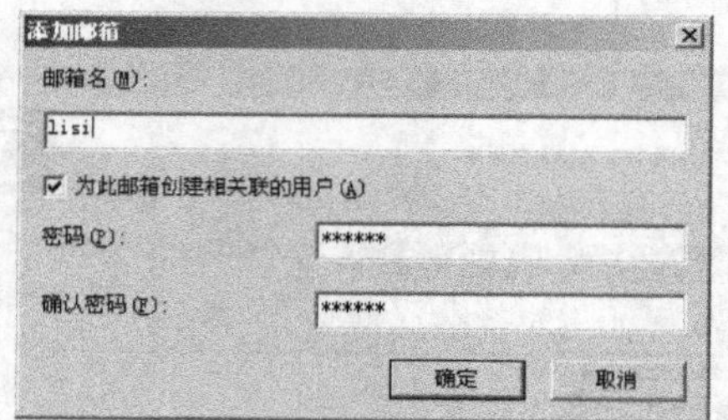

图 3-69 “添加邮箱”对话框

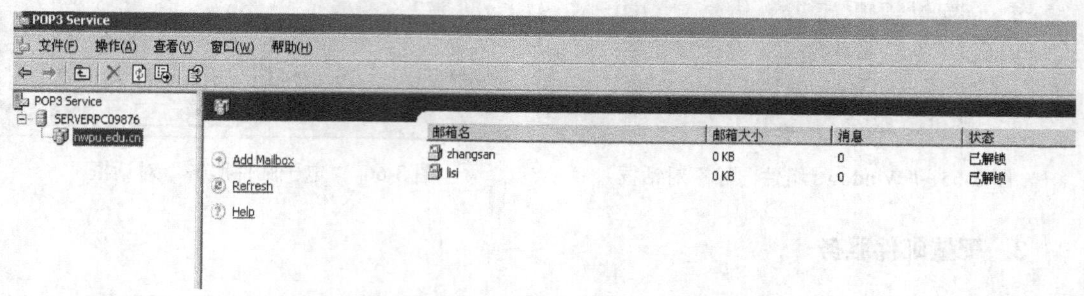

图 3-70 电子邮件服务器邮箱信息

4. 在用户主机 1 上通过 Outlook 配置邮箱账号

（1）依次选择“开始”→“程序”→“Outlook”→“工具”菜单→“账户”→“邮件”，打开“Internet 账户”对话框，如图 3-71 所示。

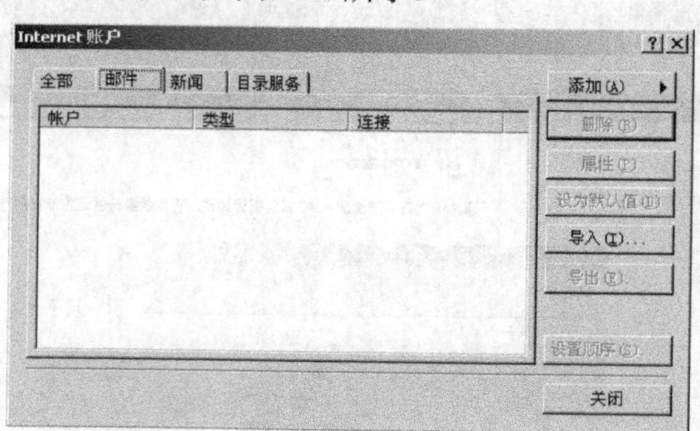

图 3-71 “Internet 账户”对话框

（2）在“Internet 账户”对话框中，依次选择“添加”→“邮箱”，输入用户名 zhangsan，然后单击“下一步”按钮，进入“电子邮件地址”对话框，在“电子邮件地址”编辑框中输入zhangsan@nwpu.edu.cn，单击“下一步”按钮，如图 3-72 所示。

（3）在“电子邮件服务器名”对话框中，“我的邮件接收服务器是”这一项选择“POP3”，在“接收邮件服务器”编辑框中输入 pop3.nwpu.edu.cn 或 POP3 服务器的 IP 地址，在“发送邮件服务器（SMTP）”编辑框中输入 smtp.nwpu.edu.cn 或 SMTP 服务器的 IP 地址，单击“下一步”按钮，如图 3-73 所示。

（4）在“Internet 邮件登录”对话框中，在“账户名”编辑框中输入 zhangsan，在“密码”编辑框中输入 123456；选择“使用安全密码验证登录”→单击“下一步”按钮→单击“完成”按钮，即可完成在用户主机 1 上通过 Outlook 配置邮箱账号，如图 3-74 所示。

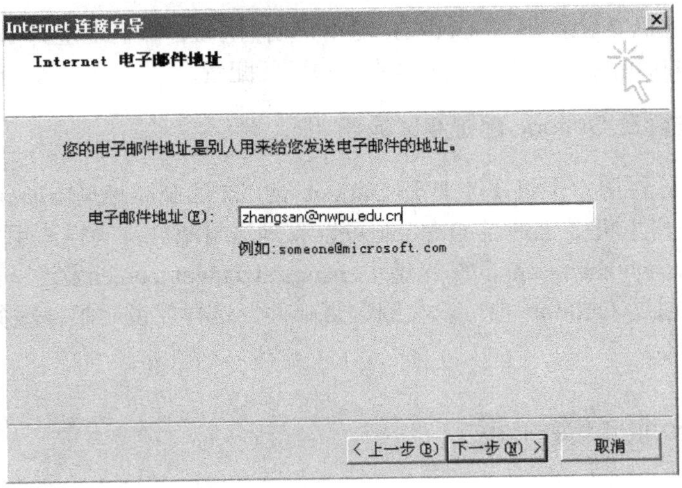

Internet 连接向导
Internet 电子邮件地址
您的电子邮件地址是别人用来给您发送电子邮件的地址。
电子邮件地址(E):
zhangsan@nwpu.edu.cn
例如:someone@microsoft.com
< 上一步(B)
下一步(N) >
取消

图 3-72 “Internet 电子邮件地址”对话框

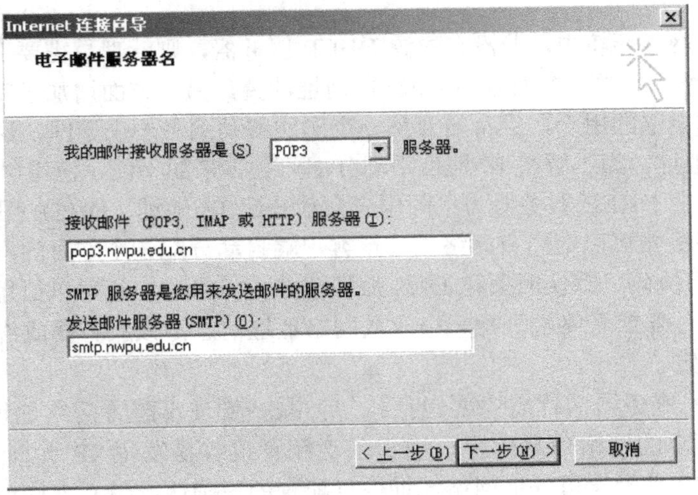

Internet 连接向导
电子邮件服务器名
我的邮件接收服务器是(S)
POP3
服务器。
接收邮件 (POP3, IMAP 或 HTTP) 服务器(I):
pop3.nwpu.edu.cn
SMTP 服务器是您用来发送邮件的服务器。
发送邮件服务器(SMTP)(O):
smtp.nwpu.edu.cn
< 上一步(B)
下一步(N) >
取消

图 3-73 “电子邮件服务器名”对话框

Internet 连接向导
Internet 邮件登录
键入 Internet 服务提供商给您的账户名称和密码。
账户名(A):
zhangsan
密码(P):
******
记住密码(W)
如果 Internet 服务供应商要求您使用“安全密码验证(SPA)”来访问电子邮件帐户，请选择“使用安全密码验证(SPA)登录”复选框。
使用安全密码验证登录(SPA)(S)
< 上一步(B)
下一步(N) >
取消

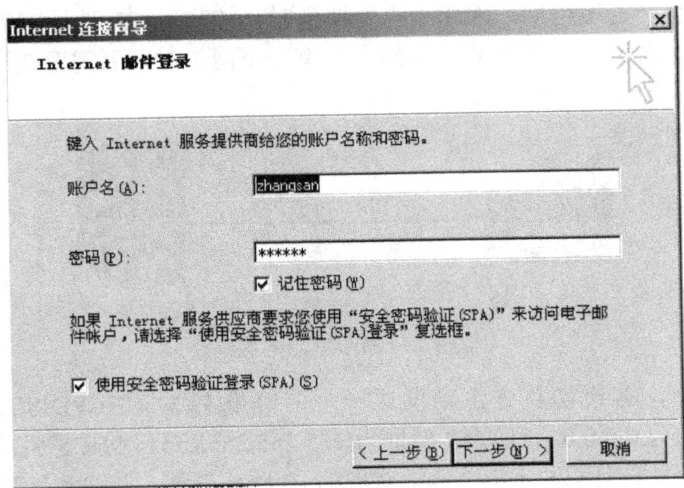

图 3-74 “Interent 邮件登录”对话框

（5）在用户主机 2 上，通过 Outlook 对用户名为 lisi、邮箱地址为 lisi@nwpu.edu.cn、密码为 123456 的邮箱账户信息采用同样的方法进行配置。

5. 邮件服务器及 Outlook 配置测试验证

用户 zhangsan 在用户主机 1 上打开 Outlook 向 lisi 的邮箱地址lisi@nwpu.edu.cn发送一封邮件，lisi 在用户主机 2 上通过 Outlook 可以收到这封邮件；同样，用户 lisi 在用户主机 2 上打开 Outlook 向 zhangsan 的邮箱地址zhangsan@nwpu.edu.cn发送一封邮件，zhangsan 在用户主机 1 上通过 Outlook 也可以收到这封邮件，这样就说明邮件服务器和 Outlook 的配置是正确的。

3.6 DHCP 服务器配置

1. DHCP 服务器的工作原理

在一个企业网络环境中，若没有配置 DHCP 服务器，则管理员需要手动为不同客户端主机配置 IP 地址，这样一方面容易造成 IP 地址冲突，另一方面增加了管理员的工作量。对于使用笔记本电脑的用户，经常需要从一个子网移动到另一个子网，这时用户需要不断地手动更换 IP 地址。为了解决 IP 地址手动分配问题带来的不便，应用层 DHCP 协议可以方便地通过网络中 DHCP 服务器为不同用户自动分配 IP 地址，DHCP 服务系统如图 3-75 所示。DHCP 服务器可以给用户网络中任意客户端自动分配一个临时的网络地址信息（包括 IP 地址、子网掩码、默认网关和 DNS 服务器的 IP 地址），也可以给用户网络中位置相对固定的各类服务器或者终端分配一个永久网络地址信息，该服务器或终端重启时其网络地址信息相对固定。

使用 DHCP 服务器的优点主要包括：（1）减少管理员配置网络地址信息的工作量；（2）保证安全可靠的网络信息配置，由于手动配置很容易发生 IP 地址冲突，因此利用 DHCP 协议进行自动配置可保证网络地址信息配置的正确性；（3）为移动用户网络地址信息的配置带来方便；（4）一定程度上缓解了 IP 地址不够分配的问题，由于 DHCP 服务器分配的临时地址有一定租用期，因此当租用期到时，该临时 IP 地址有机会分配给其他主机。DHCP 服务器采用 C/S 器模式，当用户只有一个网络时，只需要在该网络上配置一个或多个 DHCP 服务器即可，如图 3-75 所示。

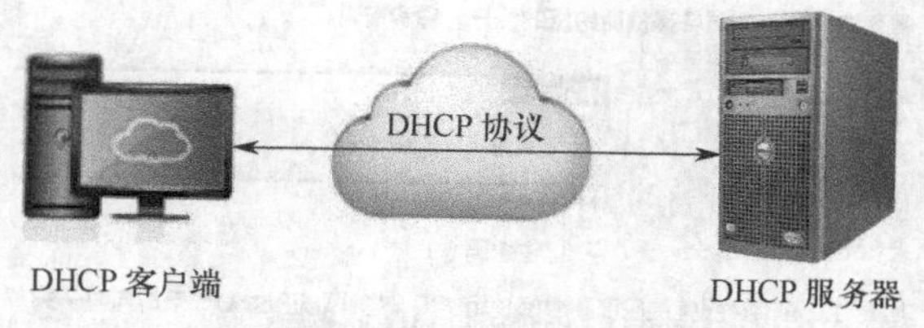

图 3-75　DHCP 服务系统

在图 3-75 中，客户端首先主动发送一个广播报文（“DHCPDISCOVER”，发现报文），其源 IP 地址为 0.0.0.0，目的 IP 地址为 255.255.255.255；DHCP 服务器收到报文后，首先在数据库中查找该计算机 MAC 地址对应的 IP 地址记录，若找到，则分配该固定的 IP 地址给客户端，否则 DHCP 服务器就从还没有分配出去的地址池（Address Pool）中分配一个 IP 地址给客户端，并将广播报文（“DHCPOFFER”，提供报文）发送给客户端。

若用户有多个网络，则不可能在每个网络上都部署 DHCP 服务器，这样会使得 DHCP 服务器的数量太多。因此，用户只需要在多个网络中部署一个 DHCP 中继代理即可，如图 3-76 所示。

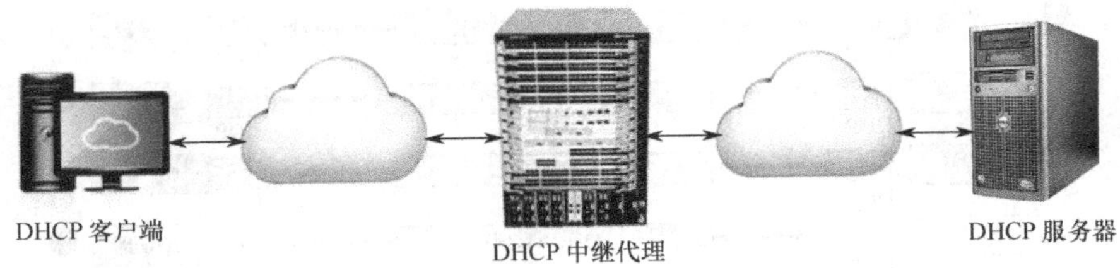

图 3-76 基于中继代理的 DHCP 服务系统

在图 3-76 中，在 DHCP 中继代理上必须配置 DHCP 服务器正确的 IP 地址，当 DHCP 中继代理接收到用户发送来的“DHCPDISCOVER”广播报文时，中继代理以单播的形式将“DHCPDISCOVER”广播报文转发给 DHCP 服务器，并等待 DHCP 服务器应答。DHCP 服务器首先将“DHCPOFFER”以单播形式发送给 DHCP 中继代理，然后由 DHCP 中继代理以广播形式转发给 DHCP 客户端所在的网络。

DHCP 服务器分配给 DHCP 客户端的网络地址信息是临时的，DHCP 客户端只能在一段有限时间内使用，DHCP 协议称该段时间为租用期（Lease Period），租用期的长短由 DHCP 服务器的配置信息决定，DHCP 服务器会将租用期写在 DHCPOFFER 报文中并通知给客户端。按照 DHCP 协议国际标准草案规定，租用期用 4 字节的二进制数表示，单位是秒，所以租用期可选择范围为 1 秒到 136 年左右。DHCP 客户端可在 DHCPDISCOVER 报文中提出对租用期的要求。

DHCP 协议具体工作流程如图 3-77 所示。

（1）DHCP 服务器被动打开 UDP 端口 67，等待客户端发来的 DHCP 报文。

（2）DHCP 客户端从自己的 UDP 端口 68（周知端口）发送 DHCP 发现报文（广播报文）。

（3）由于凡收到 DHCP 发现报文的 DHCP 服务器都发出 DHCP 提供报文（广播报文），因此 DHCP 客户端可能接收到多个 DHCP 提供报文。

（4）DHCP 客户端按照一定策略（先到先选择）选择其中的一个 DHCP 提供报文，并向所选择的 DHCP 服务器（所选择的 DHCP 提供报文对应的服务器）发送 DHCP 请求报文（广播报文）。

（5）被选择的 DHCP 服务器发送确认报文 DHCPACK，进入已绑定状态，此时可以开始使用得到的临时 IP 地址。

（6）DHCP 客户端要根据服务器提供的租用期 T 设置两个计时器 T_1 和 T_2，它们的超时时间分别是 0.5T 和 0.875T，若超时时间到则要求更新租用期。若租用期已过半（T_1= 0.5T），则 DHCP 发送请求报文 DHCPREQUEST 要求更新租用期，并且预约已经分配的 IP 地址。

（7）DHCP 服务器若同意客户端发送来的更新租用期请求，则发回确认报文 DHCPACK。DHCP 客户端得到了新的租用期，重新设置计时器。

（8）DHCP 服务器若不同意客户端发送来的更新租用期请求，则发回否认报文 DHCPNACK。这时 DHCP 客户端必须立即停止使用原来的 IP 地址，而必须重新申请 IP 地址（回到步骤（2））。若 DHCP 服务器不响应步骤（6）的请求报文 DHCPREQUEST，则在租用期超过 87.5%T 时，DHCP 客户端必须重新发送请求报文 DHCPREQUEST（重复步骤（6）），然后又继续重复后面的步骤。

（9）DHCP 客户端可以随时提前终止服务器所提供的租用期，这时只需向 DHCP 服务器发送释放报文 DHCPRELEASE 即可。

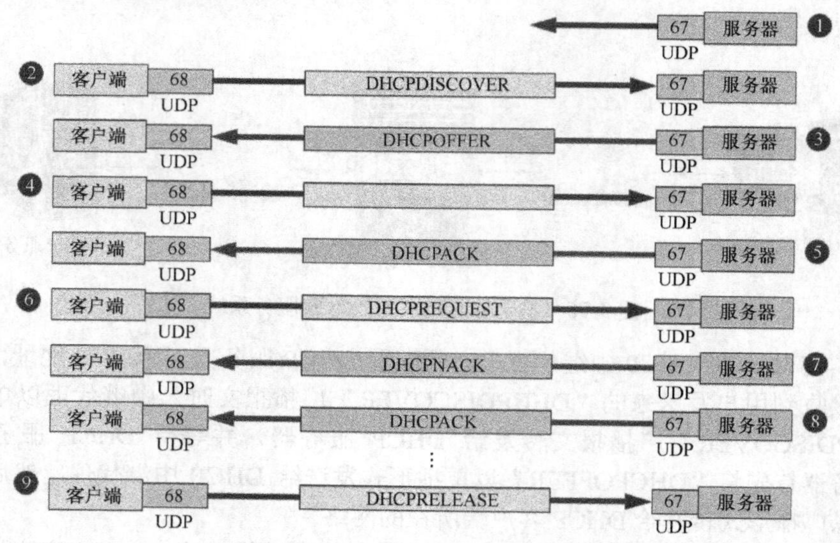

图 3-77 DHCP 协议具体工作流程

2. DHCP 服务器配置

假设 DHCP 服务器的 IP 地址为 192.168.1.1，用户可分配的 IP 地址范围为 192.168.2.2～192.168.2.220，其中将 192.168.2.2～192.168.2.10 排除在外，其余 IP 地址作为固定 IP 地址分配给各类服务器，如将 192.168.2.2 固定分配给 DNS 服务器，设置 192.168.2.254 为默认网关 IP 地址，并将 192.168.2.199 和 192.168.2.200 这两个 IP 地址保留，不动态分配给用户。配置 DHCP 服务器具体步骤如下。

（1）添加选择“DHCP 服务器”组件。依次单击“开始”→“设置”→“控制面板”→“添加/删除 Windows 组件”，选中“网络服务”复选框，单击“详细信息”按钮，在弹出的对话框中选中“动态主机配置协议（DHCP）”复选框，单击“确定”按钮，如图 3-78 所示。此时，在管理工具中增加了一个“DHCP 服务器”组件。

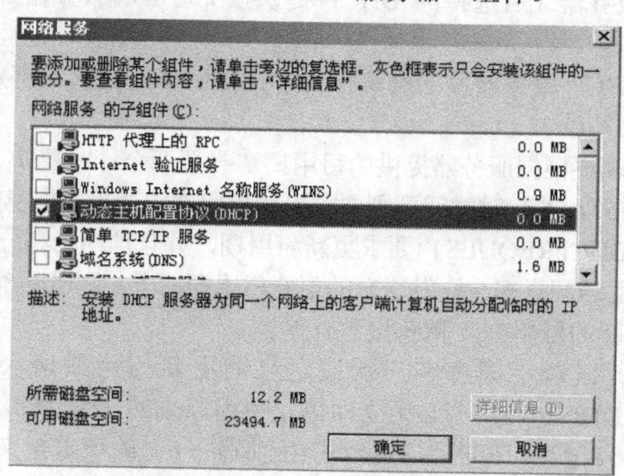

图 3-78 “网络服务”对话框

（2）依次单击“开始”→“程序”→“管理工具”→“DHCP 服务器”，在“DHCP 服务器”对话框中，展开“DHCP/主机名（192.168.1.129）”，选中并单击鼠标右键，在弹出的快捷菜单中单击“新建作用域”菜单项，在弹出的对话框的“名称”编辑框中输入 NETXXZX，在“描述”编辑框中输入 network information center，单击“下一步”按钮，如图 3-79 所示。

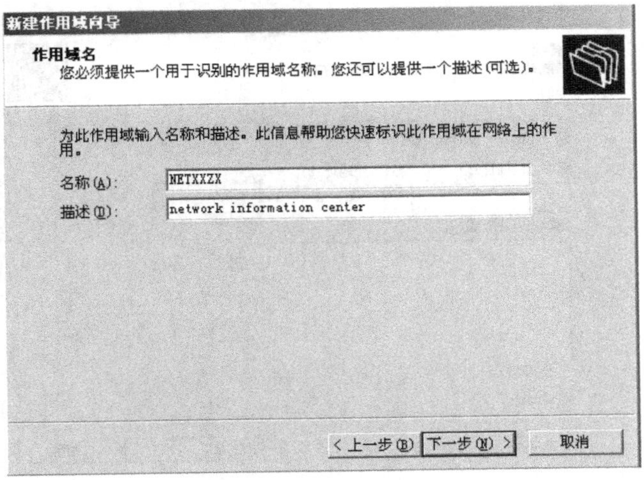

新建作用域向导
作用域名
您必须提供一个用于识别的作用域名称。您还可以提供一个描述(可选)。
为此作用域输入名称和描述。此信息帮助您快速标识此作用域在网络上的作用。
名称(A): NETXXZX
描述(D): network information center
< 上一步(B) 下一步(N) > 取消

图 3-79 “作用域名”设置对话框

在图 3-79 中，作用域实际上是一段 IP 地址的范围，当 DHCP 客户端请求 IP 地址时，DHCP 服务器将从此段范围中选取一个尚未出租的 IP 地址，将其分配给 DHCP 客户端。每个 DHCP 服务器中至少应有一个作用域来为一个网段分配 IP 地址。若要为多个网段分配 IP 地址，则需要创建多个作用域，这种方式在虚拟局域网（Virtual Local Area Network，VLAN）中的应用是非常广泛的。

（3）在“IP 地址范围”设置对话框中的起始 IP 地址编辑栏中输入 192.168.2.2，在结束 IP 地址编辑栏中输入 192.168.2.220，在掩码长度编辑栏中输入 24，在子网掩码编辑栏中输入 255.255.255.0，单击“下一步”按钮，如图 3-80 所示。

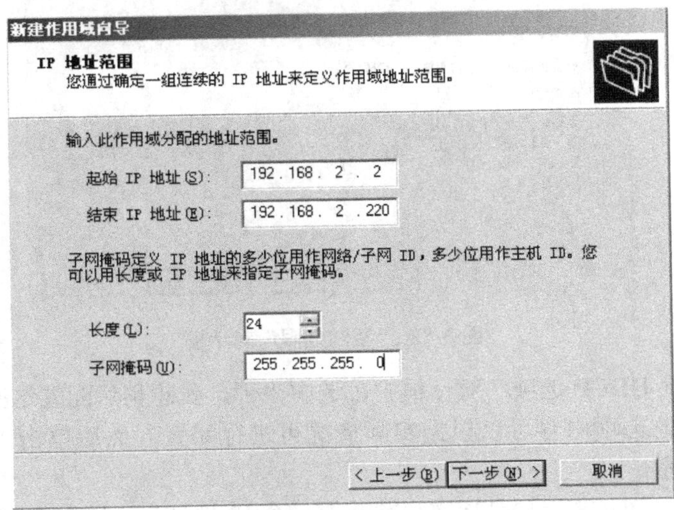

图 3-80 “IP 地址范围”设置对话框

（4）在“添加排除”对话框中输入要排除的IP地址范围或单个IP地址，如图3-81所示，其中在起始IP地址编辑栏中输入192.168.2.2，在结束IP地址编辑栏中输入192.168.2.10，然后单击“添加”按钮；若用户只需要排除单独的IP地址，则只需在起始IP地址编辑框中输入要排除的地址即可；然后单击“下一步”按钮。在图3-81中，实际上这些被排除的IP地址是用来分配给一些需要固定IP地址的计算机或服务器的。

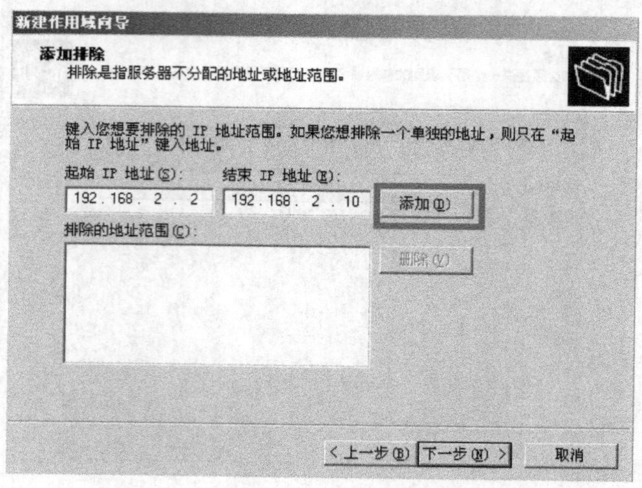

图3-81 “添加排除”对话框

（5）在“租约期限”对话框中，用户可以设置DHCP服务器分配的临时IP地址租约期限，如图3-82所示。默认为8天，也可以更改为其他天数，最大为999天，配置时应根据情况而定。例如，对于一些经常移动的主机，设置的租约期限短一点比较好；而对于一些固定的主机来说，设置的租约期限长一点比较好。

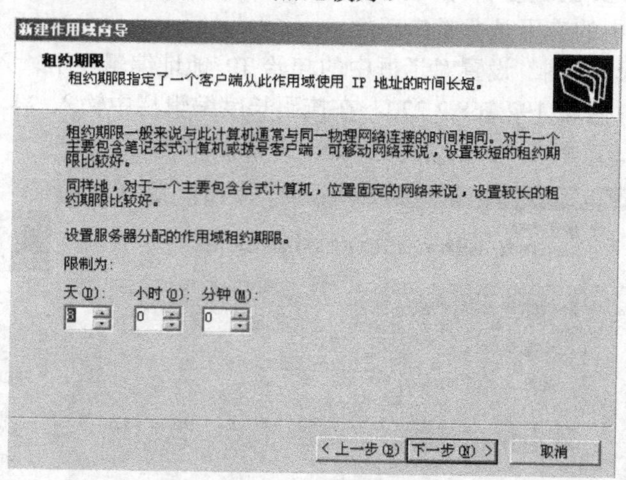

图3-82 “租约期限”对话框

（6）在“配置DHCP选项”对话框中，选中“否，我想稍后配置这些选项”单选框，DHCP服务器其他选项内容可以根据实际情况再进行配置，然后单击“下一步”按钮即可，如图3-83所示。

在图3-83中，DHCP选项是指客户端获得一个IP地址后，除包含IP地址和子网掩码必须项外，还有一些可选项，如常用的默认网关的IP地址，DNS服务器的IP地址等，具体配置内容要根据情况而定。

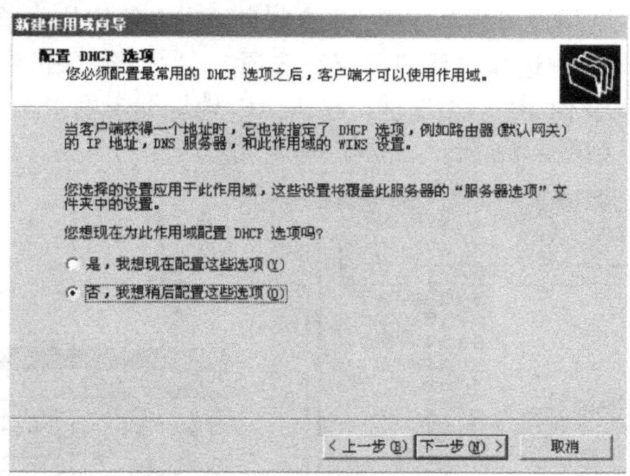

图 3-83 “配置 DHCP 选项”对话框

（7）激活作用域。返回到 DHCP 控制台界面，选中作用域，单击鼠标右键，在弹出的快捷菜单中选“激活”选项，如图 3-84 所示。

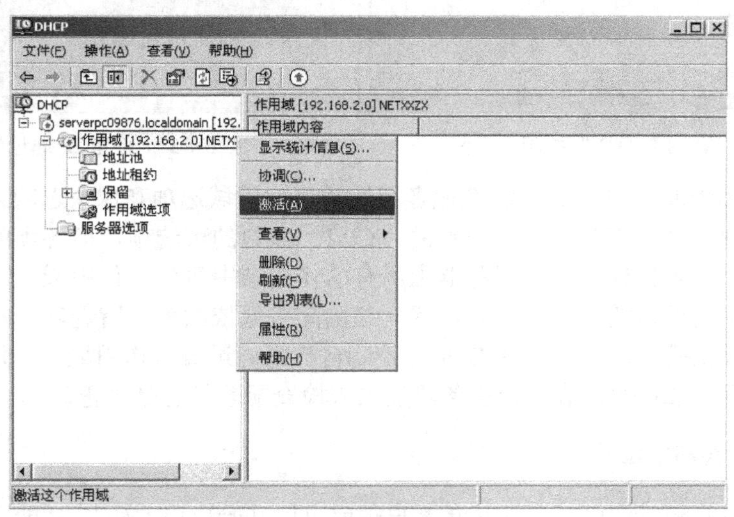

图 3-84 激活作用域界面

注意：在建好作用域后，作用域前面有一个红色向下的箭头，表明作用域状态为不活动，此时客户端不能在此作用域中获取 IP 地址。配置完成后，若要使作用域生效，则需要激活。在作用域没有配置完成前，最好不要激活作用域，这样可以避免客户端得到不完整的 TCP/IP 信息。配置完成后，可以通过地址池查看之前的配置是否正确。

（8）在“DHCP 服务器控制台”界面的“服务器选项”上单击鼠标右键，选择“配置”选项，弹出“作用域选项”对话框。在“常规”选项卡中选中“003 路由器”复选框，用来设置默认网关的 IP 地址（192.168.2.254），并单击“添加”按钮。然后选中“006 DNS 服务器”复选框来设置 DHCP 客户端需要的 DNS 服务器的 IP 地址（192.168.2.2 和 192.168.2.3），一般要设置两个 IP 地址，单击“添加”按钮，然后单击 “确定”按钮即可，如图 3-85 所示。实际上，不同的作用域中可以设置不同的参数，如不同的 VLAN 中可以设置各自的网关地址等。

（9）若用户想保留特定的 IP 地址给指定的客户端，以便 DHCP 客户端每次启动时都获得相同的 IP 地址，则用户可启动 DHCP 控制台，在左侧窗格中单击鼠标右键“保留”选项，在弹出的快捷菜单中选择“新建保留”选项，在“新建保留”的对话框中，在“保留名称”编辑框中输入要保留的 IP 地址，在 MAC 地址编辑框中输入 IP 地址要保留给特定主机的 MAC 地址，如图 3-86 所示。

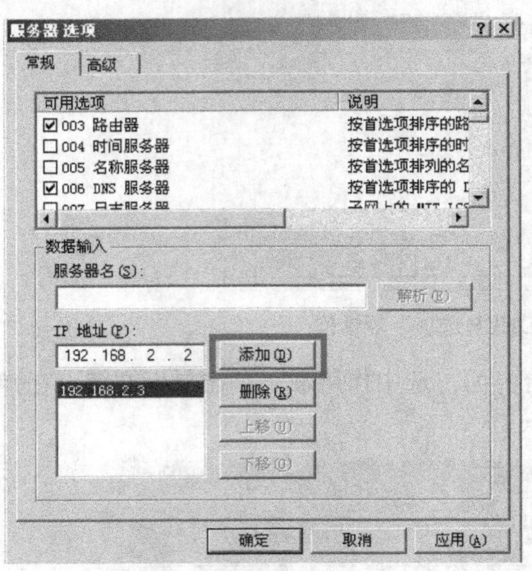

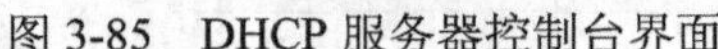
图 3-85　DHCP 服务器控制台界面

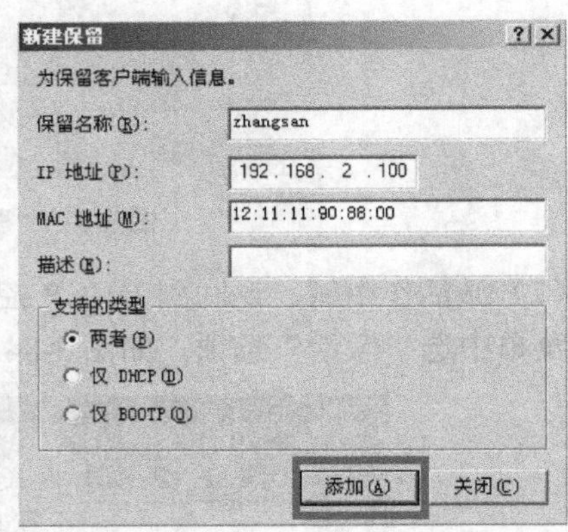

图 3-86　“保留 IP 地址”对话框

在配置 DHCP 服务器时，要注意服务器选项、作用域选项和保留选项之间的关系。一般来说，各选项的功能都是配置客户端的 TCP/IP 参数的可选项，但各项的应用范围和优先级均不一样。服务器选项在本服务器上所有的作用域中生效，作用域选项在本作用域中生效，保留选项对保留的客户端生效，优先级由高到低依次为保留选项、作用域选项、服务器选项。配置完成后，用户可在 DHCP 控制台界面通过查看作用域中的地址池、地址租约、保留及作用域选项等内容以及服务器选项来检查配置信息是否正确。

3. DHCP 客户端配置

DHCP 服务器配置完成后，DHCP 客户端就可以开始启用 DHCP 功能。使用 Windows XP/2003 操作系统，单击“控制面板”，选择“网络连接”，单击鼠标右键选择“本地连接”，选择“属性”选项卡，在下拉列表中，选中“Internet 协议（TCP/IP）”复选框，然后单击“属性”按钮，如图 3-87 所示。选择自动获取 IP 地址，自动获取 DNS 地址。用户在 DHCP 客户端的 DOS 命令窗口输入 ipconfig/all 命令，可以查看分配给其网络地址信息。DHCP 客户端获取 TCP/IP 参数的过程如下。

（1）客户端请求 IP 租约：在网络中广播一个 DHCPDISCOVER 包请求 IP 地址（源 IP 地址是 0.0.0.0，目标 IP 地址是 255.255.255.255）以及客户端的 MAC 地址，用于确定客户端的具体位置。

（2）服务器相应：当网络中的某台 DHCP 服务器收到客户端请求 IP 地址的信息时，就在自己规定的 IP 地址池中查找是否有合法的 IP 地址提供给客户端，若有则将此 IP 地址做上标记，并将一个 DHCPOFFER 包广播出去。

（3）客户端选择 IP 地址：DHCP 客户端接收到第一个 DHCPOFFER 包中的选择 IP 地

址，并将 DHCPREQUEST 包标记上服务器标示字段广播到所有的 DHCP 服务器上，DHCP 服务器查看服务器标示字段是否为客户端提供了 IP 地址，有则该地址保留；没有则 DHCP 服务器取消 IP 地址用于下一个 IP 地址租约请求。

（4）服务器确认租约：当服务器收到 DHCPREQUEST 后，以 DHCPACK 消息的信息向客户端广播成功的确认，该消息包含了 IP 地址的有效信息和其他可能的配置。当客户端收到 DHCPACK 包后，则与 IP 地址匹配成功，这时便可以在 TCP/IP 网络中通信了。

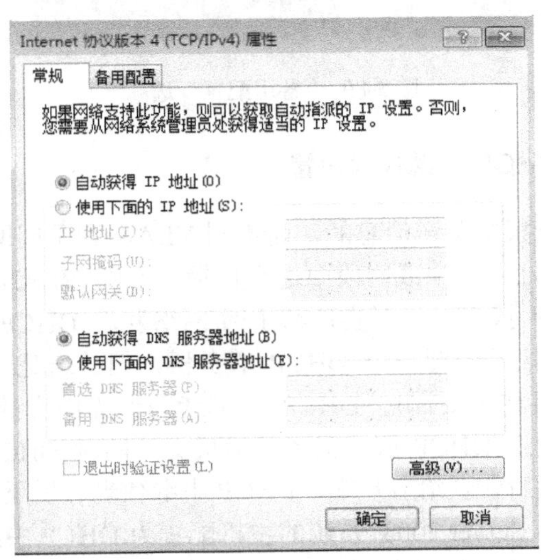

图 3-87 “Internet 协议版本 4（TCP/IPv4）属性”对话框

IP 租约释放与重新获得：在客户端上使用 ipconfig/release 命令使 DHCP 客户端向 DHCP 服务器发送 DHCPRELEASE 包，并释放其租约。例如，一台客户端在租约过期后才打开，若客户端不适用 DHCPRELEASE 包，则它在重新启动时，将试图尝试继续使用上一次使用过的 IP 地址。在客户端上使用 ipconfig/renew 命令使 DHCP 客户端向 DHCP 服务器重新发送 DHCPDISCOVER，进而继续获取 IP 地址。

在 DHCP 服务器上，管理员通过“地址租约”可看到两个客户端已获取的最小的 IP 地址，其中包括已分配 IP 地址、主机名和租约期限等内容。而 192.168.0.30 是保留的 IP 地址，只要 FTP 服务器一旦开启，马上会获取这个 IP 地址，如图 3-88 所示。

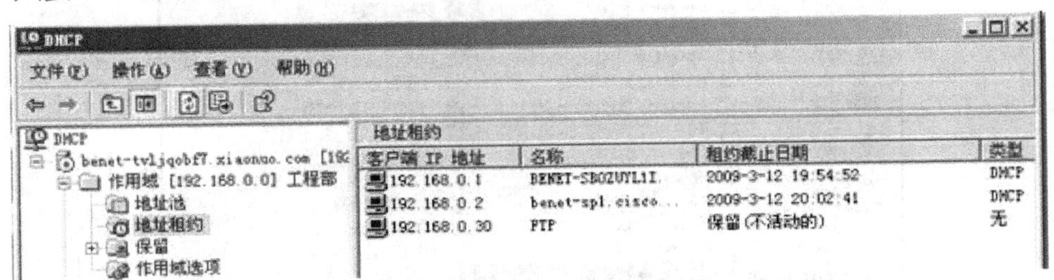

图 3-88 “地址租约”界面

在 DHCP 客户端配置自动获取网络地址信息时，也可以在“备用配置”选项中进行配置，该配置主要用于一些用户经常在有或者没有 DHCP 服务器的网络中对 DHCP 客户端进行配置，若有 DHCP 服务器，则自动获得网络地址信息；若没有 DHCP 服务器，则启用备用配置，如图 3-89 所示。

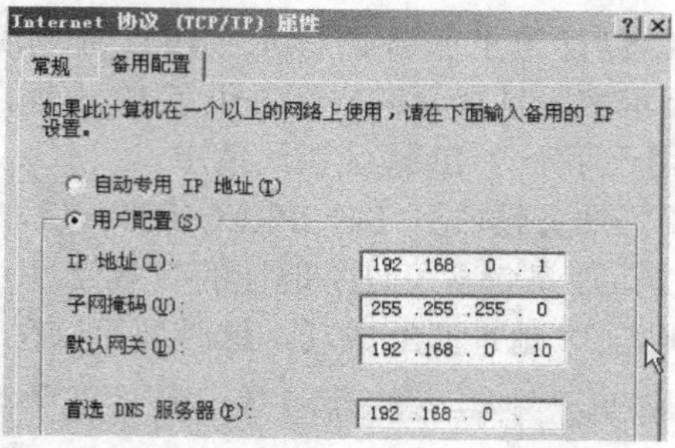

Internet 协议 (TCP/IP) 属性
常规 备用配置
如果此计算机在一个以上的网络上使用，请在下面输入备用的 IP 设置。
自动专用 IP 地址(T)
用户配置(S)
IP 地址(I): 192 .168 . 0 . 1
子网掩码(U): 255 .255 .255 . 0
默认网关(D): 192 .168 . 0 .10
首选 DNS 服务器(P): 192 .168 . 0 .

图 3-89 “备用配置”选项

4. 跨子网/网络的 DHCP 中继代理设置

DHCP 协议是靠广播报文发送消息的，而不同 VLAN 和不同网段属于不同广播域，广播报文只能限制在各自 VLAN 中或网段中进行传播。不同 VLAN 或者不同网段之间只能通过单播方式传输 DHCP 报文。为了实现跨子网/网络发送 DHCP 报文，传统的方法是给每个 VLAN 或者每个网段都配置一个 DHCP 服务器，但是这是一种浪费资源的表现，并且维护起来很不方便。目前主要通过 DHCP 中继代理作为中介的方式，将客户端发送的 DHCP 广播报文转换为发送 DHCP 服务器的单播报文，同时 DHCP 服务器发送 DHCP 单播报文转化为广播报文然后转发给客户端。DHCP 中继代理有以下两种实现方法。

（1）可以将 Windows Server 2003 系统的主机配置为 DHCP 中继代理。

（2）一般将连接不同子网/网络的路由器配置为 DHCP 中继代理。

第一种方法：服务器主机上配置 DHCP 中继代理。

首先介绍如何将一台 Windows Server 2003 系统的主机配置为 DHCP 中继代理，具体方法如下。

（1）在 Windows Server 2003 服务器上，选择“管理工具”→“路由和远程访问”选项，如图 3-90 所示。

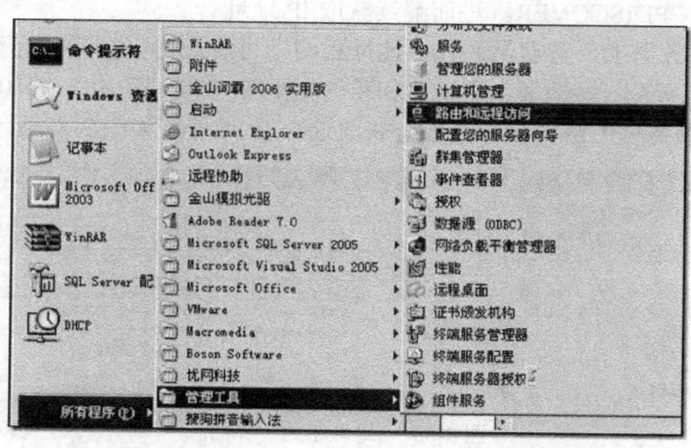

图 3-90　启动“路由和远程访问”

（2）在“路由和远程访问”控制台上，展开路由和远程访问目录树，选中本机服务器“本机名称”，并单击鼠标右键，在弹出的快捷菜单中选择“配置并启用路由和远程访问”选项，如图 3-91 所示。

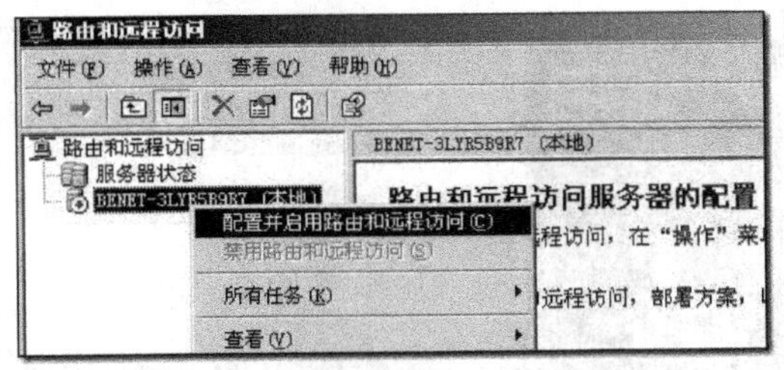

图 3-91　“配置并启用路由和远程访问”选项

（3）在“配置”对话框中，选择“自定义配置”单选框，如图 3-92 所示，然后单击“下一步”按钮。

（4）在“自定义配置”对话框中，因为 DHCP 中继代理的主要功能是路由转发，即将 DHCP 客户端的广播请求转发给 DHCP 服务器，然后再将 DHCP 服务器的单播应答转发给 DHCP 客户端，选中“LAN 路由”复选框，单击“下一步”按钮，如图 3-93 所示。

（5）配置完成后，开启 DHCP 中继代理服务；否则此服务不可用。用户也可以通过“服务”窗口开启此服务，如依次单击“开始”→“运行”→“services.msc”，如图 3-94 所示。

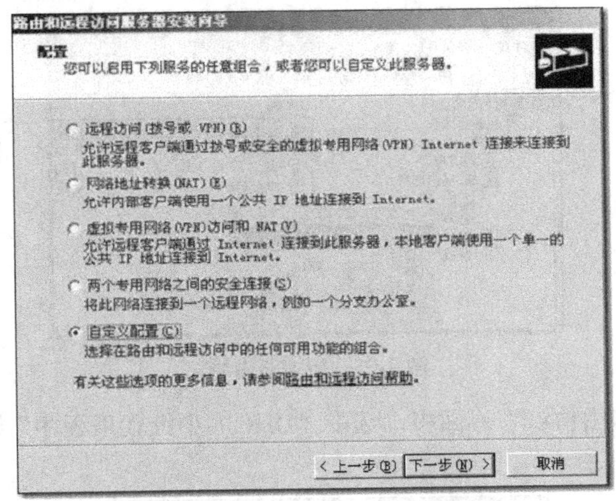

图 3-92　“配置”对话框

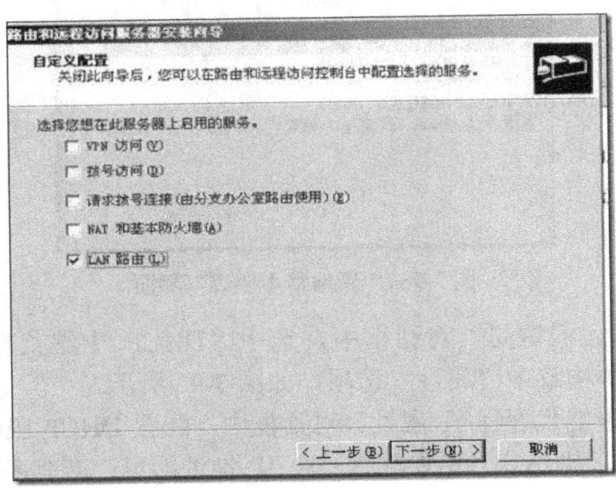

图 3-93　“自定义配置”对话框

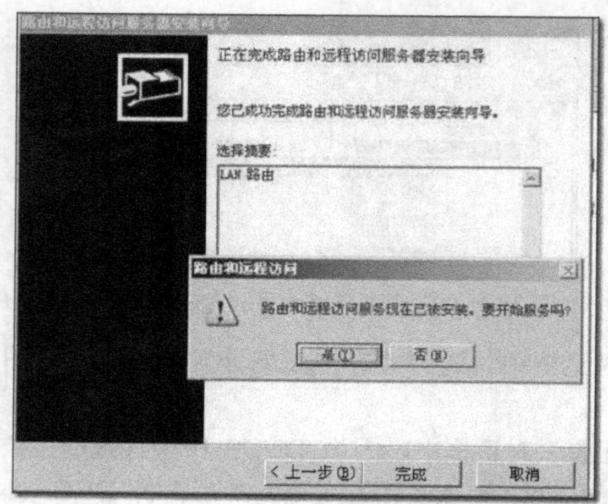

图 3-94 启动 DHCP 中继代理服务

（6）在“路由和远程访问”控制台中，依次单击“IP 路由选择”→“常规”，选中“新增路由协议”选项，并单击鼠标右键，如图 3-95 所示。

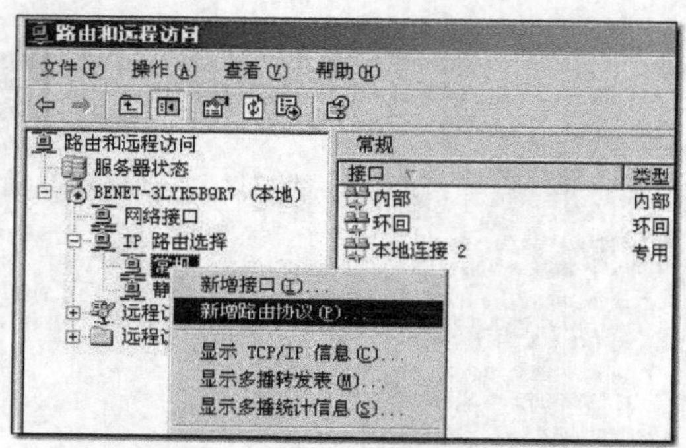

图 3-95 新增路由协议

（7）在“新增路由协议”界面中，选中“DHCP 中继代理程序”选项，然后单击“确定”按钮，如图 3-96 所示。

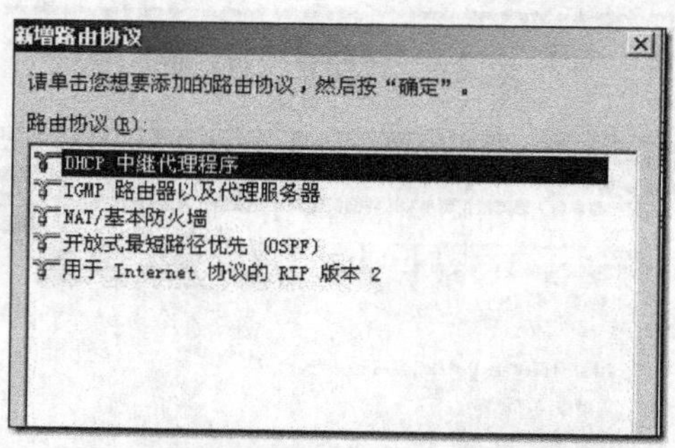

图 3-96 “新增路由协议”界面

（8）在“路由和远程访问”对话框中，选中“DHCP 中继代理程序”，单击鼠标右键，在弹出的快捷菜单中选中“属性”选项，如图 3-97 所示。

（9）在“DHCP 中继代理程序–属性”对话框中，配置 DHCP 服务器的 IP 地址，若仅有一个 DHCP 服务器，则用户只需要配置一个 IP 地址即可；若有多个 DHCP 服务器，则可以添加多个 DHCP 服务器的 IP 地址，如图 3-98 所示。

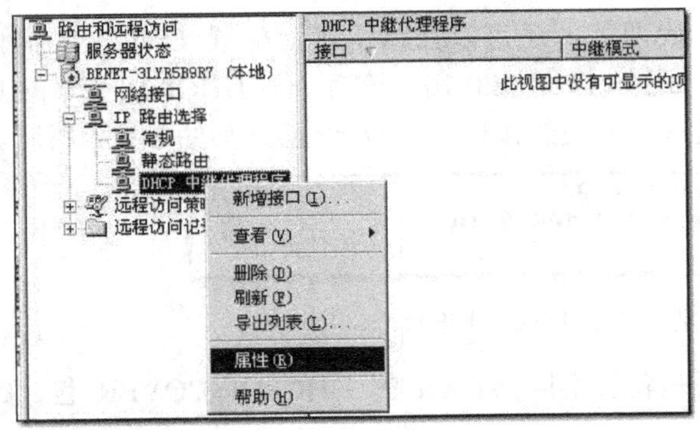

图 3-97 “属性”选项

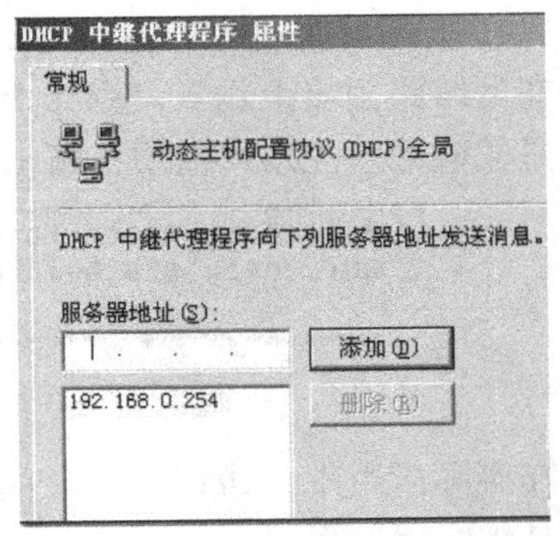

图 3-98 “DHCP 中继代理程序-属性”对话框

（10）在“路由和远程访问”控制台中，单击鼠标右键选中“DHCP 中继代理程序”，在弹出的快捷键菜单中选择“新增接口”选项，如图 3-99 所示。

（11）在“DHCP 中继代理程序的新接口”对话框中，选择代理服务器目前工作的网络接口，如图 3-100 所示，选择“本地连接 2”，然后单击“确定”按钮。

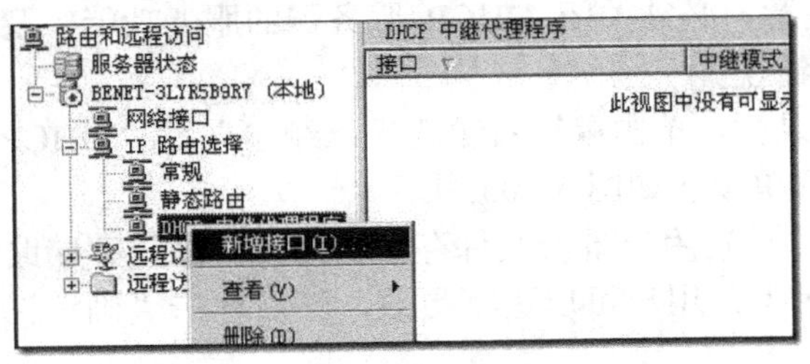

图 3-99 “新增接口”选项

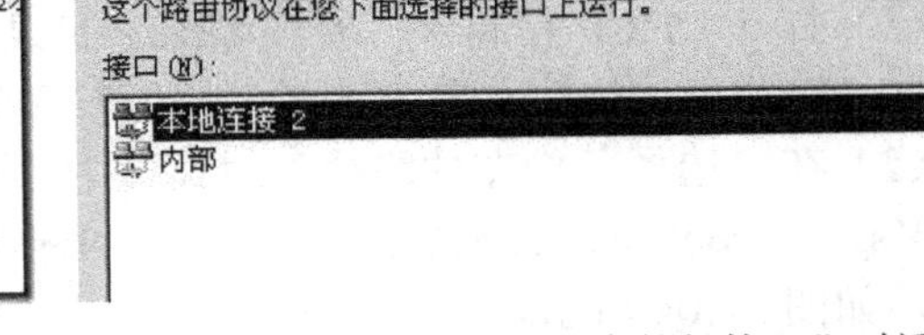

图 3-100 “DHCP 中继代理程序的新接口”对话框

（12）在“DHCP 中继站属性-本地连接 2 属性”对话框中，选中“中继 DHCP 数据包”复选框，其中“跃点计数阈值”是指 DHCP 中继代理通信可以跨过三层网络交换设备的最大跳数，“启动阈值（秒）”是指 DHCP 中继代理转发 DHCP 消息前的等待时间，若 DHCP 服务器在规定时间内没有响应，则中继代理就会转发 DHCP 消息给其他网段的 DHCP 服务器。跃点计数阈值与启动阈值的默认值都是4。如实验中，192.168.0.0/24段的客户端首先会将 DHCPDISCOVER 发送给 IP 地址为 192.168.0.254 的 DHCP 服务器，若时间超过 4s，DHCP 服务器没有响应（如此 DHCP 服务器处于维护状态），则 DHCP 中继代理会将客户端发送的 DHCPDISCOVER 请求转发给其他网段的 DHCP 服务器（192.168.1.254/24），如图 3-101 所示。

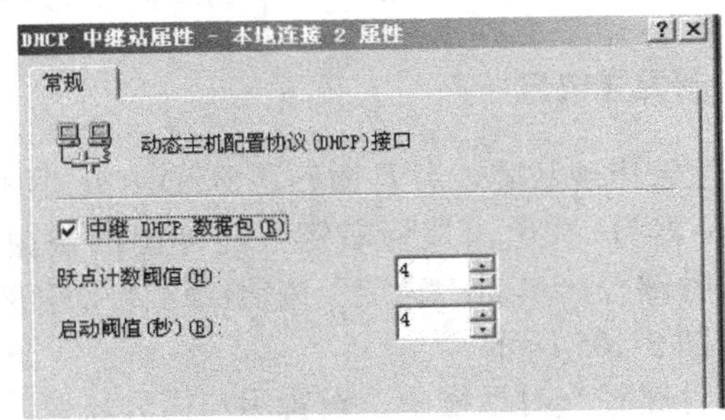

图 3-101 “DHCP 中继站属性-本地连接 2 属性”对话框

第二种方法：在路由器上配置 DHCP 中继代理。

除在服务器主机上配置 DHCP 中继代理外，还可以在路由器上配置 DHCP 中继代理。在网络路由器上输入命令 ip helper-address 192.168.0.10，该命令与 DHCP 服务器的 IP 地址是关联的（注意：需要在路由器配置默认网关的接口上进行配置），如图 3-102 所示。

```
R3(config)#interface ethernet 0/0
R3(config)#ip helper-address 192.168.0.10
```

图 3-102　在路由器上配置 DHCP 中继代理

在实际应用中，DHCP 中继代理主要是转发不同 VLAN 的 DHCPDISCOVER 包，路由器具体配置如下。

```
Router (config) #interface vlan-ID （需要给此 VLAN 配置 DHCP 中继代理）
Router (config) #ip helper-address DHCP 服务器地址
```

5. 备份 DHCP 服务器配置信息

为了防止 DHCP 服务器由于硬盘发生错误或者其他原因而导致数据库丢失的情况发生，需要备份 DHCP 数据库。备份时需要注意，必须关闭 DHCP 服务器的服务功能，避免在备份的过程中给客户端分配 IP 地址造成错误。

（1）打开 DHCP 控制台，展开 DHCP 目录树，单击鼠标右键选择已经建立好的 DHCP 服务器，在弹出的快捷菜单中选择“备份”菜单项，如图 3-103 所示。

（2）在“选择备份文件路径”对话框中，设置用户备份文件存储的路径，默认存储路径为%systemroot%\system32\dhcp\backup 目录下，用户可以进行更改，然后单击“确定”按钮，如图 3-104 所示。

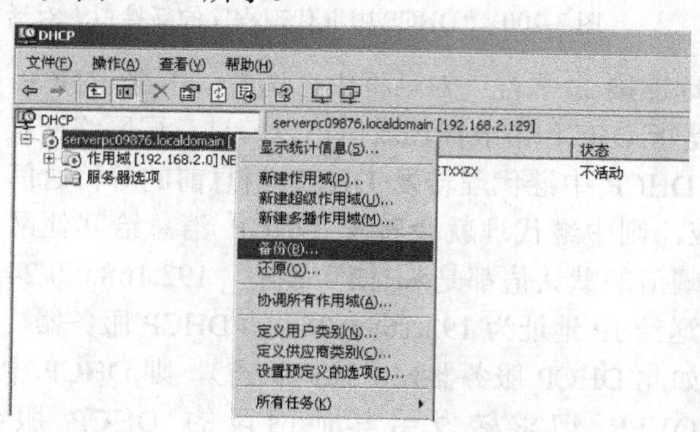

图 3-103　备份 DHCP 服务器配置信息

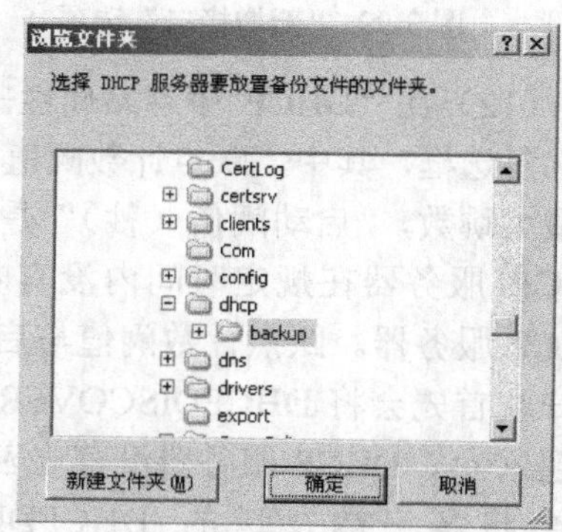

图 3-104　“选择备份文件路径”对话框

6. 还原 DHCP 服务器配置信息

（1）当系统 DHCP 配置出现故障，并且需要还原 DHCP 服务器配置信息时，选中已经建立好的“DHCP 服务器”，并单击鼠标右键，在弹出的快捷菜单中选择“还原”选项，并确定还原的配置文件路径，单击“确定”按钮，这样 DHCP 服务器重启时会自动恢复到最初的备份配置，如图 3-105 所示。

（2）在“选择还原文件路径”对话框中，设置用户需要还原的 DHCP 服务器配置文件存储的路径，默认存储路径为%systemroot%\system32\dhcp\backup 目录下，用户可以更改文件路径，然后单击“确定”按钮，如图 3-106 所示。

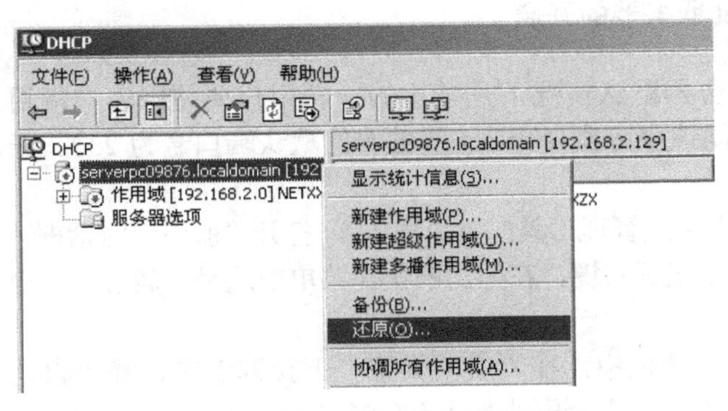

图 3-105 还原 DHCP 服务器配置信息

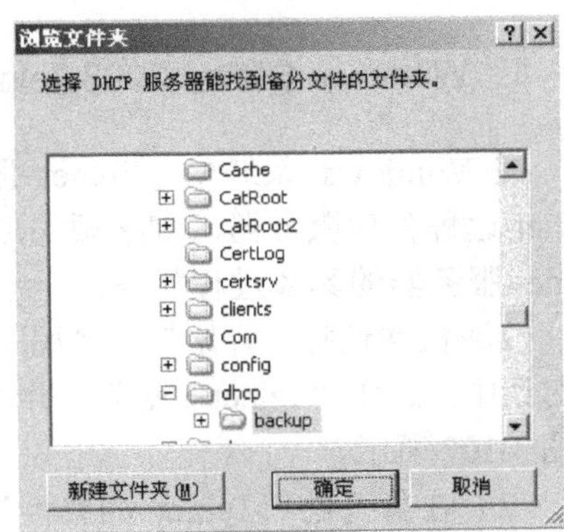

图 3-106 “选择还原文件路径”对话框

7. 移植 DHCP 服务器配置信息

若用户想使用相同的 DHCP 服务器配置信息，则在配置其他相同配置信息的 DHCP 服务器时，可采用移植 DHCP 数据库方法自动完成配置。

（1）首先在已经配置好的 DHCP 服务器上，选择“开始”→“运行”，然后运行 CMD 命令，在弹出的 DOS 命令窗口中输入 netsh 命令备份 DHCP 服务器配置到 d:\dhcp.txt 文件中，具体命令如下：

```
DODOS:\>netsh  dhcp  server  export  d:\dhcp.txt   all
```

（2）当用户将 d:\dhcp.txt 文件复制到需要相同配置的另一台计算机（DHCP 服务器）的 c:\dhcp.txt 文件中，并且若用户需要对该台计算机配置 DHCP 信息，则需要在 DOS 命令窗口下运行如下命令即可。

```
DODOS:\>netsh  dhcp  server  import  c:\dhcp.txt   all
```

3.7 Telnet 服务器配置

Telnet 服务器可以使用户利用本地计算机远程登录到一台计算机或网络交换设备中，将本地计算机看成远程计算机的一个仿真终端。利用 Telnet 服务器用户可查看远程主机的操作系统版本（使用 type c:\boot.ini 命令）、系统配置信息、安装哪些软件和服务等信息。若登录到一台路由器或交换机中，则系统会自动显示远程交换设备系统信息，如设备类型、名称、厂家以及操作系统版本号等信息。用户一般可用“DOS>Telnet IP 地址”登录到远程主机中。若用户对 Telnet 命令不熟悉，则可采用“DOS>Telnet -？”或“DOS>Telnet -help”来查看该命令使用方法，Telnet 命令具体参数作用如下。

-a：自动登录，除使用当前已登录本地账户信息外，其他与–l 参数相同。

-e：字符进入 Telnet 客户端提示。

-l：指定系统上登录的用户名。

-t：终端类型，如 VT100、VT52、ANSI 和 VTNT 等。

host：远程主机名或 IP 地址。

port：服务端口号码，一般为 23 号端口。

1. Windows Server 2003 Telnet 服务器的开启

在 Windows 系统中，Telnet 服务器默认情况下是禁止的。若用户要使用客户端通过 Telnet 远程管理服务器，则必须先启动该服务器（Telnet 服务器的默认端口号为 23）。开启 Telnet 服务器的具体过程如下。

（1）依次选择“开始”→“程序”→“管理工具”→“服务”，打开“服务”对话框，在该对话中，选中“Telnet”服务，并单击鼠标右键，在弹出的快捷菜单中选择“属性”命令，如图 3-107 所示。

（2）在打开的“Telnet 的属性”对话框中，在“启动类型”下拉列表中选择“自动”选项，如图 3-108 所示，并单击“确定”按钮，返回“服务”窗口。

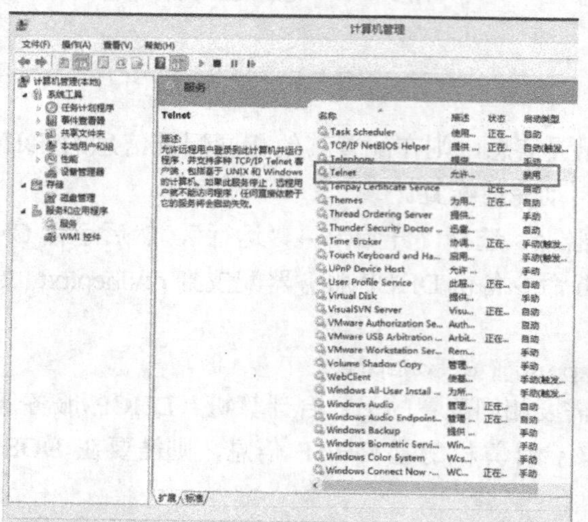

图 3-107 “服务组件”界面

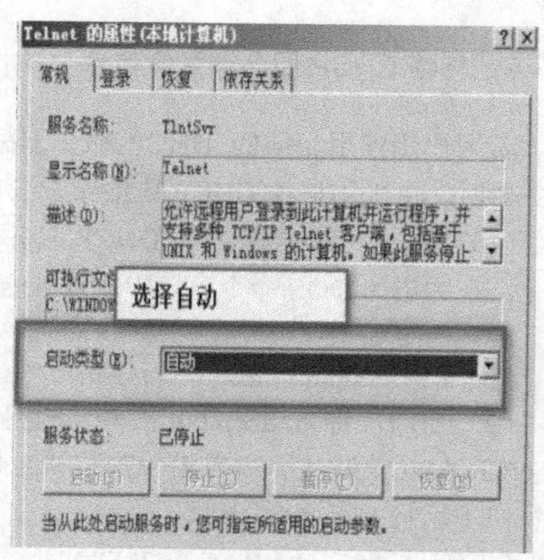

图 3-108 “Telnet 服务自动启动”结果示意图

（3）在“服务”窗口中，选中“Telnet”服务，并单击鼠标右键在弹出的快捷菜单中选择“启动”命令，如图 3-109 所示。

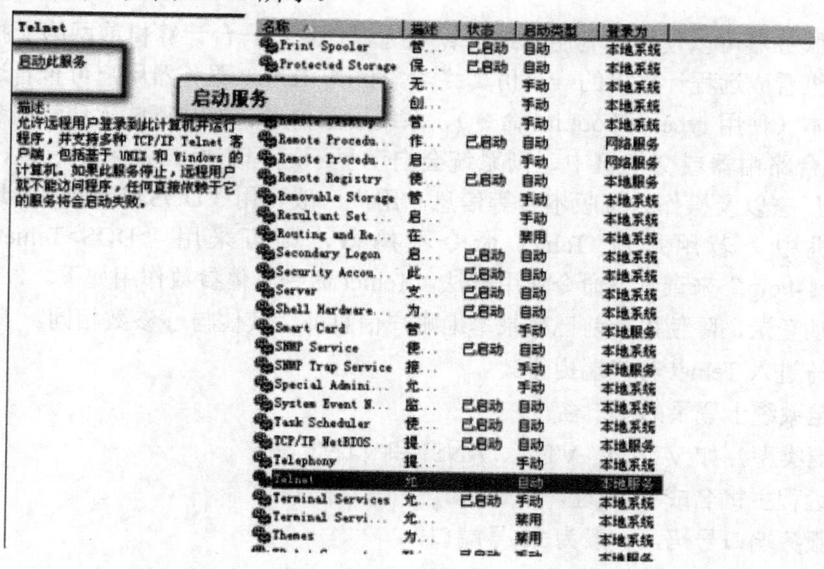

图 3-109 “Telnet 服务自动启动”结果示意图

2. 在 Windows 7 上配置 Telnet 服务器

（1）依次单击“开始”→“控制器面板”→“查看方式：类型”，单击“程序”（查看方式：“大图标”→单“程序和功能”）→“启动或关闭 Windows 功能”，在“Windows 功能”界面勾选 Telnet 服务器和客户端，最后单击“确定”按钮即可，如图 3-110 所示。

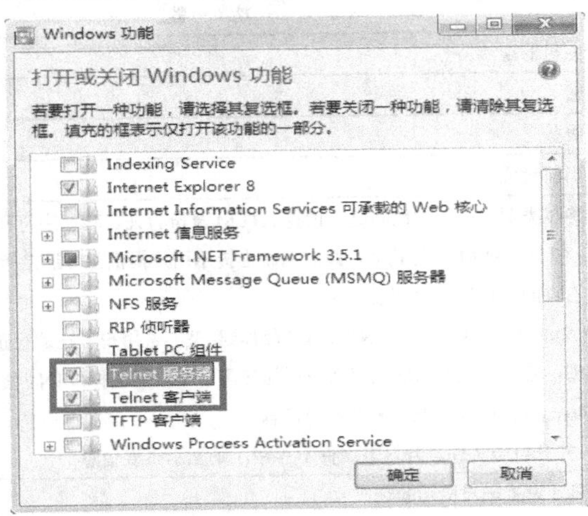

图 3-110　添加 Telnet 服务器组件和客户端

（2）选中“计算机”，并单击鼠标右键，依次单击“管理”→“服务和应用程序”→“服务”，单击鼠标右键选中“Telnet 服务器”，在其菜单栏中单击“属性”选项，将“启动类型”设置为“自动”，最后单击“确定”按钮完成启动类型设置。

（3）再次选择“Telnet 服务器”选项，并单击鼠标右键，在其菜单栏中单击“启动”按钮，完成 Telnet 服务器的启动。

（4）检验 Telnet 服务器是否成功安装和启动。在命令提示符中输入 telnet -help，显示如图 3-111 所示的内容，即解决“telnet 不是内部或外部命令”的问题；在命令提示符中输入 telnet 127.0.0.1，即 Telnet 服务启动成功。

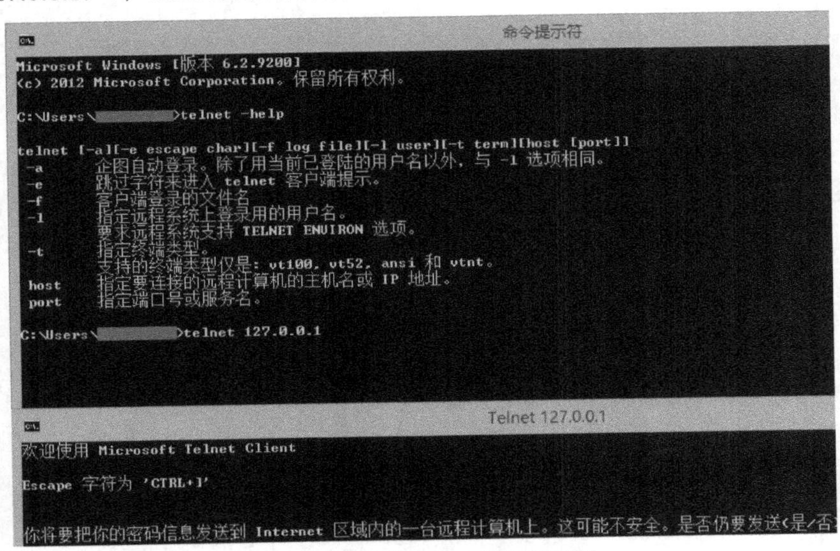

图 3-111　检验 Telnet 服务器配置

（5）用户客户端成功登录 Telnet 服务器后，用户可以执行各种系统命令，如启动/关闭应用程序、传输文件等，若登录用户权限比较高，则可以关闭、注销或重启远程计算机。

Telnet 的常用命令如表 3-4 所示。

表 3-4　Telnet 的常用命令

命　令	功　能
open	建立与远程主机的连接
close	关闭现有连接
quit	退出 Telnet 服务
display	查看客户端当前设置
set	设置连接的终端类型，打开本地回显，设置 NTLM 身份验证、转义字符和登录等信息 SET NTLM：打开 NTLM 身份验证，此时系统会提示用户提供建立连接所需账号信息 SET LOCALECHO：打开本地回显 SET TERM{ANSI|VT100|VT52|VTNT}：设置终端类型。若用户正在运行正常的命令行程序，则选择使用 VT100 终端类型；若运行类似 edit 高级命令行的应用程序，则选择 VTNT 终端类型 LOGFILE Filename：记录 Telnet 服务器的日志 LOGGING：打开日志文件。若日志文件不存在，则显示错误信息
unset	关闭本地回显或设置账户提示验证 UNSET NLM：关闭 NLM UNSET LOCALECHO：关闭回显
status	查看 Telnet 客户端是否已经成功建立连接
enter	从 Telnet 命令提示符切换到已建立会话
Ctrl+]	从已建立会话切换到 Telnet 命令提示符
?	显示帮助信息

第 4 章

Linux 系统网络应用服务的配置

4.1 Linux 系统基础知识

操作系统作为系统软件，是紧挨着计算机系统硬件的第一层软件，主要完成进程管理、内存管理和外部设备管理等功能。应用软件或其他系统软件，如数据库管理系统、编译器等则是运行在操作系统上，在操作系统的统一管理和支持下运行。从用户的角度看，操作系统是用户与计算机硬件系统之间的接口，用户通过操作系统来使用计算机系统硬件系统，在操作系统的支持下，用户可以方便、快捷、安全、可靠地操纵计算机硬件资源并运行应用程序。

Linux 操作系统诞生于 1991 年 10 月 5 日，是一套开源的类 UNIX操作系统，是一个基于多用户、多任务、支持多线程和多CPU的操作系统，支持32位和64位硬件系统。Linux 继承了UNIX以网络为核心的设计思想，是一个性能稳定的多用户网络操作系统。Linux 存在着许多不同的版本，但它们都使用了类似的内核。类 Linux 可安装在各种计算机硬件设备中，如手机、平板电脑、路由器、视频游戏控制台、台式计算机、大型机和超级计算机。Linux 设计的基本思想有两点：第一，一切外部设备和资源都抽象为文件；第二，每个软件都有确定的功能。系统中的所有资源都抽象为一个文件，包括命令、硬件和软件、操作系统、进程等，对于操作系统内核而言，这些都被视为拥有各自特性或类型的文件。Linux 同时提供字符界面和图形界面两种应用模式。在字符界面中，用户可以通过键盘输入相应的命令来进行操作；同时提供了类似 Windows 图形界面的X-Window系统，用户可以使用鼠标对其进行操作。Linux 可以运行在多种硬件平台上，如具有x86、680x0、Sparc、Alpha等处理器的平台。此外，Linux 还是一种嵌入式操作系统，可以在掌上电脑、机顶盒或游戏机上运行。2001 年 1 月份发布的 Linux 2.4 版本，其内核已经能够完全支持Intel 64 位芯片架构。Linux 也支持多处理器技术，系统性能大大提高。

4.2 Linux 系统常用命令

1. 系统信息

针对显示系统日期、日历表及设置系统日期和时间的命令如下。

```
Linux:\> date                      // 显示系统日期
Linux:\> cal 2007                  // 显示 2007 年的日历表
Linux:\> date 041217002007.00      // 设置日期和时间（年月日时分秒）
```

```
Linux:\> clock -w                             // 将时间修改保存到BIOS中
```

2. 系统的关机、重启和注销

针对系统关机、重启和当前用户注销的命令如下。

```
Linux:\> shutdown -h now                      // 关闭系统（1）
Linux:\> init 0                               // 关闭系统（2）
Linux:\> telinit 0                            // 关闭系统（3）
Linux:\> shutdown -h hours:minutes &          // 按预定时间关闭系统
Linux:\> shutdown -c                          // 取消按预定时间关闭系统
Linux:\> shutdown -r now                      // 重启系统（1）
Linux:\> reboot                               // 重启系统（2）
Linux:\> logout                               // 注销当前用户
```

3. 文件和目录

针对文件和目录查看、删除、复制、修改的命令如下。

```
Linux:\> cd /home                             // 进入 '/ home' 目录
Linux:\> cd ..                                // 返回上一级目录
Linux:\> cd ../..                             // 返回上两级目录
Linux:\> cd                                   // 进入个人的主目录
Linux:\> cd ~user1                            // 进入个人的主目录
Linux:\> cd -                                 // 返回上次所在的目录
Linux:\> pwd                                  // 显示工作路径
Linux:\> ls                                   // 查看目录中的文件
Linux:\> ls -F                                // 查看目录中的文件
Linux:\> ls -l                                // 显示文件和目录的详细资料
Linux:\> ls -a                                // 显示隐藏文件
Linux:\> ls *[0-9]*                           // 显示包含数字的文件名和目录名
Linux:\> tree                                 // 显示文件和目录由根目录开始的树形结构（1）
Linux:\> lstree                               // 显示文件和目录由根目录开始的树形结构（2）
Linux:\> mkdir dir1                           // 创建一个名为 'dir1' 的目录
Linux:\> mkdir dir1 dir2                      // 同时创建两个目录
Linux:\> mkdir -p /tmp/dir1/dir2              // 创建一个目录树
Linux:\> rm -f file1                          // 删除一个名为'file1'的文件
Linux:\> rmdir dir1                           // 删除一个名为'dir1'的目录
Linux:\> rm -rf dir1                          // 删除一个名为'dir1'的目录并同时删除其
                                              // 包含的文件
Linux:\> rm -rf dir1 dir2                     // 同时删除两个目录及它们的文件
Linux:\> mv dir1 new_dir                      // 重命名/移动一个目录
Linux:\> cp file1 file2                       // 复制一个文件
Linux:\> cp dir/* .                           // 复制一个目录下的所有文件到当前工作目录中
Linux:\> cp -a /tmp/dir1 .                    // 复制一个目录到当前工作目录中
Linux:\> cp -a dir1 dir2                      // 复制一个目录
Linux:\>ln -s file1 lnk1                      // 创建一个指向文件或目录的软链接
Linux:\> ln file1 lnk1                        // 创建一个指向文件或目录的物理链接
Linux:\> touch -t 0712250000 file1            // 修改一个文件或目录的时间戳（YYMMDDhhmm）
Linux:\> iconv -l                             // 列出已知的编码
```

4. 文件搜索

针对文件不同方式下的搜索命令如下。

```
Linux:\> find  /  -name file1           // 从'/'开始进入根文件系统搜索文件和目录
Linux:\> find / -user user1             // 搜索属于用户 'user1' 的文件和目录
Linux:\> find /home/user1 -name \*.bin
                                  // 在目录 '/ home/user1'中搜索带有'.bin'结尾的文件
Linux:\> find /usr/bin-type f-atime +100
                                  // 搜索在过去 100 天内未被使用过的执行文件
Linux:\> find /usr/bin -type f-mtime -10
                                  // 搜索在 10 天内被创建或者修改过的文件
Linux:\> find / -name \*.rpm -exec chmod 755 '{}' \;
                                  // 搜索以'.rpm' 结尾的文件并定义其权限
Linux:\> find / -xdev -name \*.rpm
                                  // 搜索以'.rpm'结尾的文件，忽略光驱、光盘等可移动设备
Linux:\> locate \*.ps             // 寻找以'.ps' 结尾的文件，先运行'updatedb'命令
Linux:\> whereis halt             // 显示一个二进制文件、源码或 man 的位置
Linux:\> which halt               // 显示一个二进制文件或可执行文件的完整路径
```


5. 挂载一个文件系统

挂载不同文件系统和存储设备的命令如下。

```
Linux:\> mount /dev/hda2 /mnt/hda2  // 挂载一个名为'hda2'的磁盘 （ 确定目录 '/
                                    // mnt/hda2'已经存在）
Linux:\> umount /dev/hda2
                         // 卸载一个名为'hda2'的盘（先从挂载点 '/mnt/hda2'退出）
Linux:\> fuser -km /mnt/hda2               // 当设备繁忙时强制卸载
Linux:\> umount -n /mnt/hda2               // 运行卸载操作而不写入'/etc/mtab'文件
                                           // 当文件为只读或当磁盘写满时非常有用
Linux:\> mount /dev/fd0 /mnt/floppy            // 挂载一个软盘
Linux:\> mount /dev/cdrom /mnt/cdrom           // 挂载一个 cdrom 或 dvdrom
Linux:\> mount /dev/hdc /mnt/cdrecorder        // 挂载一个 cdrw 或 dvdrom
Linux:\> mount /dev/hdb /mnt/cdrecorder        // 挂载一个 cdrw 或 dvdrom
Linux:\> mount -o loop file.iso /mnt/cdrom     // 挂载一个文件或 ISO 映像文件
Linux:\> mount -t vfat /dev/hda5 /mnt/hda5     // 挂载一个 Windows FAT32 文件系统
Linux:\> mount /dev/sda1 /mnt/usbdisk          // 挂载一个 USB 设备或闪存设备
Linux:\> mount -t smbfs -o username=user, password=pass
                     // WinClient/share /mnt/share 挂载一个 Windows 网络共享
```

6. 磁盘空间

针对显示磁盘空间、挂载的分区列表、文件和目录的操作命令如下。

```
Linux:\> df -h                         // 显示已经挂载的分区列表
Linux:\> ls -lSr |more                 // 以大小排列文件和目录
Linux:\> du -sh dir1                   // 估算目录 'dir1' 已经使用的磁盘空间
Linux:\> du -sk * | sort -rn           // 以容量为依据依次显示文件和目录的大小
Linux:\> rpm -q -a --qf '%10{SIZE}t%{NAME}n' | sort -k1, 1n
      // 以大小为依据依次显示已安装的 rpm 包所使用的空间（fedora, redhat 类系统）
Linux:\> dpkg-query -W -f='${Installed-Size;10}t${Package}n' | sort -k1, 1n
      // 以大小为依据显示已安装的 deb 包所使用的空间（ubuntu, debian 类系统）
```

7. 用户和群组

用户和群主创建、删除及口令修改命令如下。

```
Linux:\> groupadd group_name          // 创建一个新用户组
Linux:\> groupdel group_name          // 删除一个用户组
Linux:\> groupmod -n new_group_name old_group_name
                                      // 重命名一个用户组
Linux:\> useradd-c"Name Surname"-g admin -d /home/user1-s/bin/bash user1
                                      // 创建一个属于 "admin" 用户组的用户
Linux:\> useradd user1                // 创建一个新用户
Linux:\> userdel -r user1             // 删除一个用户 ('-r' 排除主目录)
Linux:\> usermod-c"User FTP"-g system -d/ftp/user1 -s /bin/nologin user1
                                      // 修改用户属性
Linux:\> passwd                       // 修改口令
Linux:\> passwd user1                 // 修改一个用户的口令 (只允许 root 执行)
Linux:\> chage -E 2005-12-31 user1    // 设置用户口令的失效期限
Linux:\> pwck      // 检查 '/etc/passwd' 的文件格式和语法修正以及存在的用户
Linux:\> grpck     // 检查 '/etc/passwd' 的文件格式和语法修正以及存在的群组
Linux:\> newgrp group_name       // 登录进入一个新的群组以改变新创建文件的预设群组
```


8. 文件的权限（使用"+"设置权限，使用"-"取消权限）

针对文件和目录权限的设置命令如下。

```
Linux:\>ls -lh                          // 显示权限
Linux:\>ls /tmp | pr -T5 -W$COLUMNS     // 将终端划分成5栏显示
Linux:\>chmod ugo+rwx directory1        // 设置目录的所有人 (u)、群组 (g) 以及其他
                                        // 人 (o) 以读 (r)、写 (w) 和执行 (x) 的权限
Linux:\>chmod go-rwx directory1         // 删除群组 (g) 与其他人 (o) 对目录的读/写执行
                                        // 权限
Linux:\>chown user1 file1               // 改变一个文件的所有人属性
Linux:\>chown -R user1 directory1       // 改变一个目录的所有人属性并同时改变目录下的
                                        // 所有文件属性
Linux:\>chgrp group1 file1              // 改变文件的群组
Linux:\>chown user1:group1 file1        // 改变一个文件的所有人和群组属性
Linux:\>find / -perm -u+s               // 列出一个系统中所有使用 SUID 控制的文件
Linux:\>chmod u+s /bin/file1            // 设置一个二进制文件的 SUID 位，运行该文
                                        // 件的用户也被赋予与所有者具有相同的权限
Linux:\>chmod u-s /bin/file1            // 禁用一个二进制文件的 SUID 位
Linux:\>chmod g+s /home/public          // 设置一个目录的 SGID 位 - 类似 SUID ，不
                                        // 过这是针对目录的
Linux:\>chmod g-s /home/public          // 禁用一个目录的 SGID 位
Linux:\>chmod o+t /home/public          // 设置一个文件的 STIKY 位，只允许合法所有
                                        // 人删除文件
Linux:\>chmod o-t /home/public          // 禁用一个目录的 STIKY 位
```

9. 文件的特殊属性（使用"+"设置权限，使用"-"取消权限）

针对文件的特殊属性设置命令如下。

```
Linux:\>chattr +a file1      // 只允许以追加方式读/写文件
Linux:\>chattr +c file1      // 允许这个文件能被内核自动压缩/解压
Linux:\>chattr +d file1      // 在进行文件系统备份时，dump 程序将忽略这个文件
Linux:\>chattr +i file1      // 设置成不可变的文件，不能被删除、修改、重命名或者链接
Linux:\>chattr +s file1      // 允许一个文件被安全地删除
Linux:\>chattr +S file1      // 一旦应用程序对改文件执行了写操作，系统立刻把修改
                             // 的结果写到磁盘中
Linux:\>chattr +u file1      // 若文件被删除，则系统会允许用户在以后恢复这个被删除
                             // 的文件
Linux:\>lsattr               // 显示特殊的属性
```

10. 打包和压缩文件

压缩和解压缩文件的命令如下。

```
Linux:\>bunzip2 file1.bz2                      // 解压一个名为 'file1.bz2'的文件
Linux:\>bzip2 file1                            // 压缩一个名为 'file1' 的文件
Linux:\>gunzip file1.gz                        // 解压一个名为 'file1.gz'的文件
Linux:\>gzip file1                             // 压缩一个名为 'file1'的文件
Linux:\>gzip -9 file1                          // 最大程度压缩
Linux:\>rar a file1.rar test_file              // 创建一个名为 'file1.rar' 的包
Linux:\>rar a file1.rar file1 file2 dir1       // 同时压缩 'file1', 'file2'
                                               // 以及目录 'dir1'
Linux:\>rar x file1.rar                        // 解压 rar 包
Linux:\>unrar x file1.rar                      // 解压 rar 包
Linux:\>tar -cvf archive.tar file1             // 创建一个非压缩的 tarball
Linux:\>tar-cvf archive.tar file1 file2 dir1   // 创建一个包含 'file1', 'file2'
                                               // 以及 'dir1'的档案文件
Linux:\>tar -tf archive.tar                    // 显示一个包中的内容
Linux:\>tar -xvf archive.tar                   // 释放一个包
Linux:\>tar -xvf archive.tar -C /tmp           // 将压缩包释放到'/tmp'目录下
Linux:\>tar -cvfj archive.tar.bz2 dir1         // 创建一个 bzip2 格式的压缩包
Linux:\>tar -xvfj archive.tar.bz2              // 解压一个 bzip2 格式的压缩包
Linux:\>tar -cvfz archive.tar.gz dir1          // 创建一个 gzip 格式的压缩包
Linux:\>tar -xvfz archive.tar.gz               // 解压一个 gzip 格式的压缩包
Linux:\>zip file1.zip file1                    // 创建一个 zip 格式的压缩包
Linux:\>zip -r file1.zip file1 file2 dir1      // 将几个文件和目录同时压缩成一个
                                               // zip 格式的压缩包
Linux:\>unzip file1.zip                        // 解压一个 zip 格式压缩包
```

11. 文件系统分析

文件系统完整性检查命令如下。

```
Linux:\>badblocks -v /dev/hda1   // 检查磁盘 hda1 上有问题的磁块
Linux:\>fsck /dev/hda1           // 修复/检查 hda1 磁盘上 Linux 文件系统的完整性
Linux:\>fsck.ext2 /dev/hda1      // 修复/检查 hda1 磁盘上 ext2 文件系统的完整性
Linux:\>e2fsck /dev/hda1         // 修复/检查 hda1 磁盘上 ext2 文件系统的完整性
Linux:\>e2fsck -j /dev/hda1      // 修复/检查 hda1 磁盘上 ext3 文件系统的完整性
Linux:\>fsck.ext3 /dev/hda1      // 修复/检查 hda1 磁盘上 ext3 文件系统的完整性
Linux:\>fsck.vfat /dev/hda1      // 修复/检查 hda1 磁盘上 fat 文件系统的完整性
Linux:\>fsck.msdos /dev/hda1     // 修复/检查 hda1 磁盘上 dos 文件系统的完整性
Linux:\>dosfsck /dev/hda1        // 修复/检查 hda1 磁盘上 dos 文件系统的完整性
```

12. 备份

文件和目录备份命令如下。

```
Linux:\>dump -0aj -f /tmp/home0.bak /home   // 制作一个'/home' 目录的完整备份
Linux:\>dump -1aj -f /tmp/home0.bak /home   // 制作一个'/home'目录的交互式备份
Linux:\>restore -if /tmp/home0.bak          // 还原一个交互式备份
Linux:\>rsync -rogpav --delete /home /tmp   // 同步两边的目录
Linux:\>rsync -rogpav -e ssh --delete /home ip_address:/tmp
                                  // 通过 ssh 通道
Linux:\>rsync -az -e ssh --delete ip_addr:/home/public /home/local
                                  // 通过 ssh 和压缩将一个远程目录同步到本地目录
Linux:\>rsync -az -e ssh --delete /home/local ip_addr:/home/public
                                  // 通过 ssh 和压缩将本地目录同步到远程目录
Linux:\>dd if=/dev/sda of=/tmp/file1        // 备份磁盘内容到一个文件
Linux:\>tar -Puf backup.tar /home/user
                                  // 执行一次对'/home/user'目录的交互式备份操作
```

13. 网络（以太网和无线网）

网络信息配置命令如下。

```
Linux:\> ifconfig eth0              // 显示一个以太网卡的配置
Linux:\>ifup eth0                   // 启用一个 'eth0' 网络设备
Linux:\>ifdown eth0                 // 禁用一个 'eth0' 网络设备
Linux:\>ifconfig eth0 192.168.1.1 netmask 255.255.255.0
                                    // 设置 IP 地址
Linux:\>ifconfig eth0 promisc       // 设置'eth0'成混杂模式以嗅探数据包（sniffing）
Linux:\>dhclient eth0  dhcp         // 模式启用 'eth0'
Linux:\>route -n show routing table            // 显示路由表信息
Linux:\>route add -net 0/0 gw IP_Gateway configura default gateway
                                    // 增加一条默认路由
Linux:\>route  add  -net  192.168.0.0  netmask  255.255.0.0  gw  192.168.1.1
configure static route to
reach network '192.168.0.0/16'  // 增加一条静态路由
Linux:\> route del 0/0 gw IP_gateway remove static rout
                                    // 删除一条静态路由
```

4.3 Web 服务器配置

万维网技术是一种在 Internet 上被广泛应用的信息服务技术之一。万维网采用的是客户/服务器结构，采用分布式方式储存各种万维网资源，服务器通过响应客户端软件的请求，把用户所需要的信息资源通过 HTTP 协议传送给用户。

4.3.1 Apache 的历史和特性

Apache 是一个开放源代码的网页服务器，具有多平台和安全性高的特点，是目前最流行的 Web 服务器之一。

Apache 起初是由伊利诺伊大学香槟分校的国家超级计算机应用中心（NCSA）开发

的，此后，Apache 被开放源代码团体的成员不断地发展和加强。Apache 服务器具有稳定、可信等特点，已用在超过半数的 Internet 网站系统中。自 1996 年 4 月以来，Apache 一直是 Internet 上最流行的 Web 服务器之一。1999 年 5 月，它在 57%的网页服务器上运行；到了 2005 年 7 月，这个比例上升到了 69%。不过随着拥有大量域名数量的主机域名商转换为微软 IIS 平台，Apache 市场占有率近年来呈现稍微下滑的趋势。如果读者感兴趣，可以到 https://www.netcraft.com/查看 Apache 最新的市场份额占有率，还可以在这个网站上查询某个站点使用的服务器情况，如图 4-1 所示。

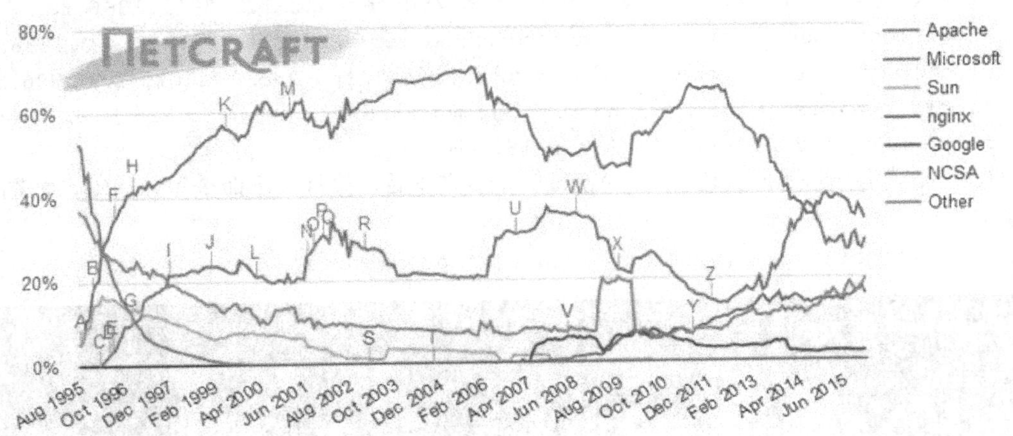

图 4-1 Apache 最新市场份额占有率

Apache 支持众多功能，这些功能绝大部分都是通过编译模块实现的。这些特性从服务器端的编程语言的支持到身份认证方案的支持比较全面。一些通用的语言接口支持 Perl、Python、Tcl 和 PHP，流行的认证模块包括 mod_access、mod_auth 和 mod_digest，还支持 SSL 和 TLS（mod_ssl）、代理服务器（proxy）模块、URL 重写（由 mod_rewrite 实现）、定制日志文件（mod_log_config），以及过滤支持（mod_include 和 mod_ext_filter）。Apache 日志可以通过网页浏览器使用免费的脚本 Awstats 或 Visitors 来进行分析。

4.3.2 Apache 的安装与基本配置

Red Hat Enterprise Linux 5 中的 Apache 的主程序是 httpd，该程序不会在安装系统时自动安装，需要自行安装。

1. 安装 Apache

（1）首先查询系统是否安装了 httpd。需要执行以下命令查看 httpd 是否已经安装，如图 4-2 所示。

```
[root@localhost hadoop]# rpm -q httpd
package httpd is not installed
[root@localhost hadoop]# _
```

图 4-2 查询 httpd 是否已经安装

```
[root@localhost ~]$rmp -q httpd
```

若没有安装 httpd，则系统一般会显示“package httpd is not installed”。

（2）安装 httpd。若系统未安装 httpd，则可将 Red Hat Enterprise Linux 5 中的第 2 张安装盘放入光驱，加载光驱后，在光盘的服务器目录下可以找到 httpd 的 RPM 安装包文件 httpd-2.2.3-11.e15_1.3.i386.rpm。可使用下面的命令安装 httpd（因为依赖关系，可能要多安装几个软件包）。

```
[root@localhost ~]$rpm -ivh /mnt/cdrom/Server/
postgresql-libs-8.1.11-1.e15_1.1.i386.rpm
[root@localhost ~]$rpm -ivh /mnt/cdrom/Server/apr-1.2.7-11.i386.rpm
[root@localhost ~]$rpm -ivh /mnt/cdrom/Server/apr-util-1.2.7-7.e15.i386.rpm
[root@localhost ~]$rpm -ivh /mnt/cdrom/Server/httpd-2.2.3-11.e15_1.3.i386.rpm
[root@localhost ~]$rpm -ivh /mnt/cdrom/Server/
httpd-manual-2.2.3-11.e15_1.3.i386.rpm
```

（3）测试 httpd 是否安装成功。Apache 安装完毕后，执行以下命令可以启动，如图 4-3 所示。

```
[root@localhost ~]$systemctl start httpd.service
```



```
[root@localhost ~]# systemctl start httpd.service
[root@localhost ~]# systemctl status httpd.service
● httpd.service - The Apache HTTP Server
   Loaded: loaded (/usr/lib/systemd/system/httpd.service; disabled; vendor preset: disabled)
   Active: active (running) since Tue 2019-01-15 03:53:53 EST; 1min 31s ago
     Docs: man:httpd(8)
           man:apachectl(8)
 Main PID: 1344 (httpd)
   Status: "Total requests: 0; Current requests/sec: 0; Current traffic:   0 B/sec"
   CGroup: /system.slice/httpd.service
           ├─1344 /usr/sbin/httpd -DFOREGROUND
           ├─1345 /usr/sbin/httpd -DFOREGROUND
           ├─1346 /usr/sbin/httpd -DFOREGROUND
           ├─1347 /usr/sbin/httpd -DFOREGROUND
           ├─1348 /usr/sbin/httpd -DFOREGROUND
           └─1349 /usr/sbin/httpd -DFOREGROUND

Jan 15 03:53:53 localhost systemd[1]: Starting The Apache HTTP Server...
Jan 15 03:53:53 localhost httpd[1344]: AH00558: httpd: Could not reliably determine the serve...sage
Jan 15 03:53:53 localhost systemd[1]: Started The Apache HTTP Server.
Hint: Some lines were ellipsized, use -l to show in full.
[root@localhost ~]# _
```

图 4-3 启动 Apache 并查看其状态

用户在客户端的浏览器中输入 Apache 的 IP 地址，即可进行访问。若能看到如图 4-4 所示的提示信息，则表示 Apache 已安装成功。

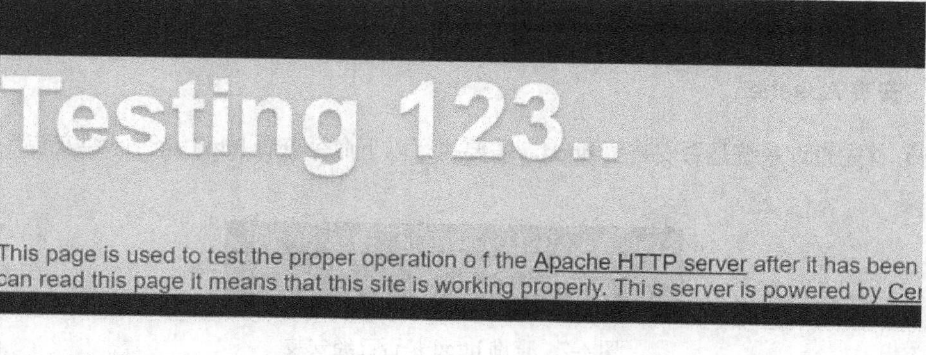

图 4-4 Apache 安装成功

2. Apache 的基本配置

Apache 的主要配置文件是/etc/httpd/conf/httpd.conf，共有三大部分：

（1）Global Environment：主要进行全局环境变量的设置。

（2）Main Server Configuration：进行主服务配置。

（3）Virtual Hosts：进行虚拟主机设置。

【第一部分】Apache 全局配置

该部分主要用于设置与 Apache 运行相关的全局环境变量。

```
(1) ServerRoot"/etc/httpd"
```

此为 Apache 的根目录。配置文件、记录文件和模块文件都在该目录下。

```
(2) PidFile run/httpd.pid
```

此文件保存 Apache 的父进程 ID。

```
(3) Timeout 120
```

设定超时时间。若客户端超过 120s 还没有连接上服务器，或者服务器超过 120s 还没有传送信息给客户端，则强制通信中断。

```
(4) KeepAlive Off
```

不允许客户端同时发送多个请求，设为 On 表示允许。

```
(5) MaxKeepAliveRequests 100
```

每次通信允许的最大请求数目，数字越大，效率越高；0 表示不限制。

```
(6) KeepAliveTimeout 15
```

若客户端的请求在 15s 内还没有发出，则通信中断。

```
(7) MinSpareServers 5
MaxSpareServers 20
```

“MinSpareServer 5”表示最少会有 5 个空闲的 httpd 进程来监听用户的请求。若实际的空闲进程数小于 5，则会增加 httpd 进程。

“MaxSpareServer 20”表示最大的空闲 httpd 进程数为 20。若网站访问量很大，则可以将这个数目设置得大一些。

```
(8) StartServer 8
```

启动时打开的 httpd 的进程数目。

```
(9) MaxClients 256
```

限制客户端的最大连接数目。一旦达到此数目，客户端就会收到“用户太多，拒绝访问”的错误提示。该数目不应该设置得过小。

```
(10) MaxRequestsPerChild 4000
```

限制每个 httpd 进程可以完成的最大任务数目。

```
(11) #Listen 13.34.56.78:80
```

监听 80 端口。

```
(12) LoadModule auth_basic_moduLe modules/mod_auth_basic.so
```

加载 DSO 模块。

```
(13) #ExtendedStatus On
```

用于检测 Apache 的状态信息，预设为 Off。

```
(14) User apache
Group apache
```

设置 Apache 工作时使用的用户和组。

【第二部分】主服务配置

本部分主要用于配置 Apache 的主服务器。

```
(1) ServerAdmin root@localhost
```

管理员的电子邮件地址。若 Apache 的主服务器出现问题，则会发信息给管理员。

```
(2) #ServerName www.example.com:80
```

此处为主机名称，若没有申请域名，则可以使用主机的 IP 地址。

```
(3) DocumentRoot "/var/www/html"
```

设置 Apache 的主服务器网页的存放地址。

```
(4) <Directory/>
        Options FollowSymLinks
        AllowOverride None
    </Directory>
```

设置 Apache 根目录的访问权限和访问方式。

```
(5) <Directory "var/www/html">
        Options Indexes FollowSymLinks
        AllowOverride None
        Order allow, deny
        Allow from all
    </Directory>
```

设置 Apache 的主服务器网页文件存放目录的访问权限。

```
(6) <IfModule mod_userdir.c>
        UserDir disable
        #User Dir public_html
    </IfModule>
```

设置用户是否可以在自己的目录下建立 public_html 目录来放置网页。若设置为"UserDirPublic_html"，则用户就可以通过"http://服务器 IP 地址:端口/~用户名称"来访问其中的内容。

```
(7) DirectoryIndex index.html index. html.var
```

设置预设首页，默认是 index.html。设置完成后，用户通过"http://服务器 IP 地址:端口/"访问的其实就是"http://服务器 IP 地址:端口/index.Html"。

```
(8) AccessFileName.htaccess
```

设置 Apache 目录访问权限的控制文件，预设为.htaccess，也可以是其他名字。

```
(9) <Files ~ "^.ht>"
        Order allow, deny
        Deny from all
    </Files>
```

防止用户看到以".ht"开头的文件，保护.htaccess 和.tpasswd 中的内容，主要是防止其他人看到预设而访问相关内容的用户名和密码。

```
(10) TypesConfig /etc/mime.types
```

指定存放 mime 文件类型的文件。可以自行编辑 mime.types 文件。

```
(11) DefaultType text/plain
```

当 Apache 不能识别某种文件类型时，自动将它当成文本文件处理。

```
(12) <IfModule mod_mime_magic.c>
    # MIMEMagicFile /usr/share/magic. mime
        MIMEMagicFile conf/magic
```

```
</IfModule>
```

mod_mime_magic.c 模块可以使 Apache 采用文件内容决定 mime 的类型。只有载入 mod_mime_magic.c 模块时，才会处理 mimemagicfile 文件声明。

```
(13) HostnameLookups Off
```

若设置为 On，则每次都会向 DNS 服务器要求解析该 IP 地址，这样会花费额外的服务器资源，并且降低服务器端响应速度，所以一般设置为 Off。

```
(14) ErrorLog logs/error_log
```

指定错误发生时记录文件的位置。对于在<VirtualHost>段特别指定的虚拟主机来说，本处声明会被忽略。

```
(15) LogLevel warn
```

指定警告及其以上等级的信息会被日志记录。

```
(16) LogFormat "%h %l %u %t \"%r\" %>s %b\" %{Referer}i \" \" %{User-Agent}i\" combined"
  LogFormat "%h %l %u %t \"%r\" %>s %b" common
  LogFormat "%{Referer}i->%U" referer
  LogFormat "%{User-agent}i" agent
```

设置记录文件存放信息的模式。自定义 4 种模式：combined、common、referer 和 agent。

```
(17) CustomLog logs/access_log combined
```

设置存取文件记录采用 combined 模式。

```
(18) ServerSignature On
```

设置为 On 时，由于服务器出错所产生的网页会显示 Apache 的版本号、主机 IP 地址、连接端口等信息；若设置为 E-mail，则会有"mailto:"的超链接。

```
(19) Alias /icons/ "/var/www/icons/"
     <Directory "/var/www/icons">
     Options Indexes MultiViews
     AllowOverride None
     Order allow, deny
     Allow from all
     </Directory>
```

定义一个图标虚拟目录，并设置访问权限。

```
(20) ScriptAlias /cgi-bin/ "/var/www/cgi-bin/"
     <Directory "/var/www/cgi-bin">
     AllowOverride None
     Options None
     Order allow, deny
     Allow from all
     </Directory>
```

与 Alias 相同，只不过此处设置的是脚本文件目录。

```
(21) IndexOptions FancyIndexing VersionSort Name Width=* HTMLTable
```

采用更美观的、带有格式的文件列表方式。

```
(22) AddIconByEncoding (CMP, /icons/compressed. gif)) x-compress x-gzip
AddIconByType (TXT, /icons/text. gif) text/*
……
DefaultIcon /icons/unknown. gif
```

设置显示文件列表时，各种文件类型对应的图标显示。

```
(23) #AddDescription "GZIP compressed document".gz
     #AddDescription "tar archive".tar
     #AddDescription "GZIP compressed tar archive".tgz
```

在显示文件列表时，各种文件后面显示的注释文件。其格式为：AddDescription"说明文字"文件类型。

```
(24) ReadmeName README. html
HeaderName HEADER html
```

当显示文件清单时，分别在页面的最下端和最上端显示内容。

```
(25) IndexIgnore. ??* * *#HEADER*README* RCS CVS*, v*, t
```

忽略这些类型的文件，在文件列表清单中不显示。

```
(26) DefaultLanguage nI
```

设置页面的默认语言。

```
(27) AddLanguage ca .ca
     ……
     Add Language zh-CN. zh-cn
     AddLanguage zh-tw
```

设置页面语言。


```
(28) LanguagePriority en ca cs da de el eo es et fr he hr it ja ko ltz nl
nn no pl pt pt-BR ru sy zh-CN zh-TW
```

设置页面语言的优先级。

```
(29) AddType application/x-compress.Z
     AddType application/x-gzip.gz.tgz
```

增加应用程序的类型。

```
(30) AddType text/html.shtml
     AddOutputFilter INCLUDES.shtml
```

使用动态页面。

```
(31) #ErrorDocument 500 "The server made a boo boo. "
     #ErrorDocument 404/missing.html
     #ErrorDocument 404"/cgi-bin/missing_handler.pl"
     #Errordocument 402 http: //www.example. com/subscriptic_info.html
```

Apache 支持 3 种格式的错误信息显示方式：纯文本、内部链接和外部链接。其中，内部链接又包括 HTML 和 Script 两种格式。

```
(32) BrowsrMatch"Mozill/2"nokeepaliv
     BrowserMatch "MSIE 4\.0b2;"nokeepalive downgrade-1.0 force-response-1.0
```

若浏览器符合这两种类型，则不提供 keepalive（持续连接）支持。

```
(33) BrowserMatch "RealPlayer 4\.0"force-response-1.0
     BrowserMatch"Java/1\.0"force-response-1.0
     BrowserMatch"JDK/1\.0"force-response-1.0
```

若浏览器是这 3 种类型，则使用“http/1.0”回应。

【第三部分】虚拟主机配置

Apache 提供了多主机支持，对于主服务器之外的主机支持，主要是通过 VirtualHost（虚拟主机）来完成的。

```
(1) #Name VirtualHost*: 80
```

设置虚拟主机的名字和监听端口。

```
(2) #<VirtualHost*: 80>
    #Serveradmin webmaster@dummy-host. example.com
    #DocumentRoot/www/docs/dummy-host example.com
    #Servername dummy-host. example.com
    #ErrorLog logs/dummy-host. example. com-error_log
    #CustomLog logs/dummy-host.example.com-access_log common
    #</VirtualHost>
```

虚拟主机的所有相关信息。主服务器中采用的很多控制命令都可以在这里使用。

4.3.3　Apache 的控制存取方式

在 Apache 的配置文件/etc/httpd/conf/httpd.conf 中，可以看到以下 4 种控制存取方式。

```
1. <Directory>  </Directory>
2. <Files>      </Files>
3. <Limit>      </Limit>
4. <Location>   </Location>
```

其中，<Directory>针对文件，<Files>针对文件，<Location>针对位置，<Limit>暂时未知。

例如：

```
Directory
<Directory />
Options FollowSymLinks
 AllowOverride None
</Directory>
```

1. Options 选项

Options 为允许的动作，可以不止一个选项，预设值为 All。Options 可为多个选项，所有的选项都在一行指定。例如：

```
Options Indexes FollowSymLinks
```

Options 不能通过多行来指定。例如：

```
Options Indexes
Options FollowSymLinks
```

此时，会以最后一行为准，也就是说，Options 不能是 Indexes，只能是 FollowSymLinks。

若想在现有的项目上进行修改，可以使用“+”和“−”。例如：

```
Options-ExecCGI
```

如图 4-5 所示的 Options 为 Indexes，但不存在预设的首页 Index.html、Index.php 和 Index.php3 的画面。

2. 浏览器权限的设置

Apache 对于访问权限的限制包括两种方式：一种是在其配置文件 httpd.conf 中直接进行，主要结合<Directory>和<Location>等完成，这种限制方式常称为整体存取控制；另一种是在. htaccess 文件中进行，这种限制方式称为分布式特定目录存取控制。

（1）整体存取控制。下面先看几个实例，它们主要用于限制某些目录的浏览和访问权限。

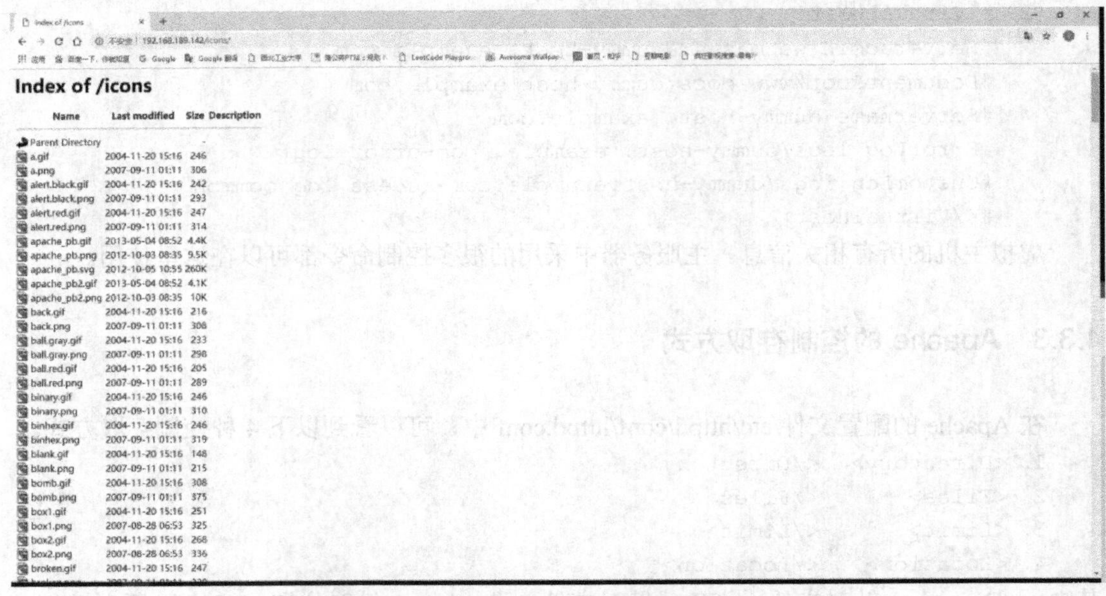

图 4-5　目录中允许文件列表的显示画面

实例 1：限制所有以 P 开头的目录不能访问。

```
<DirectoryMatch /P>
Order deny, allow
Deny from all
</DirectoryMatch>
```

实例 2：限制文档目录的存取权限。

下面是 Apache 默认配置的主文档目录的存取权限。

```
<Directory " /var/www/html " >
Options Indexes FollowSymLinks
AllowOverride None
Order allow,deny
Allow from all
</Directory>
```

以上两个实例中出现了 Order、Allow from 和 Deny from 关键词，关键词不区分英文字母的大小写，但 allow 和 deny 之间以“,”隔开，两者之间不能有空格。

① Allow from，允许访问的主机。该主机可以是 All（所有主机）、全部或者部分的域名（如 localdomain.test）、完整的 IP 地址（如 192.168.0.3）、网络和子网掩码（如 192.168.0.0/255.255.255.0）或者 CIDR 格式（192.168.0.0/24）。

② Deny from，拒绝访问的主机。该主机可以是 All（所有主机）、完整或者部分的域名（如 localdomain.test）、完整的 IP 地址（如 192.168.0.3）、网络和子网掩码（如 192.168.0.0/255.255.255.0）或者 CIDR 格式（192.168.0.0/24）。

③ Order，设置 allow 和 deny 的先后顺序，如 Order allow 表示先访问 Allow 再访问 Deny。下面通过一个例子来说明。

```
Order allow, deny
Allow from 192.168.0.3
Deny from all
```

本例本来只有 192.168.0.3 这台主机可以访问，但 Order 的顺序是 allow、deny，最后还是拒绝了所有主机的访问权限。

实例 3：查看服务器状态。

现在以<Location>为例，看看如何查看 Apache 服务器的运行状态。

① 在 Apache 的主配置文件/etc/httpd/conf/httpd. conf 中，去掉下面这段文字的注释。

```
<Location /server-status>
SetHandler server-status
Order deny, allow
Deny from all
Allow from.example.com
</Location>
```

修改为允许自己的客户端 192.168.0.3 访问。

```
<Location /server-status>
SetHandler server-status
Order deny，allow
Deny from all
Allow from 192.168.0.3
</Location>
```

② 去掉以下语句前的“#”注释，让服务器可以显示自己的运行状态，以便客户端随时掌控。

```
ExtendedStatus On
```

③ 由此可知，只有 192.168.0.3 这台主机才能通过以下语句访问 Apache 的服务器状态。

```
http://www.sitename.com/server-status
```

（2）分布式特定目录存取控制。什么是.htaccess 文件？简单地说，它是一个访问控制文件，用来配置相应目录的访问方法。不过，按照默认的配置是不会读取相应目录下的.htaccess 文件来进行访问控制的。这是因为 AllowOverride 中的配置为

```
AllowOverride none
```

完全忽略了.htaccess 文件。那么该如何打开这个文件呢？如

```
<Directory />
Options FollowSymLinks
AllowOverride None
<Directory/>
```

原本设置“/”将忽略.htaccess 文件。故将“AllowOverride None”修改成如下格式即可。

```
<Directory />
Options FollowSymLinks
AllowOverride AuthConfig
<Directory/>
```

现在就可以在需要进行访问控制的目录下创建一个.htaccess 文件了。需要注意的是，文件前有一个“.”，说明该文件是一个隐藏文件（该文件名也可以采用其他文件名，但需

要再次设置，如 AccessFileName.ToBeProtected）。

另外，在 httpd.conf 的相应目录中的 AllowOverride 主要用于控制 htaccess 中允许进行的设置；其 Override 可以不止一项，其详细参数如表 4-1 所示。

表 4-1 Override 的详细参数

参　数	说　明
AuthConfig	允许 AuthDBMGroupFile、AuthGroupFile、AuhtName、AuthDigestRealmSeed、AuthType、AuthUserFile 和 Require
FileInfo	允许 AddEncoding、AddLanguage、AddType、DefaultType、ErrorDocument 和 LanguagePriority
Limit	能够以主机名称或者 IP 地址进行限制
Options	允许使用 Options
All	允许以上所有功能
None	不允许以上所有功能

4.3.4 Apache 的高级配置

1. 虚拟目录

Apache 中的虚拟目录是通过别名（Alias）命令创建的。虚拟目录与正常目录访问相比，具有以下几个优点：

（1）方便访问。若要访问一个很深层的目录，则此时使用别名命令就可以快速地访问。如下面这个目录

```
http: //www.site/name/public/rhel/s/xxXXXXXXXXXXXX/
```

通过虚拟目录可以很快访问，甚至可以用以下方式访问。

```
http: //www.sitename. com/aaa/
```

（2）能灵活地扩展磁盘空间。当 Apache 文档所在的磁盘空间不足时，可以迅速通过虚拟目录将某些内容定义到其他磁盘上，从而变相地扩大硬盘空间。

（3）更高的安全性。虚拟目录可以隐藏站点中真正的目录结构，进而防范黑客通过猜测的方法破解物理目录下内容。下面就以/export/public/software 创建一个虚拟目录为例，来进行简单介绍。

① 创建虚拟目录。打开 Apache 的配置文件 httpd.conf（位于/etc/httpd/conf 目录下），在“Section1:Global Environment”部分添加如下语句：

```
Alias /download/ " /export/public/software/ "
```

② 设置目录权限。创建了虚拟目录，即使服务器已经重新启动，但是客户端暂时还是不能访问，这是因为还要进行目录访问授权。Apache 中的目录授权是通过<Directory 目录路径>和</Director>两条语句完成的，它们是一对容器语句，必须成对出现，它们之间封装的是具体的设置目录权限语句，这些语句仅对被设置目录及其子目录起作用。

为/download 设置目录权限的语句如下。

```
<Directory " /export/public/software " >
Options Indexes Multiviews
AllOWOverride None
```

```
Order allow, den
Allow from all
 </Directory>
```

2. 用户身份认证

Apache 中的用户身份认证可以采用整体存取控制或者分布式特定目录存取控制两种方式，其中使用最广泛的方式就是通过.htaccess 进行认证。

（1）创建用户名和密码。在/usr/local/httpd/bin 目录下有一个 htppasswd 可执行文件，它就是用来创建.htaccess 文件身份认证密码的，其语法格式如下：

```
[root@localhost ~]#htpasswd [-bcD] [-mdps] 密码文件名字 用户名
```

参数的意义分别如下。

-b：用批处理方式创建用户。htpasswd 不会提示输入用户密码，但是要在命令行输入可见的密码，因此这种方式并不是很安全。

-c：新创建（create）一个密码文件。

-D：删除一个用户。

-m：采用 MD5 编码加密。

-d：采用 CRYPT 编码加密，这是预设的方式。

-p：采用明文格式的密码。因为安全的原因，目前不推荐使用。

-s：采用 SHA 编码加密。

实例：创建一个用于.htaccess 密码认证的用户 zhangsan。

```
[root@localhost ~]#htpasswd -mb .htpasswd zhangsan Password
```

在当前目录下创建一个.htpasswd 文件，并添加一个用户 zhangsan，密码为 Password。

（2）认证方式。随着用户密码文件采用的加密方式不同，Apache 也需要指定相应的认证方式。比如，对于默认的以加密方式保存的密码文件，Apache 采用如下加密方式。

```
<Directory /home/clinuxer/public>
        AuthType Basic
        AuthName "Restricted Files"
        AuthUserFile /usr/local/apache/passwd/.htpasswd
        Require user lisi
</Directory>
```

① AuthType Basic 指定采用的加密方式是 mod_auth 提供的 Basic。不过，需要注意的是，Basic 认证方法并不接收来自用户浏览器的密码，因此不应该用于高度敏感的数据。另外，Apache 支持更安全的认证方法，如 mod_auth_digest 提供的 AuthType Digest。

② AuthName。AuthName 命令设置了使用认证的领域，它主要有两个作用：一是认证领域的说明会出现在显示给用户的密码提问对话框中；二是帮助客户端程序确定应该输入哪个密码。

若一个用户已经在“Restricted Files”领域通过了认证，则客户端可以尝试使用“Restricted Files”的密码来访问同一个服务器的其他任何领域，进而使多个受限领域共享密码，以避免用户重复输入。当然，为了安全考虑，若服务器改变，则客户端始终会要求重新输入密码。

③ AuthUserFile/AuthGroupFile。AuthUserFile 命令设置了密码文件，也就是刚才用 htpasswd 建立的文件。由于这个文件是纯文本文件，因此当用户很多时反应速度会变慢，故 Apache 支持用户把信息存入快速数据库中。Mod_auth_dbm 模块提供了 AuthUserFile 命令，并可以用 dbmmanage 程序建立和操作这些数据库。AuthGroupFile 则是由很多具有相同权限的用户组设置的文件组成的，其语法格式如下。

```
UserGroup: zhangsan lisi
```

注意：不同用户之间用空格分开，每个用户也需要单独通过 htpasswd 命令创建。

④ Require User/Require Group。Require User 命令设置了允许访问的用户；Require Group 命令指定了可以访问的群组。

实例 1：设置一个虚拟目录“/download/”，只有用户输入正确的用户名和密码才能访问。

a．创建一个新用户 clinuxer，输入以下命令。

```
[root@localhost ~]#cd /export/public/software
[root@localhost software]
    #/usr/bin/htpasswd -c /usr/local/apache/passwd/.htpasswd lisi
```

之后会要求输入该用户的密码并确认，成功后会提示“Adding password for user lisi”。

若还要在. htpasswd 文件中添加其他用户，则直接使用以下命令。

```
[root@localhost software]#/usr/bin/htpasswd .htpasswd testuser
```

b．在 httpd.con 文件中设置当前目录允许采用.htaccess 进行用户身份认证。

```
[root@localhost ~]#vi /etc/httpd/conf/httpd. conf
```

加入如下内容。

```
Alias /download/ " /export/public/software/ "
<Directory /export/public/software>
            Options Indexes Multiviews
            AllowOverride AuthConfig
            Order deny, allow
            Allow from all
</Directory>
```

c．在/export/public/software 目录下新建一个.htaccess 文件，内容如下。

```
[root@localhost ~]#cd /export/public/software
    [root@localhost ~]#touch.htaccess
    [root@localhost~]#vi .htaccess
        AuthName “Test Zone”
        AuthType Basic
        AuthuserFile /usr/local/apache/passwd/.httpasswd
        require user lisi
```

在客户端打开浏览器，访问 Apache 服务器上访问权限受限的目录，就会出现认证窗口，只有输入正确的用户名和密码才能打开。

实例 2：若需要授权或者限制访问的用户很多，则每次都要重复指定这些用户是很麻烦的，所以将这些用户分组来进行授权。

a．创建一个.htgroup（位于/usr/local/apache/passwd下）文件，其内容如下

```
allowusr: lisi zhangsan
```

b．修改.htaccess文件，其内容如下。

```
AuthName "Test Group Zone"
AuthType Basic
AuthUserFile /usr/local/apache/passwd/.htpasswd
AuthGroupFile /usr/local/apachepasswd/. htgroup
Require group allowusr
```

再次访问该网页时，可以访问clinuxer和fayero这两个用户了。

3. 虚拟主机

若有几个不同的Web站点，则为每个站点都配置一台服务器是不合理的。Apache支持的虚拟主机可以在一台计算机上配置几个不同的Web站点。Apache支持的虚拟主机有两种类型：基于IP地址的虚拟主机（IP Based）和基于主机名的虚拟主机（Name Based)。两者的不同之处在于，基于IP地址的虚拟主机的一个IP地址只能对应一个站点；而基于主机名的虚拟主机的一个IP地址可以对应多个站点。

（1）基于主机名的虚拟主机。这种类型的虚拟主机的配置并不复杂，它的配置也是在Apache的主配置文件/etc/http/conf/httpd.conf中完成的。例如，有一台服务器，它的IP地址是192.168.0.43，它本来是为www.testdomain.tst服务的，现在又想在同一台服务器上为www.othertestdomain.tst服务，那么可以在httpd.conf中添加如下内容。

```
<VirtualHost *>
ServerName www.testdomain.tst
ServerAlias www.testdomain.tst
DocumenRoot /var/www/testdomain
</VirtualHost>
<VirtualHost *>
Servername www.othertestdomain.tst
DocumenRoot /var/www/othertestdomain
</VirtualHost>
```

通过NameVirtualHost指定绑定的IP地址192.168.0.43。若要绑定在服务器上的所有IP地址，可以将IP地址改为“*”。

需要注意的是，基于主机名的虚拟主机在某些使用旧版本浏览器的客户端中可能会出现访问错误，而新版本浏览器基本可以正确发送主机头信息，不会出现这种兼容性问题。

（2）基于IP地址的虚拟主机。这种类型的虚拟主机的设置虽然稍微复杂一些，但是与基于主机名的虚拟主机相比，也只是多了一个IP地址绑定的步骤。

下面在一台服务器上分别配置两个Web站点：一个Web站点的IP地址是192.168.0.42，另一个Web站点的IP地址是192.168.0.43。

① 假设已经为服务器的网卡设置了192.168.0.43这个IP地址，那么需要执行以下命令将192.168.0.42这个IP地址也绑定进来。

```
[root@localhost ~]#/sbin/ifconfig eth0: 192.168.0.42 netmask 255.255.255.0
```

② 重新设置httpd.conf文件，添加如下内容。

```
<VirtualHost 192.168.0.42>
ServerAdmin webmaster@testdomain.tst
DocumentRoot /var/www/testdomain
ServerName www.testdomain.tst
ErrorLog /var/log/httpd/www/testdomain.tst/error.log
</VirtualHost>
<VirtualHost 192.168.0.43>
ServerAdmin webmaster@othertestdomain.tst
DocumentRoot /var/www/othertestdomain
ServerName www.othertestdomain.tst
ErrorLog /var/log/httpd/www.othertestdomain.tst/error.log
</VirtualHost>
```

然而，这种类型的虚拟主机有一个严重的缺点，每台主机都必须有自己的公用 IP 地址，这就造成了资源的浪费。

4.3.5 配置动态 Web 站点

目前的网站几乎都是基于动态网页的，而且通常都是与 CGI、PHP、Java 等语言相结合的，以加强和用户的互动。CGI 的全称是 Common Gateway Interface，简单地说，它就是服务器和网页之间的交互接口，最常见的 CGI 语言是 Perl。

1. 动态 Web 站点配置

（1）Perl 语言解释器的安装。按照默认配置安装的 Red Hat Enterprise Linux 5，已经将 Perl 语言解释器安装在系统中了。若不确定是否已经安装，则执行以下语句对其进行确认。

```
[root@localhost ~]#rpm-q perl
```

若已经安装了 Perl 语言解释器，则会显示“perl-5.8.8-10.e15_0.2”字样；若系统中没有安装 Perl 语言解释器，则需要将 Red Hat Enterprise Linux 5 的第 1 张安装盘放入光驱中（或者直接放入 DVD 安装盘），加载光驱后在光盘的 Server 目录下找到 Perl 语言解释器的 RPM 安装包文件 perl-5.8.8-10.e15_0.2.i386.rpm，使用下面命令安装 Perl 语言解释器。

```
[root@localhost ~]#rpm -ivh /mnt/Server/ perl-5.8.8-10.e15_0.2.i386.rpm
```

（2）配置 Apache 支持 CGI。Apache 还需要在放置 CGI 文件的目录中设置相应的执行权限。如在 Apache 的配置文件 httpd.conf 中，已经为主服务器定义了一个文件 ScriptAlias:/cgi-bin/。然而，在默认情况下，它还不能支持 CGI 脚本的运行，故应该将其中的“Options none”改为“Options ExecCGI”，即

```
<Directory " /var/www/cgi-bin " >
AllowOverride None
Options ExecCGI
Order deny, allow
Allow from all
</Directory>
```

（3）测试 CGI 的运行环境。，测试 CGI 程序是否能够正常运行。

① 在 CGI 文件存放的目录（如/var/www/cgi-bin/）中建立一个名为 test.cgi 的文件，该文件的内容如下。

```
#! /usr/bin/perl
print "Content-type: text/html\n\n";
print"Hello World! \n";
```

② 执行以下命令为 test.cgi 文件添加运行权限。

```
[root@localhost ~]#chmod +x /var/www/cgi-bin/test.cgi
```

③ 若在客户端的浏览器中访问 http://Linux 服务器的 IP 地址/cgi-bin/test.cgi，则会看到“Hello World!”页面。

2. 创建 PHP 动态网站

PHP 是现在最流行的交互式网页动态语言之一，具有以下几个特点。

（1）跨平台：PHP 程序可以运行在 UNIX、Linux 和 Windows 等多种操作系统下。

（2）嵌入 HTML：PHP 语言可以嵌入到 HTML 内部。

（3）简单易懂：与 Java 和 C++不同，PHP 语言虽然以基本语言为基础，但是它的功能强大到足以支持任何类型的 Web 站点。

（4）高效率：与其他解释性语言相比，PHP 耗费的系统资源较少。当 PHP 作为 Apache Web 服务器的一部分时，运行代码不需要调用外部二进制程序，服务器解释脚本的建立不需要承担任何额外负担。

（5）多种数据库支持：用户可以通过 PHP 访问 Oracle、Sybase、MS-SQL、MySQL、PostgreSQL、dBase、FilePro 和 Informix 等多种类型的数据库。

（6）文件访问与文本处理：PHP 有许多支持文件访问、字符串处理的函数。

（7）变量支持：PHP 支持标量、数组、关联数组等变量，这给用户提供了支持其他高级数据结构的基础。

（8）支持图像处理：用户可以使用 PHP 动态创建图像。

创建 PHP 动态网站主要有以下三个步骤。

（1）PHP 解释器的安装。按照默认配置安装的 Red Hat Enterprise Linux5 中，并没有将 PHP 语言解释器安装在系统中。若不确定是否已经安装 PHP 语言解释器，则需要执行以下语句进行确认。

```
[root@localhost ~]#rpm -q php
```

若系统中没有安装 PHP 语言解释器，则需要将 Red Hat Enterprise Linux 5 的第 2 张安装光盘放入光驱中（或者直接放入 DVD 安装盘），加载光驱后在光盘的 Server 目录下找到 PHP 语言解释器的 RPM 安装包文件 php-common-5.1.6-20.el5.i386.rpm、php-cli.5.1.6-20.el5.i386.rpm 和 php-5.1.6-20.el5.i386.rpm，然后使用下面命令安装 PHP 语言解释器。

```
[root@alocalhost -]#rpm -ivh /mnt/Server/php-common-5.1.6-20.el5.i386.rpm
[root@localhost ~]#rpm -ivh /mnt/Server/gmp-4.1.4-10.el5.i386.rpm
[root@localhost ~]#rpm -ivh /mnt/Server/php-cli-5.1.6-20.el5.i386.rpm
[root@localhost ~]#rpm -ivh /mnt/Server/php-5.1.6-20.el5.i386.rpm
```

（2）设置 php.conf 文件。之前配置 Apache 使其支持 PHP 的方法一般都需要从 httpd.conf 入手，现在不需要用这种方法了，这是因为 Apache 的主配置文件 httpd.conf 中有一条默认语句“Include conf.d/*.conf”，它的含义是将目录/etc/httpd/conf.d/中的所有

*.conf 文件包含到 httpd.conf 中。而 PHP 语言解释器的安装程序会自动在目录/etc/httpd/conf.d/中建立一个名为 php.conf 的配置文件，这个文件包含了 PHP 的配置选项。

按照默认的配置，最新版本的 PHP 已经可以很好地工作了，可是为了使它能与旧版本的 PHP 兼容（那些脚本都是以.php3 为后缀的），还需要编辑/etc/httpd/conf.d/php. conf 文件，即在以下语句

```
AddHandler php5-script .php
AddType text/html .php
```

后面分别添加“.php3”，让最新版本的 PHP 也可以直接处理旧版本的 PHP 脚本。

```
AddHandler php5-script .php .php3
AddType text/html  .php .php3
```

（3）测试 PHP 运行环境。此时，理论上 PHP 已经配置完毕，然而还需要测试配置是否成功。

① 在 Apache 的主文件目录/var/www/html 下新建一个 phpinfo.php 文件，然后输入以下简单的语句。

```
<?
 Phpinfo () ;
? >
```


② 在客户端打开浏览器，输入服务器的测试 PHP 文件的网址并开始访问，即“http://服务器 IP 地址:端口/phpinfo.php”，若配置正常，则可以看到页面。

3. 创建 JSP 动态网站

与 Perl、PHP 类似，JSP（Java Server Pages）也是一种动态网页语言，它是由 Sun Microsystems 公司倡导，许多公司一起参与开发的。目前支持基于 JSP 的服务器软件有很多种，Red Hat Enterprise Linux 5 内置的是 Tomcat 软件，通过整合 Tomcat 与 Apache 运行 JSP 程序。Tomcat 是由 Apache-Jakarta 子项目支持的开放源代码服务器的软件，它得到了 Sun 公司的全力支持，而且 Tomcat 的运行效率非常高，所以得到了广泛的应用。

（1）Tomcat 的安装。在采用默认配置进行安装的 Red Hat Enterprise Linux 5 系统下，Tomcat 并没有安装。若不确定是否已经安装了 Tomcat，则可以通过以下命令进行查询。

```
[root@localhost ~]#rpm -q tomcat5
```

由于 Tomcat 关联的程序非常多，逐个安装会耗费大量的时间和精力，并且很容易造成安装失败，因此建议用户使用 Yum（Yellow Dog Updater Modified）工具对其进行安装。

① 切换到 etc/yum.repos.d 目录下，新建一个文本文件：rhel5.localinstall.repo，其内容如下。

```
[rhel-localinstall]
 Name=Red Hat Enterprise Linux 5.2 LocalInstall
 Baseurl=file:///mnt/cdrom/Server/
 gpgcheck=1
 enabled=0
 gpgkey=file:///mnt/cdrom/RPM-GPG-KEY-RED Hat-release
```

参数说明：

Baseurl：用于指定 Red Hat Enterprise Linux 5.2 安装盘的 Server 目录位置。

enabled=0：不从“添加/删除软件”选项中查找软件包。

② 将 Red Hat Enterprise Linux 5.2 的安装盘加载到/mnt/cdrom 中，可以通过以下命令来完成。

```
[root@localhost ~]#mkdir /mnt/cdrom
[root@localhost~]#mount/dev/cdrom ./mnt/cdrom
```

③ 执行以下命令导入 Public key。

```
[root@localhost ~]#rpm -import/mnt/cdrom/RPM-GPG-KEY-Red Hat-beta
[root@localhost ~]#rpm -import/mnt/cdrom/RPM-GPG-KEY-Red Hat-release
```

④ 在 Red Hat Enterprise Linux 5.2 的桌面上，依次单击“应用程序”→“添加/删除软件”，打开“软件包管理者”窗口。

⑤ 在打开的“软件包管理者”窗口中，依次选择“编辑”→“软件存储库”，然后选择前面定制的“rhel-localinstall”选项，单击“关闭”按钮退出。

⑥ 在“软件包管理者”的“浏览”选项下，可以看到大量可以安装、卸载的软件（如同在安装 Red Hat Enterprise Linux 5.2 过程中出现的系统组件定制选择窗口）。

⑦ 在左侧栏中选中“服务器”选项，在右侧栏中勾选“万维网服务器”单选框，然后单击下面的“可选的软件包”按钮，在弹出的“万维网服务器中的软件包”对话框中，可以看到与 Tomcat 相关的选项。勾选“Tomcat5-5.5.23-0jpp.7.e15.i386”“Tomcat5-admin-webapps”和“Tomcat 5-webapps”复选框，然后依次单击“关闭”和“应用”按钮。

⑧“软件包管理者”会自动检查软件包的依赖关系，用户所要做的就是在弹出的“添加所需的依赖的软件”对话框中，单击“继续”按钮让它自动安装。

（2）启动和停止 Tomcat。

① 执行以下命令启动 Tomcat。

```
[root@localhost ~]#/etc/rc.d/init.d/tomcat5 start
```

现在打开客户端的浏览器访问“http://服务器 IP 地址:8080”，若看到 Tomcat 的提示信息，则说明安装成功。

② 执行以下命令停止 Tomcat。

```
[root@localhost ~]#/etc/rc.d/init.d/tomcat5 stop
```

③执行以下命令重新启动 Tomcat。

```
[root@localhost ~]#/etc/rc.d/init.d/tomcat5 restart
```

若需要让 Tomcat 随系统启动而自动加载，则可以执行“ntsysv”命令启动服务配置程序，找到“Tomcat 5”，在其前面加上*，然后单击“确定”按钮即可。

（3）整合 Apache 和 Tomcat。前面已经配置好了 Apache 和 Tomcat，但两者到目前为止仍然是毫无关系的，怎样才能让它们整合在一起呢？

① 安装和配置 mod_jk。首先从 Apache 主站点下载“The Apache Tomcat Connector”，即 mod_jk，可以下载最新版本。将 mod_jk-1.2.26-httpd-2.2.6.so 复制到/etc/httpd/ modules 目录中，并将它重命名为 mod_jk.so。在/usr/share/tomcat5/conf 目录中新建子目录 jk，并编辑文件 workers. Properties，使其相关部分内容如下。

```
workers. tomcat_home=/usr/share/tomcat5
workers.java_home=/usr/lib/jvm/java
ps=/
worker.1ist=ajp13
```

```
worker.ajp13.port=8009
Worker.ajp13.host=localhost
worker.ajp13.type=ajp13
Worker.ajp13.1bfactor=1
```

修改/usr/share/tomcat5/conf/server. xml 文件，在以下语句中

```
<Engine name=“Catalina”defaultHost=“localhost”
```

添加

```
<Listener className=" org.apache.jk.config.ApacheConfig " modJk=“/etc/httpd/
modules/mod_jk.so”>
```

重新启动 Tomcat，这时将自动生成目录/usr/rshare/tomcat5/conf/auto 和文件/usr/share/tomcat5/conf/auto/mod_jk.conf。将文件/usr/share/tomcat5/conf/auto/mod_jk.conf 复制到/usr/share/tomcat5/conf/jk 目录中，并重命名为 mod_jk.conf-auto。

修改 mod_jk.conf-auto 文件，修改后的内容如下。

```
<IfModule !mod_jk.c>
      LoadModule jk_module " /etc/httpd/modules/mod_jk.so "
</IfModule>
JkWorkersFile " /usr/share/tomcat5/conf/jk/workers.properties "
JkLogFile " /usr/share/tomcat5/logs/mod_jk.log "
JkLogLevel emerg
<VirtualHost localhost>
      ServerName localhost
      JkMount /*.jsp ajp13
</VirtualHost>
```

② 配置 Tomcat。若要实现 Apache 和 Tomcat 的整合，则需要设置 Apache 和 Tomcat 的主目录一致。由于 Tomcat 默认的主目录是/var/lib/tomcat5/webapps/ROOT，因此应编辑 Tomcat 的主配置文件/usr/share/tomcat5/conf/ server.xml，找到如下语句。

```
<Host name=" localhost " appBase=" webapps "
 unpackWARs=" true " autoDeploy=" true "
 xmlValidation=" false " xmlNamespaceAware=" false ">
```

然后，在这些语句的后面添加如下一行语句。

```
<Contest path=" " docBase=" /var/www/html " debag=" 0 "/>
```

③ 配置 Apache。编辑文件/etc/httpd/conf/httpd.conf，在文件末尾添加如下语句。

```
Include /usr/share/tomcat5/conf/jk/mod_jk.conf-auto
```

④ 重新启动 Apache 和 Tomcat。执行如下命令，重启 Apache 服务和 Tomcat 服务。

```
[root@localhost ~]#service httpd restart
[root@localhost -]#service tomcat5 restart
```

⑤ 测试是否整合成功。在 Apache 和 Tomcat 共同的主目录/var/www/html/中新建一个名为 test.jsp 的文件，内容如下。

```
Hello! The time is <%= new java. util. Date () %>
```

在客户端的浏览器中访问“http://服务器 IP 地址/test.jsp”，若出现“Hello！The time is 当前时间”的信息，则表示 Apache 和 Tomcat 整合成功。

4.3.6　Apache 日志管理和统计分析

Apache 的日志管理和统计分析功能可以实现对服务器运行过程中产生的问题进行查询和分析，还能防范黑客的攻击。

1. 配置错误日志

错误日志与访问日志一样都是 Apache 服务器的标准日志文件。在 Red Hat Enterprise Linux 5 中，这个日志文件为 error_log，也保存在/var/log/httpd/目录下。在这个日志文件中可以看到各种错误提示，如文件无法找到、用户认证错误或者 PHP、CGI 等语法错误等内容。若在访问 Apache 时出现问题，则可以在该文件中找到准确的错误描述，然后解决相应的问题。

2. 日志统计分析

通过对日志文件的分析，既可以知道哪一类网页最受欢迎，又可以获取客户端的信息（如客户来源、使用的操作系统、浏览器等）。目前，Apache 有很多日志统计分析软件都能轻松地完成这项工作。

Red Hat Enterprise Linux 5 内置的日志统计分析软件是 Webalizer，该软件的配置文件是/etc/webalizer.conf。按照默认配置，Webalizer 软件已经可以很好地工作，即每天分析一次万维网的日志文件。不过 Webalizer 软件存在一些不足，就是它将统计结果放在/var/www/usage 目录下，若想通过 Apache 进行远程访问，还要进行适当的配置。

（1）编辑 Webalizer 软件的配置文件。

```
[root@localhost~]#vi /etc/webalizer
logFile /var/log/httpd/access_log
OutputDir /var/www/usage
Incremental yes
```

（2）配置虚拟目录。打开/etc/httpd/conf/httpd.conf 文件，为 Apache 创建一个虚拟目录，让客户端可以访问它。在“Alias/icons/XXX”语句后面添加如下内容。

```
Alias /webalizer/ " /var/www/usage/ "
<Directory /var/www/usage>
AllowOverride AuthConfig
order deny, allow
Allow from all
```

（3）创建.htaccess 文件。在/var/www/usage 目录下创建.htaccess 文件，其内容如下。

```
AuthName “Test Zone”
AuthType Basic
AuthUserFile /usr/local/apache/passwd/. htpasswd
require user clinuxer
```

（4）创建 clinuxer 用户。由于在前文的用户身份认证部分已经创建了 clinuxer 和 fayero 用户，这里就不再赘述了。

（5）生成统计文档。在虚拟终端输入以下命令，让 Webalizer 创建统计信息。

```
[root@localhost~]#webalizer
```

（6）客户端访问。重新启动 Apache 服务器后，在客户端打开浏览器，输入以下内容。

```
http://ServerName  或者  IP/webalizer/
```

按回车键并输入授权的用户名和密码即可。

3. 日志文件的压缩备份

由于网站的日志文件都是文本格式，会占用大量存储空间，稍有不慎就有可能占满服务器相应分区的硬盘空间。使系统自动备份 Apache 服务器的日志记录，并且进行压缩以减少对磁盘空间的占用，这项工作是很有意义的。

实际上，Red Hat Enterprise Linux 5 基本已经做好了这项工作，它提供了一个 logrotate 用于备份日志，只需要稍做调整，就可以满足自身需求。

打开/etc/logrotate.d/httpd 日志备份配置文件，在最后的“}”前写入 compress 语句，具体内容如下。

```
/var/log/httpd/*log {
missingok
notifempty
sharescripts
Postrotate
/sbin/service httpd reload >/dev/null 2>/dev/null II true
endscript
compress
}
```


这样就缓解了 Apache 的日志记录磁盘空间占用太大的问题。

4.3.7 建立基于域名的虚拟主机

虚拟主机是指在一台物理机器上提供多个 Web 服务器。例如，某公司有多个子公司，各子公司都需要拥有独立的域名，希望对外提供独立的 Web 服务器，但是都要使用总公司的单台服务器，这时该服务器就通过虚拟主机为各子公司提供多个企业的 Web 服务器。虽然所有 Web 服务器都是这台服务器提供的，但是让访问者看起来是由不同服务器提供的，通过 Apache 设置虚拟主机通常采用两种方案：基于 IP 地址的虚拟主机和基于域名的虚拟主机。

基于域名的虚拟主机是目前应用比较广泛的一种方案，不需要更多的 IP 地址，并且配置简单，无须特殊的软/硬件支持。目前，浏览器大多支持这种虚拟主机的实现方法。

在“New Virtual Server Wizard”对话框（见图 4-6）中配置需要建立的主机，将 Address 设置为当前主机的某个 IP 地址，如 192.168.1.112，并选中“Add name virtual server address”和“Listen on address”复选框；将 Prot 设置为 Default；将 Document Root 设置为此虚拟主机的文档根目录，如/var/www/page.est.com，此目录是在配置 wu-ftpd 服务器时为虚拟站点 page.test.com 建立的；将 Server Name 设置为此虚拟主机的域名，如 page.test.com；在 Add virtual server to file 中选择 standard http.conf file。单击“Create”按钮，建立已配置完成的虚拟主机。

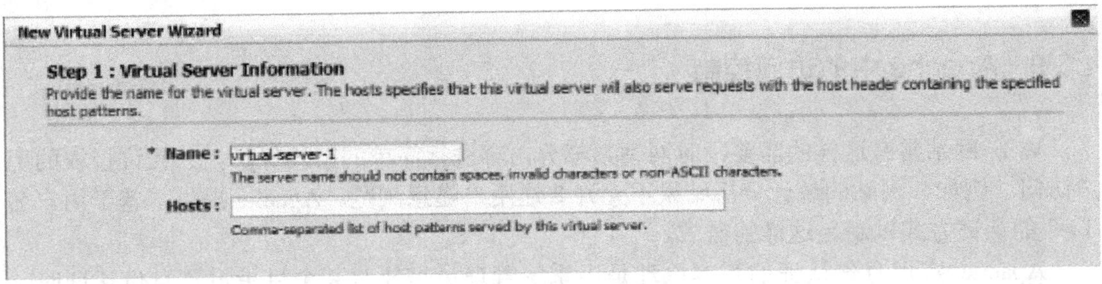

New Virtual Server Wizard

Step 1 : Virtual Server Information

Provide the name for the virtual server. The hosts specifies that this virtual server will also serve requests with the host header containing the specified host patterns.

* Name: virtual-server-1

The server name should not contain spaces, invalid characters or non-ASCII characters.

Hosts:

Comma-separated list of host patterns served by this virtual server.

图 4-6 “New Virtual Server Wizard”对话框

刚刚建立的虚拟主机虽然已经保存到 Apache 的配置文件中，但并未生效，需要选择 Apache Webserver 页的 Apply Changes，使已修改的配置生效。

需要在 test.com 的授权 DNS 中注册 IP 地址 12.168.1.112，指向虚拟主机的域名 page.test.com，其 Name 为 page，Update 为 Yes，Time-to-Live 为 Default。

4.3.8 建立基于 IP 地址的虚拟主机

建立基于 IP 地址的虚拟主机需要在机器上配置多个 IP 地址，每个 IP 对应一个虚拟主机。这种方法需要每个虚拟主机占用一个 IP 地址资源，在当前 IP 地址资源比较紧张的情况下很少使用这种方法。

1. 为网卡绑定多个 IP 地址

（1）在 Hardware 页中选择 Network Configuration，并且在该页中选择 Network Interfaces，在 Network Interfaces 页中的 Interfaces Active Now 列表显示了当前系统激活网卡的信息，如名称为 eth0 的网卡类型为 Ethernet；分配的 IP 地址为 255.255.255.0；状态（Status）为 Up，选择 Add a new interface，添加新的接口。

（2）在 Create Active interface 页中配置要建立的网卡，将 Name 设置为 eth0:0，表示这并不是一块真正的网卡，而是指向物理网卡 eth0 的一个虚拟网卡。192.16.1.113 是给 eth0 绑定的另一个 IP 地址，其他设置为默认选项。单击“Create”按钮，建立已配置好的网卡。

（3）在 Network Interfaces 页中的 Interfaces Active Now 列表已经显示了新建立的网卡 eth0:0，类型 Ethernet（Virtual）表示该网卡为虚拟以太网卡。

2. 建立基于 IP 地址的虚拟主机的方法

（1）在“New Virtual Server Wizard”对话框中配置要建立的主机，将 Address 设置为要建立虚拟主机的 IP 地址，如 192.168.1.113，并选中“Add name virtual server address”和“Listen on address”复选框；Port 默认为 80；设置 Document Root 为 /var/www/ip.test.com；设置 Server Name 为 ip.test.com；Add virtual server to file 选取 Standard httpd.conf file，最后单击“Create”按钮，建立已配置完成的虚拟主机。

（2）选择 Apache Webserver 页的 Apply Changes，使已修改的配置生效。

（3）需要在 test.com 的授权 DNS 中注册 IP 地址 192.168.1.113 指向虚拟主机的域名 ip.test.com，其 Name 为 ip，Update 为 Yes，Time-to-Live 为 Default。

4.3.9 Apache 中的访问控制

Web 网站常有这样的需要，对网站某部分内容进行简单的密码保护，只允许授权的用户访问。例如，网站的统计分析结果不允许普通用户随意浏览。Apache 提供了基于用户名/口令的认证方式以满足这样的需求。

Apache 实现身份认证的基本原理是当系统管理员需要对某个目录设置身份认证时，在要限制的目录中添加默认名为.htaccess 的配置文件。当用户访问该路径下的资源时，系统会弹出一个对话框，要求用户输入“用户名/口令”。在用户输入口令后，传给万维网服务器。通过万维网服务器验证口令的正确性，若口令正确，则返回页面，否则返回 401 错误。需要说明的一点是，这种认证模式不能用于安全性要求很高的场合。下面来看一下如何建立需要用户名/口令才能进行访问的目录。假设基本情况是www.domainname.com 站点的文档存放在/var/www/html 目录下，Web 访问日志分析存放在/var/www/usage 目录下，要求限制/var/www/usage/目录的访问，只允许用户 admin 以口令 passkey 访问该目录。

首先确保在 Apache 的 httpd. conf 中，用密码才能访问的目录或其父目录的 Directory 容器的设置参数中包含以下设置。

```
    AllowOverride All
```

或包含以下设置。

```
    AllowOverride AuthConfig
```

即允许该目录对 Authconfig 属性进行覆盖。然后使用 htpasswd 命令建立用户文件、账号信息文件。

```
    htpasswd-c /etc/.htpasswd admin
```

上述代码创建了名为.htpasswd 的用户账号文件，并初始化一个 admin 用户。此程序会遵循用户 admin 的口令，两次输入 passkey 即可完成。

在要求限制访问的目录（这里为/var/www/usage/）下建立.htaccess 文件，用 vi 在/var/www/usge/目录下创建文件.htaccess。

```
AuthName Administrator Accessible Only
Auth Type Basic
AuthUserFile /etc/.htpasswd
Require user admin
```

4.4 FTP 服务器的安装与配置

一般来说，实现信息共享是使用因特网的首要目的，而文件传输是信息共享非常重要的功能之一。以 HTTP 为基础的 Web 服务器的功能虽然强大，但对于文件传输来说却略显不足。所以，一种专门作为文件传输的服务器——FTP 服务器应运而生。

4.4.1 vsftpd 的安装与配置

在 Red Hat Enterprise Linux 5 中有 Red Hat Content Acceletatot 和 vsftpd 两款 FTP 服务

器软件。前者是一款基于内核的 Web 服务器，但是它提供了 Web 服务和 FTP 服务。因为它的主要设计目标是追求速度快，所以它的功能性比较差，只能实现匿名用户访问，这里不做过多介绍。后者的全称是 Very Secure FTP Daemon（非常安全的 FTP 守护进程），vsftpd 将安全作为第一要素。另外，它在稳定性、效率方面表现良好，所以这里只对 FTP 服务进行介绍。

1. 安装 vsftpd

vsftpd 的安装其实很简单，只要安装一个 RPM 软件包即可。

（1）查询是否已经安装 vsftpd。因为在 Red Hat Enterprise Linux 5 中的 vsftpd 并不会默认自动安装，所以首先需要执行以下命令查看它是否已经安装。

```
[root@localhost ~]#rpm -q vsftpd
```

若已经安装 vsftpd，则应该显示“vsftpd-2.0.5-12.el5”。

（2）安装 vsftpd。若系统尚未安装这个软件，则可将 Red Hat Enterprise Linux 5 中的第 2 张安装光盘放入光驱中（或者直接放入 Red Hat Enterprise Linux 5 的 DVD 安装光盘中），加载光驱后，在光盘的 Server 目录下找到 vsftpd 的 RPM 安装包。使用下面命令对其进行安装。

```
[root@localhost ~]#rpm -ivh /mnt/cdrom/Server/vsftpd-2.0.5-12.el5.i386.rpm
```


2. vsftpd 的启动与关闭

假设 vsftpd 安装完毕，现在将对其进行启动、停止和重启操作。

① 使用以下命令启动 vsftpd。

```
[root@localhost ~]# /etc/rc.d/init.d/vsftpd start
```

② 使用以下命令停止 vsftpd。

```
[root@localhost ~]# /etc/rc.d/init.d/vsftpd stop
```

③ 使用以下命令重启 vsftpd。

```
[root@localhost ~]# /etc/rc.d/init.dvsftpd restart
```

④ 自动启动 vsftpd。若需要令 vsftpd 随系统启动而自动加载，则可以执行“ntsysv”命令启动服务配置程序，找到“vsftpd”，在其前面加上“*”，然后单击“OK”按钮。

3. vsftpd 的配置文件

vsftpd 的配置主要通过以下 5 个文件完成。

（1）文件/etc/pam.d/vsftpd 是 vsftpd 的 Pluggable Authentication Modules（PAM）配置文件，主要用来加强 vsftpd 的用户认证。

（2）文件/etc/vsftpd/vsftpd. conf 是 vsftpd 的主配置文件。

（3）文件/etc/vsftpd.ftpusers，所有位于该文件内的用户都不能访问 vsftpd。当然，为了保障用户安全，这个文件中已经包括了 root、bin 和 daemon 等默认系统账号。

（4）文件/etc/vsftpd.user_list，该文件中包括的用户有可能是拒绝访问 vsftpd 的，也可能是允许访问 vsftpd 的，这主要取决于 vsftpd 的主要配置文件/etc/vsftpd/vsftpd.conf 中的“userlist_deny”参数是设置为“Yes”（默认值）还是“No”。

（5）文件/var/ftp，该文件为 vsftpd 提供文件集散地，它包括一个 pub 子目录。在默认配置下，所有的目录都是只读的，只有 root 用户有写权限。

4. 监听地址与控制端口

若不想采用 FTP 服务器的默认端口来提供服务，则可以通过修改 vsftpd 的主配置文件来实现。

首先用文本编辑器打开/etc/vsftpd/vsftpd.conf。

```
[root@localhost ~]#vi /etc/vsftpd/vsftpd.conf
```

然后添加如下两行语句。

```
Listen_address=192.168.0.3
Listen_port=2121
```

这样，访问客户端可以通过 2121 端口进行，而不是默认的 21 端口。

5. FTP 模式与数据端口

vsftpd 的主配置文件还可以设置 FTP 采用的传输模式和数据传输端口。

（1）ftp_data_port。当 connect_from_port_20 被设置为“YES”时，可以用来定义 FTP 传输数据的端口，默认值是 20。

（2）pasv_address。定义 vsftpd 使用 PASV 模式时对应的 IP 地址。默认值未设置。

（3）pasv_enable。默认值为“YES”，也就是允许使用 PASV 模式。

（4）pasv_min_port pasv_max_port。指定 PASV 模式可以使用的最小（大）端口，默认值为 0（未限制），将它设置为不小于 1024 的数值（最大端口不能大于 65535）。

（5）pasv_promiscuous。将其设置为“YES”时，可以允许使用 FxP 功能，即支持台式机作为客户控制端，让数据在两台服务器之间传输。

（6）port_enable。允许使用主动传输模式，默认值为“YES”。

6. ASCII 模式

（1）ASCII_download_enable。设置是否可以用 ASCII 模式下载，默认值为“NO”。

（2）ASCII_upload_enable。设置是否可用 ASCII 模式上传，默认值为“NO”。

7. 超时选项

vsftpd 中还定义了超时选项，防止客户端无限制地连接在 FTP 服务器上而占据宝贵的系统资源。

（1）data_connection_timeou。定义数据在传输过程中被阻塞的最长时间（以秒为单位），一旦超出这个时间，客户端的连接将被关闭。默认值是 300s。

（2）idle_session_timeout。定义客户端闲置的最长时间（以秒为单位，默认值是 300s)。超过 300s 后，客户端的连接将被强制关闭。

8. 负载控制

当然，所有服务器的管理员都不希望 FTP 客户端占用过多的资源而影响服务器的正常运行，所以通过以下参数设置最大传输速率来改变这种情况。

（1）anon_max_rate=5000。匿名用户的最大传输速率，单位是 bps。

（2）local_max_rate=20000。本地用户的最大传输速率，单位是 bps。

9. 匿名用户

以下选项控制 Anonymous（匿名用户）访问 vsftpd。

（1）anonymous_enable。当设置为“anonymous_enable==YES”时，表示启用匿名用户。当然，以下所有控制匿名用户的选项，也只有在本项设置为“YES”时才生效。

（2）anon_mkdir_write_enable。本选项设置为“YES”时，匿名用户可以在一个具备写权限的目录创建新目录。默认值为“NO”。

（3）anon_root。当匿名用户登录 vsftpd 后，将自身的目录切换到指定目录。默认值未设置。

（4）anon_upoad_enable。当本选项设置为“YES”时，匿名用户可以向具备写权限的目录上传文件。默认值为“No”。

（5）anon_world_readable_only。该选项的默认值为“YES”，代表匿名用户只具备下载权限。

（6）ftp_username。该选项指定匿名用户与本地的哪个账号相对应，该用户的家目录即为匿名用户访问 FTP 服务器时的根目录。默认值是“ftp”。

（7）no_anon_password。该选项设置为“YES”时，匿名用户不用输入密码。默认值为“NO”。

（8）secure_email_list_enable。该选项设置为“YES”时（默认值为“NO”），匿名用户只有采用特定的 E-mail 作为密码才可以访问 vsftpd。E-mail 列表保存在/etc/vsftpd.email_passwords 文件中，每个 E-mail 均占一行。

10. 本地用户

vsftpd 允许用户以本地用户或者匿名用户登录（其中本地用户就是服务器上那些具有实际账号的用户），并且该软件提供了丰富的控制选项。

（1）local_enable。该选项的作用为是否允许本地用户登录，默认值为“YES”，也就是允许本地用户访问 vsftpd。以下选项只有在“local_enab==YES”的前提下才有效。

（2）chmod_enable。该选项设置为“YES”时，以本地用户登的客户端可以通过“site chmod”命令来修改文件权限。

（3）chroot_local_user。该选项设置为“YES”时，本地用户只能访问到该选项的家目录，不能切换到家目录以外的目录。

（4）chroot_list_enable。该选项设置为“YES”时，表示本地用户有些例外，即可以切换到该选项的家目录以外的目录。这些特殊的用户在“chroot_list_file”中指定文件（默认文件是“/etc/vsftpd.chroot_list”）。

（5）local_root。该选项指定本地用户登录 vsftpd 时切换到指定目录。没有设置默认值。

（6）local_umask。该选项设置文件创建的掩码（操作方法与 Linux 下文件属性设置相同），默认值是“022”，也就是其他用户具有只读属性。

11. 虚拟用户

基于安全方面的考虑，vsftpd 除支持本地用户和匿名用户外，还支持虚拟用户，就是将所有非匿名用户（Anonymous）都映射为一个虚拟用户，进而统一限制其他用户的访问权限。

（1）guest_enable。该选项设置为“YES”时（默认值为“NO”），所有非匿名用户都被映射为一个特定的本地用户。该用户通过“guest_username”命令指定。

（2）guest_enable。该选项设置虚拟用户映射到的本地用户中，默认值为“ftp”。

12. 用户登录控制

vsftpd 还提供了丰富的登录控制选项，包括登录后客户端可以显示的信息，允许执行的命令等，以及登录中的一些控制选项。

（1）banner_file。该选项是指在设置客户端登录后，服务器显示客户端的信息，该信息保存在“banner_file”指定的文本文件中。

（2）cmds_allowed。该选项是指在设置客户端登录 vsftpd 后，客户端可以执行的命令集合。需要注意的是，若设置了该命令，则其他没有列在其中的命令都拒绝执行。没有设置默认值。

（3）ftpd_banner。该选项是指在设置客户端登录 vsftpd 后，客户端显示的欢迎信息或者其他相关信息。需要注意的是，若设置了“banner_file”，则本命令会被忽略。没有设置默认。

（4）userlist_enable。该选项的设置使用 vsftpd.user_list 文件来控制用户的访问权限，当该选项设置为“YES”时，vsftpd.user_list 中的用户都不能登录 vsftpd：当该选项设置为“NO”时，只有该文件中的用户才能访问 vsftpd。当然，这些都是在“userlist_enable”被设置为“YES”时才生效。

13. 目录访问控制

vsftpd 中还针对目录的访问设置了丰富的控制选项。

（1）dirlist_enable。该选项的作用为是否允许用户列目录。默认值为“YES”，即允许列目录。

（2）dirmessage_enable。该选项的作用为当用户切换到一个目录时，是否显示目录切换信息。若设置为“YES”，则显示“message_file”指定文件中的信息（默认是显示.message 文件信息）。

（3）force_dot_files。该选项的作用为是否显示以“.”开头的文件，默认值是不显示。

（4）message_file。该选项用于指定目录切换时显示信息所在的文件，默认值为“.message”。

（5）hide_ids。该选项隐藏文件的所有者和组信息，匿名用户看到的文件所有者和组全部变成 FTP。

14. 文件操作控制

vsftpd 还提供了几个选项用于控制文件的上传和下载。

（1）download_enable。该选项的作用为是否允许匿名下载文件。默认值是“YES”，即允许下载文件。

（2）chown_uploads。该选项设置为“YES”时，所有匿名用户上传的文件，其拥有者都会被设置为“chown_ username”命令指定的用户。默认值是“NO”。

（3）chown_username。该选项用来设置匿名用户上传的文件的拥有者。默认值是

“root”。

（4）write_enable。该选项设置为“YES”时，FTP 客户端登录后允许使用 DELE（删除文件）、RNFR（重命名）和 STOR（断点续传）命令。

15. 新增文件权限设置

vsftpd 还可以记录服务器的工作状态、客户端的上传与下载操作。

（1）dual_log_enable。若启用该选项，则将生成两个相似的日志文件，分别为/var/log/xferlog 和/var/log/vsftpd.log。前者是 wu-ftpd 类型的传输日志，可以用于标准工具分析；后者是 vsftpd 自己类型的日志。默认值为“NO”。

（2）log_ftp_protocol。该选项的作用为是否记录所有的 FTP 命令信息。默认值为“NO”。

（3）syslog_enable。该选项设置为“YES”时，会将本应记录在/var/log/vsftpd.log 中的信息转而传给 syslogd daemon，由 syslogd 的配置文件决定该信息存放在什么位置。默认值为“NO”。

（4）xferlog_enable。若启用该选项，则会维护一个日志文件，用于详细记录上传和下载的情况。默认情况下，这个日志文件是/var/log/vsftpd.log。但是也可以通过配置文件中的 vsftpd_log_file 选项来指定。默认值为“NO”。

（5）xferlog_std_format。若启用该选项，则传输日志文件将以标准 xferlog 的格式书写，如同 Wu-ftpd 一样。此格式的日志文件默认为/var/log/xferlog，但是也可以通过 xferlog_file 选项来设定。

16. 日志设置

vsftpd 还可以进行传输日志文件的设置。

（1）xferlog_std_format。若启用该选项，则传输日志文件将以标准 xferlog 的格式书写，如同 wu-ftpd 一样。此格式的日志文件默认为/var/log/xferlog，也可以通过 xferlog_file 选项来设定。

（2）xferlog_enable。若启用该选项，则将会维护一个日志文件，用于详细记录上传和下载的情况。默认情况下，这个日志文件是/var/log/vsftpd.log。但是也可以通过配置文件中的 vsftpd_log_file 选项来指定。默认值为“NO”。

17. 允许匿名用户上传文件

Red Hat Enterprise Linux 5 中的 vsftpd 安装完毕后，默认配置是允许匿名用户访问的，但还是要进行适当的配置才适合需求。

（1）用文本编辑器打开 vsftpd 的配置文件。

```
[root@localhost ~]#vi /etc/vsftpd/vsftpd.conf
```

（2）打开匿名用户支持。确保该配置文件中有如下一行语句，这样就启用了 vsftpd 对于匿名用户的支持。

```
Anonymous_enable=YES
```

（3）首先打开写支持。确保文件中有如下内容：

```
write_enable=YES
```

```
anon_upload_enable=YES
anon_mkdir_write_enable=YES
anon_other_write_enable=NO
```

然后给匿名用户本地写权限。执行以下命令让匿名用户具备写权限。

```
[root@localhost ~]#chmod ftp.root /var/ftp/pub
```

（4）重启 vsftpd。在 vsftpd 的配置文件改变后，需要重新启动才能使该设置生效。执行以下命令重启：

```
[root@localhost ~]#service vsftpd restart
```

18. 限制用户目录

利用 vsftpd 创建的 FTP 服务器，在默认情况下，本地用户可以访问任何目录，这样不安全，需要经过修改让用户登录后只能访问特定的目录。vsftpd 中有专门的命令用来限制用户改变目录，只不过在默认配置下，该设置被禁用。

（1）修改配置文件。打开/etc/vsftpd/vsftpd.conf 文件，在文件的最后添加以下一行语句。

```
chroot_local_user=YES
```


（2）重启 vsftpd。执行“/etc/init.d/vsftpd restart”命令，重启 vsftpd，使设置生效。再以本地用户登录并测试，只能访问自身家目录中的相关内容。

19. 配置高安全级别的匿名 FTP 服务器

若用户只是为其他用户分享一些资源，而并不需要其他用户给该用户上传资料。此时，最好关闭其他用户的某些权限，以使 vsftpd 更安全。

用文本编辑器打开 vsftpd 的主配置文件“/etc/vsftpd/vsftpd.conf”以备修改。

（1）设置控制权限。在配置文件中，若有以下相应行，则需要进行修改；若没有以下相应行，则需要简单添加。

```
Anonymous_enable=YES
Local_enable=NO
Write_enable=NO
Anon_upload_enable=NO
Anon_mkdir_wite_enable=NO
Anon_other_write_enable=NO
```

（2）进一步进行安全调整。

```
Anon_world_readable_only=YES
Hide_ids=YES
Pasv_min_port=50000
```

（3）开启监控功能。

```
Xferlog_enable=YES
Ls_recurse_enable=NO
ASCII_download_enable=NO
```

（4）性能优化。

```
One_process_model=YES
Idle_session_timeout=120
```

```
Data_connection_timeout=300
Accept_timeout=60
Connect_timeout=60
Anon_max_rate=50000
```

这样设置后，通过 vsftpd 创建的匿名服务器更加安全。

4.4.2　FTP 客户端的配置与访问

FTP 客户端有各种各样的软件可供选择，Red Hat Enterprise Linux 5 下可以使用 Firefox 来完成。在本节内容中，将借助命令行对 vsftpd 进行测试。

注意：为了方便讲解，本节内容中统一将 vsftpd 的 IP 地址设置为 192.168.0.4，两个虚拟用户名分别为 ftpvu1 和 ftpvu2。

1. Windows 环境下访问 FTP 服务器

Windows 内置的 FTP 命令行工具简单、易用。

（1）测试匿名用户登录。在 Windows 的命令行窗口，输入以下命令登录 vsftpd，当要求输入用户名时，输入匿名用户（Anonymous）。

```
c:\>ftp 192.168.0.4
Connected to 192.168.0.4
220 (VSFTPd 2.0.5)
User (192.168.0.4: (none)) :Anonymous
331 Please specify the password.
530 Login incorrect.
Login failed.
ftp>
```

结果显示匿名用户登录失败，这是因为在设置 vsftpd 时禁用了匿名用户。

（2）再以 ftpvu1 登录。在 Windows 的命令行窗口，输入以下命令登录 vsftpd，当要求输入用户名时，输入 ftpvu1，密码为 ftpvu1pass。

```
c:\>ftp 192.168，0，4
Connected to 192.168.0.4
220 (vsFTPd 2.0.5)
User (192.168.0.4: (none)) : ftpvu1
331 Please specify the password.
Password:
230 Login successful.
ftp>
```

2. Linux 环境下访问 FTP 服务器

在 Rea Hat Enterprise Linux 5 中存在一款功能十分强大的 FTP 客户端软件，它操作起来十分简单，并且具备类似于 Linux 命令行的自动补全功能。

在 Red Hat Enterprise Linux 5 的命令行窗口，输入以下命令登录 vsftpd，用户名是刚才创建的 ftpvu2，密码为 ftpvu2pass。

```
[root@localhost ~]#1 ftp -u ftpvu1 192.168.0.4
Password:
1ftp ftpvu2~192.168.0.4: ~>
```

4.4.3 文件传输命令

若用户想要更好地应用和发挥 Linux 在 FTP 服务器方面的优势，则需要学习并掌握一些基本的文件传输命令。

1. FTP 文件传输命令

FTP 文件传输命令可以将文件上传到指定的远程 FTP 服务器上，也可以从远程 FTP 服务器上下载文件。

（1）语法格式和具体参数。

语法格式如下：

```
[root@localhost ~]#ftp [-dignv] [主机名称或 IP 地址]
```

具体参数如下：

-d：详细显示指令执行过程，便于排错或分析程序执行的情形。

-i：关闭互动模式，不询问任何问题。

-g：关闭本地主机文件名称，支持特殊字符的扩充特性。

-n：不使用自动登录。FTP 启动时从用户主目录中读取.netr 文件的内容，尝试自动登录远程系统。若该文件不存在，则 FTP 将放弃自动登录，并询问用户账号。

-v：显示指令执行过程。

ftp 内部命令具体如下：

![shell 命令[参数]]：在本地机中执行交互 shell、exit 回到 FTP 环境中，如!ls*.zip。

macro-name[参数]：执行宏定义 macro-name。

account [password]：提供登录远程系统成功后访问系统资源所需的补充口令。

append local-file[remote-file]：将本地文件追加到远程系统主机中，若未指定远程系统文件名，则使用本地文件名。

ASCII：使用 ASCII 类型传输方式。

bell：每个命令执行完毕后计算机响铃一次。

bin：使用二进制文件传输方式。

bye：退出 FTP 会话过程。

case：在使用 mget 时，将远程主机文件名中的大写英文字母转换为小写英文字母。

cd remote-dir：进入远程主机目录。

chmod mode file-name：将远程主机文件 file-name 的存取方式设置为 mode，如 chmod 777 a.out。

close：中断与远程服务器的 FTP 会话（与 open 对应）。

cr：在使用 ASCII 方式传输文件时，将回车换行键转换为回车键。

delete remote-file：删除远程主机文件。

debug [debug-value]：设置调试方式，显示发送至远程主机的每条命令。如 debu p3，若将其设为 0，则表示取消 debug。

dir[remote-dir] [local-file]：显示远程主机目录，并将结果存入 local-file 中。

disconnection：与 close 的功能相同。

form format：将文件传输方式设置为 format，默认为 file 方式。

get remote-file[local-file]：将远程主机的文件 remote-file 传至本地硬盘的 local-file 中。

glob：设置 mdelete、mget、mput 的文件名扩展，默认时不扩展文件名，与命令行的-g 参数相同。

hash：每传输 1024B 显示一个 hash 符号（#）。

help [cmd]：显示 FTP 内部命令 cmd 的帮助信息，如 help get。

idle [seconds]：将远程服务器的休眠计时器设为[seconds]秒。

image：设置二进制传输方式（同 binary）。

lcd [dir]：将本地工作目录切换至 dir。

ls [remote-dir] [local-file]：显示远程目录 remote-dir，并存入本地 local-file 中。

macdef macro-name：定义一个宏，在遇到 macdef 下的空行时，宏定义结束。

mdelete [remote-file]：删除远程主机文件。

mdir remote-files local-file：与 dir 类似，但可指定多个远程文件，如 mdix*.o.*.zipoutfile。

mget remote-files：传输多个远程文件。

mkdir dir-name：在远程主机中创建一目录。

mls remote-file local-file：同 nlist，但可指定多个文件名。

mode [node-nane]：将文件传输方式设置为 mode-name，默认为 stream 方式。

modtime file-name：显示远程主机文件的最后修改时间。

mput local-file：将多个文件传输至远程主机中。

newer file-nane：若远程主机中 file-name 的修改时间比本地硬盘同名文件的时间更近，则重传该文件。

nlist [remote-dir] [local-file]：显示远程主机目录的文件清单，并存入本地硬盘的 local-file 中。

nmap [inpatternoutpattern]：设置文件名映射机制，使得文件传输时，文件中的某些字符相互转换，如 nmap￥1.￥2.￥3[￥1，￥2].[￥2，￥3]，在传输文件 a1.a2.a3 时，文件名变为 a1 和 a2，该命名特别适用于远程主机为非 UNIX 系统的情况。

ntrans [inchars [outchars]]：设置文件名字符的翻译机制，如 ntransLR，则文件名 LLL 将变为 RRR。

open host[port]：建立指定 FTP 服务器的连接端口，可指定连接端口。

passive：进入被动传输方式。

prompt：设置多个文件传输时的交互提示。

proxy ftp-cmd：在次要控制连接中执行一条 FTP 命令，该命令允许连接两个 FTP 服务器，使传输文件在两个服务器间传递。第一条 FTP 命令必须为 open，目的是建立两个服务器间的连接。

put local-file[remote-file]：将本地文件 loca1-file 传送至远程主机中。

pwd：显示远程主机的当前工作目录。

quit：退出 FTP 会话。

quote arg1，arg2…：将参数逐字发至远程 FTP 服务器上，如 quote syst。

recv remote-file[local-file]：与 get 功能相同。

regetremote-file[local-file]：类似于 get，但若 local-file 存在，则从上次传输中断处续传。

rhelp[cmd-name]：请求获得远程主机的帮助。

rstatus [file-name]：若未指定文件名，则显示远程主机的状态；否则显示文件状态。

rename [from][to]：更改远程主机文件名。

reset：清除回答队列。

restart marker：从指定的标志 marker 处，重新开始 get 或 put，如 restart 130。

rmdir dir-name：删除远程主机目录。

runique：设置文件名唯一性存储，若文件存在，则在原文件后加后缀。

sendport：设置 PORT 命令的使用。

site arg1，rarg2…：将参数作为 SITE 命令逐字发送至远程 FTP 主机。

size file-name：显示远程主机文件大小。如 site idle7200。

status：显示当前 FTP 状态。

struct [struct-name]：将文件传输结构设置为 struct-name，默认时使用 stream 结构。

sunique：将远程主机文件名存储设置为唯一（与 runique 对应）。

system：显示远程主机的操作系统类型。

tenex：将文件传输类型设置为 Tenex 机所需的类型。

tick：设置传输时的字节计数器。

trace：设置包跟踪。

type[type-name]：设置文件传输类型为 type-name，默认为 ASCII。如 type binary，设置二进制传输方式。

umask [newmark]：将远程服务器的默认 umask 设置为 netmask，如 umask 3。

user user-name[password][account]：向远程主机表明自己的身份，若需要口令，则必须输入口令。如 user anonymous my@email1。

verbose：同命令行的-v 参数，即设置详尽报告方式，FTP 服务器的所有响应都将显示给用户，默认为 on。

?[cmd]：同 help。

2. 简单文件传输命令

简单文件传输协议（Trivial File Transfer Protocol，TFTP）是 TCP/IP 协议簇中用来在客户端与服务器之间进行简单文件传输的一个协议，提供不复杂、开销不大的文件传输服务。TFTP 基于 UDP 提供不可靠的数据流传输服务，不提供存取授权与认证机制，该协议使用超时重传方式来保证数据到达。与 FTP 相比，TFTP 要小得多。现在最普遍使用的是第二版 TFTP（TFTP Version2，RFC 1350），它不具备通常的 FTP 的许多功能，只能从文件服务器上获得或写入文件，不能列出远程目录下的文件或更改远程主机目录，不进行认证，传输 8 位数据 tftp 命令作为 Linux 系统下 TFTP 客户端的实用工具，可以用来与远程提供 TFTP 服务的主机之间进行简单的文件传输。

tftp 命令的语法格式和具体参数如下。

语法格式如下：

```
[root@localhost ~]# tftp [主机名或IP地址]
```

具体参数如下：

?[子命令]：显示帮助信息。若指定一个子命令参数，则仅显示关于该子命令的信息。

ASCII：mode ASCII 子命令的同义词。

binary：mode binary 子命令的同义词，该子命令用在交互方式中。image 子命令完成与 mode binary 子命令同样的功能，但用于命令行。

connect 主机[端口]：为文件传输设置远程主机，同时需要有选择地设置端口。由于 TFTP 不会维护传输间的连接，因此 connect 子命令不会创建指定主机的连接，但会将传输操作存储起来。因为远程主机可被指定为 get 子命令或 put 子命令（可对以前指定的任何主机进行重设）的一部分，所以不需要 connect 子命令。

（1）get 远程文件[本地文件]。

get[远程文件…]：从远程主机获取一个或一组文件到本地主机。每个远程文件的参数都可以用以下两种方法指定。

① 若默认主机已被指定，则指定为一个存在于远程主机上的文件（File）。指定为一个主机文件（Host:File），其中 Host 是远程主机，File 是要复制到本地系统的文件名。若使用这种参数格式，则最后一个指定的主机便成为在此 tftp 会话中用于稍后传输的默认主机。

② mode Type：将传输方式的类型（Type）设置为 ASCII 或 Binary，默认传输方式为 ASCII。

（2）put[本地文件]远程目录。

put[本地文件]远程目录：将一个或一组文件从本地主机存放到远程主机上。远程目录与远程文件参数可用以下两种方法指定。

① 若默认主机已被指定，则指定为一个存在于远程主机上的文件或目录。

② 使用 Host:RemoteFile 参数，其中 Host 为远程主机，RemoteFile 是远程系统上的文件名或目录名。若使用这种参数格式，则最后一个指定的主机便成为在此 tftp 会话中用于稍后传输的默认主机。

存在一种情况，远程文件或目录名必须是完整指定的路径名（即使本地和远程目录同名）。若指定一个远程目录，则远程主机就被假定为 UNIX 机器。put 子命令的默认值为 write-replace，但可在 tftpd 守护进程中添加一个选项，以允许 write-create。

quit：退出 tftp 会话。文件结束符，按键输入也退出程序。

status：显示 tftp 程序的当前状态，如当前传输方式（ASCII 或 Binary）、连接状态与超时值。

timeout Value：将总的传输超时设置为由 Value 参数指定的秒数。

trace：打开或关闭数据包跟踪。

verbose：打开或关闭在文件传输期间显示额外信息的详细方式。

3. 强大文件传输命令

lftp 是一个功能强大的下载工具，支持 FTP、SFTP、FTPS、HTTP、HTTPS、HFTP、FISH 等多种协议（其中 FTPS 协议和 HTTPS 协议需要在编译时包含 openssl 库）。lftp 内建了 shell-like 的命令格式，具有命令补全、历史记录、允许多个后台任务（所有后台执行的任务都运行在同一个进程中）同时执行、将前台执行的命令放到后台执行（Ctrl+Z）、将后台执行的命令放回前台执行（wait 或 fg）及根据上个命令的传回值来决定目前命令是否

要执行&&和||等功能，使用起来非常方便。另外，lftp 还有书签、排队、镜像、断点续传、多进程下载等功能。在结束 lftp 命令时，若还有程序在执行，则 lftp 会将自身切换到 no hup 模式并放到背景中执行。语法格式和具体参数如下。

语法格式如下：

```
[root@localhost ~ ]# lftp [-F<文件>][-c <命令>][-e <命令>][-u<账户名>][, <密码>]][-p <端口>] <站点>
```

具体参数如下：

-f <file>：执行文件中的命令后退出。

-c <cmd>：执行命令后退出。

--help：显示帮助信息后退出。

--version：显示 lftp 版本后退出。其他的选项同 open 命令。

-e <cmd>：在选择后执行命令。

-u <user>[,<pass>]：使用指定的用户名/口令进行验证。

-p <port>：连接指定的端口。

<site>：主机名，URL 或书签的名字。

lftp 内部命令如下：

!<shell-command>：可执行本地端 shell 中的命令。例如，!Ls /usr/ local/bin/。

alias [<name> [<value>]]：定义或取消别名<name>。若忽略<value>，则取消别名定义，否则定义其值为<value>。若没有参数，则列出当前的所有别名。

anon：匿名登录（默认）。

bookmanrk [SUBCMD]：命令控制书签。

cache [SUBCMD]：命令控制本地的缓存。

cat [-b] <file8>：输出远程文件到本地标准输出上。其中-b 参数设定使用二进制方式，默认设定为 ASCII 方式。

cd <rdir>：改变当前的远程目录到<rdir>，先前的远程目录被存为'-'。可以利用'cd -'命令返回到先前目录。每个站点的先前目录都保存在磁盘上，即使在 lftp 重启后，也可以利用'open site;cd-'命令返回到先前目录。

chmod [OPTS] mode file…：将远程主机文件 file 的存取方式设置为 mode。如 chmod 777a.out。

close [-a]：关闭空闲的连接。默认设置只关闭当前服务器的连接。参数-a 表示关闭所有服务器上的空闲连接。

du [options] <dirs>：综述磁盘的使用状况。

exit [<code>|bg]：退出 lftp，此时若还有任务，则放置到后台执行，继续完成未完成的工作。

get [OPTS] <rfile> [-o<lfile>]：从远程主机下载远程文件 rfile 并存储在本地，命名为 lfile glob [OPTS] <cmd> <args>（设置文件扩展名）。

help [<cmd>]：显示命令<cmd>的帮助信息，或者列出可用的命令。

history- w file | -r file||-c|-l [cnt]：读/写历史命令。

jobs [-v]：列出运行的任务，其中-v 表示更多信息，可以指定多个-v。

kill all<job_no>：删除指定的任务号为<job_no>的任务，或者所有任务。

lcd<ldir>：改变当前本地目录到<ldir>中。先前的本地目录保存为'-'，可以使用'lcd-'命令切换到先前目录

lftp[OPTS]<site>：'lftp'是在re文件执行后执行的第一个命令。

ls [<args>]：列表展示远程文件。

mget [OPTS] <files>：下载多个匹配通配符要求的远程文件。

mirror [OPTS][remote [local]]：镜像指定的远程站点到本地目录。

mkdir [-p] <dirs>：建立远程目录。其中'-p'表示建立各级路径。

module name[args]：装载功能模块。

more< files>：等价于'cat< files>more'。

mput [OPTS]<files>：上传多个匹配通配符要求的本地文件。

mrm<files>：使用通配符展开并删除指定文件。

mv <file1> <file2> [re]nlist [<args>]：把文件<file1>更名为<file2>。

open[OPTS]<site>：选择一个服务器，URL或书签。

支持下面的子命令：

-e <cmd>：在选中后执行该命令。

-u <user> [,<pass>]：使用指定的用户名/口令进行验证。

-p <port>：连接指定端口。

<site>：主机名，URL或书签名。

pget [OPTS]<rfile>[-o<Ifile>]：从当前的几个连接中下载某个特定的文件，可以提高传输速度。

put [OPTS]<lfile>[-o<rfile>]：上传本地文件lfile到远程服务器并命名为rfile。

pwd[-p]：打印当前远程URL。

queue[OPTS][<cmd>]：针对当前站点将命令添加到队列中。每个站点都有自身需要执行的命令。

quote <cmd>：发出未经本地解释的命令。该命令需要谨慎使用，有可能会导致远程的未知状态，这样会引起重新连接，并且不能保证quote命令引起的远程状态的改变是一致的。可以通过重新连接来复位。

repeat[delay][command]：在指定的延迟时间后重复执行特定命令。

rm[-r] [-f]< files>：删除远程文件。

Rmdir[-f]<dirs>：删除远程目录。

scache [session_no]：列出缓存的会话，或者切换到指定的会话。

set [OPT][<var>[<val>]：设置变量为指定的值。若忽略该值，则取消变量。变量名的格式为“名字/约束”，约束可以指定设置的应用范围。请查看lftp1获得的细节。若不含变量则使用set，并且只有改动过的设置才被列出。这可以通过下列选项来改变：

-a：列出所有的设置，包括默认设置。

-d：只列出默认值，不一定是正在使用的。

site<site_cmd>：执行site <site_cmd>命令并输出结果，可以重定向输出。

source<file>：执行文件<file>中的命令。

user<user|URL>[<pass>]：对于特定的URL，远程登录需要给出特定的账号信息及密码信息。

version：显示lftp的版本信息。

wait[<johno>]：等待完成特定的任务。若忽略 jobno，则等待完成所有的后台任务。

zcat<files>：同 cat，但使用 zcat 命令可以过滤每个文件。

zmore<files>：同 more，但使用 zmore 命令可以过滤每个文件。

4. 安全文件传输命令

sftp 是一个交互式文件传输命令，功能类似于 ftp 命令。但是与 ftp 命令相比，因其进行了加密传输，具有更高的安全性。该命令通过 ssh 隧道传输文件，认证机制与 ssh 一致，因此可提供与 ssh 相同的安全性。

语法格式如下：

```
[root@localhost ~]#sftp 账号名@[主机名或IP]
```

4.5 邮件服务器配置

E-mail 在因特网中应用普，全球各地的因特网用户几乎都会通过 E-mail 进行通信。在 Linux 系统下，具有 Sendmail、Postfix 和 Qmail 三种邮件服务器，它们各有所长。用户可以根据自身需要进行选择、配置和应用自己的 E-mail 服务器。

4.5.1 电子邮件服务器概述

电子邮件作为因特网最为基本的服务之一，不论是在生活中还是工作中，都是最为普通、重要的交流方式之一。

1. 电子邮件服务简介

一个完整的电子邮件系统一般包括以下 3 部分。

（1）邮件用户代理程序（Mailer User Agent，MUA）。大家印象最深的是 Outlook，其中 Outlook Express、Thunderbird、Foxmail、Eudora 都属于 MUA 的范畴。该程序的主要功能是帮助用户发送和接收电子邮件。

（2）邮件传送代理程序也称为邮件服务影器（Mail Transfer Agent，MTA），用来监控及传送电子邮件。在 Windows、Linux 下有很多的产品，如 Windows 下的 Exchange、IMail Server 和 MDaemon；Linux/UNIX 下的 Sendmail、Qmail、Postfix 和 Exim。

（3）电子邮件协议。电子邮件客户端和服务器端种类繁多，它们之间按照电子邮件协议进行通信，这些协议的具体介绍如下。

SMTP（Simple Mail Transfer Protocol，简单邮件传输协议）：该协议的目标是向用户提供高效、可靠的邮件传输。SMTP 的一个重要特点是它能够在传送中接力传送邮件，即邮件可以通过不同网络上的主机接力式传送。它工作在两种情况下：一是电子邮件从客户端传输到服务器；二是从某个服务器传输到另一个服务器。SMTP 是请求/响应协议，它监听 25 号端口，用于接收用户的邮件请求，并与远程邮件服务器建立 SMTP 连接。

POP（Post Office Protocol，邮局协议）：该协议用于接收电子邮件，它使用 TCP 的 110 端口。现在常用的是第 3 版，故简称为 POP3。POP3 采用 C/S 模式，当客户端需要服务时，客户端的软件（Outlook 或 Foxmail）将与 POP3 服务器建立 TCP 连接，此后要经过

POP3 协议的 3 种工作状态，首先是认证过程，确认客户端提供的用户名和密码，在认证通过后便转入处理状态；在此状态下用户可收取自己的邮件或删除邮件，在完成响应的操作后客户端便发出退出命令；此后便进入更新状态，将做删除标记的邮件从服务器端删除。至此，整个接收过程完成。

IMAP4（Internet Message Access Protocol）：该协议主要提供的是通过 Internet 获取的信息。IMAP 与 POP 一样，提供了方便的邮件下载服务，让用户可以离线阅读邮件。但 IMAP 能完成的工作却远远不只这些，IMAP 提供的摘要浏览功能，可以在阅读完邮件的所有信息（到达时间、主题、发件人、大小）后才做出是否下载的决定。

IMAP 本身是一种用于邮箱访问的协议，使用 IMAP 协议可以在客户端管理服务器上的邮箱。它与 POP3 不同，邮件保留在服务器上而不下载到本地，在这一点上 IMAP 与 WebMail 相似。但 IMAP 比 WebMail 更高效、更安全，并且可以离线阅读。

WebMail：WebMail 是目前最热门的邮件管理方式之一，Yahoo Mail、Gmail、Hotmail 就是这种新时代电子邮件的代表。WebMail 并不是一种协议，它只不过是在服务器上专门针对邮件程序安装了 Web 支持插件，让客户通过浏览器即可查收、阅读和发送邮件。由于上述操作是通过浏览器来执行的，因此使用起来更方便。

2. 电子邮件系统的工作原理

电子邮件的发送和接收与日常生活中的邮政服务类似，大致要经历以下两个阶段。下面介绍用户 clinuxer@localdomain.tst 给用户 fayero@gmail.com 发送邮件的过程。

（1）发送。用户 clinuxer@localdomain.tst 要发送邮件，就相当于在日常生活中找到类似邮政服务的邮局，对于电子邮件来说，就是找一个 SMTP 服务器。SMTP 服务器首先查看邮件接收者是否为本地用户，若是本地用户，则直接放在用户邮箱中，等待用户通过 POP3 或者 IMAP4 方式来收取或者查看邮件；若不是本地用户，则它会通过接收方的邮件地址，搜索其 MX 信息，找到接收方的 SMTP 服务器。

（2）接收。接收方的邮件服务器收到请求后，会接收邮件，然后将邮件保存到本地的用户邮箱中，等待用户通过 POP3、IMAP4 或者 Web 方式来接收。

3. 流行的 E-mail 服务器软件简介

目前，无论是在 Windows 下还是在 Linux/UNIX 下，都有很多成熟、稳定的电子邮件服务器软件，其中在 Linux/UNIX 下的电子邮件服务器软件包括 Sendmail、Postfix 和 Qmail。

Sendmail：官方网站为 http://www.sendmail.org/。Sendmail 存在时间最长，并且功能非常强大，很多先进功能都在 Sendmail 上最先实现了。Sendmail 中的 Milter 是一个非常好的技术，目前在 Postfix 的 Qmail 中的综合方案都不及 Milter。当然，Postfix 中的 content_filter 也是非常灵活的技术。但 Sendmail 也继承了历史问题，即 bid 权限、sid 权限、m4 配置文件的复杂难懂。客观地说，设置好的 Sendmail 的性能也是比较好的。

Qmail（Quick mail）：官方网站为 http://www.qmail.org/。该软件的特点是速度快，并且体积非常小巧、模块化设计、基本功能齐全。相对 Sendmail 而言，设置简单很多，而且用户非常广泛。但 Qmail 存在几个问题，首先最大的问题就是该软件已经五六年没有继续开发了，并且补丁的良莠不齐及版本依赖；其次是很多功能扩充都需要补丁来完成。总体来说，Qmail 依然是一个非常不错的选择。对于希望了解 MTA 原理或者希望容易修改 MTA 代码的爱好者，Qmail 是值得推荐的；而对于需要丰富功能却不想面对补丁困扰的用户，Qmail 未必是一个很好的选择。

Postfix：官方网站为 http://www.postfix.org/。Postfix 的最初目标是兼容 Sendmail 的部分配置文件，逐步发展成一个安全、可靠、高效的 MTA。如今的 Postfix 使用了流水线、模块化的设计，兼顾了效率和功能，尤其是灵活的配置和扩展，使得调整变得富有趣味。其主要特点是速度快、稳定，而且配置功能非常强大，尤其是配置部分，克服了 Qmail 和 Sendmail 的缺点。当然，学习 Postfix 需要做大量工作，仔细阅读相关文档是一个不错的选择。相关领域的学者至今依然保持对 Postfix 活跃的开发工作，并且稳步发展，适合高流量、大负载的系统，扩充能力较强。

4.5.2 Sendmail 邮件服务器

在 Linux 操作系统的发行套件中，通常都将 Sendmail 作为主要的邮件服务器，当然，现在也有些系统内置了 Postfix。将 Sendmail 安装在 Red Hat Enterprise Linux 5 中，默认已经安装了 Sendmail 并可以正常启动。可以通过以下方法进行确认。


```
[root@localhost ~]#netstat -tulnp
Active internet connections (only servers)
Proto Recv-Q Send-Q Local Address Foreign Address PID/Program name
Tcp 0 0 127.0.0.1:25  0.0.0.0:tcp 5362/ sendmail: ace
```

默认 Sendmail 检测本机的 25 号端口，等候用户发送邮件。然而，它现在只能为本机用户发送邮件，若想成为邮件服务器，则还要开启为其他计算机发送邮件的功能。

1. 开启 Sendmail 的发送邮件功能

从以上测试过程中可以看出，默认 Sendmail 只会为本机用户发送邮件，只有让它的功能扩展到整个网络（最小为局域网中），它才能成为一个真正的邮件服务器。

（1）打开 Sendmail 的配置宏文件/etc/mail/sendmail.mc。

```
[root@localhost ~]#vi /etc/mail/sendmail.mc
```

找到如下语句：

```
DAEMON_OPTIONS('Port=smtp, Addr=127.0. 0. 1, Name=MTA') dnl
```

将它修改为如下语句，表明可以接收任何计算机的连接。

```
DAEMON_OPTIONS('Port=smtp, Addr0.0.0.0, Name=MTA') dn1
```

（2）生成新的 Sendmail 配置文件。

```
[root@localhost ~]#cd /etc/mail
[root@localhost ~]#mv sendmail.cf sendmail.org
[root@localhost ~]#m4 sendmail.mc>sendmail.cf
```

2. 主机别名

Sendmail 服务器中的主机别名定义在/etc/mail/local-host-domain 中，它决定了本地用户可以使用的邮件地址。如 local-host-domain 中定义了以下两个别名：

```
Linux.localdomain.tst
```

```
Mail.localdomain.tst
```

假设本地有一个账户为 lisi，因为 local-host-domain 中的定义，所以发往 lisi@Linux.localdo main.tst、lisi@mail.localdomain.tst 的邮件都可以被 lisi 正常接收，但发往 lisi@www.localdomain.tst 的邮件则无法被 lisi 正常接收。

3. 用户别名

用户别名在 Sendmail 邮件系统中起着重要的作用。

实例：以邮箱别名和邮件群发为例，介绍别名数据库的使用。

（1）创建别名文本文件。

```
[root@localhost ~]#vi /etc/mail/aliases
hmily:address1,address2
clinuxer:fayero
maillistgroup:hmily,clinuxer
```

注意：创建结束后存盘退出。

（2）创建 aliases.db 数据库。主要执行以下命令：

```
[root@localhost ~]#cd /ete/mail
[root@localhost~]#newaliases
```


4. 允许投递

Sendmail 服务器通过/etc/mail/access.db 文件限制哪些用户可以使用它，并且限制了可以使用它的行为。

实例：使用/etc/mail/access 文件，限制/允许 Sendmail 服务器为某些主机、局域网或者 IP 端服务器提供服务，具体要求如下。

① localdomain.tst 允许通过服务器发送邮件。

② 允许 192.168.0 网段使用服务器发送邮件。

③ 拒绝 192.168.1 网段使用服务器。

（1）使用 vi 命令编辑/etc/mail/access 文件。

```
[root@localhost ~]#vi /etc/mail/access
```

在该文件中添加如下内容：

```
local domain.tst  RELAY
192.168.0         RELAY
192.168.1          REJECT
```

最后退出存盘。

（2）使用 makemap 命令生成/etc/mail/access.db 数据库。

```
[root@localhost ~]#cd /etc/mail
[root@localhost ~]#makemap hash access.db < access
```

5. 虚拟域

与 Apache 一样，Sendmail 也允许使用虚拟主机功能，主要通过 mc 文件中如下一行命令启用该功能。

```
FEATURE('virtusertable', 'hash -o /etc/mail/virtusertable.db') dnl
```

由以上语句可知，虚拟主机的默认配置文件是/etc/mail/virtusertable.db。与 Sendmail 中的别名类似，这个文件也是由/etc/mail/virtusertable 文件生成的，这个文件的形式类似于 aliases 文件，即“左地址 右地址”，中间用 Tab 键分开。

例如：virtusertable 文件中有如下几行语句，试分析它们分别代表的含义。

```
someone@localdomain.tst clinuxer ;本来应该发送给 someone@localdomain.tst 的邮件发送给本机用户 clinuxer
@otherdomain.com test@localdomain.tst ;所有发往@otherdomain.tst 的邮件都会被发送到 test@localdomain.tst 上
@testlocaldomain.com %ltest@Linuxaid.com.cn; 代表参数转义
ul@testdomain.com==> ultest@localdomain.tst
ul@testdomain.com==> u2@localdomain.tst
```

建立 virtusertable 的方法与建立 access 的方法是一样的，即

```
[root@localhost~]#cd /etc/mail
[root@localhost ~]#makemap hash virtusertable.db < virtusertable
```

然后重新启动 Sendmail。

6. 配置 POP3 与 IMAP

Sendmail 是一个 MTA，若想让客户端从 Sendmail 服务器上收取邮件，则需要其他软件的支持。Red Hat Enterprise Linux 5 中 Dovecot 软件包提供了 POP3 和 IMAP 支持。

（1）安装 Dovecot。在 Red Hat Enterprise Linux 5 中，默认并不会自动安装 Dovecot，需要手动安装。

```
[root@localhost ~ ]#rpm -ivh dovecot-1.0.7-2.e15.i386. rpm
```

（2）打开 POP3 和 IMAP 支持。Dovecot 的配置文件是/etc/dovecot.conf，需要编辑该文件，打开 POP3 和 IMAP 支持。

```
[root@localhost ~]#vi /etc/dovecot.conf
```

将下面语句前面的注释符去掉（即去掉“#”）。

```
#protocols = imap imaps psp3 pop3s
```

重新启动 Dovector 使配置生效。

```
[root@localhost ~]#/sbin/service dovector restart
```

（3）测试 POP3 服务。若不确定刚才设置的 Dovect 中的 POP3 和 IMAP 是否能够正确运行，则可以用 telent 命令进行简单的测试，具体语句如下：

```
[root@localhost ~]#telent localhost 110
Tring 127.0.0.1...
Connected to localhost.localdomain (127.0.0.1)
Escape character is '^]'
+OK Dovector ready
```

4.5.3 Postfix 邮件服务器

Postfix 邮件服务器最大的特点是速度快、稳定、配置简单、效率高、功能强大，它是目前比较实用的邮件服务器之一。

1. Postfix 邮件服务器的安装

Red Hat Enterprise Linux 5 中内置有 Sendmail 和 Postfix 两种邮件服务器，并且在默认配置下已经启用了 Sendmail。不过，从前文的分析可以看出，Postfix 有很多 Sendmail 所没有的优点。

Sendmail 和 Postfix 都是邮件服务器，同时启用会出现冲突。所以，在安装 Postfix 前，先关闭 Red Hat Enterprise Linux 5 默认安装的 Sendmail。

（1）查询是否成功安装了 Postfix 邮件服务器。因为 Red Hat Enterprise Linux5 中的 Postfix 邮件服务器并不会自动安装，所以首先需要执行以下命令查看它是否已经安装。

```
[root@localhost ~]#rpm -qa |Postfix
```

若 Postfix 邮件服务已经安装，则应该显示“postfix-2.33-2”等字样。

（2）安装 Postfix 邮件服务器。若系统尚未安装 Postfix 服务器，则可以将 Red Hat Enterprise Linux 5 中的第 3 张安装光盘放入光驱（或者直接放入 Red Hat Enterprise Linux 5 的 DVD 安装光盘）中，加载光驱后，在光盘的 Server 目录下可以看到 Postfix 服务的 RPM 安装包，使用以下命令对其安装。


```
[root@localhost ~]#rpm -ivh /mnt/cdrom/Server/postfix-2.3.3-2.i386. rpm
```

2. Postfix 邮件服务器的配置文件

Postfix 邮件服务器已经安装完毕，若使该服务器为特定的域收/发邮件，则需要对其进行特别的配置。Postfix 邮件服务器的配置文件主要有 4 个：main.cf、master.cfs、access 和 aliases，它们都位于/etc/postfix 子目录下。

（1）主配置文件/etc/postfix/main.cf。Postfix 邮件服务器中几乎所有的参数都可以在这个文件中进行设置。默认提供的文件包括详细的说明文档（以“#”开头的行）和参考说明文档，这些文档可以帮助用户轻松地完成 Postfix 邮件服务器的配置。

（2）运行参数配置文件/etc/postfix/master.cf。这个文件主要规定了 Postfix 邮件服务器运行时的参数，也是一个很重要的配置文件。默认该文件已经配置完毕，没有必要对它进行多余的修改。

（3）存取控制文件/etc/postfix/access。该文件与 Sendmail 邮件服务器的配置文件/etc/mail/access 具有相同的功能，主要用来设置开放传递、拒绝联机的来源或者 IP 地址等信息。若使该文件生效，则必须在主配置文件 main.cf 中启用它，然后还要使用 postmap 将其处理为数据库文件。

（4）别名数据库/etc/postfix/aliases。该文件用来定义 Postfix 邮件服务器的别名，与 Sendmail 邮件服务器的配置文件/etc/postfix/aliases 的用法完全一样，这里不再过多介绍。

3. Postfix 邮件服务器的基本配置

Postfix 邮件服务器与 Sendmail 邮件服务器相比，其最大的优点在于其配置文件的可读性高，并且其代码方便阅读。它的主配置文件的内容虽然比较多，但其中大部分内容都是注释（以“#”开头的行），真正需要自行定义的参数并不多，而且即使不定义这些参数，按照默认值也可以正常运行。

（1）语法规则。在 Postfix 邮件服务器的主配置文件中，通常都是以一系列的参数来控制 Postfix 邮件服务器运行的行为和参数的，它们都是以类似变量方式存在的。例如，若要设置 Postfix 主机名称，则可使用以下语句：

```
myhostname =lisi.localdomain.tst
```

其中，等号左边是变量名称，等号右边是变量的值，若等号右边出现了变量名，则一般在该变量的前面加入一个符号“$”，表示引用该变量。如

```
myorigin = $myhostname
```

Postfix 邮件服务器在读到以下这条命令时，会以相应的变量名来代替上条命令，实际上等同于：

```
myorigin=lisi.localdomain.tst
```

以上是 Postfix 邮件服务器的基本配置方法。下面介绍将它设置成一个架设在因特网或者局域网中的可用邮件服务器的方法。

（2）打开 Postfix 邮件服务器的网络发送邮件的支持功能。在默认情况下，Postfix 邮件服务器只会监听本机的发信需求，该需求由 inet_interfaces 参数确定，其值为 localhost，这表明只能在本地邮件主机上寄信。通常将所有的网络端口都开放，以便接收从任何网络端口收来的邮件，即将参数 inet_interfaces 的值设置为“all”。其实，Postfix 邮件服务器的配置文件中已经列举出了多种可能，需要做的仅仅是将“inet_ interfaces=localhost”一行注释掉，然后去掉“inet_interfaces=all”前的注释符，即


```
inet_interfaces = all
#inet_interfaces = $myhostname
#inet_interfaces = $myhostname, localhost
#inet_interfaces=localhost
```

（3）设置运行 Postfix 邮件服务器主机的主机名和域名。主机名（参数 myhostname）指定运行 Postfix 邮件服务器主机的主机名称（FQDN 名），域名（参数 mydomain）指定该主机的域名。

除非在同一台计算机上运行多台主机，否则不用对这两个参数进行太多干涉，因为在默认情况下，参数 myhostname 被设置为本地主机名，而且 Postfix 邮件服务器会自动将参数 myhostname 的值的第一部分删除并将其余部分作为参数 mydomain 的值。

```
myhostname = lisi.localdomain.tst
mydomain = gdvcp.localdomain.tst
```

（4）设置由本机发出的邮件所使用的域名或主机名。参数 myorigin 实际上是设置由本台邮件主机发出的每封邮件的邮件头中“Mail from”的地址。由于 Postfix 邮件服务器默认使用本地主机名作为“$myorigin”，因此一封由本地邮件主机发出的邮件的邮件头中就会含有“From:'lisi'lisi@aclinuxer.localdomain.tst”，它表明这封邮件是从 lisi. localdomain.tst 主机发来的。不过，建议读者将参数 myorigin 设置为本地邮件主机的域名（即“myorigin = localdomain.tst 或$mydomain”），这样一封由本地邮件主机发出的邮件的邮件头中就会含有“From:‘lbt’<lbt@localdomain.tst>”。相比之下，显然后者更符合平时的使用习惯。

```
myorigin = $mydomain
```

（5）设置可转发（Relay）邮件的网络。在 Postfix 邮件服务器默认配置下，只允许转发本地网络的邮件。不过，可以使用 mynetworks 或者 mynetworks-style 两个参数来为其他网络授权。

① mynetworks。该参数的值既可以是所信任的某台主机的 IP 地址，又可以是所信任的某个 IP 子网或多个 IP 子网（相互之间用逗号“,”或者空格“ ”隔开）。比如，若将参数 mynetwork 的值设置为 192.168.0.0/24，则表示这台邮件主机只转发子网 192.168.0.0/24 中的客户端所发来的邮件，而拒绝其他子网通过它转发该邮件。

```
mynetworks =192.168.0.0/24
```

② mynetworks-style。除参数 mynetworks 外，还有一个用于控制网络邮件转发的参数 mynetworks-style，它主要用来设置可转发邮件网络的方式。一般情况下可以设置为以下 3 种方式。

a．Class：在这种方式下，Postfix 会自动根据邮件主机的 IP 地址得知它所在的 IP 网络类型（即 A 类、B 类或 C 类），进而开放它所在的 IP 网段。例如，若 Postfix 邮件服务器的 IP 地址为 192.168.0.2，这是一个 C 类网络的 IP 地址，则 Postfix 会自动开放 192.168.0.0/24 整个 C 类网络的转发授权。

b．Subnet：这是 Postfix 的默认值，Postfix 会根据自身邮件服务器的网络端口上所设置的 IP 地址、子网掩码来得知所要开放的 IP 网段。例如，若 Postfix 邮件服务器的 IP 地址为 192.168.0.2，子网掩码为 255.255.255.128，则 Postfix 会开放 192.168.0.1/25 子网。

c．Host：在这种方式下，Postfix 只会开放本机的转发权限。

用户通常不用设置参数 mynetworks-style，而直接设置参数 mynetworks 即可。若这两个参数同时进行了设置，则以 mynetwork 参数的设置为准。

（6）设置允许接收的邮件。Postfix 并不是将发到本服务器上的所有邮件都无一例外地接收下来，而是需要与参数 mydestination 中的指定值匹配，这是因为只有当发来的邮件的收件人地址与该参数值相匹配时，Postfix 才会接收该邮件。例如，若将该参数值设置为 $mydomain 和$myhostname，则表明无论来信的收件人地址是 UserName@localdomain.tst（其中 UserName 为用户的邮件账户名）还是 xxx@clinger.localdomain.tst，Postfix 都会接收这些邮件。

```
mydestination = $mydomain, $myhostname
```

（7）设置可转发邮件的网域。前面采用参数 mynetworks 设置允许转发邮件的来源 IP 地址，若想用域名来授权，则可以利用参数 relay_domains 解决这个问题。例如，将该参数值设置为 localdomain.tst，则表示任何由 localdomain.tst 域发来的邮件都会被认为是信任的，Postfix 会自动对这些邮件进行转发。

```
relay_domains = localdomain.tst
```

总之，完成配置的 Postfix 的主配置文件的样式如下。

```
myhostname = clinuxer.localdomain.tst
mydomain=localdomain.tst
myorigin = $mydomain
mynetwoks_style = subnet
mynetworks=192.168.0.0/24
inet_interfase= all
relay_domains=$mydestination
```

在完成上面的基本设置后，重新启动 Postfix 服务，则这台 Postfix 邮件主机基本配置完毕。但是目前它仅支持客户端发信，还不支持收信。

（8）DNS 设置。若使 Postfix 能在局域网中更好地转发邮件，则还必须进行 DNS 设置。在内部网络的 DNS 服务器上定义了一个主区域 localdomain.tst，并在该区域配置文件中定义了以下内容（除定义 SOA、NS 记录外）。

```
Clinuxer.localdomain.tst.    IN A 192.168.0.2
mail.localdomain.tst .       IN CNAME clinuxer.localdomain.tst .
localdomain.tst .            IN MX 10 mail. Localdomain.tst .
```

4. 虚拟别名域的配置

利用虚拟别名域能够将发给虚拟域的邮件实际发送到真实域的用户邮箱中，进而实现群发邮件的功能，即指定一个虚拟邮件地址，任何用户发给这个邮件地址的邮件都将由邮件服务器自动转发到真实域中的一组用户的邮箱中。这里的虚拟域可以是不存在的域，而真实域既可以是本地域（即文件 main.cf 中的参数 mydestination 指定的域），又可以是远程域或互联域。虚拟域是真实的一个别名，实际上它是通过一个虚拟别名表实现了虚拟域的邮件地址到真实域的邮件地址的重定向。

（1）编辑 Postfix 的主配置文件“/etc/postfix/main.cf”，对其进行如下定义：

```
virtual_alias_domains = csoftz.cn, localdomain.tst
virtual_alias_maps = hash: /etc/postfix/virtual_domains
```

（2）编辑配置文件/etc/postfix/virtual domains，进行如下定义：

```
@csoftz.cn                   @localdomain tst
sales@localdomain.tst        clinuxer
```

（3）在修改配置文件/etc/postfix/main.cf 和/etc/postfix/virtual 后，若使其更改立即生效，则应该分别执行/usr/sbin 目录下的以下两条命令。

```
[root@localhost ~]#postmap /etc/postfix/virtual_domains
[root@localhost ~]#postfix reload
```

5. 用户别名的配置

与虚拟别名域类似，Postfix 还支持用户别名，以便日常操作。与虚拟别名域不同的是，用户别名机制通过别名表（Aliases）在系统范围内实现别名邮件地址到真实用户邮件地址的重定向。利用用户别名最重要的功能——实现群发邮件（也称邮件列表），将发送给某个别名邮件地址的邮件转发到多个真实用户的邮箱中。

（1）打开 Postfix 邮箱服务器的主配置文件/etc/postfix/main.cf，确认文件中包含以下两条默认语句。

```
alias_maps = hash: /etc/aliases
alias_database = hash:/etc/aliases
```

（2）编辑配置文件/etc/postfix/virtual_aliases，进行如下定义。

```
team1:  user11, user12, user13, user14
team2:  :include: /etc/mail/team2user
clinuxer: jackie
fayero:  jackie, test@localdomail.tst
```

说明：

第 1 行，表示发送给 Team1 的邮件，都会自动转发给 user11、user12、user13 和 user14。

第 2 行，表示发送给 Team2 的邮件，都会自动转发给/etc/mail/team2user 文件中指定的用户。

第 3 行，表示 clinuxer 是 jackie 的别名。

第 4 行，表示 fayero 是 jackie 和 test@localdomail.tst 的别名。

其中，team2 user 的内容和格式如下：

```
user21， \
user22， \
user23， \
user24
```

每行后面加个斜杠只是为了分行，也可以与 team1 的格式一样，即

```
user21，user22，user23，user24
```

（3）在修改完配置文件 main.cf 和 virtual_aliases 后，若使更改立即生效，则应该分别执行/usr/sbin 目录下的以下两条命令：

```
[root@localhost ~]#postalias /etc/postfix/virtual_aliases
[root@localhost ~]#postfix reload
```

6. SMTP 认证的配置

根据前面的配置，位于同一个网段 192.168.0.0/24 下的主机可以通过 Postfix 发送邮件，但其他用户通过 Postfix 发信都会被拒绝。若要将权限全部开放，则可能会给邮件服务器带来很大负荷，所以需要为 Postfix 的 SMTP 服务器加上认证，只有通过了认证的用户才能发送邮件。

Cyrus-SASL（Cyrus Simple Authentication and Security Layer）的最大功能是为应用程序提供认证函数库。应用程序可以通过函数库所提供的功能定义认证方式，并通过 SASL 与邮件服务器主机沟通，进而提供认证的功能。

（1）Cyrus-SASL 认证包的安装。在默认情况下，在 Red Hat Enterprise Linux 5 安装程序中会安装 Cyrus-SASL 认证包，使用以下命令检查系统是否已经安装了 Cyrus-SASL 认证包，或者查看该认证包的版本。

```
[root@localhost ~]#rpm -qa I grep sasl
```

若系统还没有安装 Cyrus-SASL 认证包，则应将 Red Hat Enterprise Linux 5 的第 1、2 和 3 张安装光盘分别放入光驱中，加载光驱后，在光盘的服务器目录下找到与 Cyrus-SASL 认证包相关的 RPM 包文件，然后使用 rpm-ivh 命令对其进行安装。例如，若要安装第 1 张安装光盘上的 cyrus-sasl-2.1.22-4.i1386.rpm 包文件，可使用以下命令。

```
[root@localhost ~]#rpm -ivh /mnt/cdrom/Server/cyrus-sasl-2.1. 22-4.i386. rpm
```

（2）Cyrus-SASL V2 的密码验证机制。在默认情况下，Cyrus-SASL V2 版本使用守护进程 saslauthd 进行密码认证，而密码认证的方法有很多种，使用以下命令可以查看当前系统中的 Cyrus-SASL V2 所支持的密码认证机制。

```
[root@localhost ~]#saslauthd -v
```

当前可使用的密码认证方法有 getpwent、kerberos5、pam、rimap、shadow 和 ldap。为方便操作，这里采用最简单的 shadow 认证方法，也就是直接用/etc/shadow 文件中的用户账户及密码进行认证。因此，在配置文件/etc/sysconfig/saslauthd 过程中，修改当前系统所采用的密码认证机制为 shadow（默认的方式是 pam），即

```
MECH = shadow
```

（3）测试 Cyrus-SASL V2 的认证功能。由于 Cyrus-SASL V2 版本默认使用守护进程 saslauthd 进行密码认证，因此需要使用以下命令来查看 saslauthd 进程是否已经运行。

```
[root@localhost ~]#ps aux I grep saslauthd
```

若没有发现 saslauthd 进程，则使用以下命令启动该进程并设置开机时自动启动。

```
[root@localhost ~]#chkconfig --level 345 saslauthd on
[root@localhost ~]#/etc/init.d/saslauthd start
```

然后，可用以下命令测试守护进程 saslauthd 的认证功能。

```
/usr/sbin/testsaslauthd -u clinuxer -p '123456'
```

若显示“0: OK Success.”，则表示守护进程 saslauthd 的认证功能成功启动。

（4）配置 Postfix 邮件服务器启用 SMTP 认证。在 Postfix 邮件服务器的主配置文件 /etc/postfix/main.cf 中进行配置。有关 SMTP 认证的配置部分如下。


```
smtp_sasl_auth_enable = yes
broken_sasl_auth_clients=yes
smtpd_client_restrictions = permit_sasl_authenticated
smtpd_sasl_security_options = noanonnymous
smtpd_sasl_local_domain = ‘ ’
smtpd_recipient_restrictions =
permit_mynetworks,
permit_sasl_authenticated,
reject_unauth_destination
```

（5）测试 SMTP 认证是否成功。虽然最直观的方式是配置一个邮件客户端，例如，用 Outlook Express 来测试 Postfix 的 SMTP 身份认证是否成功，但这里利用网络管理人员常用的命令 telnet 完成。telnet 命令可以连接到 Postfix 邮件服务器的 25 号端口，也就是发信服务器端口，然后输入命令，就可以知道配置是否成功。

① 计算用户名和密码。由于刚才配置的 Postfix 邮件服务器的 SMTP 用户身份认证采用的不是明文方式，因此首先要计算出用户名和密码。通过以下 perl 命令就可以很快计算出来，即用户名为 clinuxer，密码为 123456 的等价模式。

```
    [root@localhost ~]#perl -MMIME::Base64 -e ‘print encode_base64 （"clinuxer"）;’
Y2xpbnV4ZXI=  ；经过编码的用户名 clinuxer
    [root@localhost ~]#perl -MMIME::Base64 -e ‘print encode base64 （"mypassword”）;’
MTIzNDU2  ；经过编码的密码 123456
```

② 登录测试。现在通过 telnet 命令登录到 Postfix 邮件服务器的 25 号端口，通过“EHLO gmail.com”，实现“AUTH LOGIN”登录。

```
    [root@localhost   ~]#telnet   server.localdomain.tst   25   220   server.
Localdomain.tst  ESMTP Postfix  EHLO gmail.com
    250-server.localdomain. tst
    250-PIPELINING
    250-SIZE  10240000
    250-VRFY
    250-ETRN
    250-AUTH LOGIN PLAIN
    250-AUTH=LOGIN PLAIN
    250-ENHANCEDSTATUSCODES
```

```
250-8BITMIME
250 DSN
AUTH LOGIN
334 VXNIcm5hbWU6
Y2xpbmV4ZXI=; 输入用户名
334 UGFzc3dvcmQ6
MTIzNDU2; 输入密码
235  2.0.0 Authentication successful; 登录成功，身份认证配置正确
Quit; 退出
221  2.0.0 Bye
```

至此，配置的 Postfix 邮件服务器 SMTP 的用户身份认证成功。

7. 启动、停止和重启 Postfix 邮件服务器

Postfix 邮件服务器安装完毕，现在对其进行启动、停止和重启的操作。

（1）通过以下命令启动 Postfix 邮件服务器。

```
[root@localhost ~]#/etc/rc.d/init.d/postfix start
```

（2）通过以下命令停止 Postfix 邮件服务器。

```
[root@localhost ~]#/etc/rc.d/init.d/postfix stop
```

（3）通过以下命令重新启动 Postfix 邮件服务器。

```
[root@localhost ~]#/etc/rc.d/init.d/postfix restart
```

（4）自动启动 Postfix 邮件服务器。

若令 Postfix 邮件服务器随系统启动而自动加载，则可以执行命令 ntsysv 启动服务配置程序，在命令中找到 postfix 邮件服务器，在其前面加上星号（*），然后单击“确定”按钮。

4.5.4　POP3 和 IMAP 邮件服务器

Postfix 邮件服务器配置完成后，就可以使用了。但是，若想要让它通过客户端授权邮件，还需要为它安装 POP3 邮件服务器和 IMAP 邮件服务器。

1. Dovecot 功能的实现

Postfix 邮件服务器只是一个 MTA（邮件传送 P125 代理），它只提供 SMTP 服务器，也就是只提供邮件的转发及本地的分发功能。若要实现一台服务器既作为邮件发送服务器，又可以保存邮件，则必须安装 POP3 服务器或 IMAP 服务器。通常情况下，将 STMP 服务器和 POP3 服务器或 IMAP 服务器安装在同一台主机上，则这台主机称为电子邮件服务器。在 Red Hat Enterprise Linux 5 中，有两个软件可以同时提供 POP3 服务器和 NMAP 服务器，即 Dovecot 和 Cyrus-Imapd。若通过 Dovecot 服务器实现 Red Hat Enterprise Linux 5 上 Postfix 的 POP3 和 IMAP4 功能，则需要经过软件的安装和配置等过程。

（1）安装 Dovecot 服务器。在 Red Hat Enterprise Linux 安装程序中默认没有安装 Dovecot 服务器，可以使用以下命令检查系统是否已经安装了 Dovecot 服务器。

```
[root@localhost ~]#rpm -qa I grep dovecot
```

若系统还没有安装 Dovecot 服务器，则将 Red Hat Enterprise Linux 5 的第 2 张安装光盘放入光驱中，加载光驱后在光盘的服务器目录下找到 Dovecot 服务器的 RPM 安装包文

件 dovecot-1.0.7-2.el5.i386.pm 和相关程序，然后使用以下命令安装 Dovecot 服务器和相关程序。

```
[root@localhost ~]#rpm -ivh /mnt/Server/per;-DBI-1.52-1.fc6.i386.rpm
[root@localhost ~]#rpm -ivh /mnt/Server/mysql-5.0.45-7.el5.i386.rmp
[rppt@localhost ~]#rpm -ivh/mnt/Server/postgresql-libs-8.1.11-1.el5_1.1.i386.rpm
[root@localhost ~]#rpm -ivh/mnt/Server/dovector-1.0.7-2.el5.i386.rpm
```

（2）配置 Dovecot 服务器。Dovecot 服务器的配置文件是/etc/dovecot.conf，若要启用最基本的 Dovecot 服务器，则只需要修改该配置文件中的以下内容（只需要去掉原配置文件中有这些内容的注释，并稍加修改即可）。

```
protocols = imap imaps pop3 pop3s
            protocols imap {
                listen = *:10143
                ssl_listen = *:10943
            }
            protocol pop3 {
                listen = *:10100
            }
```


（3）设置 Dovecot 服务器为自动启动。Dovecot 服务器配置完毕后，将 Dovecot 服务器设置为自动启动。

```
[root@localhost ~]#chkconfig -level 345 dovecot on
```

并且立刻启动。

```
[root@localhost ~]#service dovecot start
```

2. Cyrus-Imapd 功能的实现

Cyrus-Imapd 服务器与 Dovecot 服务器类似，也需要进行安装、配置并启动。

（1）安装。在 Red Hat Enterprise Linux 安装程序中，默认没有安装 Cyrus-Imapd 服务器，可以使用以下命令检查系统是否已经安装了 Cyrus-Imapd 服务器。

```
[root@localhost ~]#rpm -qa I grep cyrus-imapd
```

检查结果是系统当前还没有安装 Cyrus-Imapd 服务器。由于 Cyrus-Imapd 服务器依赖的安装包很多，因此采用一种不容易出错的方式进行安装。

① 创建本地安装源。在/etc/yun.repos/目录下新创建一个文件，文件名为 rhel-localinstall，内容如下。

```
[rhel-localinstall]
Name = Red Hat Enterprise Linux 5.2 LocalInstall
Baseurl=file://mnt/cdrom/Server/
gpgcheck=1
enabled=1
gpgkey=file://mnt/cdrom/RPM-GPG-KEY-redhat-release
```

② 导入 KEY 文件。执行以下两条命令导入 RPM 安装包的验证 KEY 文件（假设 Red Hat Enterprise Linux 5 的安装光盘已经被加载到/mnt/cdrom 目录下）。

```
[root@localhost~]#rpm --import /mnt/cdrom/RPM-GPG-KEY-redhat-beta
[root@localhost~]#rpm -imprt  /mnt/cdrom/RPM-GPG-KEY-redhat-release
```

③ 开始安装。在 Red Hat Enterprise Linux 5 的图形化桌面环境中，执行“应用程序”→“添加/删除软件”，打开“软件包管理者”，再执行“编辑”→“软件存储库”，选中“rhel-localinstall”并退出如图 4-7 所示。

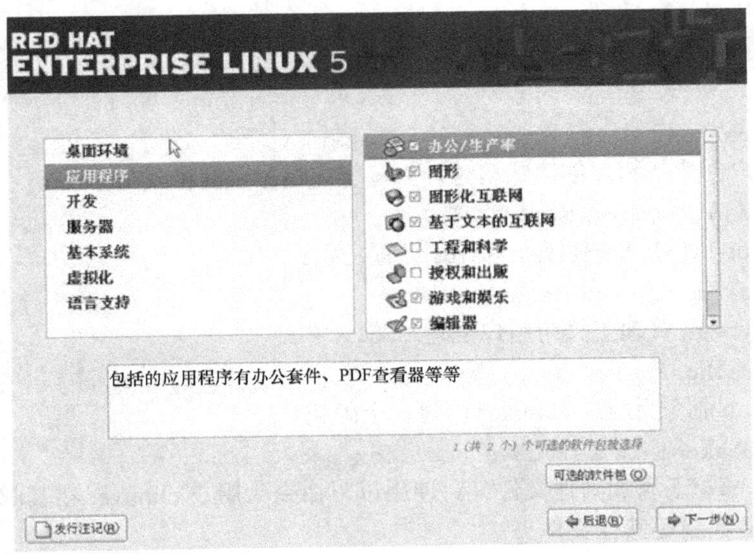

图 4-7 “软件包管理者”操作界面

此时，在“浏览”菜单项下，单击左侧“服务器”选项，然后找到“邮件服务器”选项。选中“邮件服务器”，然后单击下方的“可选的软件包”按钮，勾选“cyrus-Imapd”和“cyrus-Imapd-perl”复选框，再依次单击“关闭”和“应用”按钮，如图 4-8 所示。

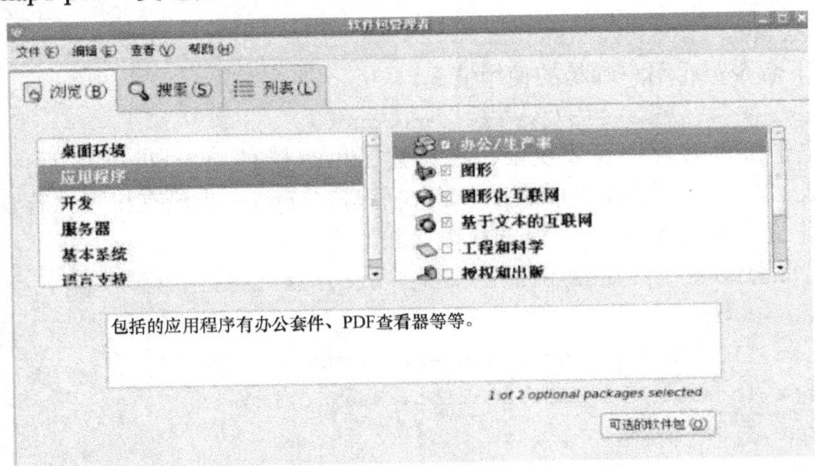

图 4-8 “浏览”选项卡界面

（2）配置 Cyrus-Imapd 服务器。Cyrus-Imapd 服务器的配置文件有以下 3 个。

① /etc/sysconfig/Cyrus-Imapd：用于启动 Cyrus-Imapd 服务器的配置文件。

② /etc/cyrus.conf：Cyrus-Imapd 服务器的主要配置文件，其中包括该服务器中各个组件（IMAP、POP3、Server 和 NNTP 等）的设置参数。

③ /etc/imapd.conf：Cyrus-Imapd 服务器中的 IMAP 服务器的配置文件。

为了使 Postfix 服务器与 Cyrus-Imapd 服务器整合在一起，必须在 Postfix 服务器的主配置文件/etc/postfix/ main.cf 中加入以下内容（去掉它前面的注释“#”号即可）。

```
mailbox_transport= lmtp:UNIX:/var/lib/imap/socket/lmtp
```

（3）自动启动 Cyrus-Imapd 服务器。在修改完毕并存盘退出后，将 Cyrus-Imapd 服务器配置为自动启动。

```
[root@localhost ~]#chkconfig --level 345 cyrus-imapd on
```

并且立刻启动。

```
[root@localhost ~]#service cyrus-imapd start
```

（4）为用户创建邮箱。创建邮箱时，为每个邮箱命名的格式如下：

```
信箱类型.名称 [.文件夹名称 [.文件夹名称]] …
```

① 为 Cyrus-IMAP 管理员账户 cyrus 设置密码。

```
[root@localhost ~]#passwd cyrus
```

② 使用 cyradm 管理工具为用户创建邮箱。

```
[root@localhost ~]#/usr/bin/cyradm -u cyrus localhost
```

③ 使用以下命令为用户 clinuxer 创建一个邮箱。

```
server.localdomain.tst>createmailbox user.clinuxer
```


④ 在用户邮箱下添加其他文件夹。使用以下命令为用户 clinuxer 在其邮箱下创建发件箱、垃圾箱和草稿箱等其他文件夹。

```
createmailbox user.clinuxer.Drafts
createmailbox user.clinuxer.Send
createmailbox user.clinuxer.Trash
```

⑤ 为用户邮箱设置配额。可以使用以下命令为用户 clinuxer 的邮箱 user.clinuxer 设置 5MB 的配额。

```
setquota user.clinuxer 5210
```

利用以下命令查看用户邮箱的使用情况。

```
su -l cyrus -c /usr/lib/cyrus-imapd/quota
```

⑥ 为电子邮件客户端设置权限。在创建了用户信息 user.clinuxer 后，不能直接用 deletemailbox 命令删除该邮件的邮箱，即使是管理员 cyrus 也没有权限。若要删除它，则必须先用以下命令为管理员 cyrus 开放权限（all）。

```
[root@localhost ~]#/usr/bin/cyradm -u cyrus localhost
IMAP Password:
localhost. localdomain>setacl user.clinuxer cyrus all
localhost.localdomain>deletemailbox user.clinuxer
localhost. localdomain>listacl user.clinuxer
Mailbox does not exist
```

4.5.5 Web 方式收发电子邮件

Postfix 服务器在经过配置后，也可以进行 Web 操作，目前 Gmail 和 Yahoo mail 等邮件服务器都支持 Web 收发方式。

1. SquirrelMail 的安装与配置

SquirrelMail 是 Red Hat Enterprise Linux 5 内置的 Web 支持软件，功能强大而且配置方便。

（1）安装 SquirrelMail。Red Hat Enterprise Linux 5 内置了 Postfix 的 Web 支持 SquirrelMail，但在默认情况下 SquirrelMail 没有安装。若不能确定是否安装该软件，可执行以下命令确认。

```
[root@localhost ~]#rpm -q squirrelmail
```

若确定没有安装 SquirrelMail，则将 Red Hat Enterprise Linux 5 的第 2、3 张安装光盘放入光驱中，加载光驱后在光盘的服务器目录下分别找到 SquirrelMail 的 RPM 安装包文件 php-mbstring-5.1.6-5.el5.i386.rpm 和 squirrelmail-1.4.8-4.el5. noarch.rpm，然后使用以下命令进行安装。

```
[root@localhost ~] #rpm-ivh/mnt/cdrom/Server/php-mbstring-5.1.6-5.el5.i386.rpm
[root@localhost ~]#rpm-ivh/mnt/cdrom/Server/squirrelmail-1.4.8-4.el5.
noarch rpm
```

（2）配置 SquirrelMail。SquirrelMail 的主配置文件为/etc/squirrelmail/config.php。若要配置 SquirrelMail，则可以直接修改该文件的内容，但是使用 SquirrelMail 的配置工具进行配置则更方便、更直观。

若要打开 SquirrelMail 的配置工具，则执行以下命令。

```
[root@localhost ~]#/usr/share/squirrelmail/config/conf.pl
```

SquirrelMail 的配置界面包括组织信息、服务器设置、目录设置、一般选项、界面主题、地址簿、插件、数据库和语言等部分。用户按照配置提示即可独立完成配置，这里就不再赘述了。

需要提醒大家注意的是，配置到最后，务必按下“Ctrl+S”组合键保存配置，然后再按下“Ctrl+Q”组合键退出配置界面。

2. 使用 SquirrelMail 收/发电子邮件

采用 RPM 安装包安装的 SquirrelMail，安装程序会在 Apache 服务器的默认 Web 站点中配置一个别名 WebMail。该别名被定义在/etc/httpd/conf.d/squirrelmail.conf 文件中，即

```
Alias  /webmail /usr/share/squirrelmail
```

因此，可直接在浏览器的地址栏中输入

```
http://server.localdomain.net/webmail
```

然后打开 SquirrelMail 的登录界面。

4.6 Samba 服务器配置

Samba 服务器的功能很强大，当在 Linux 服务器上的 Samba 运行起来后，Linux 就相当于一台文件服务器或打印服务器，它向 Windows 用户 8 和 Linux Samba 客户提供文件服务和打印服务。

4.6.1 Samba 服务器

SMB 的工作原理是令 NetBIOS（Windows 95 网络邻居通信协议）与 SMB 这两种协议运行在 TCP/IP 的通信协议上，并且使用 NetBIOS Name Server 让用户的 Linux 主机可以在 Windows 的“网络邻居”中被看到，这样就可以与 Windows 95/NT 主机在网络上相互沟通并且共享文件与服务了。

1. Samba 服务器的安装

目前 Samba 服务器主要依靠两个服务器来提供 Windows 中的网上邻居，实现 Windows 的文件和打印机共享。

（1）smbd：处理文件和打印机共享请求。

（2）nmbd：处理 NetBIOS Name Server 的请求和网络浏览功能。

在 Linux 下的操作如下

```
[root@localhost init.d] ./smb start
Starting SMB services:                              [OK]
Starting NMB services:                              [OK]
```

2. Samba 服务器的图形化配置方法

在 Red Hat Enterprise Linux 5 中提供了一个十分好用的图形界面配置工具。注意：若使用 Samba 服务器进行网络文件和打印机共享，则必须首先设置让防火墙放行，依次单击“系统”→“管理”→“安全级别和防火墙”，然后勾选“Samba”单选框。

（1）在 GNOME 桌面上，选择“打开终端”选项，单击鼠标右键。

（2）运行以下命令打开“Samba 服务器配置”小工具。

```
[root@localhost ~] # system-config-samba
```

（3）为了方便用户识别这台计算机，首先为这台计算机设置合适的描述和工作组。依次单击“首选项”→“服务器设置”，设置工作组为“Linux-China”，“描述”保持默认设置。

（4）切换到“安全性”菜单项下，Samba 默认采用的是“用户”级别的安全性，即“security=user”模式，此时由 Samba 服务器完全控制用户身份的验证。

用户身份验证模式共有如下 5 种。

① ADS（Active Directory System）：活动目录级别，只在 Windows 2000 及以后的操作系统中适用。

② 域（Domain）：Samba 成为域的一部分，并且使用主域控制器（PDC）来进行用户身份验证。若用户通过了身份验证，则该用户将会获得一个特殊的标志，允许其访问有访问权限的各种共享资源。

③ 服务器（Server）：Samba 服务器在允许用户访问共享资源前，使用一个单独的 SMB 服务器进行用户身份验证。

④ 共享（Share）：在工作组中的每个共享资源都有一个或多个与之相联系的密码，任何一个知道该密码的用户都可以访问该资源（这种级别是 Windows 95/98/Me 中采用的）。

⑤ 用户（User）：Samba 服务器对用户身份进行验证，通过验证的用户才能访问相应的共享资源。

Samba 服务器支持匿名用户访问，但在默认配置下更改选项并未被启用。若想让所有用户都可以访问该服务器，并且没有安全方面的顾虑，则可以考虑开启来宾账号。

（5）创建一个新的 Samba 用户，在“Samba 服务器配置”窗口中，依次单击“首选项”→“Samba 用户”，创建与系统账号相对应的 Samba 用户。

（6）配置完毕后，单击“确定”按钮返回到“Samba 服务器配置”窗口，单击右上角的“添加共享”按钮，打开“创建 Samba 共享”对话框。

注意：Samba 服务器在默认情况下创建的共享资源，不能改写和显示，故若需要对方具有写的权限，则最好选中“可擦写”和“显示”两个选项。

（7）若仅配置了“共享目录”，则在安全方面还存在不足。最好在“创建 Samba 共享”对话框的“访问”选项卡下，针对用户设置相应的访问权限。

3. 启动、关闭和重启 Samba 服务器

（1）利用以下命令启动 Samba 服务器。

```
[root@localhost ~] # service smb start
```


在实际应用中，每次开机后手动启动 Samba 服务器不现实，应该设置系统在指定的运行级别（通常为 3 和 5）自动启动该服务器，即

```
chkconfig --level 35 smbd on
chkconfig --level 35 nmbd on
```

（2）利用以下命令停止 Samba 服务器。

```
[root@localhost ~] # service smb stop
```

（3）利用以下命令重启 Samba 服务器。

```
[root@localhost ~] # service smb restart
```

4.6.2 Samba 服务器的配置文件

1. Samba 服务器的主要配置文件

Samba 服务器的主要配置文件为 smb.conf，以下语句是经过简单设置后的 Samba 服务器的配置文件内容（删减了一些注释信息）。

```
#------------------------ Global Settings ------------------------------
[global]
    workgroup = Linux-china
    server string = Samba Server Version %v
    netbios name = Samba Server
#------------------------ Standalone Server Options ------------------
;   security = user
    passdb backend = tdbsam
#------------------------ Printing Options------------------------------
cups options = raw
username map = /etc/samba/smbusers
#------------------------ Share Definitions-----------------------------
[homes]
```

```
     comment = Home Directories
     browseable = no
     writeable = yes
 [printers]
     comment = All Printers
     path = /var/spool/samba
     browseable = no
     printable = yes
 [Public]
     comment = clinuxer的共享资源
     path = /export/samba
     writeable = yes
     guest ok = yes
```

2. Samba 服务器的密码文件

Samba 服务器因采用加密方法的不同，其密码文件也有所不同。默认采用的是 tdbsam 加密，故密码文件名为 passdb.tdb（位于/etc/samba 下）。另外，Linux 用户与 Windows 用户的对应关系保存在 smbusers 文件中。而在 Fedora Linux 中采用的是一般加密方法，其密码文件为


```
/var/lib/samba/private/smbpasswd。
```

3. Samba 服务器的日志文件

检测 smb.conf 是否有问题的最简单的方法就是使用如下 smbclient 命令。

```
[root@localhost ~] # smbclient -U% -L localhost
```

若存在问题，则可以检查系统的输出或查看/var/log/samba/%m.log 文件中的记录信息来确定问题。其中，%m 指客户端网上基本输入/输出系统的名称。

4.6.3 smb.conf 文件

Samba 服务器的核心是两个守护进程 smbd 程序和 nmbd 程序，它们在服务器启动到停止期间持续运行。smbd 和 nmbd 使用的全部配置信息都保存在 smb.conf 文件中，smb.conf 向 smbd 和 nmbd 说明输出内容，以便用户共享。

1. smb.conf 文件的结构

（1）整体结构如下。

```
[global]
…
[homes]
…
[printers]
…
[Public]
…
```

① [global]部分定义了服务器本身使用的配置参数，以及其他共享资源部分使用的默认配置参数。注意：其他部分可以列出与[global]相同的选项并赋值，此时应以其他部分配

置为准。

② [homes]部分指定 Windows 共享的主目录，若 Windows 工作站登录的名字与 Linux 用户名相同，并且提供的口令也一致，则打开“网络邻居”，双击“共享目录”图标，就可获得访问该目录的权限。从 Windows 访问 Linux 主目录时，用户名作为主目录的共享名。

③ [printers]部分用于指定如何共享 Linux 网络打印机，从 Windows 系统访问 Linux 网络打印机时，共享名是 printcap 中指定的 Linux 打印机名。

（2）注释。注释号为“#”或“;”。

（3）连续行。Samba 配置文件中每行最多有 255 个字符，过长的行可以分行输入，行与行之间以“\”隔开。

（4）运行时配置文件的改变。在 Samba 服务器工作期间，它会每隔 60s 检查一次配置文件是否发生变化，若发生变化，则立即使改变生效。若不希望等待时间过长，并且配置立刻生效，则可以向 smbd 和 nmbd 进程发送 SIGHUP 信号。

例如：若 smbd 的进程号为 9353，则可以执行以下命令，使 smbd 立刻读配置文件。

```
[root@localhost ~] # kill SIGHUP 9353
```


2. smb.conf 文件语法和变量

Samba 支持很多变量，用来动态描述服务器和连接客户端的信息。每个变量均以%开始，后面是一个单独的大写英文字母或者小写英文字母。具体变量表如表 4-2 所示。

表 4-2　Samba 变量表

变　量	说　明
%a 客户端变量	客户端体系，如：Windows 95、WfWg、Windows NT、Samba…
%I 客户端变量	客户端 IP 地址
%m 客户端变量	客户端 NetBIOS
%M 客户端变量	客户端 DNS 名
%g 用户变量	用户%u 的主要组
%H 用户变量	用户%u home 的目录
%u 用户变量	UNIX 的当前用户名
%P 共享变量	当前共享的根目录
%S 共享变量	当前的共享名
%d 服务器变量	当前服务器的进程 ID
%h 服务器变量	Samba 服务器的 DNS 名称
%L 服务器变量	Samba 服务器的 NetBIOS 名称
%N 服务器变量	Home 目录服务器，来自 automount 的映射
%v 服务器变量	Samba 版本
%R 其他变量	经过协商的 Samba 协议层
%T 其他变量	当前日期和时间

3. smb.conf 文件详解

（1）以下语句为[global]部分。

```
#----------------------- Network Related Options -----------------------
    workgroup = Linux-china
```

```
    server string = Samba Server Version %v
```

这部分设置了 Samba 服务器所处的工作组，以及计算机的描述信息。

```
    nerbios name = Samba Server
```

设置 Samba 服务器在网络邻居上显示的名字，默认为 Samba Server Version 3.0.28-0.e15.8。

```
;   interfaces = lo eth0 192.168.12.2/24 192.168.13.2/24
;   hosts allow = 127. 192.168.12. 192.168.13.
```

Hosts allow 参数用于限制可以访问这台 Samba 服务器的客户端的 IP 地址范围。在默认情况下，该配置被注释掉，所有的客户端都可以访问 Samba 服务器。

```
# logs split per machine
;   log file = /var/log/samba/%m.log
# max 50KB per log file， then rotate
;   max log size = 50
```

指定 Samba 服务器的记录文件位置和具体文件名，并且设置每个记录文件的最大内存（单位 kB）。

```
;   security = user
    Passdb backend = tdbsam
```


利用以下语句设置 Samba 服务器的用户验证模式，包括 ADS、域、服务器、用户和共享 5 种级别。本部分设置的 Samba 密码验证采用的是 tdbsam 机制。

```
#---------------------- Domain Members Options ----------------------
#   passwd server = My_PDC_Name [My_BDC_Name] [My_Next_BDC_Name]
# or to auto-locate the domain controller/s
#   password server = *
;   security = domain
;   passdb backend = tdbsam
;   realm = MY_REALM
;   password server = <NT-Server-Name>
```

利用以下语句设置密码验证服务器的名称，在服务器、域和 ADS 验证模式下都需要设置。

```
#---------------------- Domain Controller Options --------------------
;   security = user
;   passdb backend = tdbsam
;   domain master = yes
;   domain logons = yes
# the login script name depends on the machine name
;   logon script = %m.bat  ；每台计算机都运行一个指定的登录批处理文件
# the login script name depends on the UNIX user used
;   logon script = %u.bat  ；每个用户名都运行一个指定的登录批处理文件
;   logon path = 错误！超链接引用无效。  ；指定登录路径
# disables profiles support by specifying an empty path
;   logon path =
;   add user script = /usr/sbin/useradd “%u” -n -g users
;   add group script = /usr/sbin/groupadd “%g”
;   add machine script = /usr/sbin/useradd -n -c “Workstation  (%u)”  -M
-d /nohome -s /bin/false “%u”
;   delete user script = /usr/sbin/userdel “%u”
```

```
;   delete user from group script = /usr/sbin/userdel "%u" "%g"
;   delete group script = /usr/sbin/groupdel "%g"
```

利用以下语句设置在域模式下的主域控制器、密码验证模式，以及登录前和登录后需要进行的操作。

```
#----------------------- Browser Control Options -----------------------
;   local master = no
;   os level = 33
;   preferred master = yes
```

利用以下浏览器控制选项，设置操作系统的级别。

```
#----------------------- Name Resolution --------------------------------
;   wins support = yes
;   wins server = w.x.y.z
;   wins proxy = yes
;   dns proxy = yes
```

利用以下语句设置 Samba 服务器是否支持 WINS 代理和 DNS 代理。

```
#----------------------- Printing Options -------------------------------
;   load printers = yes
cups options = raw
username map = /etc/samba/smbusers
;   security = user
;   encrypt passwords = yes
;   guest ok = no
;   guest account = nobody
;   encrypt passwords = yes                  ; 采用密码加密
;   guest ok = no                            ; 不允许匿名用户使用
;   guest account = nobody                   ; 匿名用户映射为 Linux 下的 nobody 账号
;   printcap name = /etc/printcap            ; 指定打印机名
# obtain list of printers automatically on SystemV
;   printcap name = lpstat
;   printing = cups                          ; 指定打印机类型
```

（2）以下语句为[Home]部分。

```
comment = Home Directories
browseable = no
writeable = yes
;   valid users = %s
;   valid users = MYDOMAIN\%S
```

为每个用户均设置一个随用户名变化而变化的动态目录，映射到相应的 Linux 用户的 home 目录中。

（3）以下语句为[Printers]部分。

```
comment = All Printers
path = /var/spool/samba
browseable = no
;   guest ok = no                            ; 不允许匿名访问
;   writeable = no
Printable = yes
```

设置共享的打印机。

(4) 其他共享。

```
[Public]
comment = cLinuxer 的共享资源
path = /export/samba
writeable = yes                              ；允许写入；
browseable = yes
Guest ok = yes
```

4.6.4 Samba 服务器的安全级别

Samba 服务器支持 5 种安全级别的用户身份验证：share（共享）、user（用户）、server（服务器）、domain（域）和 ads（活动目录）。

1. 共享安全级别

客户端在连接请求期间发送一个口令，不需要任何相关的用户信息。共享级的权限是 Windows 95 文件和打印服务器的默认设置，因为该级别的安全性不高，所以目前 Windows 95 之前的操作系统用户已经很少使用了。

2. 用户安全级别

用户安全级别是 Samba 默认的安全级别。在该模式下，Samba 在接收到用户的访问请求时，会承担全部密码检查工作。

注意：Samba 使用的密码是微软的编码方法。

3. 服务器安全级别

Samba 会把密码验证工作交给指定的服务器，只有在该服务器安全级别模式无法通过验证的情况下，才自动切换到用户级别模式。

4. 域安全级别

Samba 模拟一台加入 Windows 域的服务器，类似于 Windows 服务器安装时加入域的动作。此时需要有 Windows 域的管理员账号。

5. 活动目录安全级别

客户端系统必须是 Windows 2000、Windows XP 甚至 Windows Vista 等更高版本。

4.6.5 访问 Samba 共享资源

1. Windows 客户端访问共享资源

在 Windows 客户端打开“网上邻居”，输入正确的账户名和密码，访问 Samba 服务器，即可看到目录。

2. 在 Linux 客户端访问共享资源

（1）使用 smbclient 工具，输入以下命令将资源链接到服务器的 movies 上。

```
[root@localhost ~] # smbclient //192.168.0.3/movies -U Administrator
Password:
Domain=[Devil] OS=[Windows 5.1] Server=[Windows 2000 LAN Manager]
smb:\>
```

（2）在“smb:\>”提示符下，可以输入各种命令，如 ls 为列表，mget 为多文件下载，mput 为多文件上传。此时的命令行就如同 FTP 工具。若不熟悉具体的使用方法，则可以输入“help”命令查看帮助信息。

4.7 代理服务器的配置与应用

代理服务器是 Linux 的一个重要功能，它主要用来连接国际因特网和局域网，并能够起到防火墙的作用。

4.7.1 代理服务器的工作原理

代理服务器是建立在 TCP/IP 协议应用层上的一种服务软件，以 HTTP 协议为基础。代理服务器的工作过程简单来说分为以下 4 步。

（1）客户端向服务器发送的请求到达代理服务器。

（2）代理服务器把请求转发给客户端真正需要联系的服务器。

（3）服务器向代理服务器返回响应。

（4）代理服务器把响应返回给客户端。

4.7.2 Squid 服务器的配置

1. Squid 服务器的安装

（1）利用以下语句查询是否安装了 Squid 服务器。

```
[root@localhost ~] # rpm -q squid
```

（2）利用以下语句下载 Squid 服务器，当确认未安装 Squid 服务器后，可从官网上下载 Squid 服务器的最新 RPM 安装包文件。

（3）利用以下语句安装 Squid 服务器。

```
[root@localhost ~] # rpm -ivh squid-4.5-1.1.i586.rpm
```

2. 设置监听的 IP 地址和端口

配置文件 squid.conf 中的 http_port 参数确定 Squid 服务器在哪个 IP 地址的哪个端口监听来自客户端的 HTTP 请求。该参数默认的配置是在本机的 3128 端口进行监听的。该参数的默认定义如下：

```
http_port  3128
```

当将 Squid 服务器作为 Web 服务器的加速器应用时，通常会将该参数设置为 80，即

```
http_port 80
```

当需要 Squid 服务器监听多个端口时，可以通过附加一行 http_port 参数定义实现。例如，来自某个部门的浏览器发送请求到 3128 端口，而另一个部门使用 8080 端口，此时该参数定义如下：

```
http_port 3128
http_port 8080
```

另外，也可以使用参数 http_port 来指明在哪个接口地址的端口上进行监听。例如，当 Squid 服务器作为防火墙运行时，它有两个网络接口：一个内部接口和一个外部接口。要求不接收来自外部的 HTTP 请求，但需要接收来自网络内部的 HTTP 请求，为了使 Squid 服务器仅监听内部接口，实现方案如下：

```
http_port 192.168.1.100:3128
```

3. 设置缓存大小

参数 cache_mem 并非用于指定 Squid 服务器进程开辟的内存缓存的最大值，它只是设定额外提供多少内存给 Squid 服务器使用。Squid 服务器会将最常用的一些缓存放到额外内存中。

Squid 服务器计算使用内存的方法是：Squid 服务器本身的进程大概需要 10~20MB，设置的 Cache 目录的大小是 500MB，它放在内存中的 hash 索引大概需要 20MB，再加上设置的 cache_mem 的值。建议实际内存大小应该是这个 Squid 服务器所需要总内存大小的 2 倍以上。因此在估计设置参数 cache_mem 时要合理，根据前述的计算方法反推。当然在条件许可的情况下，cache_mem 越大越好。

参数 cache_dir 是 Squid.conf 配置文件中最重要的命令之一，它用来确定 Squid 以何种方式将 cache 文件存储到磁盘的什么位置。参数 cache_dir 的定义格式如下：

```
cache_dir scheme directory size L1 L2 [options]
```

参数 cache_swap_low 和 cache_swap_high 用来控制存储在磁盘上对象的置换。它们的值是最大 cache 体积的百分比，这个最大 cache 体积来自所有 cache_dir 大小的总和。例如：

```
cache_swap_low 90
cache_swap_high 95
```

若总磁盘的使用体积小于 cache_swap_low，则 Squid 服务器不会删除 cache 目标；若 cache 体积增加，则 Squid 会逐渐删除目标。在稳定状态下，磁盘的使用体积总是相对接近 cache_ swap_low 值。可以通过请求 cache 管理器的 storedir 页面来查看当前磁盘的使用情况。

4. 设置访问控制

Squid 默认的配置文件拒绝所有用户的请求。为了能够让所有终端用户通过 Squid 代理服务器访问 Internet 资源，在所有终端能使用该代理服务器前，必须首先在 squid.conf 文件中加入附加访问控制规则。附加访问控制规则最简单的实现方法就是定义一个针对终端客户 IP 地址的访问控制列表（Access Control List，ACL）和一系列访问规则，确定 Squid 服务器允许来自哪些 IP 地址的 HTTP 请求。

访问控制列表参数定义的语法格式如下：

```
acl 列表名称 列表类型 [-i] 列表值1 列表值2 …
```

（1）列表名称：用于区分 Squid 的各个访问控制列表，任何两个访问控制列表都不能定义相同的列表名称。

（2）列表类型：是可以被 Squid 识别的类型。

5. 其他参数设置

（1）设定 cache_effective_user 参数。设定使用缓存的有效用户。若没有 cache_effective_user 参数，则以 root 启动 Squid，Squid 使用 nobody 作为默认值。不管选择什么用户的账号，请确认它对下面目录的读访问权：/usr/local/squid/etc、/usr/local/squid/libexec 和/usr/local/squid/share。该用户的账户也必须对日志文件和缓存目录拥有写访问权。

（2）设定 cache_effective_group 参数。设定使用缓存的有效用户组，Squid 有一个 cache_effective_group 命令，但可以不必对其进行设置。在默认情况下，Squid 使用 cache_effective_user 的默认组（从/etc/passwd 文件读取）。

（3）设定 DNS 服务器的地址。为了能够使 Squid 解析域名，必须通过以下语句确定 Squid 有效的 DNS 服务器。


```
dns_nameserver  61.144.56.101
```

（4）设置日志文件路径。默认的日志目录是 Squid 安装位置下的 logs 目录。若在安装过程的./configure 环节中没有使用 prefix=选项，则默认的日志文件路径是“/usr/local/squid/car/logs”。

注意：必须确认日志文件所存放的磁盘位置空间足够。在 Squid 写日志时，若接收到错误，则它会退出或重启，此时管理员应该特别注意检查是否有异常行为出现，特别是当前的日志文件是否被滥用或者被攻击。

Squid 有 3 个主要的日志文件：cache.log、access.log 和 store.log。

① cache.log 包含了状态性的和调试性的消息。当刚开始运行 Squid 时，应密切关注该文件。若 Squid 拒绝运行，则出错原因也许会出现在 cache.log 文件的结尾处。在正常条件下，该文件不会变得很大。

注意：若以-s 选项来运行 Squid，则重要的 cache.log 消息也可以被送到 syslog 进程中。通过使用以下 cache_log 参数可以改变该日志文件的路径。

```
cache_log  /squid/logs/cache.log
```

② access.log 包含了对 Squid 的每个终端客户请求，每个请求均以一行记录，每行平均约有 150 字节。即在接收 100 万个用户请求后，它的体积约为 150MB。

使用以下 cache_access_log 参数来改变该日志文件的路径。

```
cache_access_log  /squid/logs/access.log
```

注意：若由于某些原因不需要 Squid 记录终端客户请求日志，则可以设定日志文件的路径为“/dev/null”。

③ store.log 包含了进入和离开缓存的每个目标的记录，它的平均记录大小为 175~200B。然而，因为 Squid 不在 store.log 日志文件中对 cache 单独创建接口，所以它比 access.log 包含的记录少得多。使用以下 cache_store_log 参数来改变它的位置。

```
cache_store_log  /squid/logs/store.log
```

注意：指定路径 none 可以完全禁止 store.log 日志，即

```
cache_store_log  none
```

（5）设置运行 Squid 主机的名称。vsible_hostname 参数定义了运行 Squid 主机的名称。当访问发生错误时，该参数的值会显示在错误提示页面中，建议输入主机的 IP 地址。

```
visible_hostname  192.168.1.101
```

（6）设置管理员的联系信息。设置 cache_mgr 参数作为对终端客户的帮助，它是一个 E-mail 地址，用户能写信给它。cache_mgr 地址默认出现在 Squid 的错误消息中。如：

```
cache_mgr squid@web-cache.net
```

（7）允许或拒绝某个访问控制列表的 HTTP 请求。Squid 会针对客户 HTTP 请求检查 http_access 规则，根据定义的访问控制列表，使用 http_access 参数确定哪个访问控制列表被禁止或被许可。基本格式如下：

```
http_access  [allow | deny]  访问控制列表名称
```

① [allow | deny]：定义允许或禁止的访问控制列表。

② 访问控制列表名称：需要 http_access 控制的 ACL 名称。

例如：如下定义允许名称为 all 访问控制列表的 HTTP 请求。

```
http_access  allow  all
```

6. 初始化 Squid

（1）利用以下命令初始化硬盘 cache 目录。

```
[root@localhost ~] # /usr/local/squid/sbin/squid  -z
```

该命令在每个 cache_dir 下均创建了所需的子目录。cache 目录初始化工作可能花费一些时间，这取决于 cache 目录的大小和数量，以及磁盘驱动器的速度。若想观察这个过程，可使用-zX 选项。

```
[root@localhost ~] # /usr/local/squid/sbin/squid  -zX
```

（2）在终端窗口中测试 Squid。在成功初始化后，即可在终端窗口中运行 Squid，将日志记录重定向到标准错误处。这样就可以轻易地定位任何错误或问题，并且确认 Squid 是否成功启动。使用-N 选项来保持 Squid 在前台运行，-dl 选项在标准错误中显示 1 级别的调试信息，即

```
[root@localhost ~] # /usr/local/squid/sbin/squid  -N  -dl
```

若看到错误消息，则可以修正该错误。检查输出信息的开始几行并发现警告信息。最普遍的错误是文件/目录的许可问题，以及配置文件的语法错误。

当看到“Ready to serve requests”消息时，可以用 HTTP 测试 Squid。配置浏览器使用 Squid 作为代理，然后打开某个 Web 页面。若 Squid 工作正常，则页面将会被迅速载入，就如同没有使用 Squid 一样。

另外，可以使用如下的 squidclient 程序，它随 Squid 一起发布。

```
[root@localhost ~] # /usr/local/squid/bin/squidclient  http://www.squid-cache.org
```

执行上述命令后，若 Squid 正常工作，则 Squid 的主页 html 文件将会在终端窗口里滚动。等能够完全确认 Squid 工作正常后，便可以中断 Squid 进程（使用“Ctrl+C”组合键）。

7. 启动和停止代理服务器

（1）启动代理服务器。正常情况下，通常将 Squid 以后台进程的方式运行（不出现在

终端窗口里）。

```
[root@localhost ~] # /usr/local/squid/sbin/squid -s
```

-s 选项导致 Squid 将重要的状态和警告信息写到 syslogd 中。syslogd 进程实际是否记录 Squid 的消息，这依赖于它的配置。同样的消息被写进 cache.log 文件中，所以忽略-s 选项也是安全的。

（2）停止代理服务器。

① 最安全停止代理服务器的方法是使用以下 squid -k shutdown 命令。

```
[root@localhost ~] # /usr/local/squid/sbin/squid -k shutdown
```

该命令发送 TERM 信号到运行的 Squid 进程中，Squid 进程接收到信号后，将关闭进来的套接字以拒收新的请求。然后等待一段时间来处理外出请求。默认事件的等待时间为 30s，也可以在 shutdown_lifetime 参数中更改等待时间。

② 使用 kill 命令强行停止代理服务器的方法。

若因为某些原因导致 squid.pid 文件丢失或不可读，则 squid-k 命令的执行会失败。此时可以用命令 ps 找到 Squid 进程的账户，然后手动停止 Squid 进程。

```
[root@localhost ~] # ps ax |grep squid
```

此时若看到不止一个 Squid 进程，则停止已显示的那个进程。

```
[root@localhost ~] # kill -TERM 3530
```

在发送 TERM 信号后，若查看日志，则需要确认 Squid 是否已关闭。

```
[root@localhost ~] # tail -f /usr/local/squid/var/logs/cache.log
```

③ 立即停止代理服务器的方法。

使用 squid -k interrupt 命令，立即关闭 Squid 代理服务器，不用等待完成活动请求。

```
[root@localhost ~] # /usr/local/squid/sbin/squid -k interrupt
```

（3）利用以下命令重新启动代理服务器。

```
[root@localhost ~] # /etc/init.d/squid restart
```

（4）重新载入配置文件。

① 使用以下 squid reload 命令：

```
[root@localhost ~] # /etc/rc.d/init.d/squid reload
```

② 使用以下 squid -k reconfigure 命令：

```
[root@localhost ~] # /usr/local/squid/sbin/squid -k reconfigure
```

（5）自动启动代理服务器。

最简单的方法之一是修改“/etc/rc.local”脚本。在每次系统启动时以 root 运行，增加如下一行命令即可。

```
/usr/local/squid/sbin/squid -s
```

当然，代理服务器的安装位置可能不同，还有可能要使用其他命令选项，但不要在这里使用-n 选项。在某些情况下，可能没有使用 cache_effective_user 参数，此时可以尝试使用 su 令 Squid 以非 root 用户运行。

8. 代理服务器测试

（1）命令方式（默认方式）如下。

```
[root@localhost ~] # /usr/local/squid/sbin/squid -k check
```

（2）利用以下语句查看访问日志文件 access.log。

```
[root@localhost ~] # gedit /usr/local/squid/var/logs/access.log
```

4.7.3 Squid 服务器的高级配置

1. 透明代理

透明代理是把 NAT 技术和代理技术两者有机结合起来的一种应用，在这种工作模式下，终端用户感觉不到代理服务器的存在，不需要在浏览器或其他客户端工具中设置任何代理，只需将 Linux 服务器的 IP 地址设置为默认网关即可。在 Linux 平台下使用 iptables 和 Squid 来实现透明代理和网络地址转换。

（1）配置 Squid。在“/etc/squid/squid.conf”文件中需要修改的参数如下：

```
#Squid 监听 HTTP 客户端端口
httpd_port  192.168.1.101:8080
#缓存设置
cache_mem  128MB
cache_swap_low  90
cache_swap_high  95
cache_dir  ufs  /cache/squid  1000  16  256
#缓存日志
cache_access_log  /cache/squid/access.log
cache_log  /cache/squid/cache.log
cache_store_log  /cache/squid/store.log
#透明代理
httpd_accel_host  virtual    ; 当前采用虚拟主机模式
httpd_accel_port  80         ; 指定需要加速的请求端口
httpd_accel_with_proxy  on   ; Squid 服务器既是 Web 请求的加速器，又是缓存代理服务器
#子网掩码
client_netmask  255.255.255.255
#代理权限
http_access  allow  all
```

（2）编写防火墙访问控制规则。iptable 在此所起的主要作用是重定向端口，执行如下命令将所有进入 eth0 网络接口的 80 端口 Web 服务的请求直接转发到 8080 端口，然后交由 Squid 代理处理。

```
    [root@localhost ~] # iptables  -t  nat  -A  PREROUTING  -I  eth0  -p  tcp
-m  tcp  --dport  80  -j  REDIRECT  --to-ports  8080
    [root@localhost ~] # iptable  -t  nat  -A  POSTROUTING  -o  eth0  -j
MASQUERADE
```

2. Squid 的安全设置

默认情况下，Squid 服务本身不包括任何身份认证程序，但可以通过绑定外部用户认证程序的方式实现 Squid 服务本身的用户身份认证。

（1）LDAP 认证：使用轻量级目录访问协议；

（2）NCSA 认证：使用 NCSA 风格的用户名和密码；

（3）SMB 认证：使用 SMB 协议的服务，如 SAMBA 或 Windows NT；

（4）MSNT 认证：使用 Windows NT 的域验证；

（5）PAM 认证：使用 Linux 的可装载验证模块；

（6）Getpwam 认证：使用 Linux 密码挡。

Squid 不支持在透明代理模式下启用用户身份认证功能。下面介绍使用 Squid 代理服务绑定 NCSA 用户认证的实现过程。

（1）配置 squid.conf 文件。在 Squid 的主配置文件“/usr/local/squid/etc/squid.conf”中实现 NCSA 认证方式绑定配置部分。

```
#该选项指出了认证方式（basic），需要的程序（ncsa_auth）和对应的密码文件（password）
auth_param basic program /usr/bin/ncsa_auth /usr/local/squid/etc/password
#认证程序的进程数
auth_param basic children 5
#浏览器显示输入用户名/密码对话框时的领域内容
auth_param basic realm My Proxy Caching Domain
#基本的认证有效时间
auth_param basic credentialsttl 2 hours
#普通用户需要通过认证才能访问 Internet
acl normal proxy_auth REQUIRED
http_access allow normal
```

（2）建立账号文件。可以利用 Apache 的 htpasswd 程序生成账号文件，放置在“/usr/local/squid/etc/passwd”路径下。该账号文件每行均包含一个用户账号信息，即用户名和经过加密后的密码。

```
[root@localhost ~] # htpasswd -c /usr/local/squid/etc/passwd test
```

（3）测试用户认证。测试过程如下。

① 重启 Squid 服务器。

② 在终端用户的 Web 浏览器中配置好代理服务器的 IP 地址和端口号。

③ 访问任意外部节点，此时 Web 浏览器会弹出输入用户名和口令的对话框。

④ 若输入正确的用户名和口令，则网络连接成功。

⑤ 若用户名和口令不正确，则出现“网络缓存服务器拒绝访问”的错误提示信息。

4.7.4 代理客户端的配置

在 Linux 环境下通常使用 Firefox 作为 Web 浏览器。

（1）在 Firefox 浏览器中，选择“编辑”菜单中的“首选项”子菜单。

（2）在弹出的“Firefox 首选项”窗口中，在“常规”选项卡中单击“连接设置”按钮。

（3）在弹出的“连接设置”对话框中，选中“手动配置代理”选项，然后在“HTTP 代理”文本框中输入正确的代理服务器的 IP 地址和端口号，单击“确定”按钮完成代理客户端的配置工作。

4.7.5 Squid 日志的管理

Squid 日志是管理服务器的重要参考资料，通过流量日志可以看到用户对服务器的详细使用情况，以便发现问题并做出正确的调整。

1. 安装 Webalizer

（1）源代码的安装方式。

① 访问 Webalizer 的下载地址 http://www.webalizer.org/download.html，单击“The Complete source distribution”选项栏中的“Tar/Gzip archive”超链接下载“webalizer-2.23-08-src.tgz”安装包。

② 用以下命令解压缩 webalizer-2.23-08-src.tgz 安装包。

```
[root@localhost ~] # tar  zxvf  webalizer-2.23-08-src.tgz
```

③ 解压缩后，在当前目录下会看到一个 webalizer-2.23-08 文件目录。执行以下命令进入软件目录。

```
[root@localhost ~] # cd  webalizer-2.23-08
```


④ 用以下命令对配置进行测试。

```
[root@localhost webalizer-2.23-08] # ./configure
```

⑤ 使用 GNU make 工具编译源代码如下。

```
[root@localhost webalizer-2.23-08] # make  --with-language=Chinese
```

⑥ 编译成功后，产生一个 webalizer 可执行文件，将其复制到/usr/sbin 目录下，即

```
[root@localhost webalizer-2.23-08] # cp  webalizer  /usr/sbin/
```

（2）RPM 包的安装方式。

① 利用以下命令检查系统是否已经安装 webalizer。

```
[root@localhost ~] # rpm  -qa|grep  webalizer
```

② 若未安装，则需要在 Red Hat Enterprise Linux 5 的安装光盘中找到 RPM 包再进行安装，即

```
[root@localhost ~] # rpm  -ivh  webalizer-2.01_10-11.i386.rpm
```

2. 配置 Webalizer

用户可以通过命令行或配置文件进行配置 Webalizer。Webalizer 的配置文件的路径是“/etc/webalizer.conf”，它有一个对应的模板文件/etc/webalizer.conf.sample。一般情况下，该配置文件的默认参数配置都能满足一定的应用需要，可以直接使用。

（1）使用 vi 编辑 Webalizer 配置文件。

```
[root@localhost ~] # vi  /etc/webalizer.conf
```

（2）设置访问日志的存放路径。

```
将系统默认值：LogFile  /var/log/httpd/access_log
改为：LogFile  /var/log/squid/access.log
```

（3）设置访问日志的格式类型。

```
将格式类型参数：LogType  clf
改为：LogType  squid
```

（4）设置报表输出目录。

```
从默认值：OutputDir  /var/www/html/usages
改为：Squid的统计报表，保存目录
```

使用如下crontab命令让Webalizer生成Squid的当日流量的统计分析结果。

```
[root@localhost ~] # crontab  -a
```

（5）添加如下配置行，使得Webalizer每晚9点生成当天的Squid流量的统计分析结果。

```
21  0  * * *  /usr/bin/webalizer  -c  /etc/webalizer.conf
```

3. 应用Webalizer查看Squid网络流量日志

Webalizer可以将大量的Squid日志信息综合起来进行统计，得出可视化的显示结果供网络管理员或网络用户Squid服务器的使用情况进行参考和评价，对于做出相应的决策有相当的参考价值。下面给出Webalizer软件结合Squid服务器的使用实例。

通常情况下，配置好Webalizer软件后，启动Web服务器（只有启动该服务器才能通过Web页面来查看日志统计的详细情况）和Webalizer软件即可。

```
[root@localhost ~] # service  httpd  start
[root@localhost ~] # /usr/sbin/webalizer  -c  /etc/webalizer.conf
```

启动Apache服务及Webalizer软件后，可以通过浏览器来查看Squid代理服务器的流量分析结果。通常并不需要每个用户都有权限来查看代理服务器的流量情况，否则对于系统来说是不安全的。

4.8 Telnet服务与虚拟终端服务的配置和应用

Telnet服务和虚拟终端VNC服务是基本的远程网络终端访问服务。

4.8.1 Telnet服务

Telnet是TCP/IP网络的登录程序和仿真程序，最初由美国高级研究计划署（Adanced Research Project Agency，ARPANET）开发，其基本功能是允许用户登录远程主机系统。

1. Telnet服务的安装

Telnet软件包通常包括两个部分：Telnet服务器端程序（telnet-server软件包）和Telnet客户端程序（telnet-client软件包）。系统不会默认安装Telnet服务，可通过如下命令查询该服务是否已经安装。

```
[root@localhost ~] # rpm  -q  telnet
[root@localhost ~] # rpm  -q  telnet-client
[root@localhost ~] # rpm  -q  telnet-server
```

若没有检测到Telnet软件包，则需要进行安装。Red Hat Enterprise Linux 5已经默认安装了telnet-client软件包，一般只需要安装telnet-server软件包即可。

（1）在Red Hat官网或者系统安装盘上复制所需要的RPM软件包文件；

（2）检查并安装 xinetd 软件包，若要在 Red Hat Enterprise Linux 5 环境下安装 Telnet 服务必须先启动 xinetd 服务，即

```
[root@localhost ~] # rpm  -q  xinetd
```

（3）利用以下命令安装 xinetd 服务。

```
[root@localhost ~] # rpm  -ivh  xinetd-2.3.14-10.el5.i386.rpm
```

（4）利用以下命令安装 Telnet 服务。

```
[root@localhost ~] # rpm  -ivh  telnet-server-0.17-38.el5.i386.rpm
```

2. Telnet 服务的基本配置

（1）配置端口。Telnet 服务安装成功后默认的端口号为 23，该端口也常常成为黑客端口攻击的主要对象。在 Linux 环境下重新设置 Telnet 服务端口。

① 利用以下命令编辑/etc/services 文件。

```
[root@localhost ~] # vi  /etc/services
```

② 利用以下命令查找 Telnet 相关信息，并修改端口。

```
进入编辑模式后，查找 telnet
telnet    23/tcp
telnet    23/udp
修改服务端口，如修改成 2000
telnet    2000/tcp
telnet    2000/udp
```


最后保存并退出 vi 编辑模式即可。注意：小于 1024 的端口号是 Internet 保留的端口号，最好不要使用。

（2）Telnet 服务限制。Telnet 服务的配置文件“/etc/xinetd.d/telnet”记录了各项服务配置参数，可以编辑该文件来了解当前 Telent 服务的参数配置情况。通常的配置情况如下：

```
service telnet
{
    disable          = no
    flags            = REUSE
    socket_type      = stream
    wait                = no
    user                = root
    server           = /usr/sbin/in.telnetd
    log_on_failure  += USERID
    bind                = 192.168.1.101
    only_from        = 192.168.1.0/8
    only_from        = .edu.cn
    no_access        = 192.168.1.{5,  8}
    access_times     = 8:00-12:00  20:00-23:59
}
```

（3）允许 root 用户以 Telnet 远程登录方式进入 Linux 主机。默认情况下，不允许系统管理员 root 以 Telnet 远程登录方式进入 Linux 主机。可采用如下方法：

① 利用以下命令编辑 login 文件，注释 auth required pam_security.so 信息。

```
[root@localhost ~] # vi  /etc/pam.d/login
```

② 利用以下命令取消 security 配置控制。

```
[root@localhost ~] # mv  /etc/securetty  /etc/securetty.bak
```

3. 启动和停止 Telnet 服务

Telnet 服务由 xinetd 服务管理器管理，默认情况下并不会启动。

（1）启动 Telnet 服务。

① 使用以下 chkconfig 命令启动 Telnet 服务。

```
[root@localhost ~] # chkconfig  -add  telnet
[root@localhost ~] # chkconfig  telnet  on
[root@localhost ~] # service  xinetd  restart
```

② 编辑配置文件。

```
[root@localhost ~] # vi  /etc/xinetd.d/telnet
```

将语句 disable=yes 改为 disable=no，然后保存退出。

```
[root@localhost ~] # service  xinetd  restart
```

③ 应用 ntsysv 命令设置 Telnet 服务为自动启动。在桌面上打开终端窗口，单击鼠标右键，输入“ntsysv”命令，打开“服务”配置小程序，找到“telnet”，并在它前面加上“#”号，即

```
[root@localhost ~] # ntsysv
[root@localhost ~] # service  xinetd  restart
```

（2）停止 Telnet 服务。

① 应用以下 chkconfig 命令停止 Telnet 服务。

```
[root@localhost ~] # chkconfig  telnet  off
[root@localhost ~] # chkconfig  -del  telnet
[root@localhost ~] # service  xinetd  restart
```

② 编辑配置文件。

```
[root@localhost ~] # vi /etc/xinetd.d/telnet
```

将语句 disable=no 改为 disable=yes，然后保存退出。

```
[root@localhost ~] # service  xinetd  restart
```

4. Telnet 客户端的使用

Telnet 客户端是一种终端仿真程序，可以通过 Telnet 客户端登录到一台提供 Telnet 服务的远程主机上。在用户登录后，既可以查看用来登录的用户账号，又可以查看所有文件，还可以运行命令来修改或删除文件，以及重新启动计算机。

使用 Linux 的 telnet 命令需要输入连接的主机名或 IP 地址。一旦登录成功后，就可以看到远程计算机的登录提示，这个提示与在本机上的操作是一样的。

telnet 命令的一般形式如下：

```
telnet  主机名/IP
```

4.8.2 VNC 服务

VNC（Virtual Network Computing）是 Linux 系统中的一款远程控制软件，由客户端程序和服务器端程序组成，它能够实现 Linux 系统的远程控制，其功能较为强大。

1. VNC 服务的安装

这里以 RPM 软件包方式安装 VNC 服务。

（1）利用以下命令检测是否已经安装 VNC 服务。

```
[root@localhost ~] # rpm  -q  vnc-server
```

（2）利用以下命令到 Red Hat 官网上下载或从 Red Hat Enterprise Linux 5 安装光盘上复制所需要的 RPM 软件包文件。

```
vnc-server-4.1.2-9.e18.rpm
```

（3）利用以下命令安装 VNC 服务。

```
[root@localhost ~] # rpm  -ivh  vnc-server-4.1.2-9.e18.rpm
```


2. VNC 服务的启动、配置和停止

（1）配置 VNC 服务密码。在启动 VNC 服务前，首先需要配置 VNC 服务密码，密码在客户端连接服务器时使用。VNC 服务密码保存在用户的主目录中，每个用户都可以设置自己的密码。设置 VNC 服务密码的命令格式如下。

```
[root@localhost ~] $ vncpasswd
```

（2）启动 VNC 服务。在启动 VNC 服务时，需要为服务指定一个 display 参数。VNC 客户端在连接时，可以指定连接到哪个桌面上。在系统中，display 编号不能重复。启动 VNC 服务的命令格式如下。

```
vncserver  [:display]
```

通过以下 vncserver 命令来启动 VNC 服务。

```
[root@localhost ~] $ vncserver  :1
```

最后，需要配置防火墙，允许 VNC 客户端连接 VNC 服务。VNC 服务监听的端口从 5900 开始，display:1 监听的端口是 5901，display:2 监听的端口是 5902，依此类推。Linux 系统的防火墙默认不允许连接这些端口。

按如下步骤打开防火墙（需要 root 权限）。

① 编辑如下防火墙规则表。

```
[root@localhost ~] $ vi  /etc/sysconfig/iptables
```

② 添加规则：查询“-A RH-Firewall-1-INPUT -j REJECT --reject-with icmp-host-prohibited”语句，在该语句之前添加如下规则。

```
-A  RH-Firewall-1-INPUT  -m  state  -state  NEW  -m  tcp  -p  tcp  --dport
5900:5903 -j ACCEPT
```

该规则的含义是允许其他机器访问本机的 5900～5903 端口。这样，display:1、display:2 和 display:3 的用户就可以连接到本机了。

③ 利用以下命令重启防火墙（以 root 身份）。

```
[root@localhost ~] $ service  iptables  restart
```

（3）利用以下命令停止 VNC 服务。

```
vncserver  [-kill]  [:display]
[root@localhost root] $ vncserver  -kill  :1
```

3. 检测 VNC 服务

（1）检查进程的两种方式如下。

① 使用以下 ps 命令查看 VNC 服务所启动的进程。

```
[root@localhost root] $ ps  -eaf
```

② 使用以下启动脚本/etc/init.d/vncserver 来检查 VNC 服务进程。

```
[root@localhost root] $ /etc/init.d/vncserver  status
```

（2）利用以下命令检测端口。

```
[root@localhost root] $ netstat  -alp  |  grep  Xvnc
```

（3）查看日志。当启动 VNC 服务时，系统提示日志文件的建立位置及其文件名。可使用以下 less 命令来查看 VNC 服务日志。

```
[root@localhost root] $ less  /root/.vnc/localhost.localdomain:1.log
```

4. VNC 服务的配置

（1）vncserver 命令的相关参数如下。

```
vncserver  [:]  [-name]  [-geometry  x]  [-depth]  [-pixelformat  format]
-kill  :display
```

参数说明：

① :，VNC 服务的 display 编号可自行指定，编号必须为非 0 正整数，尽量不要使用系统默认的编号。若使用浏览器，则需要使端口号加上 display 编号，默认端口号为 5800，则远程连接输入 XXX.XXX.XXX.XXX:5899

② -name，指定 VNC 服务的桌面名称。

例如：利用以下命令使桌面名字显示为“RedHat”。

```
[root@localhost root] $ vncserver  -name  RedHat
```

③ -geometry　x，指定显示桌面的分辨率，默认为 1024*768。

例如：若使桌面分辨率为 800*600，则有

```
[root@localhost root] $ vncserver  -geometry  800x600
```

④ -depth，指定显示颜色，设定范围为 8~32。

例如：若要用 16bit 颜色显示桌面，则有

```
[root@localhost root] $ vncserver  -depth  16
```

⑤ -pixelformat，指定色素格式与-depth 大致相同，只是表示方法不一样。

例如：若要用 24bit 颜色显示桌面，则有

```
[root@localhost root] $ vncserver  -pixelformat  RGB888
```

⑥ -kill:display，关闭第 display 号的 VNC 服务。

（2）修改 xstartup 配置文件。vncserver 默认使用的窗口管理器是 twm，这是一个很简单的窗口管理器，若不加以改善，远程客户端连接上 VNC 服务时，则用户看到的将是一个非常简陋的桌面。可以通过以下命令修改 xstartup 配置文件，将其改成 GNOME 或 KDE 桌面。然后进入自己的 home 目录，再编辑文件.vnc/xstartup。

```
# !/bin/sh
```

```
# Uncomment the following two lines for normal desktop:
# unset SESSION_MANAGER
# exec /etc/x11/xinit/xinitrc
[ -x  /etc/vnc/startup ]  &&  exec  /etc/vnc/startup
[ -r  $HOME/.Xresources ]  && xrdb  $HOME/ .Xresources
xsetroot  -solid  grey
vncconfig  -iconic  &
xterm  -geometry  80x24+10+10  -ls  -title  "$CNVDESKTOP  Desktop"  &
# twm  &
gnome-session  &
```

与同上面语句相同，把“# twm &”一行注释掉，然后在下面加入一行“gnome-session &”或“startkde &”，就可以分别启动GNOME桌面和KDE桌面了。

（3）将VNC服务配置为自动启动的后台服务。

① 首先允许VNC服务在系统启动过程中自动启动。单击“系统”→“管理”→“服务”菜单进行配置，此时将会打开“服务配置”窗口，在该窗口中勾选“vncserver”选项即可。

② 在控制台上执行以下命令。

```
[root@localhost root] $ cd  /etc/rc5.d
[root@localhost root] $ mv  K35vncserver  S35vncserver
```

③ 编辑以下/etc/sysconfig/vncservers文件。

```
# The VNCSERVERS variable is a list of display:user pairs.
#
# Uncomment the line below to start a VNC server on display :1
# as my 'myusername' (adjust this to your own). You will also
# need to set a VNC password; run 'man vncpasswd' to see how
# to do that.
#
# DO NOT RUN THIS SERVICE if your local area network is
# untrusted! For a secure way of using VNC,  see
# URL:http://www.uk.research.att.com/vnc/sshvnc.html.
VNCSERVERS="1:root  2:user2  3:user3"
VNCSERVERARGS[1]="-geometry  1024x768"
VNCSERVERARGS[2]="-geometry  1024x768"
VNCSERVERARGS[3]="-geometry  800x600"
```

VNCSERVERS这一行表示在配置系统启动几个VNC服务。

④ 编辑好这个文件后需要进行保存，然后以root身份运行以下命令。

```
[root@localhost root] $ service  vncserver  start
```

这样root、user2、user3的vncserver服务就启动了。以后每次系统启动时，都会自动启动这3个用户的vncserver服务。

5. VNC客户端的配置

（1）利用以下命令检查系统是否已经安装了VNC Viewer软件。

```
[root@localhost root] $ rpm  -q  vnc
```

（2）获取 VNC Viewer 安装包。在 Realvnc 官网上下载或从 Red Hat Enterprise Linux 5 安装光盘上复制所需要的 RPM 软件。

```
vnc-4.1.2-9.el5.i386.rpm
```

（3）利用以下命令安装 VNC Viewer。

```
[root@localhost ~] # rpm  -ivh  vnc-4.1.2-9.el5.i386.rpm
```

（4）连接 VNC 服务。安装完毕后，打开"应用程序"→"附件"→"VNC Viewer"，运行 VNC 客户端程序，系统会出现"Connection Details"对话框。在"VNC Server"文本框中输入 VNC 服务器的 IP 地址或者主机名及显示装置编号，然后单击"OK"按钮。VNC 服务器立即开始检查所输入的信息，若信息错误，则系统会出现"Failed to connect to server"的错误信息；若信息正确，并且已经设置了访问口令，则会弹出"VNC Authentication"对话框。

（5）在远程系统上工作。若在"VNC Authentication"对话框中输入的密码正确，则可以打开 Linux 桌面窗口。此时，VNC Viewer 已经成功连接 VNC 服务器，即能够在远程系统上工作了。

6. SSH 隧道技术支持下的 VNC 客户端配置

通过 VNC Viewer 直接连接 VNC 服务器进行远程系统控制存在以下两个缺点。

（1）口令以明文传输，容易被监听；

（2）防火墙需要打开 59xx 端口，这在一般企业中是不允许的，违反了企业对于网络管理的规范。

利用 SSH 隧道来保护通信过程，一般的 Linux 发行版本中都默认安装了 SSH 套件。利用以下命令通过 SSH 登录到服务器。

```
[root@localhost ~] # ssh  -L  5901:localhost:5901  -l  root  192.168.1.101
```

在本机中另外打开的终端窗口下，运行 VNC Viewer 连接 VNC 服务。

```
[root@localhost ~] # vncviewer  localhost:1
```

4.9　DNS 服务器的配置

1. DNS 概述

DNS 是计算机域名系统（Domain Name System 或 Domain Name Service）的缩写，它由域名解析器和域名服务器组成。域名服务器是指保存有该网络中所有主机的域名和对应的IP 地址，并具有将域名转换为 IP 地址功能的服务器。其中域名必须对应一个 IP 地址，一个 IP 地址可以有多个域名。域名系统采用类似目录树的等级结构。域名服务器通常为 C/S 模式中的服务器，它主要有两种形式：主服务器和转发服务器。将域名映射为 IP 地址的过程就称为"域名解析"。在 Linux 系统下安装和使用域名服务器前，首先要清楚安装什么类型的域名服务器。目前域名服务器一般分为主 DNS 服务器、辅助 DNS 服务器和高速缓存 DNS 服务器三类。

主 DNS 服务器：保存所属区中所有权威的域名信息和 IP 地址，该服务器从本地配置文件（也称区文件）中，读取域名和 IP 地址信息，本地配置文件中含有该服务器具有权威管理权的区内域名与 IP 地址信息，该配置文件由管理员编写，并且可读可写，该服务器既可以注册新域名，又可以提供域名解析服务。

辅助 DNS 服务器：提供所属区用户域名查询，与主 DNS 服务器唯一不同的是，它不维护本地配置文件，而是将主 DNS 服务器中的配置文件复制到本地即可，其本地配置文件只可读，而不能接受新域名注册，只能为已经注册域名提供解析服务，这样一方面减轻主 DNS 服务器的工作负载，另一方面提高 DNS 系统的可靠性。

高速缓存 DNS 服务器：只运行 DNS 服务器程序，本地不保存配置文件，当有 DNS 客户端请求时，首先检查缓存中是否有结果，若没有结果，则转发请求给其他 DNS 服务器，并将 DNS 服务器返回的结果进行缓存。

2. DNS 服务器的安装

在 Linux 系统中，DNS 服务器程序是由 BIND（Berkely Internet Name Domain）软件来实现的，如 bind-9.2.0-8.i386.rpm。

（1）利用以下语句查看 Linux 系统是否安装了 BIND 程序。

```
#rpm –qa bind
```

若系统没有安装 BIND 程序，则没有任何信息显示。

（2）利用以下语句将 Linux 安装光盘挂载到文件系统中。

```
#mount  /dev/cdrom  /mnt/cdrom
```

（3）安装 bind 多个软件包。首先安装 bind-libs 和 bind-utils 两个库软件包，然后安装 bind 程序，具体命令如下。

```
#rpm  -ivh  /mnt/cdrom/Packages/bind-libs-9.8.2-0.17.rc1.el6.i686.rpm
#rpm –ivh   /mnt/cdrom/Packages/bind-utils-9.8.2-0.17.rc1.el6.i686.rpm
#rpm –ivh   /mnt/cdrom/Packages/bind -9.8.2-0.17.rc1.el6.i686.rpm
```

3. DNS 服务器程序的启动和关闭

（1）利用以下任意一个命令启动 DNS 服务器程序。

```
# /etc/rc.d/init.d/named  start
# service  named start
```

若用户修改了 DNS 配置文件，则需要重新配置 DNS 服务器程序信息才会生效，可以利用以下任意一个命令重新启动 DNS 服务器程序。

```
# /etc/rc.d/init.d/named  restart
# service  named restart
```

（2）利用以下任意一个命令查看 DNS 服务器状态。

```
# /etc/rc.d/init.d/named  status
# service  named status
```

（3）利用以下任意一个命令关闭 DNS 服务器。

```
# /etc/rc.d/init.d/named  stop
# service  named  stop
```

4. DNS 服务器程序的配置文件

DNS 服务器程序安装到 Linux 系统后，需要对多个配置文件进行修改才可以使用。

（1）/etc/name.conf 文件：DNS 服务器程序的主配置文件，可设置通用参数，并不设置解析信息，仅设置指向不同域名和 IP 地址映射的文件。

（2）/var/named/named.ca 文件：通过该文件设置指向 DNS 服务器，用户一般不要修改该文件。该文件可从ftp://ftp.rs.internic.net/domain/named.root 上下载，并更名为 named.ca 即可。

（3）/var/named/localhost.zone 文件：将名字/localhost 转化为回环 IP 地址（27.0.0.1）。

（4）域名解析文件（也称区文件）：若 DND 服务器需要解析多个域名，则需要设置多个域名解析文件；若需要反向解析，则需要设置多个对应的反向解析文件。

下面主要介绍之配置文件、区文件和资源记录。

（1）主配置文件/etc/name.conf：由关键字与对应数字组成（通过空格、Tab 键隔开）一条语句，语句用分号结束，并用大括号分组。主要命令如下。

acl：定义访问控制表。

key：定义验证信息。

server：制定服务器的各个选项。

option：设置 DNS 服务器的全局配置和默认值。

directory：制定存放区文件的位置。

zone：定义区。

masters：定义一个主 DNS 服务器列表。

① option：语句。该语句用来设置全局选项，如定义区文件的默认保存目录、转发服务器等，常用的子语句如下。

directory：定义服务器区文件默认目录。

forwards：列出作为转发服务器的 IP 地址，使用转发服务器可以省去从根服务器开始搜索的正常过程。

forward only：设置服务器缓存数据并只查询转发服务器，不查询其他任何服务器。若设置的转化服务器无法响应，则本次查询失败。

```
/etc/named.conf 文件可以进行如下配置
options {
        directory " /var/named ";
       forwards{10.10.10.1
                        11.11.11.1
};
        };
```

② Zone 语句。该语句是/etc/name.conf 文件的主要部分，一个 Zone 语句可以设置一个区的选项。若需要配置能解析互联网中的域名，则首先必须定义一个名为“.”（根）区，该区的配置文件为/var/named/named.ca 文件。在 Zone 语句中通常定义两个子语句。

Type：设置区的类别，master 表示主 DNS 服务器；slave 表示辅助 DNS 服务器；hint 表示初始化为高速缓存服务器。

File：设置一个区的配置文件名称。

例如，文件/etc/name.conf 若定义一个根区，可以配置以下内容。

```
     Zone “.”{
                Type hint;
                 File “named.ca”;
```

```
}
```

在该例中，根区配置文件定义为/var/named/named.ca，其中路径/var/named 在 option 语句中定义。

例如，在文件/etc/name.conf 中定义一个一般区，配置信息如下。

```
Zone "nisi.com"{
                                Type master;
                                File "nisi.com.zone"
}
```

在该例中，定义了一个一般区“nisi.com”，该服务器为主 DNS 服务器，区的配置文件为/var/named/nisi.com.zone。

（2）区文件和资源记录。区文件是不在同一个区 DNS 解析信息的文件，由管理员管理与维护，一般包括两个类型的项：分析器命令和资源记录，资源记录是真实的地址解析信息。一个资源记录基本格式如下：

```
名称   TTL   网络类型   记录类型    数据。
```

以上各个字段之间可用空格或者 Tab 键隔开。另外，资源记录还可以使用以下特殊符号。

① @：代表当前域名，例如，对“nisi.com”进行资源记录配置，可使用@代替“nisi.com”。

② ()：将括号内的跨行数据作为一个整体。

③ *：通配符，只有“名称”字段有效。

④ ;：分号后的内容为解释语句。

例如，以下语句：

```
www   IN  A  192.168.0.2
ftp.nisi.com IN A 192.168.0.4
```

第一行记录使用相对名，若通过“nisi.com”域设置记录信息，则全名为www.nisi.com；第二行的记录使用全名。

TTL 表示生存期，单位为秒，默认为该区文件开始的$TTL 设置的值。

记录类型字段可设置的内容较多，主要可以分为 4 组：区记录：标识域及其名字服务器；基本记录：将域名映射到 IP 地址；安全记录：向区文件添加身份认证和签名；可选记录：提供有关主机或域的可选信息。记录类型的具体解释如表 4-3 所示。

表 4-3　记录类型的具体解释

组	类　型	功能解释
区记录	SOA	定义一个 DNS 区
	NS	标识区的服务和授予的字域
基本记录	A	域名到 IPV4 地址的映射
	AAAA	域名到 IPV6 地址的映射
	PTR	IP 地址到域名的映射
	MX	控制邮件路由
可选记录	CNAME	主机别名
	TXT	注释

下面对重点记录类型进行解释。

（1）SOA 记录：每个区文件的开始都定义一个 SOA 记录，主要设置该域的全局参数，对整个域的管理设置起作用，一般一个区只能有一个 SOA 记录。SOA 资源记录格式如下：

```
区名　网络类型　SOA　主 DNS 服务器　管理员邮件地址（序列号　刷新时间间隔　重试时间间隔　过期时间间隔　TTL）
```

其中，区名通常可用符号“@”来代替 named.conf 文件中 zone 语句指定名称；网络类型一般为“IN”；主 DNS 服务器为区的主 DNS 服务器的全名；序列号是该区文件修改的版本号；每次区中的资源记录发生改变时，该数字自动增加，辅助 DNS 服务器与主 DNS 服务器数据同步利用该序列号进行；刷新时间间隔：辅助 DNS 服务器请求与主 DNS 服务器同步的等待时间，默认单位为秒，也可利用 H 表示小时，D 表示天，W 表示周；重试时间间隔：设置辅助 DNS 服务器在请求失败后，再次发送请求的等待时间；过期时间间隔：当该时间超时，辅助 DNS 服务器无法与主 DNS 服务器之间进行区数据传输，辅助 DNS 服务器会将本地数据当成不可靠数据；TTL：本区中默认 TTL 和缓存应答查询的最大时间间隔。

区文件中 SOA 记录信息实例：

```
@   IN   SOA   dns.nisi.com admin (0    1D    1H    1W    3H)
```

在该例中，管理员的邮箱地址为 admin@nisi.com，主 DNS 服务器名称为 dns.nisi.com。

（2）NS 记录：NS（名字服务器）指定一个区的主 DNS 服务器，并将子域授权给其他机构，NS 记录一般紧跟在 SOA 记录之后，即

```
区名   IN   NS   完整的主机名称
```

（3）PTR 记录：该记录主要用来保存从 IP 地址到域名的反向映射，其格式与 A 记录类似，即

```
IP 地址   IN   PTR   域名
```

（4）MX 记录：该记录用来记录邮件交换记录，具体格式如下：

```
名称  IN  MX  优先级  域名
```

5. DNS 客户端的设置

通过修改\etc\resolve.conf 文件的内容，对 Linux 系统的 DNS 客户端进行设置。

```
# vi  \etc\resolve.conf
# search localdomain
Nameserver  192.168.1.1
```

在 DNS 客户端设置 DNS 服务器 IP 地址为 192.168.1.1；在客户端可利用 host 命令，通过 DNS 服务器对域名进行查询，利用该命令也可以实现反向解析，即

```
# host  www.nwpu.edu.cn  或
# host  192.168.1.1
```

在客户端可使用 dig 命令，通过 DNS 服务器对域名进行查询，利用该命令也可以实现反向解析，即

```
# dig  www.nwpu.edu.cn  或
# dig  -x  192.168.1.1
```

6. 主 DNS 服务器的配置

案例：一个网络信息安全研究室建设有一个局域网，该局域网共有 8 台计算机和 1 台服务器，在服务器中配置 DNS 服务，负责对其他 8 台计算机域名进行解析和反向解析。网络信息安全研究室的域名为 nisi.com，DNS 服务器的 IP 地址为 192.168.0.1，8 台计算机名称依次为 Web1~Web8，IP 地址为 192.168.0.10~192.168.0.17，要求网络信息安全研究室中的所有计算机都可以访问互联网（配置中需要添加对根 DNS 服务器的使用）。

本地 DNS 服务器需要对以下 4 个文件进行配置。

（1）Named.conf：包含对根域名服务器 named.ca 的使用。

（2）Named.nisi.com.zones：定义区 nisi.com。

（3）Nisi.com.zone：包含区 nisi.com 中各个域名的映射信息。

（4）192.168.0.zone：包含区 nisi.com 中各个方向的映射信息。

由于需要用到根域名服务器，因此必须对 named.ca 进行配置。每个区的配置文件名实际上都可以由用户自己命名，为了方便管理，采用域名加.zone 的形式，反向解析文件的命名形式采用 IP 网络地址加.zone。主 DNS 服务器配置步骤如下。

（1）确认在主 DNS 服务器上安装好所有软件。

（2）使用命令#vi /etc/named.conf 修改配置文件。

4.10 DHCP 服务器的配置

DHCP 的前身为 BOOTP，属于 TCP/IP 协议集应用层协议，采用 C/S 模式对客户端和服务器端的分配进行配置。实际上大多数操作系统都提供 DHCP 客户端，而服务器端有时候需要用户自己安装、配置和运行。

1. DHCP 服务器程序的安装

（1）使用如下命令查看系统是否已经安装了 DHCP 服务器程序。

```
Linux:\> rpm  -qa  dhcp
```

执行以上命令，若系统没有任何提示信息，则表示系统未安装 DHCP 服务器程序。

（2）使用以下 mount 命令挂载光驱。

```
Linux:\> mount  /dev/cdrom  /mnt/cdrom
```

（3）使用以下 rpm 命令安装 DHCP 服务器程序。

```
Linux:\> rpm  -ivh  /mnt/cdrom/ubuntu/software/ dhcp-3.0.1-12_EL.i386.rpm
```

（4）DHCP 服务器程序安装完毕后，继续使用（1）中的命令进行检查是否已经安装。

2. DHCP 服务器的启动

若 DHCP 服务器程序安装完毕后，并且该服务器系统的启动脚本文件为/etc/rc.d/init.d/dhcpd，则使用 dhcpd 脚本文件可启动 DHCP 服务器。

（1）手动启动 DHCP 服务器，具体命令如下。

```
Linux:\> /etc/rc.d/init.d/dhcpd  start          // 利用脚本文件启动（1）
Linux:\> service dhcpd start                    // 启动服务（2）
Linux:\>  /etc/rc.d/init.d/dhcpd                // 利用脚本文件重新启动（1）
```

```
Linux:\> service dhcpd start                    // 重新启动服务（2）
```

以上方法是采用手动方式启动 DHCP 服务器。每次系统重新开机都需要输入以上命令才能启动 DHCP 服务器。而采用自动方式启动方法，系统每次开机即可实现自动启动，用户不用重新输入以上命令。

（2）自动启动 DHCP 服务器。

第 1 步：输入 setup 命令，打开如图 4-9 所示的设置工具。

第 2 步：选择“系统服务”，按 Enter 键，打开如图 4-10 所示界面，找到 dhcpd 选项，然后按空格键使得该项前面显示一个星号“*”，表示 DHCP 服务器已经配置成自动启动。

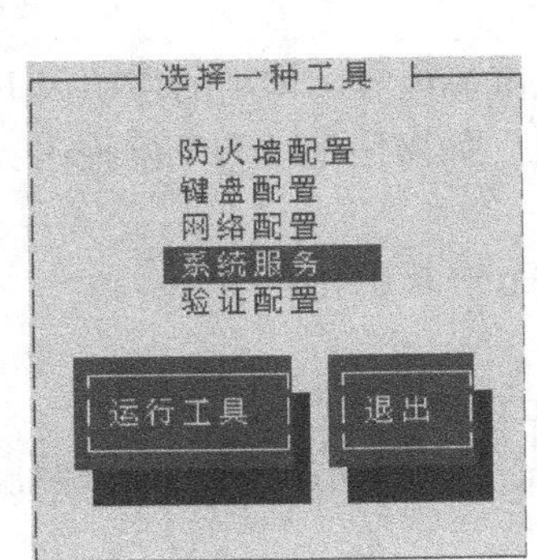

图 4-9　setup 命令执行结果示意图

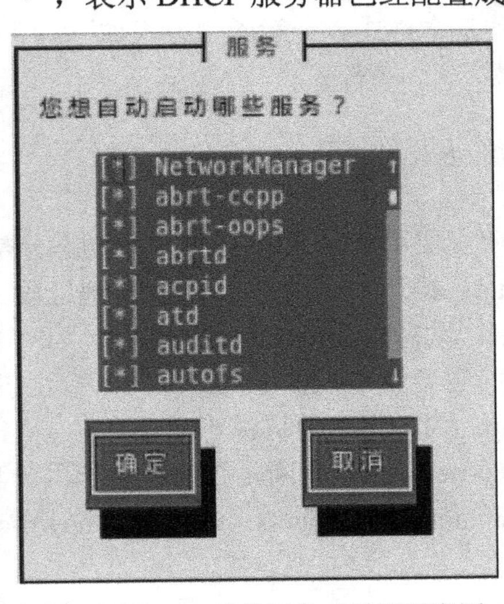

图 4-10　系统服务对话框示意图

第 3 步：按 Tab 键将输入焦点移到“确定”按钮，退出设置工具界面。

由于目前对 DHCP 服务器未做任何配置，因此执行以上命令将无法启动 DHCP 服务器。只有正确完成 DHCP 服务器具体配置后，用户才可以正常启动 DHCP 服务器。

（3）利用以下命令停止 DHCP 服务器。

```
Linux:\> /etc/rc.d/init.d/dhcpd  stop      // 利用脚本文件停止（1）
Linux:\> service dhcpd stop                // 停止 DHCP 服务器（2）
```

（4）利用以下命令查看 DHCP 服务器的状态。

```
Linux:\> /etc/rc.d/init.d/dhcpd  status    // 利用脚本文件查看 DHCP 服务状态（1）
Linux:\> service dhcpd status              // 利用 DHCP 服务器查看 DHCP 服务状态（2）
```

（5）利用以下命令修改 DHCP 服务器的启动状态。

```
#chkconfig-level 35 dhcpd on
```

3. DHCP 服务器的配置文件

安装好 DHCP 服务器程序后，在/etc/rc.d/init.d/目录下会产生一个 dhcpd.conf 文件，使用以下 cat 命令查看该配置文件。

```
#
# DHCP Server Configuration file
#  see /usr/share/doc/dhcp*/dhcpd.sample
#  see “ man 5 dhcpd.conf”
#
```

从以上内容可以看出，在/usr/share/doc/dhcp*/目录用户中，可以找到一个 dhcpd 配置文件模板，使用以下 cp 命令将该模板文件复制到/etc/dhcp/目录下。

```
Linux:\> cp -p  /usr/share/doc/dhcp*/dhcpd.sample  /etc/dhcp/dhcpd.conf
```

然后使用以下 cat 命令查看/etc/dhcp/dhcpd.conf 配置文件的具体内容。

```
Linux:\> cat /etc/dhcp/dhcpd.conf
```

用户使用以下 vi 命令可编辑/etc/dhcp/dhcpd.conf 配置文件的内容。

```
Linux:\> vi /etc/dhcp/dhcpd.conf
```

在 dhcpd.conf 配置文件中一般包括声明（declaration）、参数（parameters）和选项（option）3 种基本格式。一般应用方式如下。

```
选项/参数       值；            //全局
声明{
    选项/参数；  值            //局部
    }
```

（1）声明主要用来定义网络 IP 地址动态分配范围等内容，常用的声明如下。

① subnet：描述一个动态分配的 IP 地址段信息，如网络地址和子网掩码。

② range：动态分配 IP 地址范文。

③ host：需要特别设置主机，如为某台主机分配一个 IP 地址。

④ group：为一组参数提供声明。

⑤ shared-network：判断是否为一些子网分享相同网络地址。

⑥ allow unknown-clients；deny unknown-client：是否动态分配 IP 地址给未知的用户。

⑦ allow bootp；deny bootp：是否响应激活查询。

⑧ allow booting；deny booting：是否响应用户查询。

⑨ filename：考试启动文件的名称，应用于无盘工作站。

⑩ next-server：设置服务器从引导文件中装入主机名，应用于无盘工作站。

例 1：

Subnet 是常用的声明，声明中的设置（花括号中的内容）在整个声明范围中有效；Subnet 关键字的后面设置子网的网络地址，netmask 关键字后面设置子网掩码。

```
Subnet 192.168.1.0 netmask 255.255.255.0
{
 range 192.168.1.100 192.168.1.200
}
```

声明了网络地址是 192.168.1.0 子网掩码是 255.255.255.0 的子网中，IP 地址 192.168.1.100~192.168.1.200 之间的地址用于 DHCP 客户端进行动态地址分配。

例 2：

```
ddns-update-style interim;
ignore client-updates;
subnet 192.168.1.0 netmask 255.255.255.0
{
range 192.168.1.10 192.168.1.100;
range 192.168.1.150 192.168.1.200;
default-lease-time 1200;
```

```
max-lease-time 9200;
option subnet-mask 255.255.255.0;
option broadcast-address 192.168.1.255;
option routers 192.168.1.254;
option domain-name-servers 192.168.1.1, 192.168.1.2;
option domain-name "mydomain.org";
option netbios-name-servers 192.168.1.1;
}
```

该声明允许DHCP 服务器分配两段地址范围给客户，分别是 192.168.1.10～192.168.1.100 和 192.168.1.150～192.168.1.200。若客户不继续请求 DHCP 服务器分配的 IP 地址，则该 IP 地址 1200s 后会自动释放；否则最大允许客户租用的时间为 9200s。服务器会将以下参数发送给 DHCP 客户端。

子网掩码：255.255.255.0。

广播地址：192.1678.1.255。

默认网关：192.168.1.254。

DNS 服务器 IP 地址：192.168.1.1 和 192.168.1.2。

Windows 服务器 IP 地址：192.168.1.1。

例 3：

```
ddns-update-style interim;                    // 定义所支持的 DNS 动态更新类型（必选）
ignore client-updates;                        // 忽略客户端更新 DNS 记录
allow bootp;
subnet 192.168.0.0 netmask 255.255.255.0{              // 定义作用域（IP 子网）
    range 192.168.0.11 192.168.0.200;                  // 定义作用域（IP 子网）范围
    option routers 192.168.0.1;                        // 为客户端指定网关
    option subnet-mask 255.255.255.0;                  // 为客户端指定子网掩码
    option domain-name "dpgroup.net";                  // 为客户端指定 DNS 域名
    option domain-name-servers 166.111.8.28, 202.106.196.115;
                                              // 为客户端指定 DNS 服务器的 IP 地址
    option broadcast-address 192.168.0.255;            // 为客户端指定广播地址
    default-lease-time 86400;                          // 指定默认的租约期限
    max-lease-time 172800;                             // 指定最大租约期限
    host node4{                                        // 为某台客户端定义保留地址
        hardware Ethernet 00:03:FF:25:5d:a3;           // 客户端的网卡物理地址
        fixed-address 192.168.0.27;
                                               // 分配给客户端的一个固定 IP 地址
        filename "vmLinux";
        option root-path "/usr/src/toshiba/target";
    }
}
```

（2）参数由设置项和设置值组成，根据参数所在的不同位置，参数的位置可以作用于全局或指定的声明中，参数是以“；”结束的。常用参数如下。

① ddns-update-style：配置 DHCP 与 DNS 为互动更新模式。

② default-lease-time：设置默认租约时间，单位：秒。

③ max-lease-time：设置最大租约时间，单位：秒。

④ hardware：设置网卡接口类型和 MAC 地址。

⑤ server-name：设置 DHCP 服务器名称。

⑥ get-lease-hostnames flag：检查客户端使用的 IP 地址。

⑦ fixed-address ip：分配给客户端一个固定的 IP 地址。

⑧ authritative：拒绝不正确的 IP 地址的请求。

例 4：

```
Default-lease-time 21600;（默认释放时间）
max-lease-time 43200;（最大释放时间）
```

（3）选项总是由 option 关键字引导，后面紧跟具体的选项和选项的设置值，选项根据所在的位置不同可作用于全局或某个声明中，选项也是以“;”结束的，常用的选项如下：

① subnet-mask：设置客户端子网掩码。

② domain-name：设置客户端主机 DNS 服务器的域名。

③ domain-name-servers：设置客户端 DNS 服务器的 IP 地址。

④ host-name：设置客户主机名称。

⑤ routers：设置客户端子网掩码。

⑥ broadcast-address：设置客户端主机广播地址。

⑦ ntp-server：设置客户端网络时间服务器的 IP 地址。

⑧ time-offset：设置客户端时间与格林尼治时间的偏移时间，单位：秒。

例 5：

```
Option routers 192.168.1.1        // 设置默认网关 IP 地址
Option  subnet-mask 255.255.255.0 （子网掩码）
```

例 6：使用 host 声明设置主机属性。

```
host server01{
hardware Ethernet 0:c0:c3:22:46:81;
fixed-address 192.168.1.11;
option subnet-mask 255.255.255.0
option routers 192.168.1.1;
}
```

上面的配置实例中使用 host 声明了名为 server01 的主机，其 MAC 地址为 0:c0:c3:22:46:81，为主机分配使用的 IP 地址为 192.168.1.11，同时为该主机设置的子网掩码是 255.255.255.0，该客户端分配的特定网关地址是 192.168.1.1。

例 7：对于多网络接口主机，需要配置的文件如下。

```
Linux:\>  vi /etc/sysconfig/dhcpd
DHCPDARGS = eth0                 // 表示 dhcp 将只在 eth0 网络接口上提供 DHCP 服务
```

或者运行如下命令。

```
Linux:\> /usr/sbin/dhcpd  eth0
```

例 8：默认的/etc/dhcpd.conf 含义如下。

```
ddns-update-style interim;                          //设置 DHCP 互动更新模式
```

```
ignore client-updates;                                //忽略客户端更新
subnet 192.168.12.0 netmask 255.255.255.0 {           //设置子网申明开始
# --- default gateway
option routers 192.168.12.1;                          //设置客户端默认网关
option subnet-mask 255.255.255.0;                     //设置客户端子网掩码
option nis-domain " ixdba.net ";                      //设置 NIS 域
option domain-name " ixdba.net ";                     //设置 DNS 域
option domain-name-servers 192.168.12.1;              //设置 DNS 服务器的地址
option time-offset  -18000; # Eastern Standard Time     //设置时间偏差
# option ntp-servers 192.168.12.1;
# option netbios-name-servers 192.168.12.1;
# --- Selects point-to-point node (default is hybrid). Don't change 
this unless
# -- you understand Netbios very well
# option netbios-node-type 2;
range dynamic-bootp 192.168.12.128 192.168.12.254;      // 设置地址池
default-lease-time 21600;                           // 设置默认租期，单位为秒
max-lease-time 43200;                               // 设置客户端最长租期，单位为秒
# we want the nameserver to appear at a fixed address
host ns {                                           // 以下设定分配静态 IP 地址
next-server marvin.RedHat.com;
hardware ethernet 12:34:56:78:AB:CD;
fixed-address 207.175.42.254;
}
}                                                   // 设置子网申明结束
```


4. 建立客户租约文件

大多数情况下，在安装 DHCP 时不创建 dhcpd.leases 文件，用户启动 DHCP 服务器前，用户必须创建空文件 dhcpd.leases（#touch/var/state/dhcp/dhcpd.leases），该文件主要用于保存所有已经分配出去的 IP 地址，dhcpd.leases 文件位于/var/lib/dhcp/目录或/var/state/dhcp/目录下。Red Hat 7.3 安装后会自动创建/var/lib/dhcpd.leases，fedora 系统中的文件位于/var/lib/dhcp/dhcpd.leases 中。在 DHCP-2.0-5 版本中，此文件位于/var/state/dhcp/dhcpd.leases 中。为启动 DHCP 服务器，简单地输入/usr/sbin/dhcpd 或者用#ntsysv 将 DHCP 服务器设置为自动启动，这时在 eth0 设备上启动 dhcpd，若用户在 eth1 设备上启动 dhcpd，则需要以下命令。

```
#/usr/sbin/dhcpd eth1
```

或直接修改 etc/sysconfig/dhcpd 加入如下行。

```
DHCPDARGS=eth1
```

若为了调试 DHCP，则输入#/usr/sbin/dhcpd -d-f。dhcpd.leases 文件格式如下。

```
leases  address {statement}
```

其中，address 表示分配出去的 IP 地址，而 statement 保存该 IP 地址的出租时间、使用该 IP 地址的硬件的 MAC 地址等信息。若当前网络未使用 DHCP 服务器，则 dhcpd.leases 一般为空，使用一段时间后，会填写其他一些内容，用如下命令查看。

```
#cat dhcpd.leases
```

执行以上命令后，可以从 dhcpd.leases 文件中看到分配出去的 IP 地址信息。即

```
Linux:\> #cat dhcpd.leases

server-duid "\000\001\000\001\031-\355f\000\014) P\371\256";

lease 192.168.1.100{
    starts 4 2008/11/25 10:57:41;
    ends 4 2008/11/25 16:57:41;
     cltt 4 2008/11/25 16:57:41;
     binding state active;
  next bingding state free;
    hardware ethernet 00:0c:29:1c:4e:02;
    uid "\377eth0\000\001\000\001\016\354\015J\000\014) \254N\001";
  client-hostname  "zhang-20161008nis"
}
```

5. DHCP 客户端配置（Linux）

在 Linux 系统下的所有网络设备（如网卡等在\etc\sysconfig\network-scripts 目录下）都有一个对应的配置文件。如图 4-11 所示。

```
[root@localhost //]# cd /etc/sysconfig/network-scripts
[root@localhost network-scripts]# ls
ifcfg-eth0     ifdown-isdn     ifup-aliases   ifup-plusb     init.ipv
ifcfg-lo       ifdown-post     ifup-bnep      ifup-post      net.hotp
ifdown         ifdown-ppp      ifup-eth       ifup-ppp       network-
ifdown-bnep    ifdown-routes   ifup-ippp      ifup-routes    network-
ifdown-eth     ifdown-sit      ifup-ipv6      ifup-sit
ifdown-ippp    ifdown-tunnel   ifup-isdn      ifup-tunnel
```

图 4-11　\etc\sysconfig\network-scripts 目录下的网卡配置文件

第一块网卡的配置文件为 ifcfg-eth0，第二块网卡的配置文件为 ifcfg-eth1，依此类推，手动配置 DHCP 客户端时，需要修改相应网卡的配置文件。例如，若配置第一块网卡为自动获取 IP 地址，则可以使用以下命令修改配置文件。

```
#vi /etc/sysconfig/network-scripts/ifcfg-eth0
```

第一块网卡配置文件内容修改如下。

```
DECICE = eth0
BOOTPROTO = dhcp
HWADDR =  00:0c:29:11:22:33
ONBOOT = yes
```

其中，第二行设置的作用是采用 DHCP 方式自动获取 IP 地址。在 Linux 系统下，修改网卡配置文件后，需要重新启动系统配置内容才会生效，有时也可以使用以下命令重新启动网卡，两种方法可以达到同样的效果。

```
#ifdown  eth0
#ifup   eth0
```

也可以使用#ifconfig eht0 up 命令，同样可以打开第一个网卡 eth0，如图 4-12 所示。

```
[root@ysolin ~]# ifconfig eth0 up
[root@ysolin ~]# ifconfig
eth0      Link encap:Ethernet  HWaddr 00:0C:29:8F:A2:6C
          inet6 addr: fe80::20c:29ff:fe8f:a26c/64 Scope:Link
          UP BROADCAST RUNNING MULTICAST  MTU:1500  Metric:1
          RX packets:68 errors:0 dropped:0 overruns:0 frame:0
          TX packets:4 errors:0 dropped:0 overruns:0 carrier:0
          collisions:0 txqueuelen:1000
          RX bytes:5040 (4.9 KiB)  TX bytes:320 (320.0 b)

lo        Link encap:Local Loopback
          inet addr:127.0.0.1  Mask:255.0.0.0
          inet6 addr: ::1/128 Scope:Host
          UP LOOPBACK RUNNING  MTU:16436  Metric:1
          RX packets:4 errors:0 dropped:0 overruns:0 frame:0
          TX packets:4 errors:0 dropped:0 overruns:0 carrier:0
          collisions:0 txqueuelen:0
          RX bytes:264 (264.0 b)  TX bytes:264 (264.0 b)
```

图 4-12　打开网卡

或者使用#service network restart 命令重启网卡，如图 4-13 所示。

```
[root@ysolin ~]# service network restart
Shutting down interface eth0:                              [  OK  ]
Shutting down loopback interface:                          [  OK  ]
Bringing up loopback interface:                            [  OK  ]
Bringing up interface eth0:  Determining if ip address 192.168.119.224 is alread
y in use for device eth0...
                                                           [  OK  ]
[root@ysolin ~]# _
```

图 4-13　重新启动网卡

使用以上方法对 DHCP 客户端进行配置后，利用#ifconfig eth0 命令或 #ifconfig 命令查看自动分配的 IP 地址。如图 4-14 所示。

```
[root@localhost root]# /sbin/ifconfig eth0
eth0      Link encap:10Mbps Ethernet  HWaddr 00:0C:29:89:42:93
          inet addr:192.168.1.79  Bcast:192.168.1.255  Mask:255.255.255.0
          UP BROADCAST RUNNING MULTICAST  MTU:1500  Metric:1
          RX packets:6819269 errors:10140 dropped:0 overruns:0
          TX packets:0 errors:0 dropped:0 overruns:875286
          Interrupt:10 Base address:0x10e0

[root@localhost root]# ./ifconfig eth0
eth0      Link encap:Ethernet  HWaddr 00:0C:29:89:42:93
          inet addr:192.168.1.79  Bcast:192.168.1.255  Mask:255.255.255.0
          UP BROADCAST RUNNING PROMISC MULTICAST  MTU:1500  Metric:1
          RX packets:10142 errors:0 dropped:0 overruns:0 frame:0
          TX packets:9172 errors:0 dropped:0 overruns:0 carrier:0
          collisions:0
```

图 4-14　查看网卡信息

第 5 章

网络通信编程

5.1 Socket 基本函数

1. 数据格式转化

计算机内部数据的存储具有两种方式：一种是小端方式，在低地址存储最低有效字节（LSB），在高地址存储最高有效字节（MSB）；另一种是大端方式，数据存储方式正好与小端方式相反。判断主机存储方式源代码如下。

```
#include “stdio.h”
Union union_eddian{
    Unsigned short  s_val;
   Unsigned char  chr_val;
}
Int main(int argc,  char *argv[])
{
   Union union_endian x = {0xabcd}
  If(x.char_val[0] == 0xab  && x.char_val[1] == 0xcd)
      Printf(“the host is big-endian\n”);
  Else
     Printf(“the host is little-endian\n”);
Return 0;
}
```

IPv4 地址是一个 32 位的无符号整数，一般存放在一个数据结构中，即

```
Struct  in_addr{
  Unsigned in s_addr;
}
```

将一个标量地址存放在一个数据结构中，这是在早期定义套接字接口时考虑不周造成的。因为主机可以有不同的主机字节顺序，而 TCP/IP 协议又为任意整数数据定义了统一的网络字节序列（Network Byte Order），其采用大端存储方式，所以 IP 地址结构中存放的地址也采用网络字节序列，然而主机字节序列（Host Byte Order）一般采用小端存储方式。一般操作系统提供了如下函数用来实现在网络字节序列与主机字节序列之间进行转化。

```
#include “stdio.h”
#include “winsock2.h”
#define INADDR_INVALD  0xffffffff   //无效数据
Static unsigned long range[] = {0xffffffff , 0xffffff ,0xfffff, 0xff};
// 将 32 位无符号整数由主机序列转化为网络序列，用于 IP 地址小端存储方式到大端存储方式的转化
```

```
Unsigned long int htonl(unsigned long int hostlong)
{
    Unsigned char *ptr = (unsigned char *) &hostlong;
    Return (unsigned long)  (ptr[3] | (ptr[2] <<8)  | (ptr[1] <<16)  |
(ptr[0] << 24) );
}

// 将 16 位无符号整数由主机序列转化为网络序列，用于 PORT 从小端存储方式到大端存储方式的转化
Unsigned short int htons(unsigned short int hostshort);
{
    Unsigned  char *ptr = (unsigned char *)&hostshort;
    Return (unsigned short) (ptr[0] <<8  | ptr[1]);
}

//将 32 位无符号整数由网络序列转化为主机序列，用于 IP 地址从大端存储方式到小端存储方式的转化
Unsigned long int ntohl(unsigned long int netlong);
{
  Unsigned char *ptr = (unsigned char *)&netlong;
  Return (unsigned long) (ptr[3] | (ptr[2] <<8) | (ptr[1] <<16) | (ptr[0]
<<24));
}

//将 16 位无符号整数由网络序列转化为主机序列，用于 PORT 从大端存储方式到小端存储方式的转化
Unsigned short int ntohs(unsigned short int netshort);
{
    Unsigned char *ptr = (unsigned char *) &netshort;
    Return (unsigned short) ((ptr[0] <<8) | ptr[1]);
}

//将 in_addr 数据结构中的 IP 地址转化为点分十进制形式
Char * ntoa ( struct in_addr addr_ip)
{
    Static char buf_ip[16];
    Unsigned char *ptr = (unsigned char *)&addr_ip;
    Sprintf(buf_ip,"%d. %d. %d. %d", ptr[0], ptr[10], ptr[2], ptr[3]);
    Return buf_ip;
}
```

应用程序一般使用 inet_aton 和 inet_ntoa 两个函数实现 IP 地址点分十进制到网络字节序列之间的转化。

Unsigned long WSAAPI inet_aton(const char FAR *cp)：将一个 IP 地址由点分十进制(*cp)形式转化为 32 位二进制描述的网络字节序列，然后返回给用户，若失败则返回 INADDR_NONE。在 winsock.h 中，INADDR_NONE 定义为 0XFFFFFFFF。当输入的 IP 地址为 255.255.255.255 时，函数返回值正好是 0XFFFFFFFF，与出错时的返回值一致，为此该函数不能对广播地址进行转化，用户需要对广播地址进行特殊处理。

Char FAR *WSAAPI inet_ntoa(struct in_addr in)：该函数将网络字节序列的 IP 地址转化为点分十进制形式，然后返回给用户，若失败则返回 NULL。WINSOCK 将函数返回字符串分配在一个静态存储区域中，WINSOCK 只能保证在同一个线程中的下一次 API 调用前

该内存中的内容有效，若应用程序想使用 inet_ntoa 的返回结果，则需要用户自己分配内存，并且保存结果。

为了便于用户记忆主机对应的 IP 地址，引入了域名服务系统，通过主机域名来代替相应的 IP 地址，域名空间的管理和维护通过一个分层的倒立树型结构来完成。直到 1988 年，域名和 IP 地址之间的映射关系通过一个 hosts.txt 文本文件实时进行手动维护。后来，采用分布在世界范围内的 DNS 数据库系统（DNS 解析服务器）来解决这个问题，该系统称为 DNS 系统。从理论上看，DNS 数据库由大量的主机记录结构（Host Entry Structure）构成，主机记录数据结构如下。

```
Struct hostent{
    Char    *h_name;            //主机域名
    Char    **h_aliases;        //主机别名
    Char    h_addrtype;         //主机地址类型
    Char    h_length;           //地址长度，以字节为计算单位
    Char    **h_addr_list;      //主机对应的 IP 地址列表，一个主机可以有多个 IP 地址
}
```


Hostent 存储结构示意图如图 5-1 所示。在图 5-1 中，主机域名为 Name X；主机别名有三个，分别是 Allas#1 X、Allas#2 X 和 Allas#3 X；主机地址类型为 00000002；地址长度为 00000004；最后一项为主机对应的 IP 地址列表，共有三个 IP 地址。

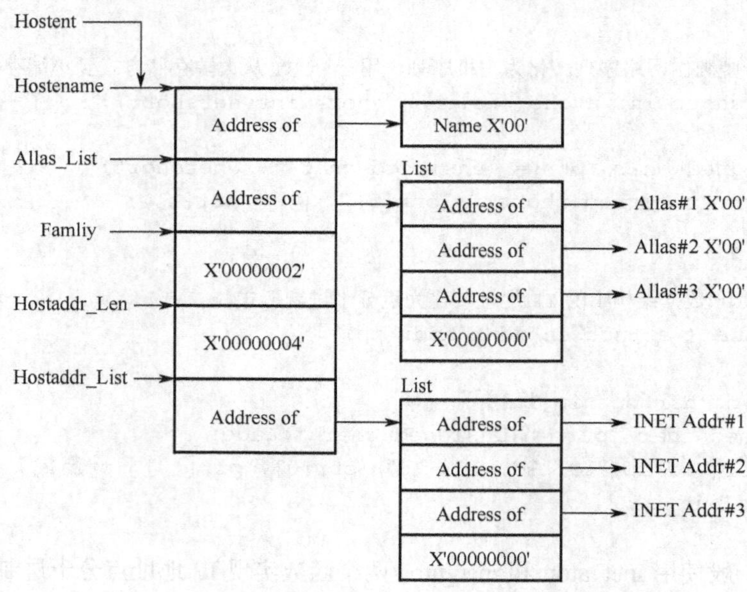

图 5-1　Hostent 存储结构示意图

应用程序可通过调用 gethostbyname 和 gethostbyaddr 两个函数，获取 DNS 数据库中的任意主机记录。

```
//*name 实参可以是主机域名或别名，获得对应的主机记录 ；若成功则返回非 NULL；否则返回 NULL
Struct hostent  * gethostbyname(const char *name);
// *addr 实参一般为 IP 地址点分十进制表示形式，len 为*addr 对应的字节长度；若成功则返
// 回非 NULL；否则返回 NULL
Struct hostent  * gethostbyaddr(const char *addr, int len, 0);

Int main(int argc,  char  *argv[])
```

```
{
  Char  **pptr;
  Struct in_addr  addr;
  Struct  hostent  *ptrHost;

 If(argc != 2)
 {
  printf("usage:  %s <主机域名或点分十进制 IP 地址>\n", argv[0]);
  exit(0);
 }

 If(inet_aton(argv[1], &addr)  != 0)
  ptrHost  = Gethostbyaddr((const char *)&addr,sizeof(addr), AF_INET);
 else
  ptrHost = Gethostbyname(argv[1]);
 printf("the local hostname :%s\n ", ptrHost -> h_name);

 for(pptr = ptrhost -> h_aliases; *pptr != NULL, pptr++)
  Printf("the host aliases: %s\n", *pptr);

 For(pptr = ptrHost -> h_addr_list; *pptr != NULL, pptr ++)
 {
     Addr.s_addr = ((struct in_addr *) * pptr) -> s_addr;
     Printf("the host address: %s\n", inet_ntoa(addr));
 }
 Exit(0);
}
```


从操作系统内核看，一个套接字就是通信一端的端节点；从程序角度看，套接字就是一个有相应描述符的文件。网络套接字地址一般保存在一个 sockaddr_in 的 16 字节的数据结构中，该结构中的 IP 地址和端口号总以网络字节顺序（大端方式）存储。为了提供一组通用的网络编程接口，在 socket 中定义了一个与协议无关的通用地址结构 Struct sockaddr。这样当有新的协议或地址族时，不需要修改已有的接口函数，只需要将与协议相关地址结构转化为通用结构即可。

```
//通用套接字地址数据结构
Struct sockaddr{
   Unsigned short    sa_family;
   Char              sa_sata[14];
}
```

实际上，用户在编写应用程序时，并不直接使用上面的通用 sockaddr 数据结构，而是使用与协议相关的专用地址结构，在 TCP/IP 协议集中，IPv4 专用地址结构为如下。

```
//网络形式套接字地址数据结构
Struct sockaddr_in{
   Unsigned short  sa_family;        //因特网类型
   Unsigned short  sin_port;         //端口号：网络字节顺序（大端）
   Struct in_addr  sin_addr;         //IP 地址：网络字节顺序（大端）
   Unsigned char    sin_zero[8];     //填充
}
```

由此可见，IPv4 地址使用 Struct in_addr 数据结构表示，在 WinSock 中定义以下数据结构。

```
Struct  in_addr{
    Union
    {
        Struct { unsigned char s_b1, s_b2, s_b3, s_b4;} S_un_b;
        Struct { unsigned short s_w1, s_w2;}S_un_w;
        Unsigned long   S_addr;
}S_un
#define s_addr          S_un.S_addr;
#define s_host          S_un.S_un_b.s_b2;
#define s_net           S_un.S_un_b.s_b1;
#define s_imp           S_un.S_un_b.s_w2;
#define s_impno         S_un.S_un_b.s_b4;
#define s_lh            S_un.S_un_b.s_b3;
}
```

IPv4 地址实际上是一个无符号 32 位整数，它是以网络字节序列存储的，之所以使用此结构，而不采用无符号 32 位整数，主要是为了兼容以前的 TCP/IP 协议集。在数据结构 sockaddr_in 中，操作系统内核使用 sin_family 来确定如何解释地址信息，在网络上传输的报文采用网络字节序列。

connect、bind 和 accept 函数均要求一个与协议相关的套接字地址数据结构变量。在设计套接字接口时，面临一个问题：如何设计接口函数，使其可应用于不同类型的套接字结构变量中。若可以使用通用的 void *指针，则此问题即可解决；但当时 C 语言中并不提供该种类型指针，为此解决的方法是：这些函数在设计时使用一个通用的 sockaddr 数据结构指针变量，要求用户在编写应用程序时将与不同协议对应的特定地址数据结构强制转化成该通用结构。

```
//客户端向服务器建立 TCP 连接，若成功则返回 1；否则返回 0
Int connect(int sockfd, struct sockaddr  *serv_addr, int addlen);
```

connect 函数试图建立 TCP 连接，该函数采用阻塞方式，直到连接建立成功或失败才返回。若成功，则客户端 sockfd 描述符已经准备好读或写，并得到如下连接的套接字对（网络通信五元组）。

```
    Client_ip_address + client _port +  serv_addr.sin_addr +  serv_addr.sin_
Port + SOCK_STREAM;
```

客户端建立 TCP 连接的示例代码如下。

```
Int clientsocket(char *hostname, int port)
{
    Int client_socket;
   Struct hostent *ptrhostent;
Struct sockaddr_in server_addr;
if ((client_sockt = socket(AF_INET, SOCK_STREAM,0)) <0)
{
    Return -1;
}
If((ptrhostent = gethostbyname(hostname)) == NULL)
{
   Return -1
```

```
    }
    Memset((char *) &server_addr, 0, sizeof(server_addr));
    Memcpy((char *)ptrhostent -> h_addr_list[0],
          (char *)&server_addr.sin_addr.s_addr, ptrhostent ->h_length);
    Server_addr.sin_port = htons(port);
    If(connect(client_socket, (struct sockaddr *) &server_addr,
                    Sizeof(server_addr)) < 0)
         Return -1;
    Return client_socket;
    }
```

2. TCP 通信接口函数

TCP 通信常用函数为 WSAStartup()，Socket()，bind()，listen()，accept()，send()，recv()，connect()，WSACleanup()，closesocket()等，在使用这些函数时，头文件一定要包含<winsock2.h>，具体使用情况如表 5-1 所示。

表 5-1 TCP 通信常用函数的具体使用情况

函数	TCP 使用情况	函数	TCP 使用情况
WSAStartup()	客户端和服务器	send()	客户端和服务器
Socket()	客户端和服务器	recv()	客户端和服务器
bind()	服务器	connect()	客户端
listen()	服务器	WSACleanup()	客户端和服务器
accept()	服务器	closesocket()	客户端和服务器

（1）int WSAStartup(WORD wVersionRequested, LPWSADATA lpWSAData)。

功能：与 Socket 相关的 API 与 lib 库中的 ws2_32.lib 有关，该函数可指明应用程序使用 Windows Sockets API 的版本号。

WSAStartup 函数用法如下：

```
int iret=WSAStartup(MAKEWORD(2, 2), &wsaData);
if ( iret!= 0)
{
     printf("WSAStartup failed with error: %d\n", err);
     return -1;
}
```

（2）int WSACleanup(void)。

功能：与函数 WSAStartup 的功能相反，当应用程序不再调用任何 Windows Sockets 函数后，利用其释放套接字环境资源。

（3）SOCKET Socket(int af, int type, int protocol)。

功能：建立套接字。

参数：af 指定网络地址类型，一般取 AF_INET，表示该套接字在 Internet 域中进行通信；常用的地址族为 AF_INET、AF_LOCAL 等。

type 确定套接字的类型，若取 SOCK_STREAM，则表示创建的是流套接字；若取 SOCK_DGRAM，则表示创建用户数据报套接字；若取 SOCK_RAW，则表示创建原始套接字。

protocol 指定网络协议，一般取 0，表示默认为 TCP/IP 协议。

若套接字创建成功，则该函数返回创建的套接字句柄 SOCKET，否则产生 INVALID_SOCKET 错误。

WSACleanup()、Socket()函数使用方法如下。

```
SOCKET Socket = socket(AF_INET, SOCK_STREAM, IPPROTO_TCP);
if (Socket == INVALID_SOCKET)
{
 printf("create socket failed \n");
 WSACleanup();
 return -1 ;
}
```

（4）int listen(SOCKET Socket, int backlog)。

功能：将 TCP 服务器端的套接字设置为监听状态，并准备接收连接请求。

参数：Socket 为 TCP 服务器端监听 Socket 套接字，也可称为旧 Socket 套接字。

backlog 为 TCP 服务器端等待 TCP 连接请求的最大队列长度。

返回值：若无错误发生，则 listen()返回 0；否则返回 socket_error。应用程序可通过 WSAGetLastError()获取相应错误代码，错误代码类型如下所示。

WSANotinitialised：在使用此 API 之前应首先成功地调用 WSAStartup()。

WSAEnetdown：Windows 套接口检测到网络子系统失效。

WSAEaddrinuse：试图用 listen()去监听一个正在使用的地址。

WSAEinprogress：一个阻塞的 Windows 套接口调用正在运行中。

WSAEinval：该套接口未用 bind()进行捆绑，或已被连接。

WSAEisconn：套接口已被连接。

WSAEmfile：无可用的文件描述字。

WSAEnobufs：无可用的缓冲区空间。

WSAEnotsock：描述字不是一个套接口。

WSAEopnotsupp：该套接口不正常调用 listen()。

Listen 函数只有 TCP 协议服务器进程使用，将刚创建的主动 Socket 转化为被动模式，在这个套接字上只能接收连接请求，并缓存在连接请求队列中，套接字所对应的 TCP 控制块从 Closed 状态转化为 Listen 状态。以 FreeBSD 为例，TCP 服务器维护两个队列：未完成连接队列和已完成队列，并用 so_qlen 记录未完成连接队列长度，该值小于等于 backlog。

未完成连接队列：表示还没有完成的连接，为新的连接分配资源，如套接字描述符，TCP 控制块等。服务器接收客户端发送来的 SYN 请求，并向对方发送 SYSN 和 ACK 确认，此时服务器 TCP 协议处于 SYN_RCVD 状态，等待客户端 ACK 完成三次握手。此时 so_qlen 的值加 1，表明有一个新的未完成连接。

已完成连接队列：当未完成连接队列中的 TCP 控制块接收到客户端的 ACK 时，完成三次握手，TCP 连接从 SYN_RCVD 状态转化到 Established 状态，系统将此连接从未完成队列删除，增加到完成连接队列中，并通知服务器程序，此时服务器成功返回，so_qlen 的值减 1，表明减少了一个未完成连接。

TCP 服务器建立被动侦听 Socket 代码示例如下。

```
Int  listen_socket(int port)
{
    Int listen_socket_fd, option =1;
    Struct sockaddr_in server_addr;
   If((listen_socket_fd = socket(AF_INET, SOCK_STREAM, 0)) <0)
       Return -1;
    If(setsockopt(listen_socket_fd, SOL_SOCKET, SO_REUSEADDR,
               (const void *) &option, sizeof(int)) <0)
         Return -1;
    Memset((char *)&server_addr,sizeof(server_addr));
    Server_addr.sin_family = AF_INET;
    Server_addr.sin_addr.s_addr = htonl(INADDR_ANY);
    Server_addr.sin_port = htons((unsigned short) port);
    If(bind(listen_socket_fd, (struct sockaddr *) &server_addr, sizeof(server_
addr)) < 0)
       Return -1;
    If(listen(listen_socket_fd, 1024) <0)
       Return -1;
    Return listen_socket_fd;
}
```


（5）SOCKET accept(SOCKET socket, struct sockaddr* Clientaddr, int* Clientaddrlen)。

功能：TCP 服务器接受并处理 TCP 客户端发送的连接请求，该函数成功返回表示三次握手已经完成，TCP 连接已经建立完毕，并返回一个新套接字（newSocket）进行实际通信；而原来的 Socket 继续监听 TCP 客户端是否有连接请求。TCP 服务器只有成功调用 accept()函数后，才会通过返回参数 Clientaddr 获得 TCP 客户端网络地址信息。

参数：Socket：表示 TCP 服务器原来的 Socket 套接字。

Clientaddr：表示一个 sockaddr_in 数据结构的地址变量，返回客户端网络地址信息。

Clientaddrlen：表示 sockaddr_in 数据结构变量长度。

返回值：accept()函数成功返回后，Clientaddr 参数变量中会得到发出连接请求的客户端机的 IP 地址和端口号等信息，而 Clientaddr len 参数指出 Serveraddr 变量的长度，该函数返回一个新的套接字描述符（newSocket），用于与 TCP 客户端之间的通信，否则返回 invalid_ socket 错误，应用程序可通过调用 WSAGetLastError()函数来获得特定的错误代码，错误代码类型如下所示。

Wsanotinitialised：在使用此 API 前，应首先成功地调用 WSAStartup()。

WSAEnetdown：Windows 套接口检测到网络子系统失效。

WSAEfault：addrlen 参数太小（小于 socket 结构的大小）。

WSAEintr：通过一个 WSACancelBlockingCall()函数取消一个（阻塞的）调用。

WSAEinprogress：一个阻塞的 Windows 套接口调用正在运行中。

WSAEinval：在 accept()前未激活 listen()。

WSAEmfile：调用 accept()时，队列为空，无可用的描述字。

WSAEnobufs：无可用的缓冲区空间。

WSAEnotsock：描述字不是一个套接口。

WSAEopnotsupp：该套接口类型不支持面向连接服务。

WSAEwouldblock：该套接口为非阻塞方式且无连接可供接收。

（6）int bind(SOCKET socket, const struct sockaddr* Serveraddr, int Serveraddrlen)。

功能：将本地网络地址信息（IP 地址、端口号和协议类型，如 UDP 或 TCP）绑定到一个已经建立好的套接字（Socket）上。

参数：Socket：表示 TCP 服务器的旧 Socket 套接字。

Serveraddr：表示一个 sockaddr_in 数据结构地址变量，绑定的服务器端网络地址信息。

Serveraddrlen：表示 sockaddr_in 数据结构变量 Serveraddr 的长度。

使用 Socket 函数创建套接字时，并没有给它分配 IP 地址，bind 函数给套接字指定一个本地地址信息（IP 地址和端口号）。因为服务器网络地址信息（IP 地址、端口号和协议类型，如 UDP 或 TCP）是事先知道的，并且端口号一般为周知端口号，不需要操作系统临时分配，所以需要用该函数对 TCP 服务器的旧 Socket 进行绑定。应用程序可在 bind()函数后用 getsockname()函数来获得旧 Socket 所绑定的网络地址。

返回值：若无错误发生，则 bind()返回 0；否则返回 socket_error，应用程序可通过 WSAGet-LastError()函数获取相应的错误代码，错误代码类型如下所示。

WSANotinitialised：在使用此 API 前，应首先成功地调用 WSAStartup()。

WSAEnetdown：Windows 套接口检测到网络子系统失效。

WSAEaddrinuse：所定端口已在使用中（参见 setoption()中的 so_reuseaddr 选项）。

WSAEfault：namelen 参数太小（小于 sockaddr 结构的大小）。

WSAEinprogress：一个阻塞的 Windows 套接口调用正在运行中。

WSAEafnosupport：本协议不支持所指定的地址族。

WSAEinval：该套接口已与一个地址捆绑。

WSAEnobufs：无足够的可用缓冲区，连接过多。

WSAEnotsock：描述字不是一个套接口。

Bind 函数使用示例如下。

```
Sock = socket(AF_INET, SOCK_STREAM, 0);
Int result = bind(sock, (struct sockaddr *) &server_addr, sizeof (struct sockaddr));
If (result == SOCK_ERROR)
{
    Printf("bind error : %s\b",WSAGetLastError() );
   Continue;
}
Result = getsockname(sock,(struct sockaddr * ) bind_addr, sizeof(struct sockaddr));
If (result == 0) // 表明bind成功
    Printf("bind address: %s, port : %d\r\n", inet_ntoa(bind_addr,sin_addr),
        Ntohs(bind_addr.sin_port));
Closesocket(sock);
```

（7）int connect(SOCKET Socket, const struct sockaddr FAR* Serveraddr, int Serveraddr-len)。

功能：TCP 客户端向 TCP 服务器发送连接请求，该函数若成功返回，则说明 TCP 连接已经建立完毕，并且仅用于 TCP 客户端。

参数：Socket：表示 TCP 客户端 Socket 套接字。

Serveraddr：表示一个 sockaddr_in 数据结构地址变量，描述服务器端网络地址信息。

Serveraddrlen：表示 sockaddr_in 数据结构变量 Serveraddr 的长度。

返回值：若无错误发生，则 connect()返回 0；否则返回 socket_error 错误，应用程序可通过 WSAGetLastError()函数获取相应错误代码。对阻塞套接口而言，若返回值为 socket_error，则应用程序可以调用 WSAGetLsatError()函数获取相应错误代码；若错误代码为 wsaewou-ldblock，则应用程序可以调用 select()，通过检查套接口是否可写，来确定连接请求是否完成。该函数返回的错误代码类型如下所示。

WSAEnotinitialised：在使用此 API 前，应首先成功地调用 WSAStartup()。

WSAEnetdown：Windows 套接口检测到网络子系统失效。

WSAEaddrinuse：所指的地址已在使用中。

WSAEintr：通过一个 WSACancelBlockingCall()函数来取消一个（阻塞的）调用。

WSAEinprogress：一个阻塞的 Windows 套接口调用正在运行中。

WSAEaddrnotavail：在本地机器上找不到所指的地址。

WSAEnotsupport：所指地址族中的地址无法与本套接口一起使用。

WSAEconnrefused：连接尝试被强制拒绝。

WSAEdestaddreq：需要目的地址。

WSAEfault：namelen 参数不正确。

WSAEinval：套接口没有准备好与一个地址捆绑。

WSAEisconn：套接口早已连接。

WSAEmfile：无多余文件描述字。

WSAEnetunreach：当前无法从本主机访问网络。

WSAEnobufs：无可用缓冲区。套接口未被连接。

WSAEnotsock：描述字不是一个套接口。

WSAEtimeout：超时时间到。

WSAEwouldblock：套接口设置为非阻塞方式且连接不能立即建立，可用 select()对套接口进行写操作。

客户端首先建立一个 Socket，然后调用 connect 函数，参数中指定服务器地址信息（IP 地址和端口号），向服务器发送 SYN 连接请求，服务器接收到 TCP 协议的 SYN 连接请求后，创建一个新的 Socket 为客户端服务，并发送 SYN 连接请求和 ACK 应答给客户端确认，客户端收到相 ACK 应答后，再发送 ACK 应答给服务器，此时三次握手就算完成了，此时客户端阻塞的 connect 函数立即返回。服务器收到客户端的 ACK 应答后，说明连接已经建立，阻塞的 accept 函数返回刚才创建的新的 Socket，在新的 Socket 上与客户端进行通信。因此，客户端调用 connect()函数，发送连接请求，直到该函数正常返回，三次握手完成，此时建立的 TCP 连接成功；由此可见，服务器端 accept()函数正常返回，表明三次握手结束，一个 TCP 直接建立成功。

connect 函数执行失败返回 socket_error，主要分为以下几种情况。

① 连接请求被拒绝，错误码为 WSAEconnrefused，通信一方从对方接收到的应答为 Reset，表明服务器不接收客户端连接请求，主要原因是服务器进程没有开启，或没有在指定端口上监听，或安全控制服务器不接受客户端连接请求。

② 目的不可达，错误码为 WSAEnetunreach 或 WSAEhostunreach，主要原因是由于路由问题，连接请求无法发送到目的主机上，此类原因一般通过重发连接请求来完成。

③ 超时，错误码为 WSAErimedout，连续发送重复 SYN 请求，若超时 75s 还没有收到对方应答，则返回超时错误。

在一个阻塞的 Socket 上，无论连接是否成功该函数都会立即返回；但对于非阻塞 Socket，若连接没有立即建立，则 connect()函数显示 socker_error，程序调用 WSAGetLastError 将返回 WSAEwouldblock，应用程序可利用下面情况判断何时建立连接：① 通过调用 Select 函数，若连接成功，则在建立好的 Socket 上可以发送数据；② 若应用程序调用了 WSAAsyncSelect，则表明用户关注连接事件，当连接建立完成后，客户端回收 fd_connect 事件通知。当已经建立的连接突然中断，一般需要重新建立连接，但当错误码是 WSAEconnrefused、WSAEnetunreach 或 WSAEtimedout 时，客户端用户应用程序只需要重新调用 connect 函数即可。

connect 函数使用方法如下。

```
int ServePort=20000;
char ServeIP[32]="192.168.1.200";
sockaddr_in  Serveraddr;
Serveraddr.sin_family = AF_INET;
Serveraddr.sin_port = htons(ServePort);
Serveraddr.sin_addr.S_un.S_addr = inet_addr(ServeIP);
if (connect(Socket, (sockaddr*)&addr, sizeof(sockaddr)) == -1)
{
        closesocket(Socket);
         printf("connect failed with error: %d: \n", GetLastError());
         WSACleanup();
         return  -1;
}
```

（8）int send(SOCKET Socket, const char* buf, int len, int flags)。

功能：利用已经建立的 Socket 向对方发送数据。

参数：Socket：表示已建立连接的套接字描述字。

buf：表示发送数据缓冲区。

len：表示发送方缓冲区的大小（以字节为单位）。

flags：可取的值有 0、msg_dontroute 或 msg_oob 或这些标志的按位或运算。

返回值：表示发送成功数据的大小（以字节为单位）。用户调用 send()函数利用 TCP 协议发送数据，并对发送的数据大小没有限制；而 UDP 套接字每次发送数据大小均受到物理网络 MTU 的限制，若发送数据过大，则发送失败，错误码为 WSAEmsgsize，用户可以通过调用 getsockopt()函数中的 SO_MAX_MSG_SIZE 选项得到发送的最大数据报大小，示例如下。

```
Unsigned int data_size = 0;
```

```
    Int opt_len = sizeof(data_size);
    Getsockopt(socket,   SOL_SOCKET,SO_MAX_MSG_SIZE,   (char   *)&data_size,
&opt_len);
```

若 send()函数成功返回，则说明用户数据已经发送到 TCP 协议发送的缓存队列中，但并不表明已经成功发送到网络中；若协议发送失败，则 TCP 协议会重发该数据；UDP 协议通信时发生数据丢失网络本身不做任何处理，可靠性由用户应用程序负责。若传输层没有多余的缓存，则默认情况下 send()函数将阻塞用户发送进程。在非阻塞模式下，面向连接 Socket 会向对方发送最可能大的数据。send 函数允许发送 0 字节大小的数据，此时返回值为 0。

（9）int recv(SOCKET Socket, char* buf, int len, int flags)。

功能：利用已经建立的 Socket，接收对方发送来的数据。

参数：Socket：表示准备接收数据的套接字描述符。

buf：表示接收数据缓冲区。

len：表示接收缓存的大小（以字节为单位）。

flags：可以是 0、MSG_PEEK 或 MSG_OOB 或这些标志的按位“或”运算。

返回值：若无错误发生，则 recv()返回成功接收到的字节数。若连接已正常中断，则返回 0；否则返回 socket_error 错误，应用程序可通过 WSAGetLastError()函数获取相应的错误代码，错误代码类型如下所示。

WSANotinitialised：在使用此 API 前，应首先成功地调用 WSAStartup()。

WSAEnetdown：Windows 套接口检测到网络子系统失效。

WSAEnotconn：套接口未连接。

WSAEintr：阻塞进程被 WSACancelBlockingCall()取消。

WSAEinprogress：一个阻塞的 Windows 套接口调用正在运行中。

WSAEnotsock：描述字不是一个套接口。

WSAEopnotsupp：指定了 MSG_OOB，但套接口不是 SOCK_STREAM 类型。

WSAEshutdown：套接口已被关闭。当一个套接口以 0 或 2 的 how 参数调用 shutdown()关闭后，无法再用 recv()接收数据。

WSAEwouldblock：套接口标识为非阻塞模式，但接收操作会产生阻塞。

WSAEmsgsize：数据报太大无法全部装入缓冲区，故需要剪切数据报。

WSAEinval：套接口未用 bind()进行捆绑。

WSAEconnaborted：由于超时或其他原因，因此虚电路失效。

WSAEconnreset：远端强制中止了虚电路。

（10）int closesocket(SOCKET Socket)。

功能：通信结束后，释放套接字网络资源，可用于 TCP 客户端和服务器端。

参数：Socket：要释放或关闭的 Socket 套接字。

在 TCP 通信环境下，一般应用程序先释放通信 Socket，而监听 Socket 一般不释放，只用在 TCP 服务器端程序关闭时才释放。调用该函数过程实际上是向 TCP 通信对方发送一个释放连接请求，若该函数成功返回，则表示释放 TCP 连接的 4 次握手已经成功完成。

返回值：若无错误发生，则 closesocket()返回 0；否则返回 socket_error 错误，应用程序可通过 WSAGetLastError()函数获取相应的错误代码，错误代码类型如下所示。

WSANotinitialised：在使用此 API 前，应首先成功调用 WSAStartup()。

WSAEnetdown：Windows 套接口检测到网络子系统失效。

WSAEnotsock：描述字不是一个套接口。

WSAEinprogress：一个阻塞的 Windows 套接口调用正在运行中。

WSAEintr：通过一个 WSACancelBlockingCall()来取消一个（阻塞的）调用。

WSAEwouldblock：该套接口设置为非阻塞方式且 so_linger 设置为非零超时间隔。

（11）int PASCAL FAR getpeername(SOCKET Socket, struct sockaddr FAR* remoteaddr, int FAR* remoteaddrlen)。

功能：从套接字 Socket 中获取通信对端的网络地址信息，并把信息存放在 sockaddr 类型的结构变量 remoteaddr 中，可应用 TCP 和 UDP 通信。该函数在 winsock 编程中几乎没有用处，若在一个已经建立连接的 Socket 上，则客户端一定调用了 connect 函数，该函数后两个参数表明了对方地址信息；对于服务器，若想知道对方地址信息，则可通过 accept 函数中参数获得。

参数：Socket：表示一个已经建立连接套接字描述符。

remoteaddr：通信对端网络地址数据结构变量，获得对端网络地址信息。

remoteaddrlen：网络地址数据结构变量长度。

返回值：若无错误发生，则 getpeername()返回 0；否则返回 socket_error，应用程序可通过 WSAGetLastError()来获取相应的错误代码，错误代码类型如下所示。

WSANotinitialised：在使用此 API 之前应首先成功地调用 WSAStartup()。

WSAEnetdown：Windows 套接口实现检测到网络子系统失效。

WSAEfault：namelen 参数不够大。

WSAEinprogress：一个阻塞的 Windows 套接口调用正在运行中。

WSAEnotconn：套接口未连接。

WSAEnotsock：描述字不是一个套接口。

（12）int PASCAL FAR getsockname(SOCKET Socket, struct sockaddr FAR* localaddr, int FAR* localaddrlen)。

功能：从一个已绑定或已连接套接字 Socket 中获取本地网络地址信息，并把信息存放在 sockaddr 类型的结构变量 localaddr 中；可应用于 TCP 和 UDP 的通信。

Socket：表示一个已绑定或已建立连接的套接字描述符。

localaddr：用于存放本地网络地址信息数据结构的变量。

localaddrlen：网络地址信息数据结构的变量长度。

注意：在 TCP 通信方式中，若未调用 bind()，而直接调用了 connect()函数，则系统会为应用程序选择合适的本地地址和一个临时端口号，这时只有在 connect()函数调用成功后，才能通过调用 getsockname()函数获得本地套接字的网络地址信息。在返回时，namelen 参数包含了名字的实际字节数。若一个套接字与 INADDR_ANY 绑定，也就是说该套接口可以用任意主机的地址（多宿主主机有多个 IP 地址），则此时除非调用 connect()或 accept()函数建立连接，否则 getsockname()函数将不会返回主机 IP 地址的任何信息。因为对于多个主机环境下，除非该套接字已经建立连接，否则该套接字所用的网络地址信息是不可知的。在服务器上调用 getsockname()函数得到的已连接的套接字接口地址信息，而不是监听套接字接口地址信息。

返回值：若无错误发生，则 getsockname()函数返回 0；否则返回 socket_error 错误，应用程序可通过 WSAGetLastError()函数获取相应错误代码，错误代码类型如下所示。

WSANotinitialised：在使用此 API 之前，应首先成功地调用 WSAStartup()。

WSAEnetdown：Windows 套接口检测到网络子系统失效。

WSAEfault：namelen 参数不够大。

WSAEinprogress：一个阻塞的 Windows 套接口调用正在运行中。

WSAEnotsock：描述字不是一个套接口。

WSAEinval：套接口未用 bind()绑定。

（13）u_long PASCAL FAR htonl(u_long hostlong)。

功能：本函数将一个 32 位数从主机字节顺序转换成网络字节顺序。

参数：hostlong：主机字节顺序表达的 32 位数。

返回值：htonl()函数返回一个网络字节顺序的值。

（14）u_short PASCAL FAR htons(u_short hostshort)。

功能：将主机的无符号短整型数（16 位数）转换成网络字节顺序。

参数：hostshort：主机字节顺序表达的 16 位数。

返回值：htons()函数返回一个网络字节顺序的值。

（15）unsigned long PASCAL FAR inet_addr(const struct FAR* cp)。

功能：将一个十进制点间隔 IP 地址转换成一个 in_addr 结构变量；返回值可用作 Internet 地址。所有 Internet 地址均以网络字节顺序返回（字节从左到右排列）。

参数：cp：一个以 Internet 标准“.”间隔的字符串。

返回值：若无错误发生，则 inet_addr()函数返回一个无符号长整型数，其中以适当字节顺序存放 Internet 地址。若传入的字符串不是一个合法的 Internet 地址，如“a.b.c.d”地址中的任意一项超过 255，则 inet_addr()返回 inaddr_none。

（16）char FAR* PASCAL FAR inet_ntoa(struct in_addr in)。

功能：本函数将一个用 in 参数所表示的 Internet 地址结构转换成十进制点间隔字符串形式，如“a.b.c.d”。inet_ntoa()返回的字符串存放在 Windows 套接字实现所分配的内存中。

参数：in：表示一个 Internet 地址的数据结构变量。

返回值：若无错误发生，则 inet_ntoa()返回一个字符指针，指向一个十进制点间隔字符串；否则返回 NULL。

（17）u_long PASCAL FAR ntohl(u_long netlong)。

功能：将一个无符号长整形数（32 位数）从网络字节顺序转换为主机字节顺序。

参数：netlong：一个以网络字节顺序表达的 32 位数。

返回值：ntohl()返回一个以主机字节顺序表达的数。

（18）u_short PASCAL FAR ntohs(u_short netshort)。

功能：将一个无符号短整型数（16 位数）从网络字节顺序转换为主机字节顺序。

参数：netshort：一个以网络字节顺序表达的 16 位数。

返回值：ntohs()返回一个以主机字节顺序表达的数。

（19） int WSAAPI shutdown(SOCKET Socket, int type)。

功能：释放单个方向的连接通信，具体与 type 参数有关，应用于 TCP 通信。若 type 为 sd_send，则表示从本地到对方，单向不允许发送操作，此时本地会向对方发送 FIN 报文，虽然本地无法向对方发送数据，但还允许接收数据，这是半连接状态。当套接字发送的缓存中存在数据时，TCP 协议会把缓存中的数据发送完后，再发送 FIN 报文。若 type 为 sd_receive，则表示不允许在该连接上接收数据，当接收的缓存中还存在数据或者还有其他数据到达时，连接被重置，并向对方发送 RESET 报文；若 type 为 sd_both，则表示本地发送和接收均被禁止。

参数：Socket：要释放或关闭单个方向连接的 Socket 套接字。

int type：表示不再允许的操作类型，如 sd_send, sd_receive, sd_both。

返回值：若成功，则返回 0；否则返回 socket_error。

3. UDP 通信基本函数

UDP 通信常用函数为 WSAStartup()，socket()，bind()，sendto()，recvfrom()，WSACleanup()，closesocket()等；在使用这些函数时，头文件一定要包含<winsock2.h>。其中 WSAStartup()，socket()，bind()，WSACleanup()，closesocket()等 5 个函数在 TCP 基本函数部分已做了详细介绍，这里不再赘述。UDP 使用方法和 TCP 通信使用方法基本一致，具体使用情况如表 5-2 所示。

表 5-2 UDP 通信常用函数的具体使用情况

函数	UDP 使用情况
WSAStartup()	客户端和服务器
Socket()	客户端和服务器
bind()	服务器
sendto()	客户端和服务器
recvfrom ()	客户端和服务器
WSACleanup()	客户端和服务器
closesocket()	客户端和服务器

（1）int sendto(SOCKET socket, const char FAR * buf, int len, int flags, const struct sockaddr FAR * toaddr, int toaddrlen)。

功能：在无连接的数据报模式下，发送数据给对方。由于没有建立连接，因此需指明对方网络地址信息。

参数：Socket：本地套接字描述符。

buf：发送缓存。

len：发送缓存大小（以字节为单位计算）。

toaddr：对方网络地址信息数据结构变量。

toaddrlen：对方网络地址信息数据结构变量长度，toaddrlen 通常为 sizeof(sockaddr)。

返回值：该函数执行成功时返回发送的字节数，返回值可能小于 len，若失败则返回–1。

因为 UDP 不提供可靠通信，所以它没有真正的发送缓冲区，不必保存应用进程的数据，应用进程中的数据在沿协议栈向下传递时，以某种形式复制到内核缓冲区中，当数据链路层把数据发送出去后就把内核缓冲区中的数据删除，因此 UDP 不需要一个发送缓冲区。UDP 通信中，sendto()函数返回值是应用程序的数据或数据分片已经进入数据链路层的输出队列字节数，若数据链路层输出队列没有足够的空间存放数据，则该函数将返回错误 socket_error。

参数 toaddr 可以是三层单播、广播和组播地址，这是 UDP 数据报的通信特点。为了发送三层广播报文，应用程序必须调用 setsockopt(so_broadcast)函数开启广播功能，广播地址由宏 inaddr_broadcast 定义，参数 toaddr 的实参要设置为 so_broadcast，发送广播报文不建议分片，数据部分最好不要超过 512 字节。客户端调用 sendto，若 Socket 没有绑定，则系统为 Socket 分配一个本地地址（端口号为临时 PORT），并将 Socket 标识为已绑定，应用程序可以通过调用 getsockname 得到绑定的地址信息。对 UDP 来讲，一次发送的数据大小受物理网络 MTU 的限制，MTU 大小可以通过 getsockopt(so_max_msg_size)得到，若用户一次发送的数据超过物理网络 MTU 的限制，则 sendto 函数返回 WSAEmsgsize，并且不会发送数据。Sendto 成功返回并不表示数据已经发送到网络中，只能说明传输层接收了应用层数据，并保存到 UDP Socket 的缓存队列中，数据什么时间发送出去，由系统确定。若传输层没有缓存空间保存数据，则用户将 Socket 设置为非阻塞方式；否则该函数将阻塞，直到传输层有缓存接收才会返回。用户可以发送一个长度为 0 的用户数据报，该函数返回值也是 0，相当于发送的数据报没有数据而只有首部。应用程序可通过 select 函数或 WSAAsyncSelect 函数设置什么时间可以再次发送数据报。

（2）int recvfrom(SOCKET Socket, char FAR * buf, int len, int flags, struct sockaddr FAR * fromaddr, int FAR * fromaddrlen)。

功能：在无连接的 UDP 用户数据报模式下，接收 UDP 用户数据报的数据。在 UDP 通信环境下，接收方只有成功调用了 recvfrom()函数后，才能通过 fromaddr 返回值获取通信对端网络地址信息。

参数：Socket：接收端本地套接字描述符。

buf：用于接收数据的缓冲区。

len：接收缓冲区大小（以字节为大小计算）。

flags：通常为 0。

fromaddr：UDP 通信对端网络地址信息数据结构变量。

fromaddr len：UDP 通信对端网络地址信息数据结构变量长度。

返回值：若函数执行成功，则返回接收的字节数；否则返回−1。

用户可以通过 fromaddr 参数得到对方的地址信息，当无连接 Socket 接收数据时，将接收缓存队列中的第一个数据复制到 buf 中，若接收用户数据报比较大，超过了缓存大小，则只将数据报前 len 字节大小的数据复制到 buf 中即可，其余数据丢失，并产生错误码 wsaem-sgsize。对于 TCP 连接，若 Socket 利用 recv 接收数据，并且将 TCP 数据段长度超过了接收缓存大小，则仅将前 len 字节大小的数据复制到 buf 中，其余数据仍然保留在接收缓存队列中。在调用 recvfrom()函数时，若传输层接收缓存队列没有数据，则在阻塞模式下，该函数一直等待，直到接收到数据或发生错位为止；在非阻塞模式下，会返回错误 socket_error，应用程序可通过 select()或 WSAAsyncSelect()函数设置什么时间数据到达。

（3）int WSAAPI closesocket(SOCKET s)。

功能：释放地址信息，释放缓存队列数据，取消阻塞或异步操作，应用程序不会收到通信消息或事件信号，释放套接字描述符资源。

参数：Socket：接收端本地套接字描述符。

返回值：若成功，则返回 0；否则返回 socket_error，调用 WSAGetLastError()函数得到错误码。

对于 UDP 通信，只是释放本地资源，并立即返回；对于 TCP 协议，通信双方需要维护连接，关闭操作受到选项 so_linger 的影响，底层处理比较复杂。

由此可见，对于 bind()函数，服务器端使用 UDP 或 TCP 给套接字绑定一个周知端口号。对于 UDP 通信，由于没有建立连接，因此第一次通信发送数据方向有限制，只是客户端向服务器发送 UDP 用户数据报，这是因为只有客户端应用层可以通过主动填写通信服务器地址结构的方式调用 sendto()函数发送数据报给服务器。服务器由于无法提前知道客户端地址信息，而无法向客户端发送数据报。客户端在向服务器发送数据时，在 sendto()函数中必须指明服务器的地址信息。服务器通过 recvfrom()函数接收数据报，并利用该函数中的地址指针参数获取通信对方客户端地址信息，此时 UDP 服务器才有机会向客户端发送数据报。对于 TCP 协议，由于客户端首先需要知道 TCP 服务器地址信息，因此客户端首先主动向服务器通过 connect()函数发起连接请求报文，在 connect()函数的参数中必须有服务器端地址信息，TCP 服务器首先在监听 Socket 上绑定本地地址信息，然后在被动监听 Socket 上通过 Listen()函数接收客户端发送来的连接请求，并将连接请求发送到队列缓存中，等待服务器通过 accept()函数同意该连接请求后，connect 函数将成功返回，TCP 服务器端三次握手原子操作结束，TCP 连接成功建立。此时服务器 accept 函数返回一个已连接 Socket，通过已连接的 Socket 可以与客户端建立通信，并且只有在这时，服务器通过 accept 函数中的指针地址参数获取申请建立 TCP 连接的客户端的地址信息。在通信阶段，对第一次发送数据方向没有限制，客户端可第一次向服务器发送数据，服务器也可向客户端发送数据，但主动建立连接的其中一方必须首先是客户端。若服务器没有运行，则客户端向服务器发送连接请求，客户端的连接建立失败，错误信息是服务器端口不可达。

5.2 Socket 通信基本流程

1. TCP 通信基本流程

TCP 通信一般采用 C/S 结构。服务器端首先调用 Socket()建立一个本地 Socket 套接字，称为旧 Socket 套接字，标识为 Server_socket。服务器初始化网络地址信息数据结构变量，设置服务器的 IP 地址、端口号等信息，再调用 bind()函数将服务器网络地址信息绑定在 Server_socket 上，然后调用 listen()函数在 Server_socket 上监听是否有客户端发送 TCP 连接请求；若有则调用 accept()函数同意建立 TCP 连接，并返回一个通信 Socket 套接字，标识为 New_socket。然后调用 recv()函数在 New_socket 上接收或者发送数据，并对接收的数据进行处理，将处理结果通过调用 send()函数在 New_socket 上发送给 TCP 客户端。通信结束后，首先通过调用 closesocket()函数释放 New_socket 所占用的网络资源，只有管理员强行关闭服务器程序时，服务器程序才通过调用 closesocket()函数释放 Server_socket 所占用的网络资源。注意：服务器只有调用了 accept()函数，才能通过返回的形参指针获取客户端网络地址信息。当 TCP 客户端通信开始时，首先调用 socket()函数建立一个本地 Socket 套接字，由于客户端进程端口号是操作系统临时分配，因此不需要调用绑定函数 bind()；这时，客户端接下来可直接调用 connect()函数，向 TCP 服务器端发送一个连接请求，若对方同意建立 TCP 连接，则 connect()函数成功返回，表示三次握手建立 TCP 连接已经完成。客户端此时可通过 send()函数发送数据给服务器，或者通过 recv()接收服务器端发送来的数据。通信接收后，客户端可通过调用 closesocket()函数释放本地 Socket 套接字占用的网络资源，TCP 通信基本流程如图 5-2 所示。

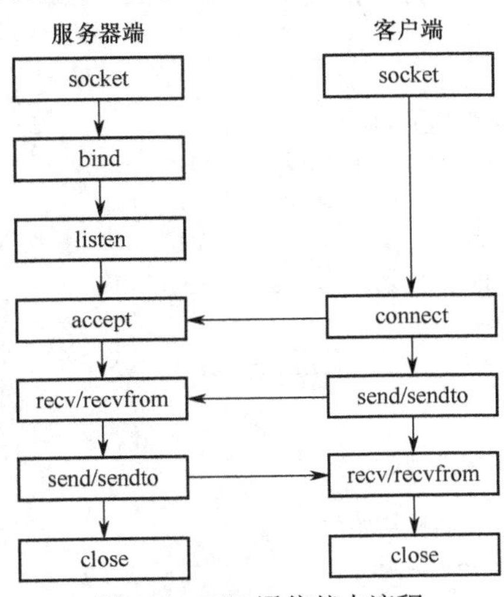

图 5-2　TCP 通信基本流程

2. UDP 通信基本流程

UDP 通信基本流程如图 5-3 所示。

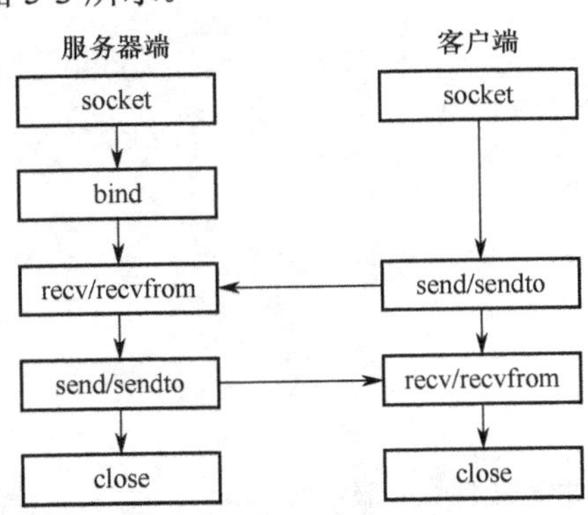

图 5-3　UDP 通信基本流程

5.3 基于 UDP 单向通信

实验任务： 客户端将通过键盘输入的字符发送给 UDP 服务器，UDP 服务器接收到客户端发送来的字符后，在屏幕上实时显示。

1. UDP 单向通信（客户端参考源代码）

```
#include  <winsock2.h>
#include  <stdio.h>
#define  BUFFER_SIZE  1024
void main()
{
    //初始化服务器的 IP 地址和端口号
    char * serip="127.0.0.1";
    int  Seriport=5050;
    //初始化发送缓存
    char send_buf[BUFFER_SIZE];
    memset(send_buf,0,sizeof(send_buf));

    WSADATA wsadata;
    if(WSAStartup(MAKEWORD(2,2),&wsadata)!=0)
    {
        printf("failed to load winsock\n");
        return;
    }

    // 服务器 sockaddr_in 结构初始化
    struct sockaddr_in seradd;
    seradd.sin_family=AF_INET;
    seradd.sin_port=htons(Seriport);
    seradd.sin_addr.s_addr=inet_addr(serip);

    //创建 SOCK_DGRAM
    SOCKET sclient;
    sclient=socket(AF_INET,SOCK_DGRAM,0);
    if(sclient==INVALID_SOCKET)
    {
        printf("build socket failed!\n");
        return  -1;
    }
    while(1)
    {
        //从键盘输入数据并发送给 UDP 服务器
        scanf("%s",send_buf);
        sendto(sclient,send_buf,sizeof(send_buf),0,(struct  sockaddr*)&seradd,
sizeof(seradd));
    }

    closesocket(sclient);
    WSACleanup();
}
```

2. UDP 单向通信（服务器端参考源代码）

```
#include <winsock2.h>
#include <stdio.h>
#include <stdlib.h>
#define  BUFFER_SIZE 1024
int main()
{
      //定义服务器 SOCKET
      SOCKET Socket;
      //定义接收缓存
      char recv_buf[BUFFER_SIZE];
      //定义服务器和客户端 sockaddr_in 地址结构
      struct sockaddr_in seradd,cliadd;

       WSADATA wsadata;
      if(WSAStartup(MAKEWORD(2,2),&wsadata)!=0)
      {
          printf("failed to load winsocket\n");
          return  -1;
      }
      sSocket=socket(AF_INET,SOCK_DGRAM,0);
      if(sSocket==INVALID_SOCKET)
      {
          printf("socket() failed:%d\n",WSAGetLastError());
          return -1;
      }

       //初始化服务器 SOCKET 地址结构
      seradd.sin_family=AF_INET;
      seradd.sin_port=htons(5050);
      seradd.sin_addr.s_addr= inet_addr("127.0.0.1");
      //在服务器 SOCKET 上绑定服务器的 IP 地址和端口号
      if(bind(sSocket,(LPSOCKADDR)&seradd,sizeof(seradd))==SOCKET_ERROR)
      {
          printf("地址绑定时出错:%d\n",WSAGetLastError());
          return  -1;
      }
       int ilen=sizeof(cliadd);
      //初始化接收缓冲区
       memset(recv_buf,0,sizeof(recv_buf));
        while(1)
        {
              //在此函数中 cliadd 为传出客户端的 IP 地址和端口结构变量
              int  irecv=recvfrom(sSocket,  recv_buf,sizeof(recv_buf),  0,
```

```
(struct sockaddr*)&cliadd,&ilen);
                  if(irecv==SOCKET_ERROR)
           {
                  printf("接收出错%d\n",WSAGetLastError());
                  return -1;
           }
        else if(irecv==0)
           break;
        else
           {
                //输出接收到的内容
                printf("\n%s--",recv_buf);
                //输出客户端的 IP 地址和端口号
                printf("Server received from Client
                ip:[%s],port:[%d]\n",inet_ntoa(cliadd.sin_addr), ntohs(cliadd.
sin_port));
           }
        }
        closesocket(sSocket);
        WSACleanup();
    }//main
```


5.4 TCP 单向通信

实验任务：客户端将通过键盘输入的字符发送给 TCP 服务器，TCP 服务器接收到客户端发送来的字符后，在屏幕上实时显示。

1. TCP 单向通信（客户端参考源代码）

```
#include<winsock2.h>
#include<stdio.h>
#define BUFFER_SIZE  512
int  main()
{
        WSADATA wsaData;
        SOCKET sClient;
        char *Serip="127.0.0.1";//随着程序所在主机的地址改变而改变
        int SeriPort=5050;
         //发送缓冲区
         char send_buf[BUFFER_SIZE];
         //服务器端 SOCKET 地址结构
          struct sockaddr_in seraddr;
          //初始化接收/发送缓冲区
          memset(send_buf,0,BUFFER_SIZE);
          if(WSAStartup(MAKEWORD(2,2),&wsaData)!=0)
          {
```

```
                printf("failed to load winsock\n");
                return -1;
            }
            //填写要连接的服务器地址的信息
            seraddr.sin_family=AF_INET;
            seraddr.sin_port=htons(SeriPort);
            seraddr.sin_addr.s_addr=inet_addr(Serip);
            //建立客户端字节流式套接字
            sClient=socket(AF_INET,SOCK_STREAM,0);
            if(sClient==INVALID_SOCKET)
            {
                printf("creat socket failed : %d\n",WSAGetLastError());
                return  -1;
            }
            //请求与服务器建立连接
            if(connect(sClient,(struct  sockaddr  *)&seraddr,sizeof(seraddr))==
INVALID_SOCKET)
            {
                printf("connect failed: %d", WSAGetLastError());
                return -1;
            }
            printf("start send data to server:\n");
            //向服务器端发送数据
            while(1)
            {
                scanf("%s",send_buf);
                int isnd=send(sClient,send_buf,sizeof(send_buf),0);
                if(isnd==0) break;
                else if(isnd==SOCKET_ERROR)
                {
                    printf("send data error:%d", WSAGetLastError());
                    return -1;
                }
            }
            closesocket(sClient);
            WSACleanup();
            return 0;
        }
```


2. TCP 单向通信（服务器端参考源代码）

```
#include<Winsock2.h>
#include<stdlib.h>
#include<stdio.h>
int  main()
{
```

```
WSADATA wsaData;
 SOCKET oldSocket,newSocket;
//客户端地址长度
  int iLen=0;
  //发送的数据长度
  int iSend=0;
  //接收的数据长度
int ircv =0;
//接收来自用户的信息
char recv_buffer[512];
//客户端和服务器端的 SOCKET 地址结构
struct sockaddr_in seraddr,cliaddr;
if(WSAStartup(MAKEWORD(2,2),&wsaData)!=0)
{
    printf("failed to load winsock\n");
    return -1;
}
//创建服务器端，监听 SOCKET
oldSocket=socket(AF_INET,SOCK_STREAM,0);
if(oldSocket==INVALID_SOCKET)
{
    printf("create socket failed:%d",WSAGetLastError());
    return -1;
}
//以下是建立服务器端的 SOCKET 地址结构
seraddr.sin_family=AF_INET;
seraddr.sin_port=htons(5050);
seraddr.sin_addr.s_addr= inet_addr("127.0.0.1");
if(bind(oldSocket,(LPSOCKADDR)&seraddr,sizeof(seraddr))==SOCKET_
ERROR)
{
    printf("bind() failed:%d\n",WSAGetLastError());
    return -1;
 }
 printf("server start to receive data:\n");
 //进入监听状态
if(listen(oldSocket,5)==SOCKET_ERROR)
{
    printf("listen() failed:  %d \n",WSAGetLastError());
    return -1;
}
//接收客户端的连接
iLen=sizeof(cliaddr);
//产生一个新的 SOCKET
newSocket=accept(oldSocket,(struct sockaddr*)&cliaddr,&iLen);
if(newSocket==INVALID_SOCKET)
```

```
        {
            printf("accept() failed:%d\n",WSAGetLastError());
            return -1;
        }
        //进入一个无限循环，等待客户端发送数据
        while(1)
        {
            //服务器初始化接收缓冲区
            memset(recv_buffer,0,512);
            ircv=recv(newSocket,recv_buffer,sizeof(recv_buffer),0);
            if(ircv==SOCKET_ERROR)
            {
                printf("rcv() failed:%d\n",WSAGetLastError());
                break;
            }
        else if(ircv==0) break;
        else {
                printf("server recieve data from client: %s\n",
recv_buffer);
            }
        }
        closesocket(newSocket);
        closesocket(oldSocket);
        WSACleanup();
        return 0;
    }
```


5.5 UDP 双向通信

实验任务：客户端将通过键盘输入的字符发送给 UDP 服务器，UDP 服务器接收到客户端发送来的字符后，在屏幕上实时显示，并构造反馈信息发送给 UDP 客户端。

1. UDP 双向通信（客户端参考源代码）

```
#include  <stdafx.h>
#include  <winsock2.h>
#include  <stdio.h>
#define   BUFFER_SIZE  1024
void main()
{
        //初始化服务器的 IP 地址和端口号
        char * serip="127.0.0.1";
        int Seriport=5050;
        //初始化发送缓存
        char send_buf[BUFFER_SIZE],recv_buf[BUFFER_SIZE];
        memset(send_buf,0,sizeof(send_buf));
```

```
        //memset(recv_buf,0,sizeof(recv_buf));
        WSADATA wsadata;
        if(WSAStartup(MAKEWORD(2,2),&wsadata)!=0)
        {
                printf("failed to load winsock\n");
                return -1;
        }
        // 初始化服务器 sockaddr_in 的地址结构
        struct sockaddr_in seradd;
        seradd.sin_family=AF_INET;
        seradd.sin_port=htons(Seriport);
        seradd.sin_addr.s_addr=inet_addr(serip);
        //创建 SOCK_DGRAM
         SOCKET sclient;
        sclient=socket(AF_INET,SOCK_DGRAM,0);
        if(sclient==INVALID_SOCKET)
        {
                printf("build socket failed!\n");
                return -1;
        }
        printf("Client start to send data:\n");
        int ilen =sizeof(seradd);
        while(1)
        {
                 //从键盘上输入数据并发送给 UDP 服务器
                scanf("%s",send_buf);
                int isend = sendto(sclient,send_buf,sizeof(send_buf),0,
                               (struct sockaddr*)&seradd,sizeof(seradd));
                memset(recv_buf,0,sizeof(recv_buf));
                int irecv = recvfrom(sclient,recv_buf,sizeof(recv_buf),0,
                               (struct sockaddr*)&seradd,&ilen);
                //输出接收到的内容
                printf("client receive data from server:%s\n", recv_buf);
                //输出客户端的 IP 地址和端口号
                printf("server  ip:[%s],port:[%d]\n",inet_ntoa(seradd.sin_
addr),ntohs(seradd.sin_port));
        }
                closesocket(sclient);
                WSACleanup();
     }
```


2. UDP 双向通信（服务器端源代码）

```
#include "stdafx.h"
#include <winsock2.h>
#include <stdio.h>
#include <stdlib.h>
```

```
#define  BUFFER_SIZE 1024
void main()
{
     //定义服务器 SOCKET
    SOCKET sSocket;
    char recv_buf[BUFFER_SIZE],send_buf[BUFFER_SIZE];
    //定义服务器和客户端 sockaddr_in 的地址结构
    struct sockaddr_in seradd,cliadd;
    WSADATA wsadata;
    if(WSAStartup(MAKEWORD(2,2),&wsadata)!=0)
    {
       printf("failed to load winsocket\n");
       return;
    }
    sSocket=socket(AF_INET,SOCK_DGRAM,0);
    if(sSocket==INVALID_SOCKET)
    {
       printf("socket() failed:%d\n",WSAGetLastError());
       return;
    }

       //初始化服务器 SOCKET 的地址结构
       seradd.sin_family=AF_INET;
       seradd.sin_port=htons(5050);
       seradd.sin_addr.s_addr= inet_addr("127.0.0.1");
       //在服务器 SOCKET 上绑定服务器的 IP 地址和端口号
       if(bind(sSocket,(LPSOCKADDR)&seradd,sizeof(seradd))==SOCKET_ERROR)
       {
               printf("地址绑定时出错:%d\n",WSAGetLastError());
               return;
       }
       int ilen=sizeof(cliadd);
      //初始化接收缓冲区
      memset(recv_buf,0,sizeof(recv_buf));
      printf("server start to recive data:\n");
      while(1)
      {
                //在此函数中 cli 为传出参数
                int irecv=recvfrom(sSocket,recv_buf,sizeof(recv_buf),0,
                        (struct sockaddr*)&cliadd,&ilen);
                if(irecv==SOCKET_ERROR)
                {
                        printf("接收出错%d\n",WSAGetLastError());
                        return;
                }
                else if(irecv==0)    break;
```

```
                    else
                    {
                                //输出接收到的内容
                    printf("Server received from Client %s\n", recv_buf);
                                //输出客户端的 IP 地址和端口号
                    printf("Client ip:[%s],client port:[%d]\n",inet_ntoa(cliadd.
                    sin_addr),ntohs (cliadd.sin_port));
                    }
                    int isend = sendto(sSocket,recv_buf,sizeof(recv_buf),0,
                                (struct sockaddr*)&cliadd,sizeof(cliadd));
        }
        closesocket(sSocket);
        WSACleanup();
}
```

5.6 TCP 双向通信

实验任务：客户端将通过键盘输入的字符发送给 TCP 服务器，TCP 服务器接收到客户端发送来的字符后，在屏幕上实时显示，并构造反馈信息发送给 TCP 客户端。

1. TCP 双向通信（客户端参考源代码）

```
#include<winsock2.h>
#include<stdio.h>
#define BUFFER_SIZE  512
int  main()
{
        WSADATA wsaData;
        SOCKET sClient;
        char *Serip="127.0.0.1";//随着程序所在主机的地址改变而改变
        int SeriPort=5050;
        //发送缓冲区
        char send_buffer[BUFFER_SIZE],recv_buffer[BUFFER_SIZE];
        //服务器端 SOCKET 地址结构
        struct sockaddr_in seraddr;
        //初始化接收/发送缓冲区
        memset(send_buffer,0,BUFFER_SIZE);
        if(WSAStartup(MAKEWORD(2,2),&wsaData)!=0)
        {
              printf("failed to load winsock\n");
              return -1;
        }
        //填写要连接的服务器地址信息
        seraddr.sin_family=AF_INET;
        seraddr.sin_port=htons(SeriPort);
        seraddr.sin_addr.s_addr=inet_addr(Serip);
        //建立客户端字节流式套接字
```

```
        sClient=socket(AF_INET,SOCK_STREAM,0);
        if(sClient==INVALID_SOCKET)
        {
                printf("creat socket failed : %d\n",WSAGetLastError());
                return -1;
        }
        //请求与服务器建立连接
        if(connect(sClient,(struct sockaddr *)&seraddr,sizeof(seraddr))==
INVALID_SOCKET)
        {
                printf("connect failed: %d", WSAGetLastError());
                return -1;
        }
         printf("start send data to server:\n");
        //向服务器端发送数据
        while(1)
        {
        scanf("%s",send_buffer);
                int isnd=send(sClient,send_buffer,sizeof(send_buffer),0);
                if(isnd==0) break;
                else if(isnd==SOCKET_ERROR)
                {
                        printf("send data error:%d",WSAGetLastError());
                        return -1;
                }
                int ircv=recv(sClient,recv_buffer,sizeof(recv_ buffer),0);
                printf("client receive from server:%s\n",recv_ buffer);
        }
        closesocket(sClient);
        WSACleanup();
        return 0;
}
```

2. TCP双向通信（服务器端参考源代码）

```
#include<Winsock2.h>
#include<stdlib.h>
#include<stdio.h>
int  main()
{
        WSADATA wsaData;
        SOCKET oldSocket,newSocket;
        //客户端的地址长度
        int iLen=0;
        //发送的数据长度
        int iSend=0;
        //接收的数据长度
        int ircv =0;
        //接收来自用户的信息
```

```
        char recv_buffer[512];
        //客户端和服务器端的 SOCKET 地址结构
        struct sockaddr_in seraddr,cliaddr;

        if(WSAStartup(MAKEWORD(2,2),&wsaData)!=0)
        {
              printf("failed to load winsock\n");
              return -1;
        }
        //创建服务器端的监听 SOCKET
        oldSocket=socket(AF_INET,SOCK_STREAM,0);
        if(oldSocket==INVALID_SOCKET)
        {
              printf("create socket failed:%d",WSAGetLastError());
              return -1;
        }
        //以下是建立服务器端的 SOCKET 地址结构
        seraddr.sin_family=AF_INET;
        seraddr.sin_port=htons(5050);
        seraddr.sin_addr.s_addr= inet_addr("127.0.0.1");
        if(bind(oldSocket,(LPSOCKADDR)&seraddr,sizeof(seraddr))==SOCKET_ERROR)
        {
          printf("bind() failed:%d\n",WSAGetLastError());
          return -1;
        }
    printf("server start to receive data:\n");
     //进入监听状态
     if(listen(oldSocket,5)==SOCKET_ERROR)
     {
       printf("listen() failed:  %d \n",WSAGetLastError());
       return -1;
     }
    接收客户端的连接
     iLen=sizeof(cliaddr);
     newSocket=accept(oldSocket,(struct sockaddr*)&cliaddr,&iLen);//生
成一个新的 SOCKET
     if(newSocket==INVALID_SOCKET)
     {
           printf("accept() failed:%d\n",WSAGetLastError());
           return -1;
     }
     //进入一个无限循环，等待客户端发送数据
     while(1)
     {
           //初始化服务器，接收缓冲区
           memset(recv_buffer,0,512);
           ircv=recv(newSocket,recv_buffer,sizeof(recv_buffer),0);
           if(ircv==SOCKET_ERROR)
           {
```

```
                        printf("rcv() failed:%d\n",WSAGetLastError());
                        break;
                }
                else if(ircv==0) break;
                else {
                        printf("server recieve data from client: %s\n",
recv_buffer);
                    }
                int  isnd=send(newSocket,recv_buffer,sizeof(recv_buffer),0);
        }
    closesocket(newSocket);
    closesocket(oldSocket);
    WSACleanup();
    return 0;
}
```

5.7 UDP 文件传输

实验任务：UDP 客户端通过对本地文件操作分多次传输数据，将一个较大的文本或多媒体文件发送到 UDP 服务器上，UDP 服务器接收到客户端发送来的数据后，将数据保存在服务器端，并验证文件在传输过程中是否出错。

1. UDP 文件传输（客户端参考源代码）

```
#include  <stdafx.h>
#include  <winsock2.h>
#include  <stdio.h>
int main()
{
        //初始化服务器的 IP 地址和端口号
        char * serip="127.0.0.1";
        int  Seriport=5050;
        WSADATA wsadata;
        if(WSAStartup(MAKEWORD(2,2),&wsadata)!=0)
        {
              printf("failed to load winsock\n");
              return -1;
        }
        // 初始化服务器 sockaddr_in 的地址结构
        struct sockaddr_in seradd;
        seradd.sin_family=AF_INET;
        seradd.sin_port=htons(Seriport);
        seradd.sin_addr.s_addr=inet_addr(serip);
         //创建 SOCK_DGRAM
         SOCKET sclient;
        sclient=socket(AF_INET,SOCK_DGRAM,0);
        if(sclient==INVALID_SOCKET)
```

```
        {
                printf("build socket failed!\n");
                return -1;
        }
        FILE *fileptr=NULL;
        fileptr=fopen("d:\\test.doc","rb");
        if(fileptr==NULL)
        {
                printf("file can not open!\n");
                return -1 ;
        }
        printf("client start to send file!\n");
        //向服务器端发送数据
        char data_buffer[512];
        memset(data_buffer,0,512);
        while(1)
        {
                if(!feof(fileptr))
                {
                                int iread=fread(data_buffer,1,512,fileptr);
                                int isend=sendto(sclient,data_buffer,iread,0,
                                    (struct sockaddr*)&seradd,sizeof(seradd));
                }
                else break;
        }
       printf("file send end successfully!\n");
       char str[100] = "quit";
       sendto(sclient,str,sizeof(str),0,(struct sockaddr*)&seradd,sizeof(seradd));

       fclose(fileptr);
       closesocket(sclient);
       WSACleanup();
       return 0;
       }
```


2. UDP 文件传输（服务器端源代码）

```
#include "stdafx.h"
#include <winsock2.h>
#include <stdio.h>
int main()
{
        //定义服务器 SOCKET
        SOCKET sSocket;
        //定义服务器和客户端 sockaddr_in 的地址结构
        struct sockaddr_in seradd,cliadd;
        WSADATA wsadata;
```

```
        if(WSAStartup(MAKEWORD(2,2),&wsadata)!=0)
        {
                printf("failed to load winsocket\n");
                return -1;
        }
        sSocket=socket(AF_INET,SOCK_DGRAM,0);
        if(sSocket==INVALID_SOCKET)
        {
                printf("socket() failed:%d\n",WSAGetLastError());
                return -1;
        }
        //初始化服务器 SOCKET 的地址结构
        seradd.sin_family=AF_INET;
        seradd.sin_port=htons(5050);
        seradd.sin_addr.s_addr= inet_addr("127.0.0.1");
        //在服务器 SOCKET 上绑定服务器的 IP 地址和端口号
        if(bind(sSocket,(LPSOCKADDR)&seradd,sizeof(seradd))==SOCKET_ERROR)
        {
                printf("地址绑定时出错:%d\n",WSAGetLastError());
                return -1;
        }
        int ilen=sizeof(cliadd);
        FILE *ptrfile=fopen("f:\\test.doc","wb");
        if(ptrfile==NULL)
        {
                printf("file can not open!\n");
                return -1 ;
        }
        char data_buffer[512];
        memset(data_buffer,0,512);
         printf("server start to recieve file \n");
        while(1)
        {
             int  irecv=recvfrom(sSocket,data_buffer,512,0,(struct  sockaddr*)
&cliadd,&ilen);
             int iwrite=fwrite(data_buffer,1,irecv,ptrfile);
             if(strcmp(data_buffer, "quit")==0)   break;
        }
        printf("server recieve data end successfuly\n");
        fclose(ptrfile);
        closesocket(sSocket);
        WSACleanup();
        return 0;
    }
```

5.8 TCP 文件传输

实验任务：TCP 客户端通过对本地文件操作分多次传输数据，将一个较大的文本或多媒体文件发送到 TCP 服务器上，TCP 服务器接收到客户端发送来的数据后，将数据保存在服务器端，并验证文件在传输过程中是否出错。

1. TCP 文件传输（客户端源代码）

```
#include<winsock2.h>
#include<iostream.h>
#include<stdio.h>
#pragma comment(lib,"ws2_32.lib")
#define DATA_BUFFER  512
int  main()
{
            WSADATA wsaData;
            SOCKET sClient;
            char *Serip="127.0.0.1";//随程序所在主机的地址改变而改变
            int SeriPort=8080;
            //服务器端 SOCKET 地址结构
            struct sockaddr_in seraddr;
            if(WSAStartup(MAKEWORD(2,2),&wsaData)!=0)
            {
                    printf("failed to load winsock\n");
                    return -1;
            }
            //填写要连接的服务器地址信息
            seraddr.sin_family=AF_INET;
            seraddr.sin_port=htons(SeriPort);
            seraddr.sin_addr.s_addr=inet_addr(Serip);
            //建立客户端字节流式套接字
            sClient=socket(AF_INET,SOCK_STREAM,0);
            if(sClient==INVALID_SOCKET)
            {
                    printf(" create  socket  failed  :%d\n",WSAGetLast-
Error());
                    return -1;
            }
            //请求与服务器建立连接
            FILE *fileptr=NULL;
            fileptr=fopen("d:\\test.doc","rb");
            if(fileptr==NULL)
            {
            printf("file can not open!\n");
            return -1 ;
            }
            if(connect(sClient,(struct sockaddr *)&seraddr,sizeof(sera-
```

```
ddr))==INVALID_SOCKET)
            {
                    printf("connect() failed:%d\n",WSAGetLastError());
                    return -1;
            }
            printf("client start to send file!\n");
             //向服务器端发送数据
            char data_buffer[512];
            memset(data_buffer,0,512);
            while(1)
            {
                    if(!feof(fileptr))
                    {
                            int iread=fread(data_buffer,1,512,fileptr);
                            int isend=send(sClient,data_buffer,iread,0);
                    }
                    else break;
            }
            printf("file send end successfully!\n");
            char str[100] = "quit";
            send(sClient,str,sizeof(str),0);
            fclose(fileptr);
            closesocket(sClient);
            WSACleanup();
            return 0;
    }//main()
```


2. TCP 文件传输（服务器端源代码）

```
#include<stdio.h>
#include<Winsock2.h>
#include<stdlib.h>
#pragma comment(lib,"ws2_32.lib")
int main()
{
        SOCKET oldSocket,newSocket;
        struct sockaddr_in seraddr,cliaddr;
        WSADATA wsaData;
        if(WSAStartup(MAKEWORD(2,2),&wsaData)!=0)
        {
              printf("failed to load winsock\n");
              return -1;
        }
        //创建服务器端监听 SOCKET
        oldSocket=socket(AF_INET,SOCK_STREAM,0);
        if(oldSocket==INVALID_SOCKET)
        {
              printf("create socket failed:%d\n",WSAGetLastError());
              return -1;
```

```
        }
        printf("server start to recieve data\n");
        //以下是建立服务器端的 SOCKET 地址结构
        seraddr.sin_family=AF_INET;
        seraddr.sin_port=htons(8080);
        //使用系统指定的 IP 地址 INADDR_ANY
        seraddr.sin_addr.s_addr=htonl(INADDR_ANY);
        //seraddr.sin_addr.s_addr= inet_addr("127.0.0.1");
        if(bind(oldSocket,(LPSOCKADDR)&seraddr,sizeof(seraddr))==SOCKET_ERROR)
        {
              printf("bind() failed:%d\n",WSAGetLastError());
              return -1;
        }
        //进入监听状态
        if(listen(oldSocket,5)==SOCKET_ERROR)
          {
              printf("listen() failed:%d\n",WSAGetLastError());
              return -1;
          }
          //接收客户端的连接
          int iLen=sizeof(cliaddr);
          //产生一个新的 SOCKET
          newSocket=accept(oldSocket,(struct sockaddr*)&cliaddr,&iLen);
          if(newSocket==INVALID_SOCKET)
          {
                  printf("accept() failed:%d\n",WSAGetLastError());
                  return -1;
          }
          FILE *ptrfile=fopen("f:\\test.doc","wb");
          if(ptrfile==NULL)
          {
              printf("file can not open!\n");
                return -1 ;
            }
          char data_buffer[512];
          memset(data_buffer,0,512);
          while(1)
          {
               int ircv=recv(newSocket,data_buffer,512,0);
               int iwrite=fwrite(data_buffer,1,ircv,ptrfile);
               if(strcmp(data_buffer, "quit")==0)
               break;
          }
          printf("server recieve data end successfuly\n");
          fclose(ptrfile);
          closesocket(newSocket);
          closesocket(oldSocket);
          WSACleanup();
          return 0;
}
```

第 6 章

数据捕获及网络协议分析

6.1 网络抓包工具

常用的性能优良的网络数据包捕获工具主要有以下几种：Ethereal（Wireshark）是一款性能卓越的嗅探软件，也是实验中常采用的网络分析工具；WinDump 是一款基于 Windows 平台的 TCPDump，它使用 WinPcap 库；Network Associates Sniffer 是一款流行的商业嗅探工具；Windows 2000/NT Server Network Monitor 是 Windows 2000 Server 和 Windows NT Server 内置的网络性能分析程序；EtherPeer 是 WildPackets 公司的一款商业网络分析工具，分别基于 Windows 操作系统和 MAC 操作系统两种版本；TCPDump 是基于 UNIX 操作系统的最常用的网络嗅探工具；Snoop 是 Sun 的 Solaris 操作系统自带的一款网络嗅探工具；Sniffit 是运行在 Linux、SunOS、Solaris 以及 FreeBSD 上的网络嗅探工具；Snort 是一款可以进行网络嗅探的入侵检测系统；Dsniff 是一款非常流行的网络嗅探工具；Ettercap 是一款特意针对交换式网络的嗅探工具；Analyzer 是一款由 WinPcap 和 WinDump 的作者开发的运行在 Windows 操作系统上的免费嗅探软件；Packetyzer 是一款使用 Ethereal 内核逻辑的、运行在 Windows 平台的免费软件。

捕获的网络数据可以以 GUI 模式和 TTY 两种模式浏览。Ethereal 可以解码的协议有很多种；网络分析是通过分析捕获的网络流量以确定网络是否发生异常事件的过程，一个网络分析工具一般包含以下 5 个基本组成部分：

（1）硬件：大多数网络分析工具是基于软件开发，运行在通用操作系统和网卡上；还有一些工具是基于硬件的网络分析工具。

（2）捕获驱动：是指从网络上捕获原始网络流量，并将需要过滤后的数据流存储在缓冲区中。

（3）缓冲区：缓冲区用来存放捕获的数据或过滤后的数据，缓冲区有基于硬盘和基于内存两种方式。

（4）实时分析器：可分析来自网络的数据流。

（5）解码器：以用户可识别的方式显示网络流量内容或者分析结果，可对二进制数据流按照网络通信协议的语法进行解析并显示。

6.2 Wireshark 操作

Wireshark（原名 Ethereal）是一款功能强大的网络分析调试和数据包协议分析软件。Wireshark 的功能类似于 TCPDump，但 Wireshark 具有设计优秀的 GUI 和众多分类信息及过滤选项。用户通过 Wireshark 将网卡设置成混杂模式，可以查看网络中发送的所有通信流量。目前，在使用 Wireshark 分析无线局域网时需要主要的是“捕获”网卡上传输数据时的设置。

Wireshark 应用于故障修复、分析、软件和协议开发以及教育领域，它具有用户对协议分析软件所期望的标准特征，并具有其他同类产品所不具备的一些特征。Wireshark 是一款开源软件，允许用户进行功能扩展。Wireshark 适用于当前常用的操作系统，包括 UNIX、Linux 和 Windows。Wireshark 的详细介绍及使用方法请查阅 *Wireshark User's Guide*。

1. Wireshark 主界面

用户双击 Wireshark 图标后，打开 Wireshark，其主界面如图 6-1 所示。

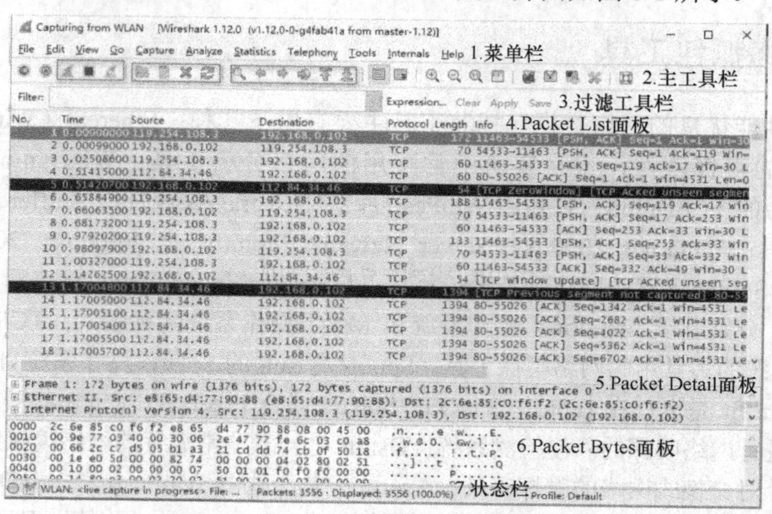

图 6-1 Wireshark 主界面

Wireshark 主窗面由如下 7 个部分组成。

（1）菜单栏：实现各种命令操作。

（2）工具栏：提供快速访问菜单中常用命令功能。

（3）过滤工具栏（Filter Toolbar）：提供用户输入过滤数据包规则界面。

（4）分组显示面板（Packet List）：显示打开文件或捕获的每个数据包的摘要。单击该面板中某个数据包的单独记录，在显示面板中具体显示分组内容。

（5）分组内容显示面板（Packet Detail）：显示 Packet List 面板中选中的某个数据包的详细内容。

（6）分组字节面板（Packet Bytes）：显示 Packet List 面板中选中的某个数据包二进制内容以及在 Packet Details 面板高亮显示对应字段二进制内容。

（7）状态栏：显示当前工具状态以及捕获数据详情。

2. Wireshark 主菜单栏

File 菜单：主要包括打开、合并捕获文件，保存（Save）、打印（Print）、导出（Export）捕获文件的全部或部分，以及退出 Wireshark。

Edit 菜单：查找数据包，标记一个或多个包，设置时间及其他参数。

View 菜单：控制捕获数据包显示方式，包括颜色、字体缩放或将捕获数据包显示在分离窗口中，展开或收缩分组显示面板的树状节点。

GO 菜单：指定具体数据包的功能。

Analyze 菜单：包含设置、显示过滤，允许或禁止分析协议，配置用户指定解码和追朔 TCP 流等功能。

Statistics 菜单：显示多个捕获数据包统计信息，包括捕获数据包摘要，基于协议层次统计等。

Help 菜单：一些辅助用户的帮助参考内容，如访问一些基本的帮助文件、支持的协议列表、用户手册及在线访问一些网站等信息。

3. Preference 菜单项功能

打开 Wireshark 主界面，单击“Edit”→“Preference”，进入首选项配置对话框的用户界面选项，如图 6-2 所示。这里有关于用户界面的一些配置：① 保存程序窗体位置；② 保存窗体关闭时的大小；③ 保存最大化状态（下次启动还是最大化状态）；④ 是否打开 Console 窗口；⑤ 打开文件时默认打开的目录位置。

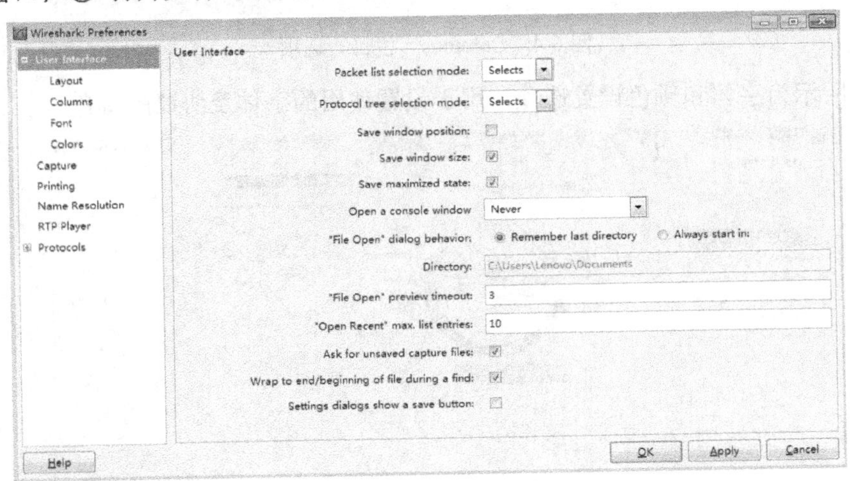

图 6-2　用户界面选项

Layout（布局）选项设置含了 Wireshark 启动时显示的布局内容，用户可以根据个人需要自行设置，如图 6-3 所示。

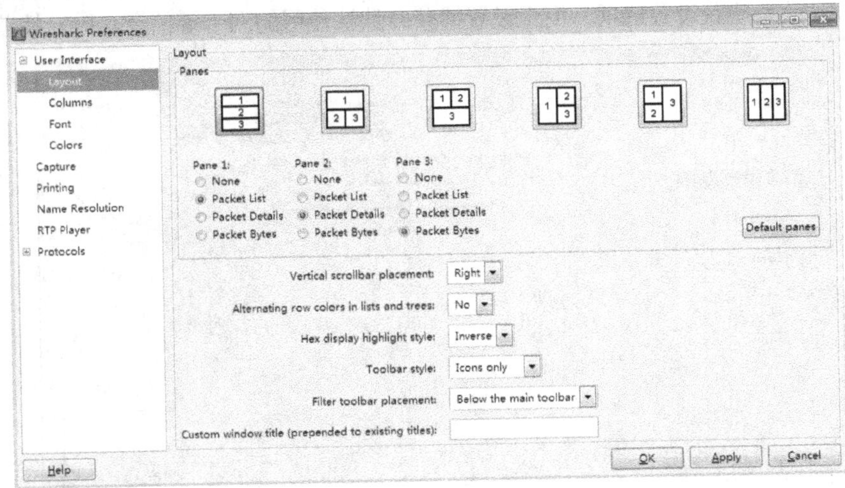

图 6-3　Layout（布局）选项

Columns（栏目）选项用于设置默认显示的栏目内容，如图 6-4 所示。

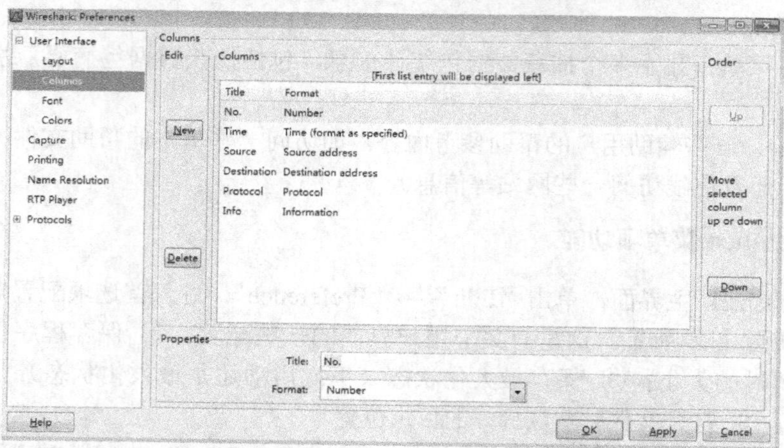

图 6-4　Columns（栏目）选项

图 6-5 所示为字体和颜色设置选项，用于设置使用的字体及协议的颜色。

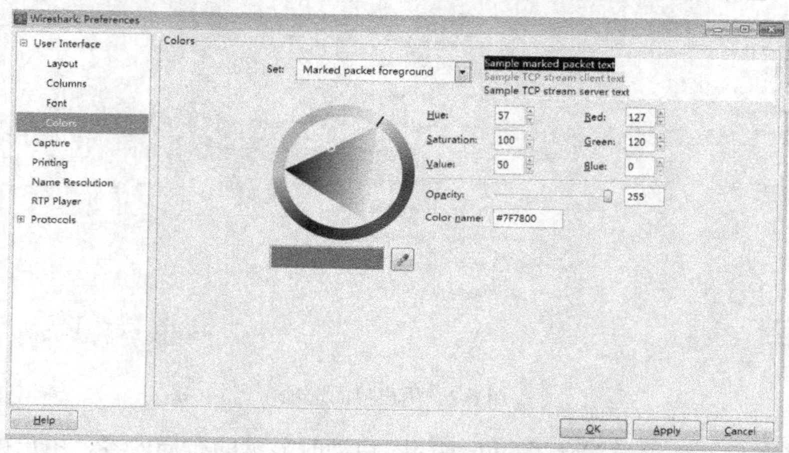

图 6-5　字体和颜色设置选项

图 6-6 所示为捕获设置选项，用于设置捕获时默认使用的网卡等信息，以及捕获的内容。

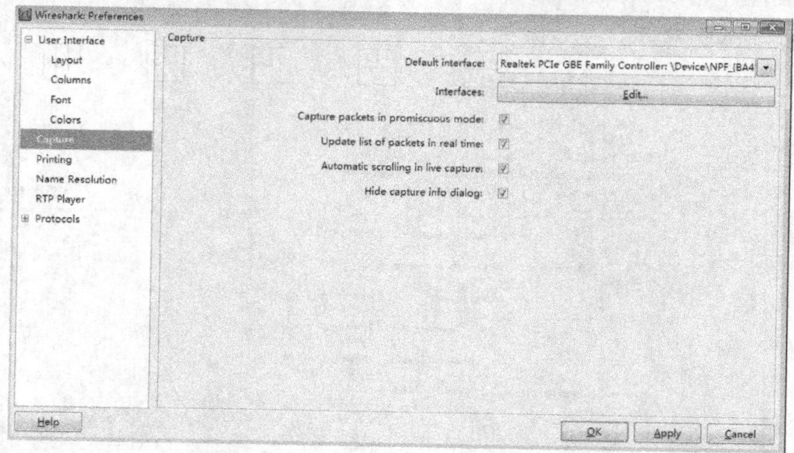

图 6-6　捕获设置选项

图 6-7 所示为打印设置选项，用于设置输出文件的格式以及输出文件名称。

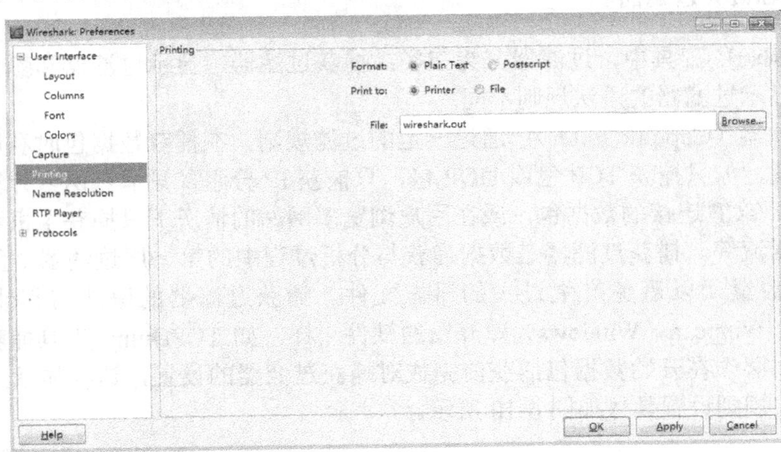

图 6-7　打印设置选项

图 6-8 所示为名字解析选项，用于设置是否启动名字解析功能。

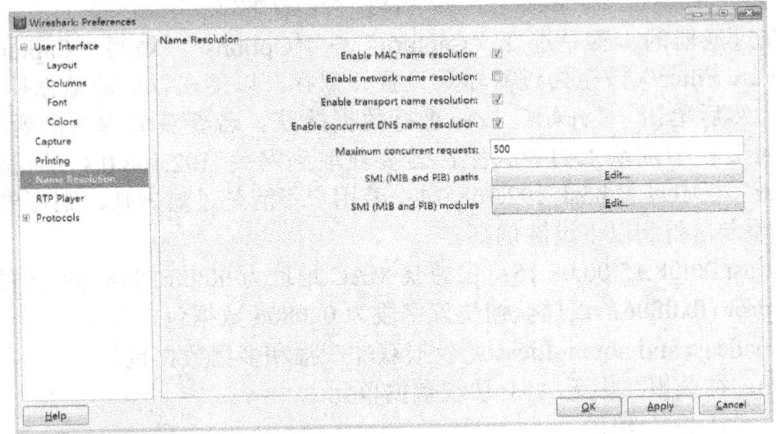

图 6-8　名字解析选项

图 6-9 所示为协议端口设置选项，用于设置不同的协议端口号。

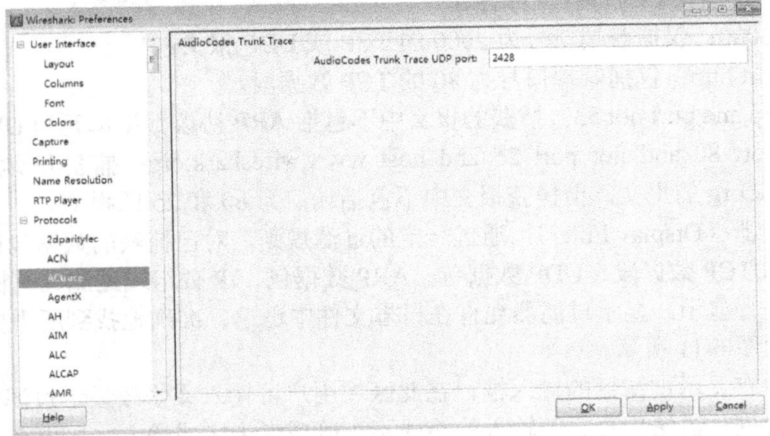

图 6-9　协议端口设置选项

4. Wireshark 过滤器

在 Wireshark 工具中，过滤器分为三类：捕获过滤器、显示过滤器和颜色过滤器，捕获过滤器和显示过滤器的语法规则不同。

捕获过滤器（Capture Filter）：通过一定的过滤规则，在捕获数据包时利用过滤规则实施数据包捕获，如只捕获 TCP 包或 UDP 包，只捕获 IP 分组，只捕获两台计算机之间通过三次握手建立 TCP 连接的数据包，或在用户浏览多网站的情况下只捕获主机和其中一个网站的通信数据流等。捕获过滤器是数据捕获与分析过程中的第一层过滤器，主要用于控制捕获数据的数量，以避免产生过大的日志文件。捕获过滤器的语法与其他使用 Lipcap（Linux）或者 Winpcap（Windows）库开发的软件一样，如 TCPDump 工具捕获过滤器语法类似。注意，必须在开始数据包捕获前完成对捕获过滤器的设置，这与显示过滤器不同；捕获过滤器的规则设置具体如图 6-10 所示。

语法：	Protocol	Direction	Host (s)	Value	Logical Operations	Other expression_r
例子：	tcp	dst	10.1.1.1	80	and	tcp dst 10.2.2.2 3128

图 6-10 捕获过滤器规则设置示意

设置捕获过滤器的步骤是选择“Capture”→“Options”，填写“Capture Filter”栏或者单击“Capture Filter”按钮为过滤器重设置并保存，以便在以后的数据捕获中继续使用该过滤规则；然后单击 “开始”按钮进行数据捕获。若要获取内网的所有信息，则在“Capture Filter”栏中的输入内容为空；若要获取到网关 192.168.0.1 的信息，则可以在“Capture Filter”栏中设置 host 192.168.0.1；若用户不清楚过滤规则，则可单击图 6-2 中的“Capture”选项卡，得到以下过滤规则。

① ether host 00:08:15:00:08:15：仅捕获 MAC 地址为 00:08:15:00:08:15 的数据包。

② ether proto 0x0806：仅捕获帧协议字段为 0x0806 数据包。

③ not broadcast and not multicast：仅捕获非广播和多播数据包。

④ not arp：捕获报文中无 ARP 协议数据单元。

⑤ ip：仅捕获 IP 分组。

⑥ host 192.168.0.1：捕获 IP 地址（源或目的）为 192.168.0.1 的数据包。

⑦ tcp：仅捕获 TCP 数据段。

⑧ udp：仅捕获 UDP 用户数据报。

⑨ port 2000：仅捕获端口号为 2000 的 TCP 或 UDP 报文。

⑩ tcp port http：仅捕获端口号为 80 的 TCP 数据段。

⑪ not arp and port not 53：捕获的报文中不包括 ARP 协议数据单元和 DNS 报文。

⑫ not port 80 and not port 25 and host www.wireshark.org：捕获 IP 地址对应域名为 www.wireshark.org 的报文，但捕获报文中不包括端口为 80 和 25 的报文。

显示过滤器（Display Filter）：通过一定的过滤规则，对已捕获的数据包进行过滤显示，如只显示 TCP 数据段、UDP 数据包、ARP 数据包、IP 分组或过滤具有特定 MAC 地址的数据包进行显示。显示过滤器允许在日志文件中迅速、准确地找到所需要的已捕获的数据记录，如图 6-11 所示。

工具栏中有显示过滤器的输入框，在此区域用户可输入或修改显示过滤规则，在输入过程中软件会进行语法检查。若输入的格式不正确或者未完成输入，则背景显示为红色，直到输入合法的表达式时，背景会变为绿色。注意：① 完成修改后，单击右侧的 Apply

（应用）按钮或者回车键，以使显示过滤生效；② 输入框的内容同时也是当前过滤器的内容。欲查看具体帮助信息，可以单击图 6-1 中的“help”菜单项，显示过滤器界面如图 6-12 所示。

语法:	Protocol	String 1	String 2	Comparison operator	Value	Logical Operations	Othe expression_r
例子:	ftp	passive	ip	==	10.2.3.4	xor	icmp type

图 6-11　显示过滤器规则设置

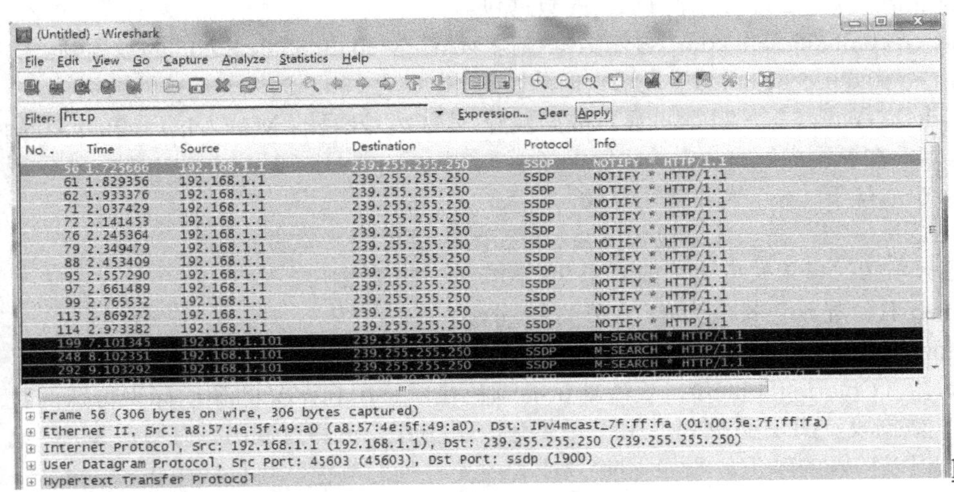

http://jingyan.baidu.com/album/60ccbceb65ff2164cbb19777.html?picindex=4

图 6-12　显示过滤器界面

显示过滤器的过滤规则如下。

① ip：仅显示 IP 分组。

② arp：仅显示 ARP 协议数据单元。

③ tcp：仅显示 TCP 报文段。

④ udp：仅显示 UDP 用户数据报。

⑤ dns：仅显示 DNS 协议数据单元。

⑥ http：仅显示 HTTP 协议数据单元。

⑦ ip.addr eq 192.168.1.1：仅显示 IP 地址为 192.168.1.1 的 IP 分组。

⑧ ip.addr eq 192.168.1.1 and tcp.port eq 80：仅显示 IP 地址为 192.168.1.1、端口号为 80 的 IP 分组。

⑨ (ip.addr eq 192.168.1.101 and ip.addr eq 180.149.132.99) and (tcp.port eq 50765 and tcp.port eq 80)：仅显示 IP 地址为 192.168.1.101 和 180.149.132.99、端口号为 50765 和 80 的 IP 分组。

⑩ eth.addr == 00:08:15:00:08:15：显示 MAC 地址为 00:08:15:00:08:15 的数据帧。

⑪ eth.type == 0x0806：显示帧协议类型为 0x0806 的数据帧。

⑫ eth.addr == ff:ff:ff:ff:ff:ff：显示 MAC 地址为 ff:ff:ff:ff:ff:ff 的广播帧。

⑬ ip.addr == 192.168.0.1：显示 IP 地址为 192.168.0.1 的 IP 分组。

⑭ !(ip.addr == 192.168.0.1)：不显示 IP 地址为 192.168.0.1 的 IP 分组。

⑮ !(tcp.port == 53)：不显示端口号为 53 的数据包。

⑯ tcp.port == 80 || udp.port == 80：显示端口号为 80 的 TCP 或 UDP 报文。

⑰ not arp and !(udp.port == 53)：不显示 ARP 报文，不显示端口号为 53 的 UDP 报文。

⑱ not (tcp.port == 80) and not (tcp.port == 25) and ip.addr == 192.168.0.1：不显示 TCP 端口号为 80 和 25 并且 IP 地址为 192.168.0.1 的分组。

⑲ tcp.port eq 80 or udp.port eq 514：显示 TCP 端口为 80 或 UDP 端口为 514 的数据包。

⑳ tcp.srcport eq 80：显示 TCP 源端口号为 80 的 IP 分组。

㉑ tcp.dstport eq 80：显示 TCP 目的端口号为 80 的 IP 分组。

㉒ tcp.port >1 and tcp.port <80 ：显示 TCP 端口范围为大于 1 小于 80 的数据包。

㉓ dns or http：显示 DNS 或者 HTTP 的数据包。

㉔ eth.src eq e0:db:55:8e:8d:dd：显示数据帧源 MAC 为 e0:db:55:8e:8d:dd 的数据帧。

㉕ eth.dst eq e0:db:55:8e:8d:dd：显示数据帧目的 MAC 为 e0:db:55:8e:8d:dd 的数据帧。

㉖ eth.addr lt e0:db:55:8e:8d:dd：显示数据帧源 MAC 以及目的 MAC 小于 e0:db:55:8e:8d:dd 的数据帧，在表达式处写法支持：等于（eq 或者==）、小于（lt）、大于（gt）、小于或等于（le）、大于或等于（ge）和不等于（ne）。

㉗ udp.length ==95：显示数据包长度为 95 字节的 UDP 用户数据报。

㉘ tcp.len >= 29：显示长度大于或等于 29 字节的 TCP 数据段。

㉙ ip.len eq 41：显示包长度为 41 字节的 IP 分组。

㉚ frame.len eq 55：显示整个长度为 55 字节的数据包，eq 还可替换成 lt、le、gt 和 ne。

颜色过滤器（Coloring Filter）：更改默认的颜色显示，用自定义的颜色标识特殊的数据包，如 TCP 数据段、UDP 数据包、ARP 数据包、IP 分组，或将过滤出具有特定 MAC 地址的数据包标识以特殊的颜色。添加/删除列或者改变各列的颜色，可依次单击“Edit”→“Preferences”。

6.3 Wireshark 抓包实例

1. 捕获数据包前配置

在主界面中单击“Capture”菜单项，选择“Option”选项，弹出如图 6-13 所示的界面。在该界面中，可通过“Interface”选项选择使用主机的哪一个网卡进行捕获；若用户选定了捕获网卡，则“IP address”地址栏会自动填写该网卡对应的 IP 地址；“Link-layer header type”选项栏要求用户选择数据链路层帧类型，对于以太网，一般选择“Ethernet”类型；“Buffer size”选项用于设置捕获数据包内存缓存大小，可以采用默认值“1M”大小；由于一般要捕获虚拟网中发送给指定网卡的所有数据帧，因此要选中“Capture packets in promiscuous mode”复选框；“Limit each packet to”复选框用于设置捕获数据包的字节大小，该复选框一般不选，表示捕获全部原始数据帧，并且没有字节限制；“Capture Filter(s)”选项用于输入捕获过滤规则；“Capture File(s)”需要输入捕获数据保存的文件名及路径信息；若选中“Use multiple files”复选框，则表示通过多个文件来保存捕获数据；“Stop Capture”选项用于选择捕获数据结束条件；“Display Options”选项用于设置显示选项；若没有选中“Hide capture info dialog”复选框，则显示捕获数据包统计信息对话框；“Name Resolution”选项用于对网络名字解析功能进行选择。用户单击图 6-13 中的“Start”按钮，Wireshark 抓包工具会按照用户配置的参数进行数据包捕获并显示结果信息。

若用户不需要对捕获参数进行设置，而采用系统默认值，则单击“Capture”→“Interface”菜单项，弹出如图 6-14 所示的界面。

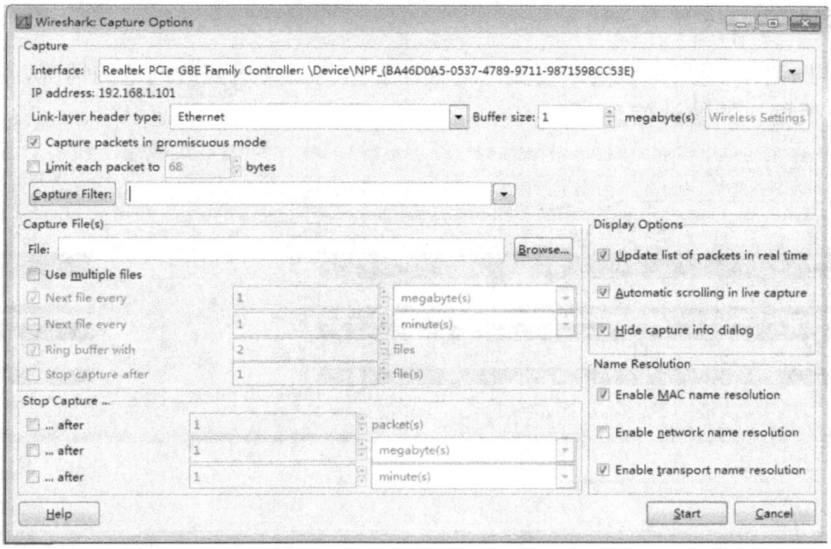

图 6-13　“Wireshark Capture Options”参数设置对话框

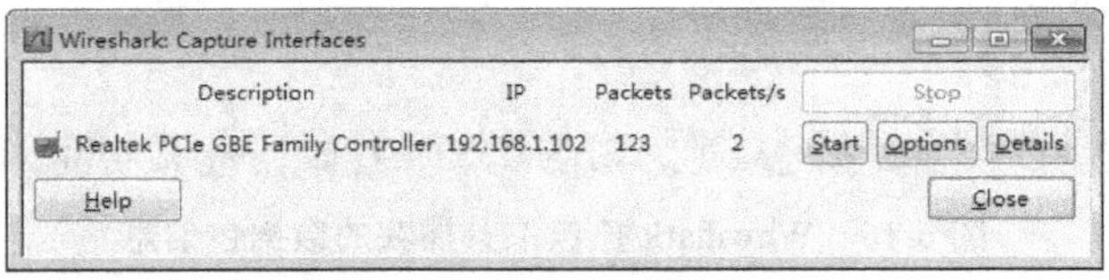

图 6-14　“Wireshark Capture Interfaces”界面

在图 6-14 中，用户可以直接单击捕获网卡对应的“Start”按钮捕获数据包；也可以单击“Options”按钮，弹出如图 6-13 所示的对话框进行参数设置，然后再单击“Details”按钮，弹出如图 6-15 所示的界面，对设置的参数进行检查，若没有错误则单击图 6-14 中的“Start”按钮开始进行数据包捕获。

图 6-15　“网络接口参数检查”界面

2. 开始抓包

在图 6-16 中，用户可以实时看到 Wireshark 抓包工具捕获数据包的情况，并且可以看到已经捕获数据包的统计信息。

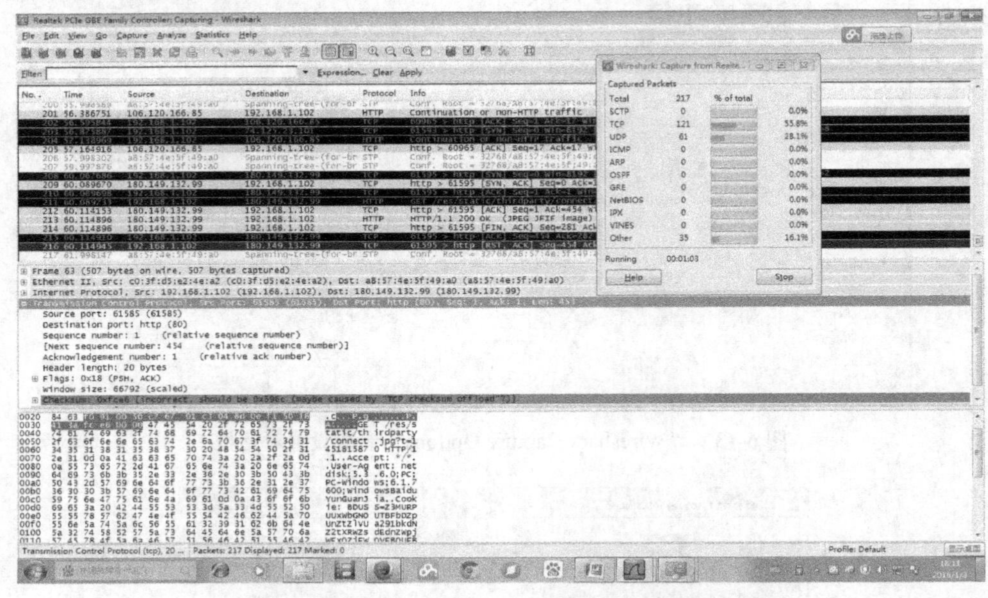

图 6-16 Wireshark 抓包工具捕获的数据包信息

3. 停止抓包

用户单击图 6-16 中的“Stop”按钮或单击“Capture”→“Stop”子菜单项，Wireshark 抓包工具即可停止捕获数据包。

4. 对抓取数据包进行分析

单击“Analysis”→“Display Filters”子菜单项，即可弹出“Wireshark Display Filter”对话框，如图 6-17 所示，若在“Filter string”编辑框输入显示的过滤规则为 IP，则表示只显示已经捕获的 IP 分组，单击“OK”按钮，Wireshark 主界面如图 6-18 所示。若在“Filter string”编辑框输入显示的过滤规则为 TCP，则表示只显示已经捕获的 TCP 数据流，单击“OK”按钮，Wireshark 主界面如图 6-19 所示。

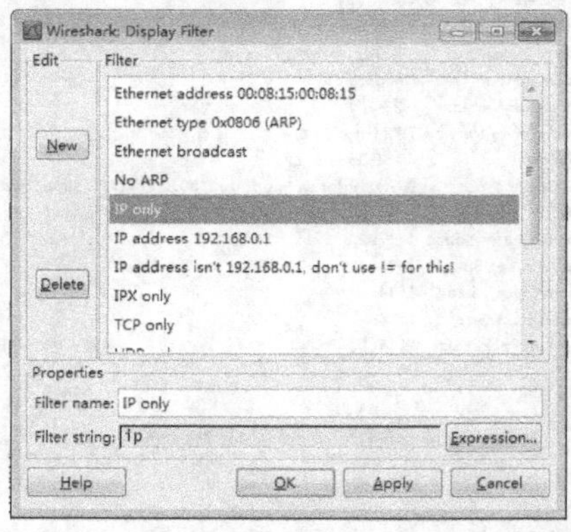

图 6-17 “Wireshark Display Filter”对话框

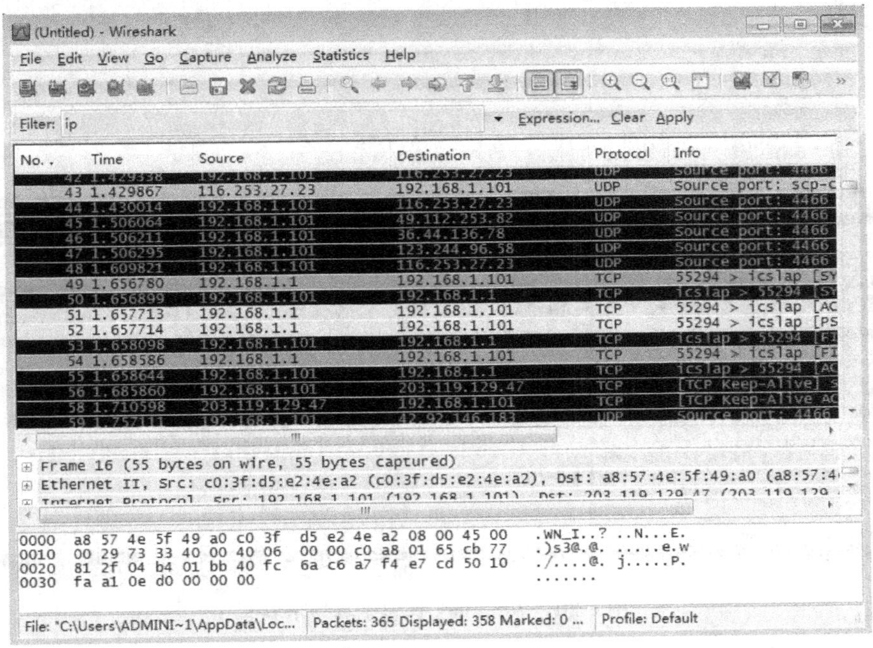

图 6-18　查看 IP 分组信息

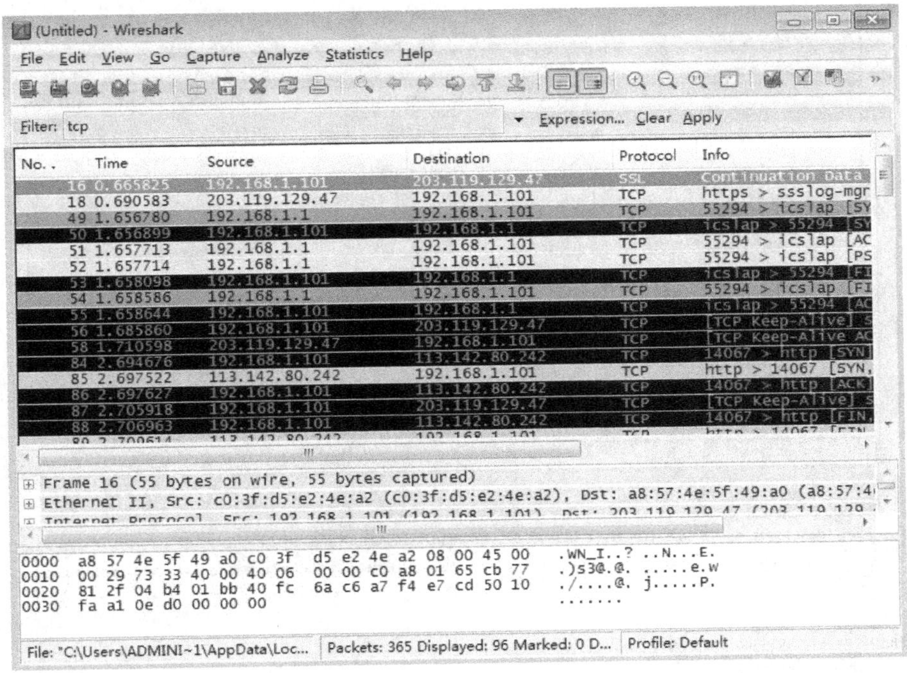

图 6-19　查看 TCP 数据段信息

用户在如图 6-20 所示的 Wireshark 抓包工具显示对话框中，选中一个 HTTP 报文，然后选择“Analysis” → “Follow TCP Stream”子菜单项，工具条则弹出“TCP Stream”对话框，如图 6-21 和图 6-22 所示，同时主显示界面只显示与该 HTTP 报文有关联的报文，如图 6-23 所示。

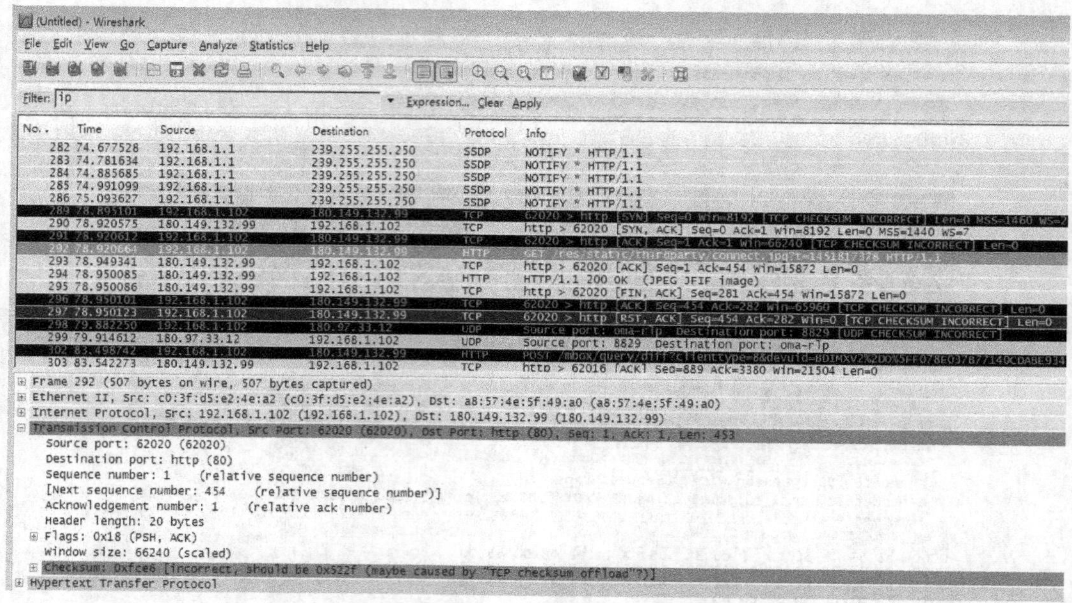

图 6-20 Wireshark 抓包工具显示界面

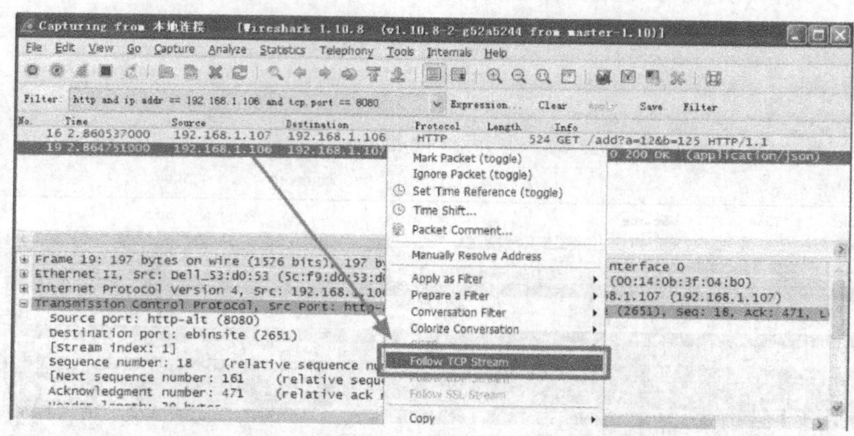

图 6-21 “TCP Stream”界面

Follow TCP Stream

Stream Content

```
GET /res/static/thirdparty/connect.jpg?t=1451817378 HTTP/1.1
Accept: */*
User-Agent: netdisk;5.3.6.0;PC;PC-Windows;6.1.7600;WindowsBaiduYunGuanJia
Cookie:
BDUSS=Z3MURPUUxWbGNOUTBFbDZpUnZtZlVUa291bkdNZ2tXRWZsdEdnZwpjWExOZjFWQVFBQUFBJCQAAAAAAAAAAAEAAAAOGgEpe
BAIDUID=0B19BB4B11966EFE90DDE07B0D783912:FG=1
Host: pan.baidu.com
Cache-Control: no-cache

HTTP/1.1 200 OK
Date: Sun, 03 Jan 2016 10:36:17 GMT
Content-Type: image/jpeg
Content-Length: 2
Connection: keep-alive
yld: 64364711790759455
Accept-Ranges: bytes
yme: ZIGW/i4rX045dTcF
Cache-Control: no-cache
Server: nginx
X-Powered-By: PHP/5.4.24
Pragma: no-cache

i
```

图 6-22 “TCP Stream”界面

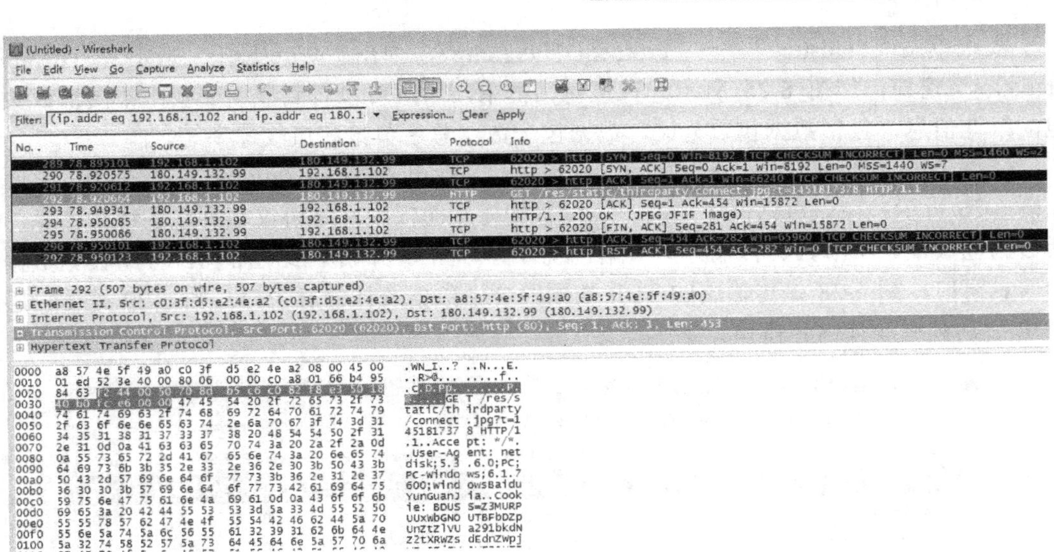

图 6-23 “HTTP”关联报文界面

5. 数据包信息统计

单击“Statistics” → “Summary”子菜单项，工具则弹出所有捕获数据的统计信息界面，如图 6-24 所示。在图 6-24 中，用户可以看到如下信息：① 数据保存文件信息，如路径和文件名称、文件大小、文件保存格式及捕获数据包长度限制；② 捕获数据包时间信息，如第一个数据包和最后一个数据包捕获时间，以及两者之间的时间间隔；③ 捕获信息，如捕获时选择网卡、丢失数据包个数及捕获过滤规则；④ 显示过滤规则，如（ip.addr eq 192.168.1.102 and ip.addr eq 180.149.132.99）和（tcp.port eq 62020 and tcp.port eq 80）；⑤ 流量统计信息，如总的平均捕获速率和显示面板上平均捕获速率等。

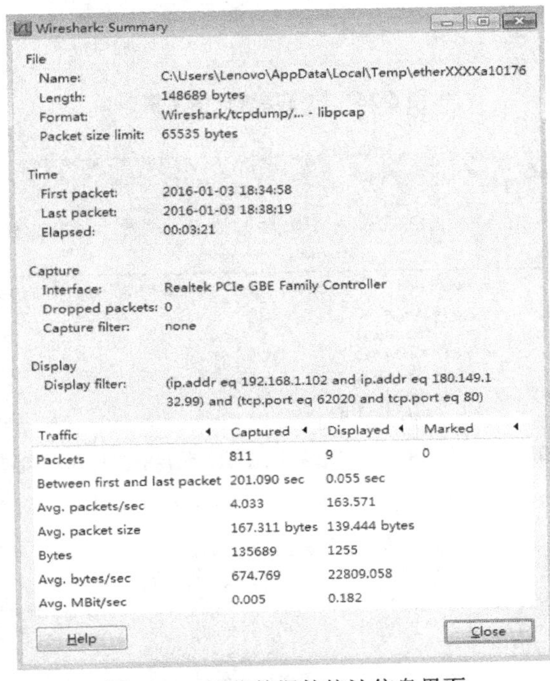

图 6-24 捕获数据的统计信息界面

依次单击“Statistics”→“Protocol Hierarchy”，弹出“Wireshark: Protocol Hierarchy Statistics”窗口，如图 6-25 所示。在该对话框中，用户可以看到显示面板中不同协议数据包的统计信息，包括数据包百分比、数据包个数、总字节数和接收速率等。

依次单击“Statistics”→“Conversations”，弹出“Conversations: (Untitled)”页面，如图 6-26 所示。在该对话框中，用户可以看到显示面板中网络协议数据包的统计信息，包括数据包数量、字节数、传输方向数据包统计等。图 6-27 是网络层的 IP 分组会话数据统计信息窗口，图 6-28 是传输层的 TCP 数据段会话数据统计信息窗口，图 6-29 是传输层的 UDP 会话数据统计信息窗口。

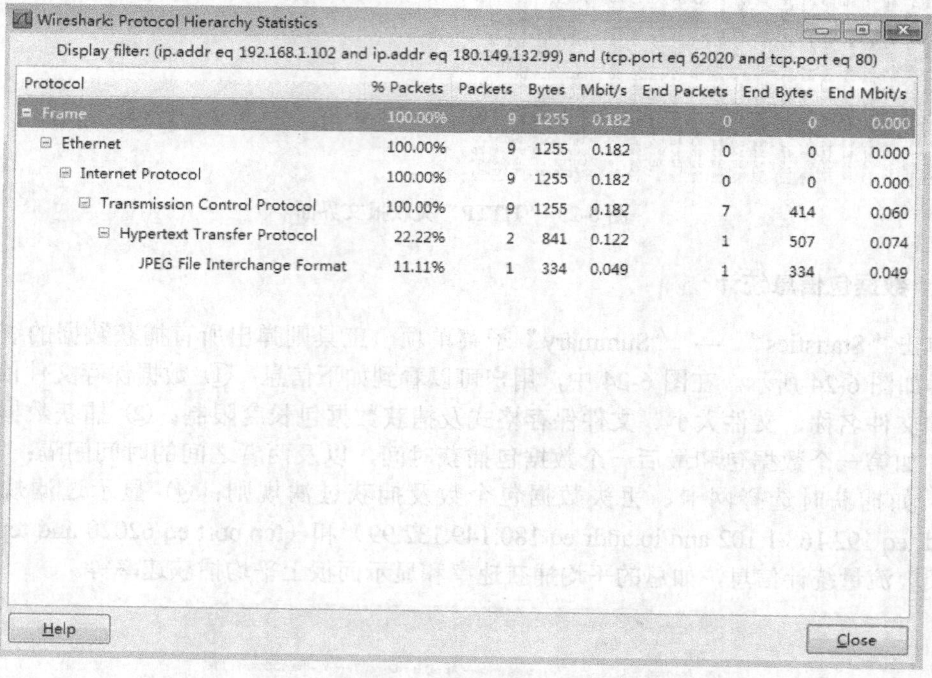

图 6-25 协议层统计信息窗口

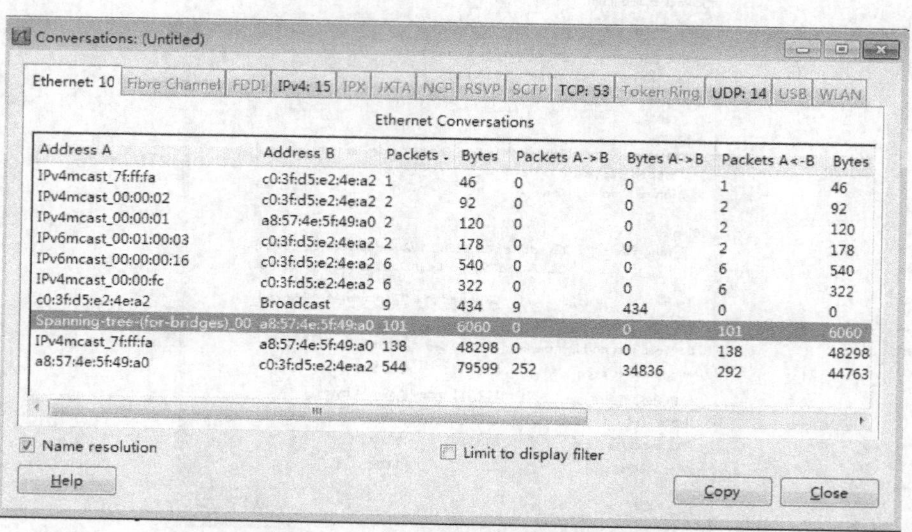

图 6-26 “Conversations: (Untitled)”页面

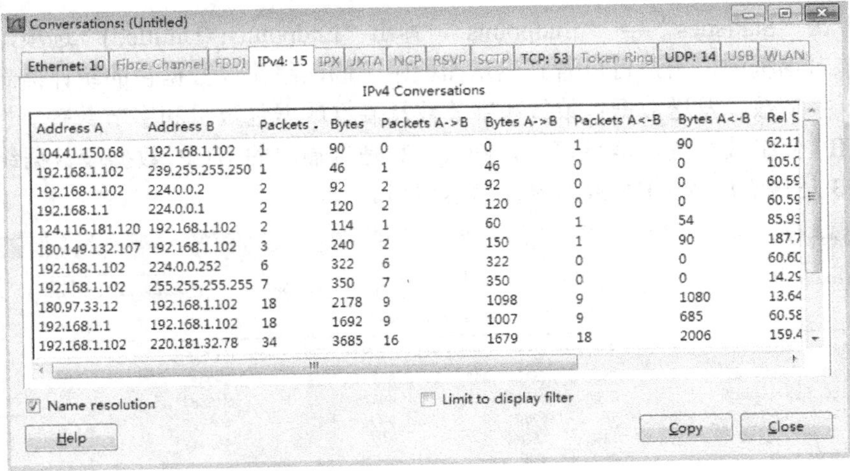

图 6-27　网络层的 IP 分组会话数据统计信息窗口

Conversations: (Untitled)

Ethernet: 10 | Fibre Channel | FDDI | IPv4: 15 | IPX | JXTA | NCP | RSVP | SCTP | TCP: 53 | Token Ring | UDP: 14 | USB | WLAN

TCP Conversations

Address A	Port A	Address B	Port B	Packets	Bytes	Packets A->B	Bytes A->B	Packets A<-B	Byt
192.168.1.102	61993	124.116.181.120	http	2	114	1	54	1	60
192.168.1.102	60971	180.149.132.107	5287	3	240	1	90	2	150
192.168.1.102	62054	220.181.163.138	http	7	997	4	555	3	442
192.168.1.102	62056	220.181.111.21	http	7	1083	4	570	3	513
192.168.1.102	62004	180.149.132.99	http	9	1255	5	735	4	520
192.168.1.102	62005	180.149.132.99	http	9	1255	5	735	4	520
192.168.1.102	62006	180.149.132.99	http	9	1255	5	735	4	520
192.168.1.102	62007	180.149.132.99	http	9	1255	5	735	4	520
192.168.1.102	62008	180.149.132.99	http	9	1255	5	735	4	520
192.168.1.102	62009	180.149.132.99	http	9	1255	5	735	4	520
192.168.1.102	62010	180.149.132.99	http	9	1255	5	735	4	520

Name resolution　　Limit to display filter

Help　　Copy　　Close

图 6-28　传输层的 TCP 数据段会话数据统计信息窗口

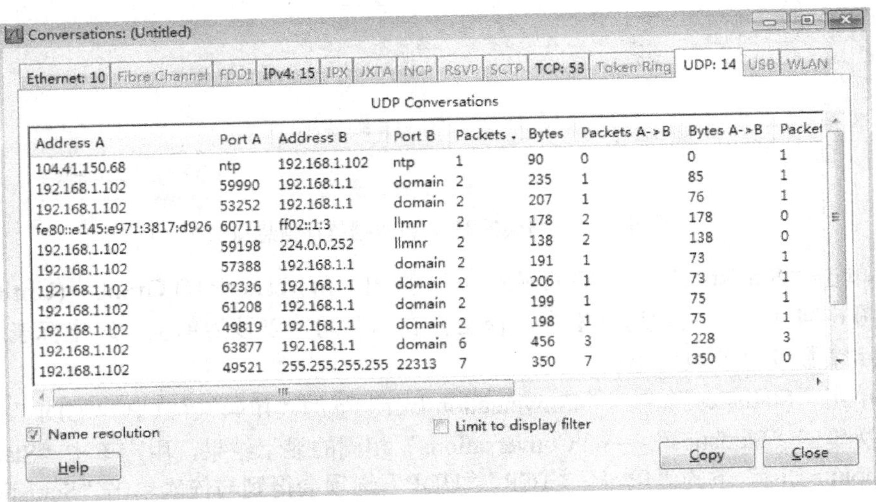

图 6-29　传输层的 UDP 会话数据统计信息窗口

依次单击“Statistics”→“Endpoints”，弹出“Endpoints: (Untitled)”选项，如图 6-30 所示。在该对话框中，用户可以看到显示面板中不同网络协议数据包的统计信息，包括数据包数量、字节数、发送数据包数量和字节数及接收数据包数量和字节数等。图 6-31 是网络层的 IP 分组数据统计信息窗口，图 6-32 是传输层的 TCP 数据段数据统计信息窗口，图 6-33 是传输层的 UDP 数据统计信息窗口。

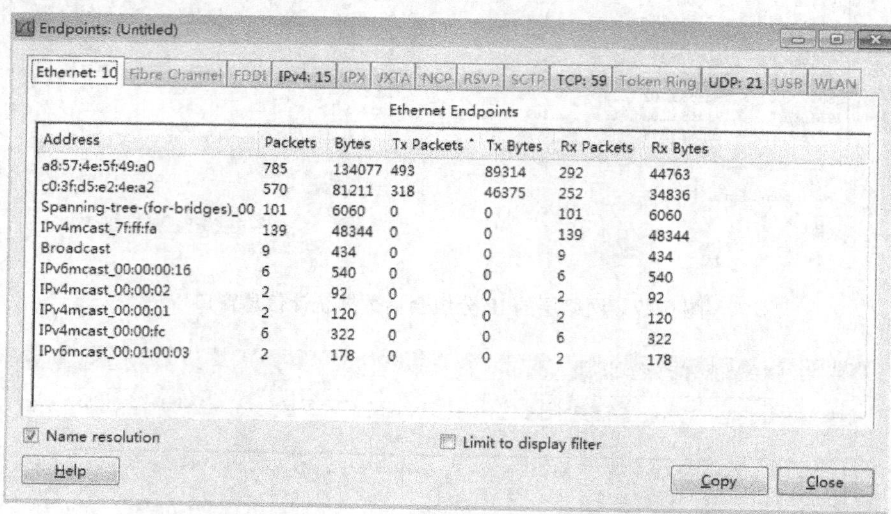

Address	Packets	Bytes	Tx Packets	Tx Bytes	Rx Packets	Rx Bytes
a8:57:4e:5f:49:a0	785	134077	493	89314	292	44763
c0:3f:d5:e2:4e:a2	570	81211	318	46375	252	34836
Spanning-tree-(for-bridges)_00	101	6060	0	0	101	6060
IPv4mcast_7f:ff:fa	139	48344	0	0	139	48344
Broadcast	9	434	0	0	9	434
IPv6mcast_00:00:00:16	6	540	0	0	6	540
IPv4mcast_00:00:02	2	92	0	0	2	92
IPv4mcast_00:00:01	2	120	0	0	2	120
IPv4mcast_00:00:fc	6	322	0	0	6	322
IPv6mcast_00:01:00:03	2	178	0	0	2	178

图 6-30　“Endpoints: (Untitled)”选项

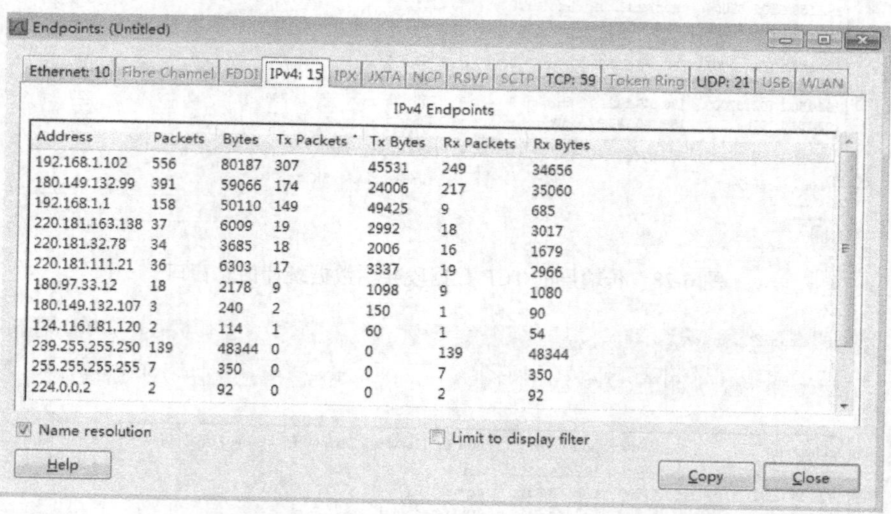

Address	Packets	Bytes	Tx Packets	Tx Bytes	Rx Packets	Rx Bytes
192.168.1.102	556	80187	307	45531	249	34656
180.149.132.99	391	59066	174	24006	217	35060
192.168.1.1	158	50110	149	49425	9	685
220.181.163.138	37	6009	19	2992	18	3017
220.181.32.78	34	3685	18	2006	16	1679
220.181.111.21	36	6303	17	3337	19	2966
180.97.33.12	18	2178	9	1098	9	1080
180.149.132.107	3	240	2	150	1	90
124.116.181.120	2	114	1	60	1	54
239.255.255.250	139	48344	0	0	139	48344
255.255.255.255	7	350	0	0	7	350
224.0.0.2	2	92	0	0	2	92

图 6-31　网络层的 IP 分组数据统计信息窗口

依次单击“Statistics”→“I/O Graphs”，弹出“Wireshark IO Graphs: (Untitled)”对话框，如图 6-34 所示。在该对话框中，横坐标表示时间，以秒为单位，纵坐标表示分组数量，以分组个数或字节数为单位。

依次单击“Statistics”→“Conversation List”下的“IPv4”“TCP”“UDP”选项会得到与依次单击“Statistics”→“Conversations”相同的显示结果。用户单击“Statistics”→“Endpoints List”下的“IPv4”“TCP”“UDP”选项会得到与依次单击“Statistics”→“Endpoints”相同的结果。

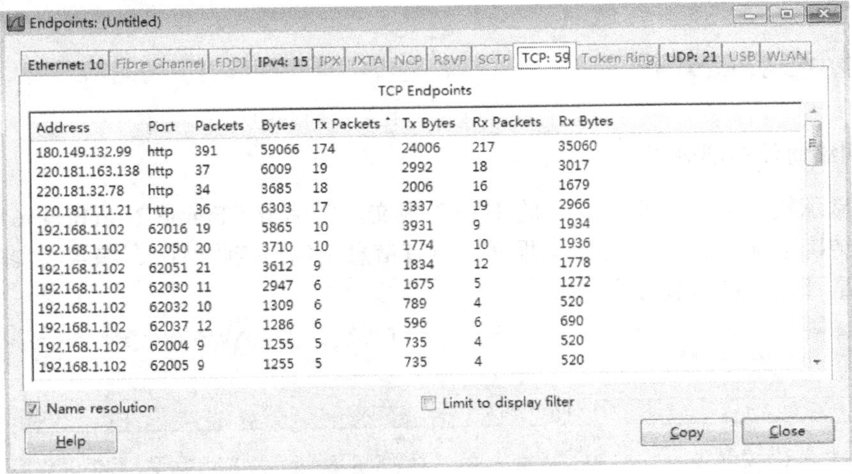

Address	Port	Packets	Bytes	Tx Packets	Tx Bytes	Rx Packets	Rx Bytes
180.149.132.99	http	391	59066	174	24006	217	35060
220.181.163.138	http	37	6009	19	2992	18	3017
220.181.32.78	http	34	3685	18	2006	16	1679
220.181.111.21	http	36	6303	17	3337	19	2966
192.168.1.102	62016	19	5865	10	3931	9	1934
192.168.1.102	62050	20	3710	10	1774	10	1936
192.168.1.102	62051	21	3612	9	1834	12	1778
192.168.1.102	62030	11	2947	6	1675	5	1272
192.168.1.102	62032	10	1309	6	789	4	520
192.168.1.102	62037	12	1286	6	596	6	690
192.168.1.102	62004	9	1255	5	735	4	520
192.168.1.102	62005	9	1255	5	735	4	520

图 6-32　传输层的 TCP 数据段数据统计信息窗口

Endpoints: (Untitled)

Ethernet: 10 | Fibre Channel | FDDI | IPv4: 15 | IPX | JXTA | NCP | RSVP | SCTP | TCP: 59 | Token Ring | UDP: 21 | USB | WLAN

UDP Endpoints

Address	Port	Packets	Bytes	Tx Packets	Tx Bytes	Rx Packets	Rx Bytes
192.168.1.1	34852	130	45460	130	45460	0	0
192.168.1.102	oma-rlp	18	2178	9	1080	9	1098
180.97.33.12	8829	18	2178	9	1098	9	1080
192.168.1.1	domain	18	1692	9	1007	9	685
192.168.1.1	52603	8	2838	8	2838	0	0
192.168.1.102	49521	7	350	7	350	0	0
192.168.1.102	63877	6	456	3	228	3	228
fe80::e145:e971:3817:d926	60711	2	178	2	178	0	0
192.168.1.102	59198	2	138	2	138	0	0
192.168.1.102	59990	2	235	1	85	1	150
192.168.1.102	53252	2	207	1	76	1	131
192.168.1.102	ntp	1	90	1	90	0	0

Name resolution　Limit to display filter

Help　Copy　Close

图 6-33　传输层的 UDP 数据统计信息窗口

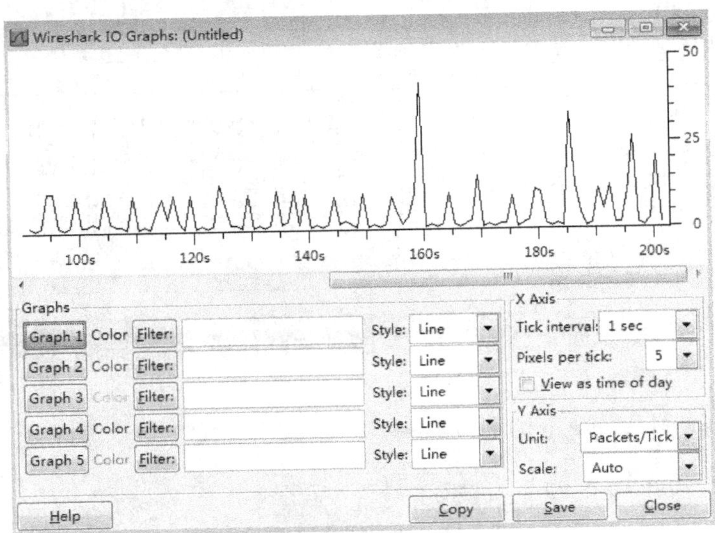

图 6-34　“Wireshark IO Graphs: (Untitled)”对话框

6.4 网络协议分析

1. 网络协议首部分析

在主显示栏选中一个编号为 6 的 HTTP 报文，并单击“Frame Number：6”统计信息树形层次结构选项，图 6-35 显示该报文的所有信息，包括接收时间、编号、实际长度、捕获长度、是否标记和封装层次结构等。

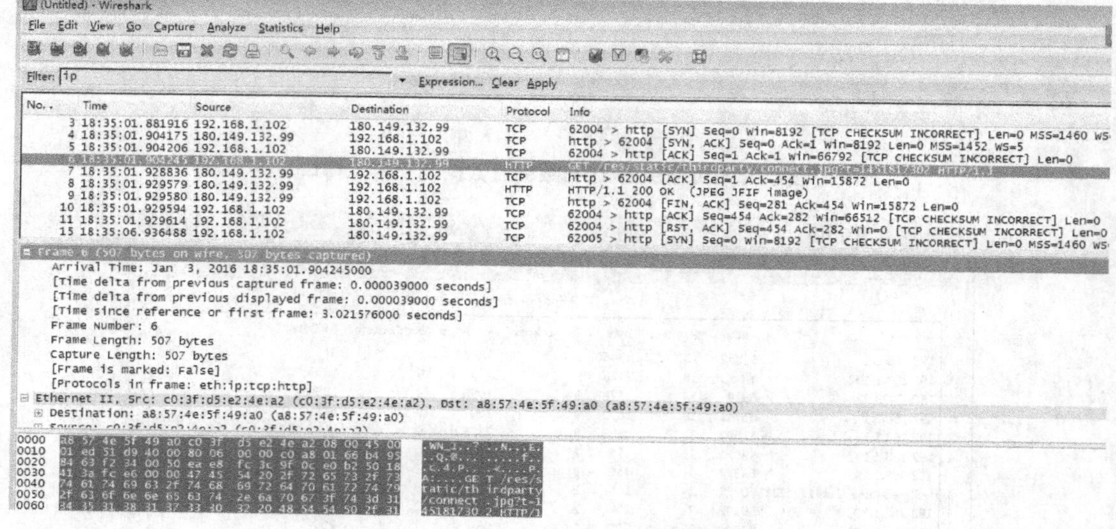

图 6-35 HTTP 报文信息摘要窗口

单击“Ethernet II”数据链路层树形层次结构选项，显示数据帧首部信息，如图 6-36 所示，这些信息包括目的 MAC 地址、源 MAC 地址、协议类型等信息，同时十六进制显示部分会将对应的数据帧首部信息凸显。

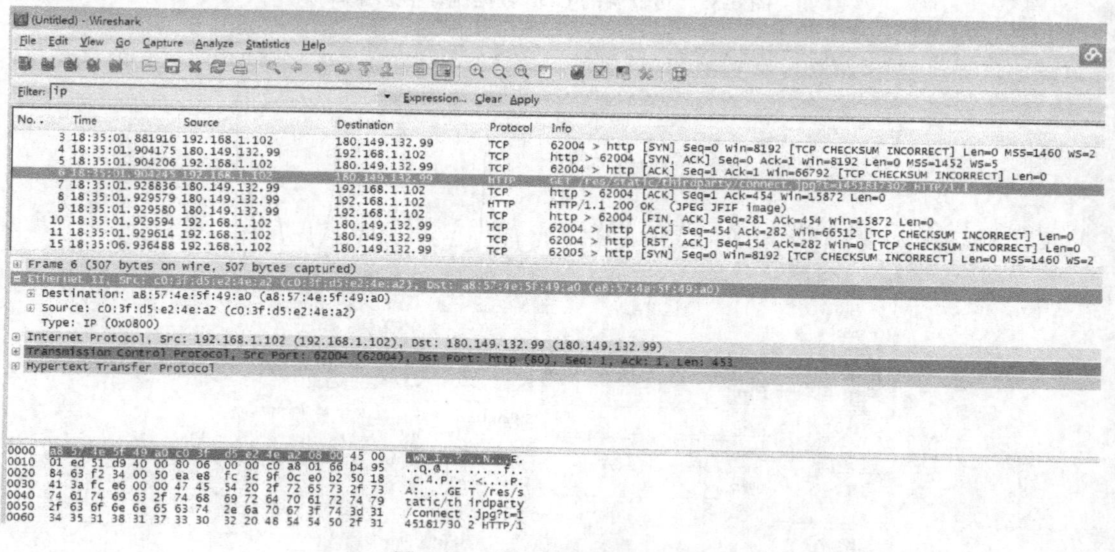

图 6-36 数据帧首部信息窗口

单击“Internet Protocol”网络层树形层次结构选项，显示 IP 分组首部信息，如图 6-37 所示，这些信息包括网络协议版本号，首部长度、服务质量参数、总长度、标记等，同时十六进制显示部分会将对应的 IP 分组首部信息凸显。

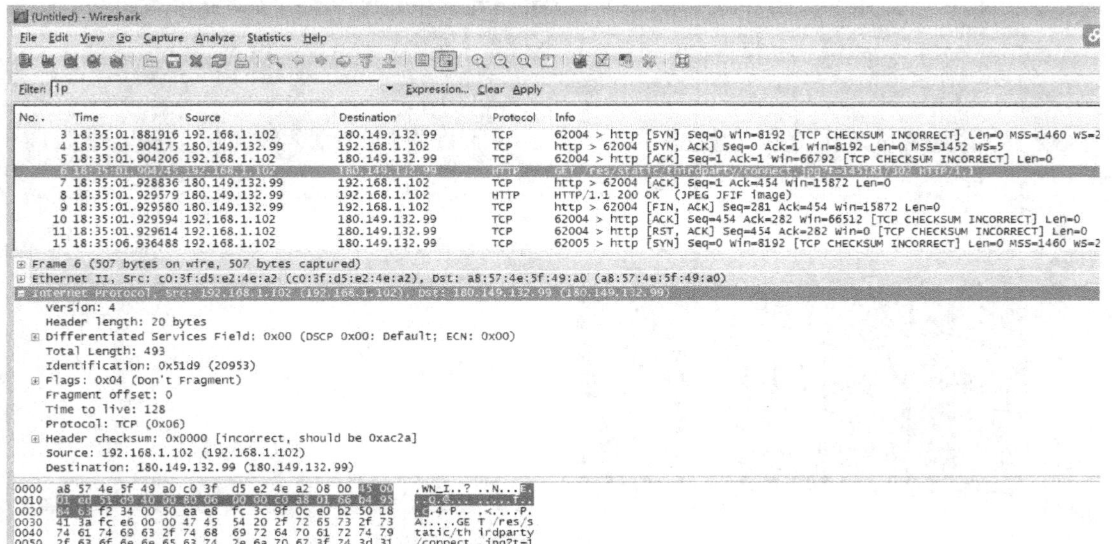

图 6-37　IP 分组首部信息窗口

单击“Transmission Control Protocol”传输层树形层次结构选项，显示 TCP 数据段首部信息，如图 6-38 所示。针对 TCP 数据端，所显示的信息包括源端口号、目的端口号、报文序号、确认序号以及首部长度等，同时十六进制显示部分会将对应的传输层首部信息凸显。

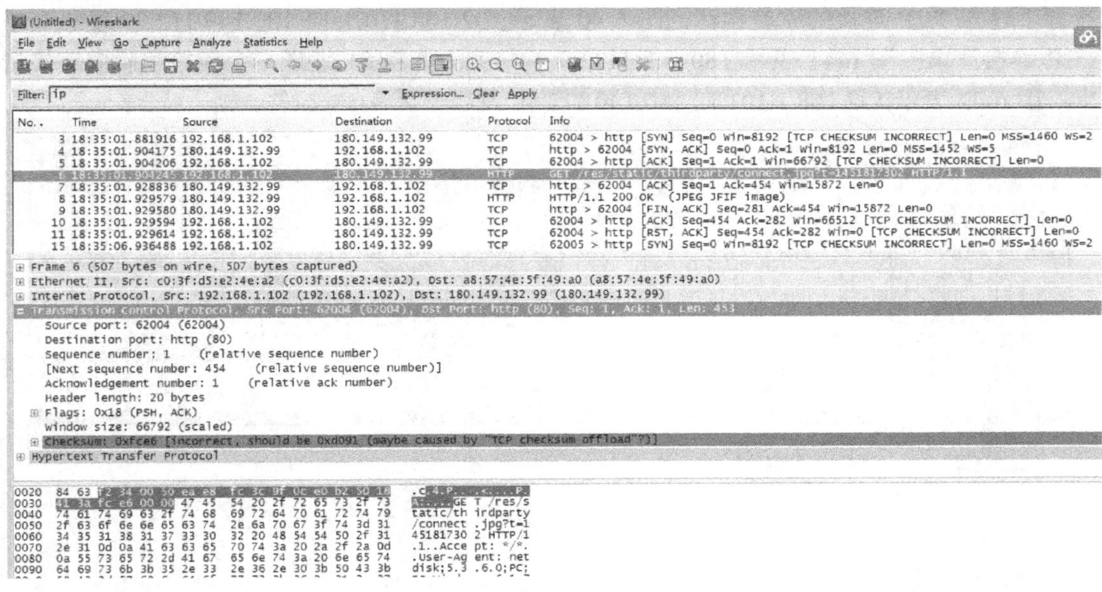

图 6-38　TCP 数据段首部信息窗口

单击“Hypertext Transfer Protocol”应用层树形层次结构选项，显示 HTTP 报文首部信息，如图 6-39 所示，这些信息包括通用首部字段、请求响应字段（应答响应字段）以及实体首部字段等，同时十六进制显示部分会将对应的 HTTP 首部信息凸显。

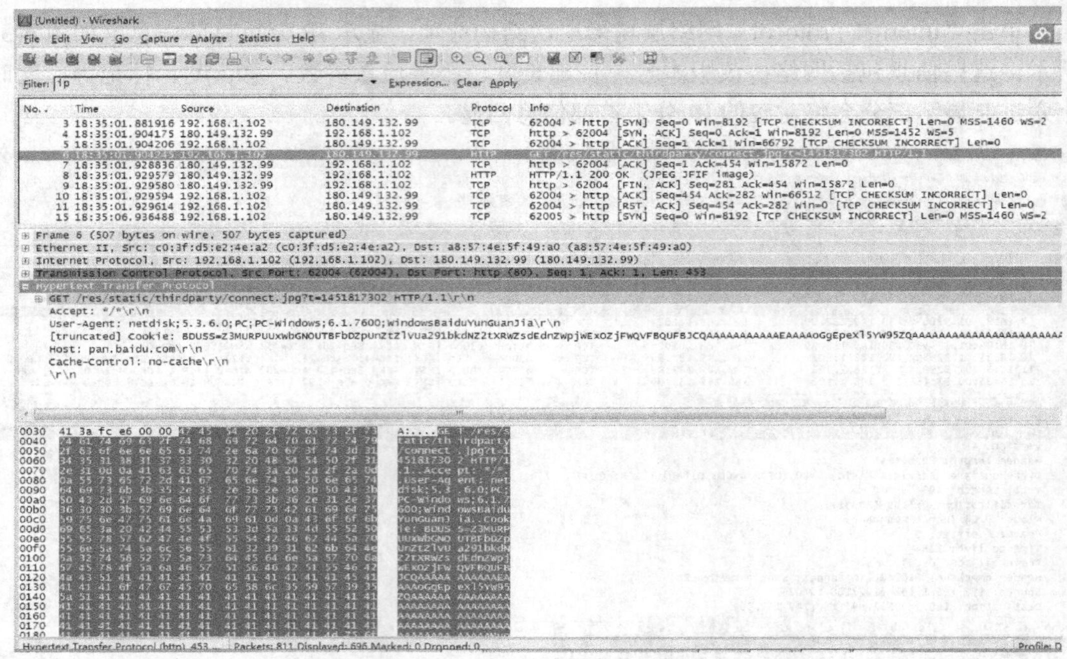

图 6-39 HTTP 报文首部信息窗口

2. TCP 协议分析

在显示过滤编辑框中输入 TCP，弹出 TCP 连接请求报文显示界面，如图 6-40 所示。图 6-40 中 TCP 数据段的编号 5、6、7 正好是 192.168.1.101 与 180.149.112.99 之间通过三次握手建立 TCP 连接的完整会话。图 6-40 表示 192.168.1.101 向 180.149.112.99 发送一个 TCP 连接请求；图 6-41 表示 180.149.112.99 向 192.168.1.101 发送一个应答和反向连接请求；图 6-42 表示 192.168.1.101 向 180.149.112.99 发送一个 ACK 应答。

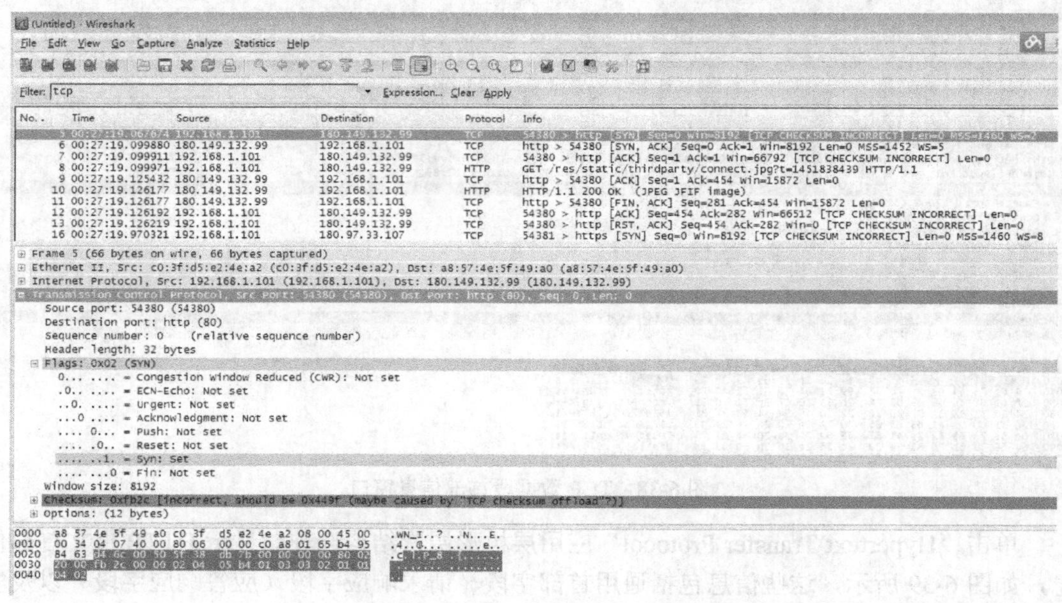

图 6-40 TCP 连接请求报文（第一次握手信息）显示界面

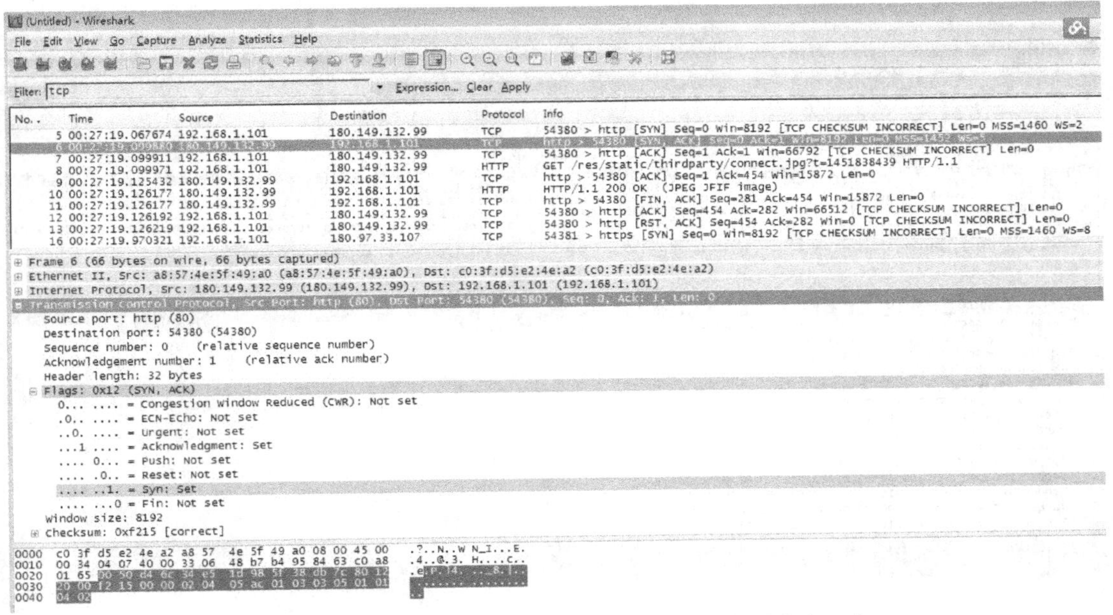

图 6-41　TCP 反向连接请求及应答报文（第二次握手信息）窗口

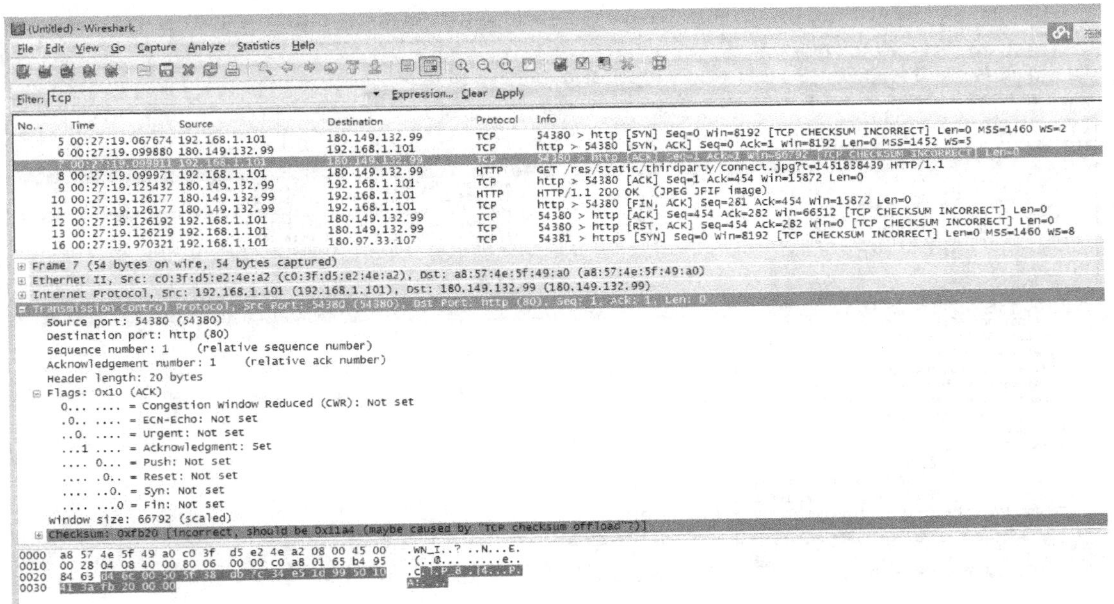

图 6-42　TCP 应答报文（第三次握手信息）窗口

3. ARP 协议分析

在显示过滤编辑栏中输入 arp，弹出的显示界面如图 6-43 所示，ARP 协议数据单元编号 197、198 正好是 C0:3F:D5:E2:4E:A2 与 A8:57:4E:5F:49:A0 之间一个完整的 ARP 会话。图 6-43 表示 MAC 地址为 C0:3F:D5:E2:4E:A2 的主机向局域网发送一个 ARP 请求帧，根据帧首部目的 MAC 地址 FF:FF:FF:FF:FF:FF 可知该帧是一个二层广播帧。图 6-44 表示 MAC 地址为 A8:57:4E:5F:49:A0 的主机向 MAC 地址为 C0:3F:D5:E2:4E:A2 主机发送一个单播 ARP 应答帧，该应答帧首部目的 MAC 地址为 C0:3F:D5:E2:4E:A2。

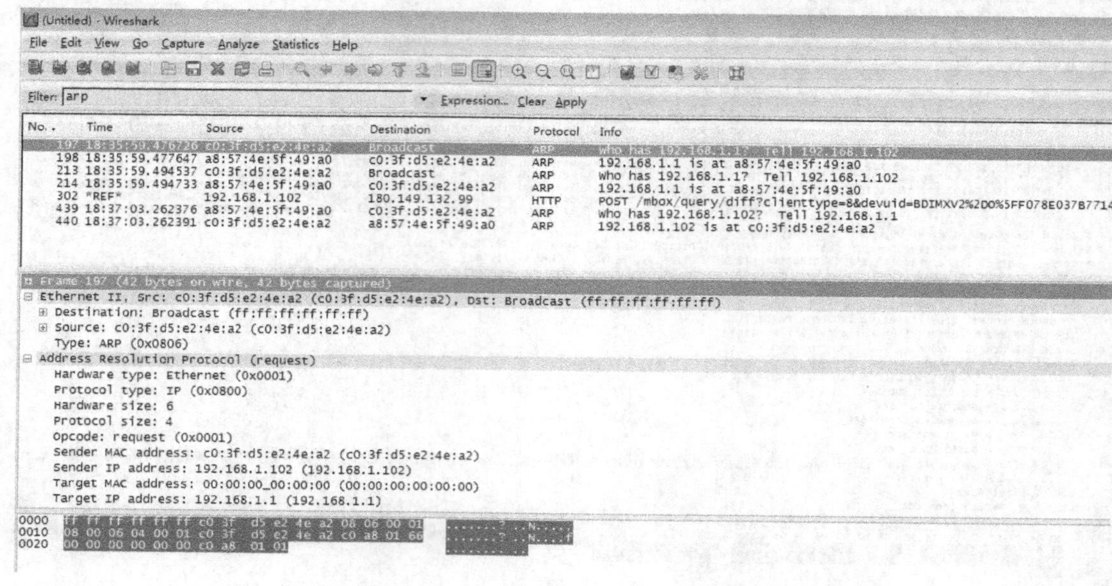

图 6-43　ARP 请求广播帧窗口

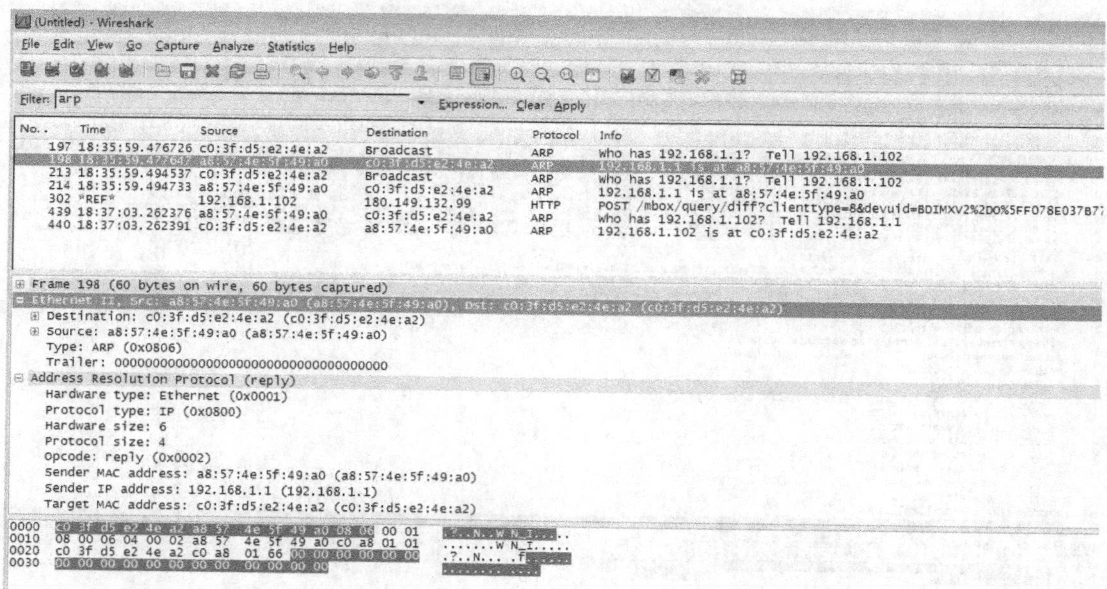

图 6-44　ARP 单播应答帧窗口

6.5　Web 服务实例分析

第一步：首先在显示过滤编辑框中输入 dns，根据显示信息可知：编号为 1307 和 1308 这两个数据包正好是一个完整的 DNS 会话。编号为 1307 的数据包表示计算机（IP 地址为 192.168.1.101）向本地 DNS 服务器（IP 地址为 192.168.1.1）发送一个 DNS 请求报文，请求 www.nwpu.edu.cn 域名对应的 IP 地址，如图 6-45 所示。

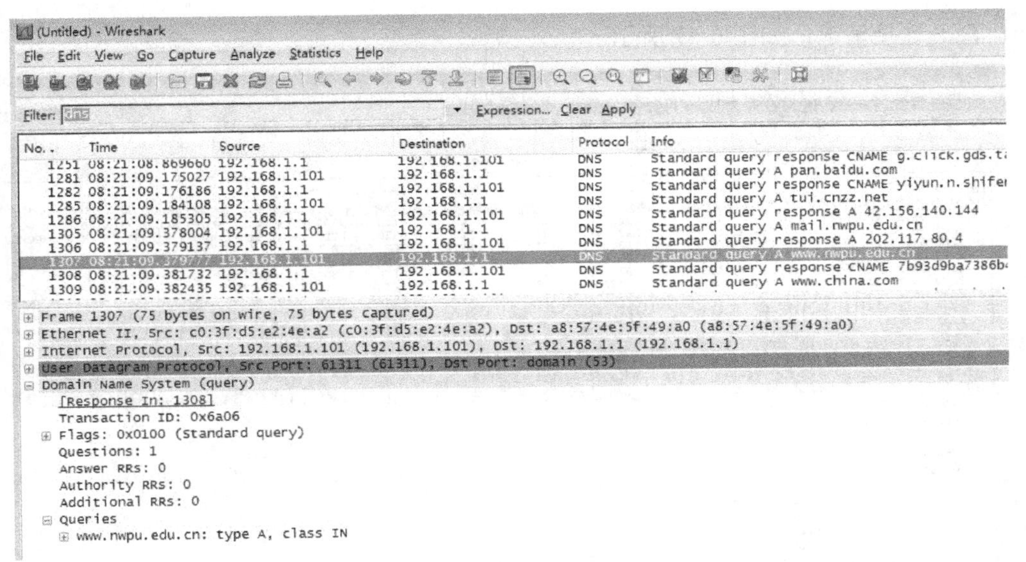

图 6-45　DNS 请求报文信息窗口

编号为 1308 的数据包表示 DNS 服务器（192.168.1.101）向计算机（IP 地址为 192.168.1.101）发送一个 DNS 应答报文，其中 www.nwpu.edu.cn 域名对应一个别名 7b93d9ba7386419.cname.365cyd.cn，而该别名对应两个 IP 地址，分别为 113.207.76.123 和 113.207.76.113，如图 6-46 所示。

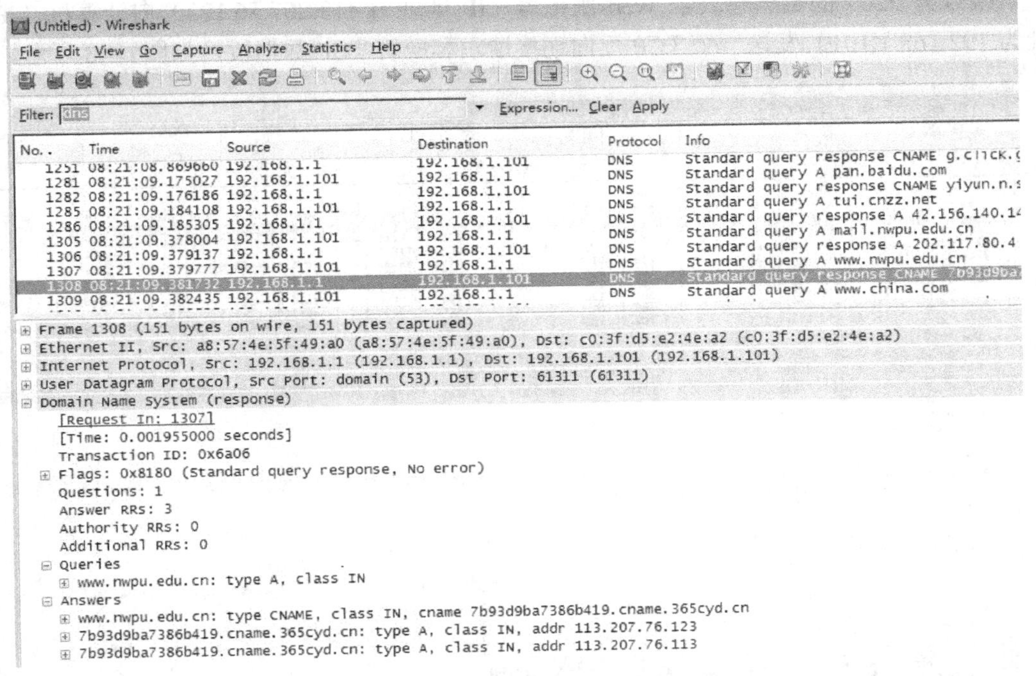

图 6-46　DNS 应答报文信息窗口

第二步：在显示过滤编辑框中输入 ip.addr eq 113.207.76.123，根据显示信息可知：编号为 2198、2205 和 2206 这三个数据包正好是一个完整的 TCP 会话。编号为 2198 的数据包表示计算机（IP 地址为 192.168.1.101）向 Web 服务器（IP 地址为 113.207.76.123）发送一个 TCP 连接请求，如图 6-47 所示。

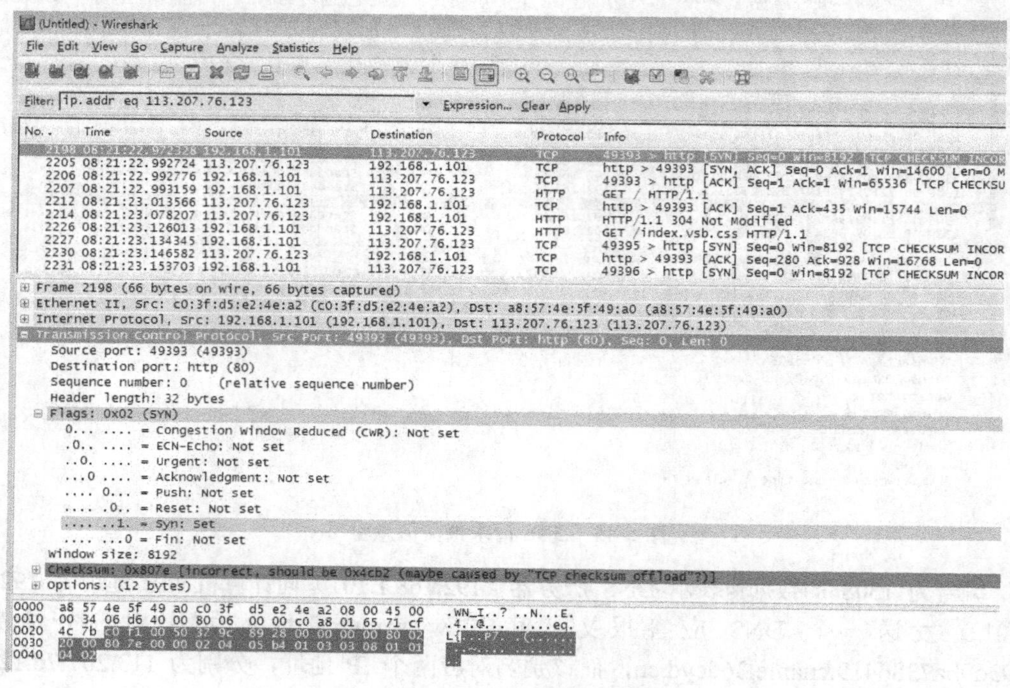

图 6-47 TCP 连接请求信息窗口

编号为 2205 的数据包表示 Web 服务器（IP 地址为 113.207.76.123）向计算机（IP 地址为 192.168.1.101）发送一个 TCP 反向连接请求和应答 TCP 数据段，如图 6-48 所示。

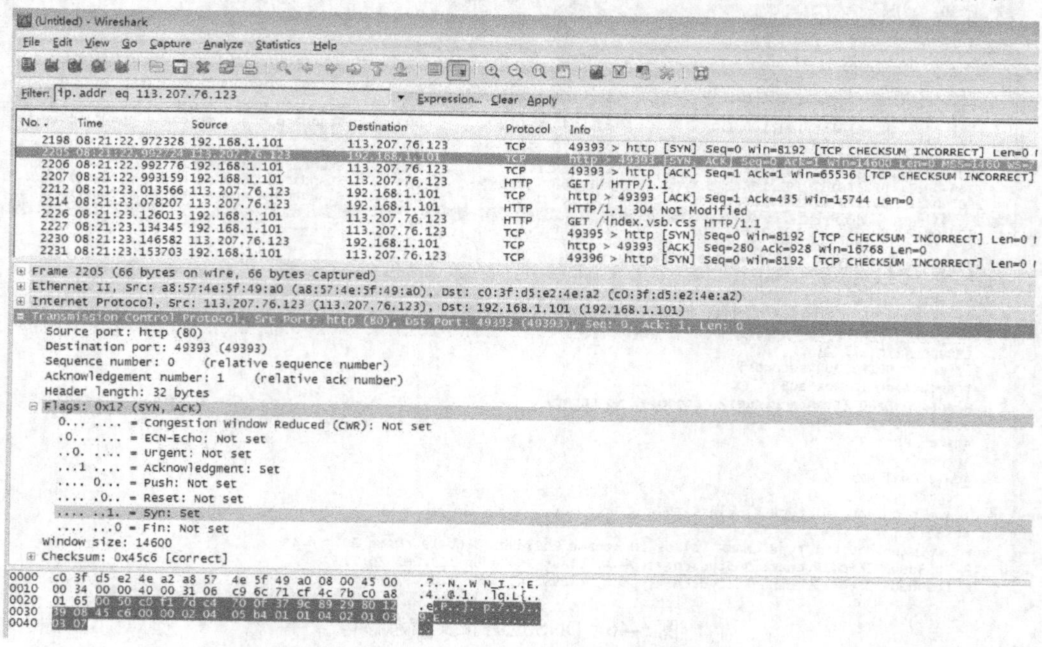

图 6-48 TCP 反向连接请求和应答 TCP 数据段信息窗口

编号为 2206 的数据包表示计算机（IP 地址为 192.168.1.101）向 Web 服务器（IP 地址为 113.207.76.123）发送一个 ACK 应答 TCP 报文段，如图 6-49 所示。

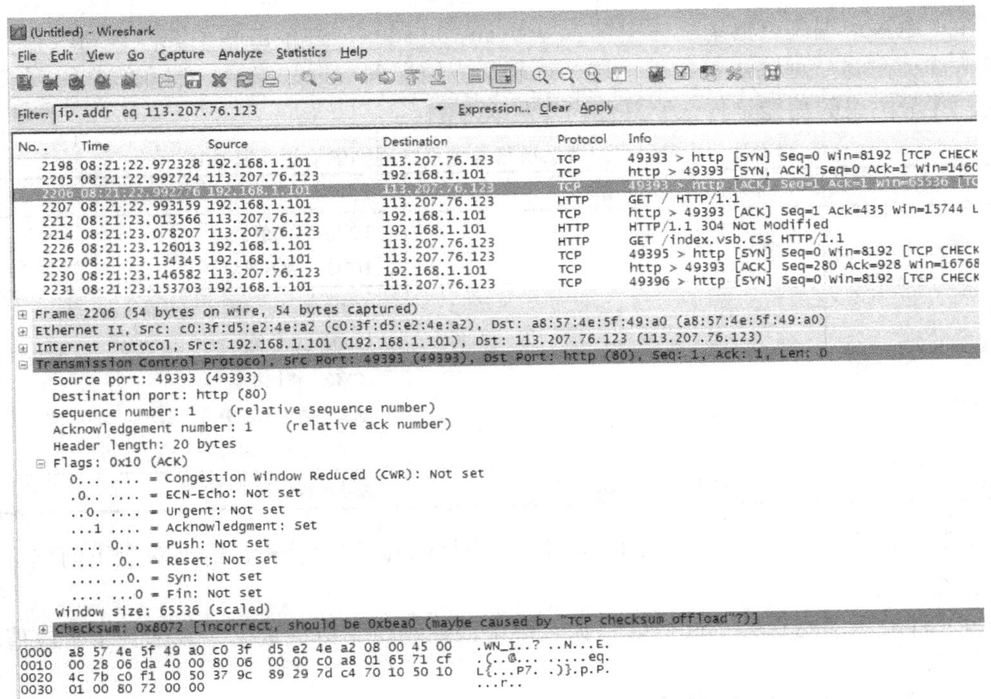

图 6-49　ACK 应答 TCP 报文段信息窗口

第三步：在显示过滤编辑框中输入 arp，也会得到整个 ARP 协议的会话过程。同样，通过输入其他过滤规则，会得到 TCP 释放连接的会话过程。

通过对主机访问 Web 服务器流程的分析可以得到如下结论：① 浏览器需要超链指向页面的 URL；② 浏览器向 DNS 请求解析 www.nwpu.edu.cn 的 IP 地址；③ 域名系统 DNS 解析 Web 服务器的 IP 地址；④ IP 协议调用 ARP 协议获得网关 MAC 地址；⑤ 浏览器与服务器建立 TCP 连接；⑥ 浏览器发出取文件命令 GET/index.htm；⑦ 服务器给出响应，把文件 index.htm 发送给浏览器；⑧ 释放 TCP 连接；⑨ 浏览器显示 Web 首页文件 index.htm 中的所有信息，具体流程如图 6-50 所示。

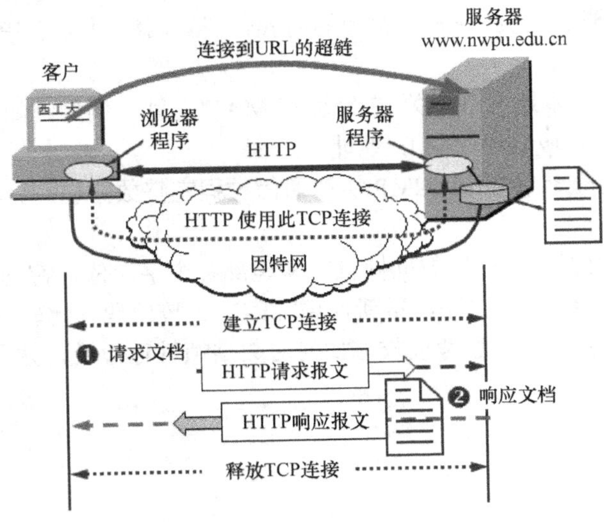

图 6-50　主机访问 Web 服务器的工作流程

在本地客户端浏览器地址栏中输入 www.nwpu.edu.cn 并敲击回车键，直到西北工业大学网站首页在客户浏览器上显示。这个过程从应用层到数据链路层，端系统都用到了哪些协议，各个协议的功能是什么？具体内容见表 6-1。

表 6-1　从应用层到数据链路层端系统用到的协议及其功能

层	协议	用途
应用层	DNS，HTTP	DNS：域名解析 HTTP：Web 服务
传输层	TCP，UDP	TCP：HTTP 调用实现可靠传输 UDP：DNS 调用
网络层	ICMP，IP，ARP	ICMP：错误报告 IP：分组构建、分片 ARP：地址映射
数据链路层	工业以太网数据链路层协议	数据帧构成和错误检测

为了更熟练地掌握应用 Wireshark 工具对网络协议进行分析，需要对以下问题进行分析和思考。

（1）针对网络每层的不同协议各抓取一个数据包，分析该数据包首部各个字段值和对应的含义。

（2）捕获 DNS 协议通信过程完整数据包，分析 DNS 协议工作的时序关系。

（3）捕获 HTTP 协议通信过程完整数据包，分析 Web 系统工作流程。

（4）捕获 TCP 协议通过三次握手建立连接过程完整数据包，分析 TCP 协议建立连接的时序关系（注意：源 IP 地址与目的 IP 地址的匹配，特别是源 PORT 与目的 PORT 匹配）。

（5）捕获 TCP 协议通过四次握手释放连接过程完整数据包，分析 TCP 协议释放连接时序关系（注意：源 IP 地址与目的 IP 地址的匹配，特别是源 PORT 和目的 PORT 匹配）。

（6）捕获一个 IP 分组，分析 IP 分组首部各个字段的值和含义；创造条件使网络层 IP 分组在发送时产生分片，捕获所有分片，思考 IP 协议是如何分片和组装的？与此相关的字段有哪些？组装时接收方如何判断是否有分片丢失？

（7）捕获 ARP 协议通信过程完整数据包，分析 ARP 协议工作时序关系。利用操作系统提供的 ARP 工具清除主机 ARP 缓存中的内容，建立网络通信时 IP 协议调用 ARP 协议的运行条件。

（8）通过抓包确定本地网络网关 IP 地址和 MAC 地址，例如，如何通过抓包和协议分析确定 www.***.edu.cn 域名对应的 IP 地址。

（9）通过运行 ping 命令捕获 ICMP 协议通信过程完整数据包，分析 ICMP 协议工作时序关系。

（10）捕获一个数据帧，分析数据帧首部和尾部各个字段值，特别是确定 32 位 CRC-32 校验码，编写一个 C 语言程序，重新计算 CRC-32 校验码，比较计算的值和捕获的 32 位 CRC-32 校验码是否一致，思考接收方如何对数据帧进行检错，并利用 C 语言编写检错程序。

第 7 章

网络管理命令的操作

7.1 引言

Windows 系统提供了一组命令工具实现简单的网络管理与配置，这些工具一般以 DOS 命令形式出现，感觉像直接操作硬件一样，这样不仅简单方便，而且结果立即显示，所以掌握常用的网络管理命令显得尤为重要。Windows 系统的网络管理命令通常以.exe 文件形式存储在 system32 目录下，在“开始”菜单中运行命令解释程序“cmd.exe”进入 DOS 命令窗口，然后执行任意网络管理命令。

7.2 ping 命令

1. ping 命令工作原理

发送节点向目的节点发送 ICMP REQUEST 报文（类型 = 0，子类型 = 0），目的节点接收到 ICMP RAQUEST 报文后，向发送节点回送一个 ICMP REPLY 报文（类型 = 0，子类型 = 0），主要用来测试网络中发送节点和目的节点之间的网络连通性及本地 TCP/IP 协议组件安装是否正确。

2. ping 命令的使用方法

用户在 DOS 窗口中输入“ping /?”，然后按回车键，出现如图 7-1 所示的 ping 命令使用帮助界面。ping 命令使用语法如下。

```
Usage: ping [-t] [-a] [-n count] [-l length] [-f] [-i ttl] [-v tos] [-r count] [-s count] [[-j computer-list] | [-k computer-list]] [-w timeout] target_name [IP 地址|域名]
```

```
D:\>ping /?

Usage: ping [-t] [-a] [-n count] [-l size] [-f] [-i TTL] [-v TOS]
            [-r count] [-s count] [[-j host-list] | [-k host-list]]
            [-w timeout] target_name

Options:
    -t             Ping the specified host until stopped.
                   To see statistics and continue - type Control-Break;
                   To stop - type Control-C.
    -a             Resolve addresses to hostnames.
    -n count       Number of echo requests to send.
    -l size        Send buffer size.
    -f             Set Don't Fragment flag in packet.
    -i TTL         Time To Live.
    -v TOS         Type Of Service.
    -r count       Record route for count hops.
    -s count       Timestamp for count hops.
    -j host-list   Loose source route along host-list.
    -k host-list   Strict source route along host-list.
    -w timeout     Timeout in milliseconds to wait for each reply.
```

图 7-1 ping 命令使用帮助界面

ping 命令相关参数的含义如下。

（1）-a：IP 地址表示目的主机，进行反向名字解析，若执行成功，则将显示目的主机名。

（2）-t：表示将不间断地向目标 IP 地址发送 ICMP ECHO 请求报文，直到用户按组合键“Ctrl+Break”或“Ctrl+C”强行中断发送为止。

（3）-n count：表示发送由 count 指定数量的 ICMP ECHO 请求报文；默认情况下，指定数量为 4。若-t 参数和-n 参数同时使用，则执行 ping 命令以放在后面的参数为标准，如“ping IP -t -n 3”，虽然使用了-t 参数，但并不是一直 ping 下去，而是只 ping 三次。另外，ping 命令不一定非得 ping 主机的 IP 地址，也可以直接 ping 主机域名，这样既可以测试连通性，又可以解析得到目标主机的 IP 地址（调用 DNS 协议）。

（4）-l length：表示发送 size length 指定数据长度的 ICMP ECHO 请求报文；默认数据长度为 32 字节（或 64 字节，周期性的大写英文字母序列），最大可定义到 65527（或者 65500）字节；结合-t 参数及多个 DOS 窗口实现并发传输，可以取得 DOS 攻击的效果。

（5）-f：在 IP 分组首部中设置“不分片”标志位，该 IP 分组将不被网络中的三层设备分片，主要用来测试路径上传输的最大 IP 报文长度（MTU）。

（6）-i TTL：用来设置 IP 分组中 TTL 字段值，前提是不设置默认主机 TTL 值，如 Windows XP 的初始值一般设置为 128。

（7）-v TOS：将 IP 分组首部中的“服务类型”字段设置为 TOS 指定的数，默认为 0。

（8）-r count：在 IP 分组可变首部中添加“记录路由”字段，用来记录发出报文和返回报文的跃点数，其值为 1～9。

（9）-s count：在 IP 分组可变首部中添加“时间戳（timestamp）选项”字段，记录到达每个三层设备的时间。

（10）-j host-list：表示经过由 host-list 指定的松散源路由，允许的最大 IP 地址数目是 9，不同 IP 地址之间用空格隔开。

（11）-k host-list：表示经过由 host-list 指定的严格源路由，允许的最大 IP 地址数目是 9，不同 IP 地址之间用空格隔开。

（12）-w：以毫秒为单位指定等待应答超时时间，若应答超时，则显示出错信息：“Request timed out”，默认超时时间为 4s。

（13）-target name：表示目的主机的 IP 地址或主机名。

（14）-4：表示强制使用 IPv4 协议。

（15）-6：表示强制使用 IPv6 协议。

首先，ping 一下西北工业大学门户网站服务器，用户输入“ping www.nwpu.edu.cn”后敲击回车键，出现如图 7-2 所示的界面。

在图 7-2 中，113.107.230.154 是西北工业大学门户网站服务器的 IP 地址；bytes=32 是发送的 ICMP REQUEST 报文字节数；time 表示应答返回时间，若时间数值越小，则表明返回速度越快；TTL 表示生存期，根据 TTL 后面的数字可以大概判断目的方操作系统类型，若返回的 TTL≈128，表明目的主机可能是 Windows 2000 操作系统或 Windows XP 操作系统，若 TTL≈250 或 TTL≈64，表明目的主机可能是 UNIX/Linux 操作系统，若 TTL≈32，则表明目的主机可能是 Windows 95/98 操作系统。能做出这样判断的原因是通过注册表用户可以修改主机的操作系统类型。例如，若返回的 TTL≈119，则可基本判断出目的主机是 Windows XP 系统；若返回的 TTL≈53，则可基本判断目的主机是 Linux 操作系统。

```
管理员: C:\Windows\system32\cmd.exe
C:\Users\Administrator>cd\

C:\>ping www.nwpu.edu.cn

正在 Ping 7b93d9ba7386b419.cname.365cyd.cn [113.107.238.154] 具有 32 字节的数据:

来自 113.107.238.154 的回复: 字节=32 时间=39ms TTL=51
来自 113.107.238.154 的回复: 字节=32 时间=38ms TTL=51
来自 113.107.238.154 的回复: 字节=32 时间=38ms TTL=51
来自 113.107.238.154 的回复: 字节=32 时间=38ms TTL=51

113.107.238.154 的 Ping 统计信息:
    数据包: 已发送 = 4，已接收 = 4，丢失 = 0 (0% 丢失)，
往返行程的估计时间(以毫秒为单位):
    最短 = 38ms，最长 = 39ms，平均 = 38ms

C:\>
```

图 7-2　ping 命令使用的基本界面

若发送主机和目标主机之间通信链路是对称链路，则利用图 7-2 中发送字节数和返回时间，结合上行链路延迟时间等于下行链路延迟时间，采用式（7-1）可估计传送速率。

数据传送速率≈发送的字节数/返回时间（毫秒）　　（7-1）

DOS>:ping –a 192.168.0.1。

含义：对目标主机 192.168.0.1 进行名字解析。

DOS>:ping –n 10 –l 1000 192.168.0.1。

含义：向目标主机 192.168.0.1 发送 10 次请求，每次应答的字节数均为 1000B。

DOS>:ping –r 5 192.168.0.1。

含义：向目的主机发送 ICMP 请求报文，并记录 4 个跃点路由信息。

DOS>:ping –j 192.168.0.1 192.168.0.2 192.168.0.3。

含义：向目的主机发送 ICMP 请求报文，采用松散源路由。

3. ping 命令返回信息分析

ping 命令返回信息包括以下 9 种。

（1）Request Timed Out。

① 原因 1：目的主机已关机，或者网络上根本没有这个地址。若目的主机已关机，则返回目的不可达 ICMP 差错报告报文；若该 IP 地址不存在，则返回 ICMP 超时报文。

② 原因 2：目的主机确实存在，ICMP 请求报文无法通过路由找到目的主机，此时返回 ICMP 超时报文。

③ 原因 3：目的主机确实存在，但由于网络设置了 ICMP 数据包过滤（如防火墙设置），因此目的主机无法收到 ICMP 请求报文，当然源发送主机也无法收到 ICMP 应答报文。那么如何判断目的主机是否存在呢？可以用带参数 -a 的 ping 命令探测对方，若能得到目的主机的 NetBios 名称，则说明目的主机存在并开机（主要原因是防火墙设置）；否则目的主机不存在或关机。

④ 原因 4：IP 地址设置错误。正常情况下，一台主机有一个网卡和一个 IP 地址或多个网卡和多个 IP 地址。但若在一台主机的“拨号网络适配器”（相当于一块软网卡）的 TCP/IP 设置中，设置了一个与网卡 IP 地址处于同一子网的 IP 地址，则在 IP 层协议看

来，这台主机就有两个不同的接口处于同一网段内。当从这台主机 ping 其他主机时，会存在以下问题。

a．主机不确定将数据包发送到哪个网络接口，这是因为有两个网络接口都连接在同一网段上。

b．主机不确定用哪个 IP 地址作为数据包的源地址。因此，从这台主机去 ping 其他主机，IP 层协议无法处理，超时后，就会给出一个“超时无应答”的错误信息提示。但从其他主机 ping 这台主机时，请求包是从特定的网卡发送来的，ICMP 协议只需简单地将目的地址与源地址互换，并更改一些标志即可，ICMP 应答包能顺利发出，其他主机也就能成功 ping 通这台主机了。

（2）Destination Host Unreachable。

该返回信息表明无法找到到达目的主机的路由，或者网线出现故障。Destination Host Unreachable 与 Request Time Out 的区别是：若从发送主机到目的主机所经过的路由器的路由表中可以找到到达目标方的路由信息，而目标因为其他原因不可到达，这时返回信息中会出现“Request Time Out”；若路由器的路由表中无法找到到达目标主机的路由信息（该路由器也没有配置默认路由），则返回信息中就会出现“Destination Host Unreachable”。

（3）Bad IP Address。

该返回信息表明该 IP 地址不存在或者无法连接到 DNS 服务器和对应的 IP 地址主机。

（4）Source Quench Received。

该返回信息比较特殊，并且出现的概率很小，它表明目的主机繁忙而无法回应。

（5）Unknown Host。

该返回信息表明远程主机的名称不能被域名服务器（DNS）转换成 IP 地址。故障原因可能是域名服务器存在故障，或者域名不正确。

（6）No Answer。

该返回信息表明本地主机有一条通向中心主机的路由，但却接收不到中心主机反馈的任何信息。故障原因可能是：中心主机没有工作；本地或中心主机网络配置不正确；本地或中心路由器没有工作；通信线路存在故障等。

（7）用户 ping 回环地址。如 IP 地址为 127.0.0.1，若无法 ping 通，则表明本地机 TCP/IP 协议无法正常工作。

（8）No Rout to Host。

该返回信息表明本地网卡无法正常工作。

（9）Transmit Failed, Error Code。

该返回信息表明源发送主机的网卡驱动无法正常工作。

7.3 ipconfig 命令

1. 使用方法

ipconfig 命令类似 Windows 9X 中的图形化命令 winipcfg，主要用来显示本地主机网络配置信息，以及刷新动态主机配置协议（DHCP）和域名系统的信息。ipconfig 命令使用语法如下。

```
Usage: ipconfig [/all] [/renew [Adapter]] [/release [Adapter]]
[/flushdns] [/displaydns] [/registerdns] [/showclassid Adapter] [/setclassid
Adapter [ClassID]]
```

ipconfig 命令使用帮助界面如图 7-3 所示。

```
C:\>ipconfig /?

用法:
    ipconfig [/allcompartments] [/? | /all |
                                 /renew [adapter] | /release [adapter] |
                                 /renew6 [adapter] | /release6 [adapter] |
                                 /flushdns | /displaydns | /registerdns |
                                 /showclassid adapter |
                                 /setclassid adapter [classid] |
                                 /showclassid6 adapter |
                                 /setclassid6 adapter [classid] ]

其中
```

图 7-3　ipconfig 命令使用帮助界面

ipconfig 命令相关参数的含义如下。

（1）/?：显示命令帮助消息。

（2）/all：显示完整的本地网络配置信息，如 IP 地址、子网掩码、网络地址、网卡 MAC 地址和 DNS 服务器地址。

（3）/renew[adapter]：更新所有适配器（若未指定适配器）或特定适配器（若包含 Adapter 参数）的 DHCP 配置参数和当前的 IPv4 地址信息。该参数仅在具有配置为自动获取 IP 地址的网卡的计算机上可用。若要指定适配器名称，则可使用不带参数的 ipconfig 命令显示适配器名称。

（4）/renew6[adapter]：更新指定适配器的 IPv6 地址。

（5）/release[adapter]：发送 DHCP Release 消息到 DHCP 服务器，以释放所有适配器（若未指定适配器）或特定适配器（若包含了 Adapter 参数）的当前 DHCP 配置，并丢弃对应的 IP 地址配置信息。该参数可以禁用配置为自动获取 IP 地址的适配器的 TCP/IP 协议。若要获取适配器名称，则需要输入不带参数的 ipconfig 命令显示的适配器名称。

（6）/release6[adapter]：释放指定适配器的 IPv6 地址。

（7）/displaydns：显示 DNS 客户端解析器的缓存内容，显示内容包括从本地主机文件预装载的 DNS 记录以及由计算机通过 DNS 系统最近获得的任何资源记录。

（8）/flushdns：释放并重设 DNS 客户端解析器缓存内容。

（9）/registerdns：刷新所有 DHCP 租约并重新注册 DNS 域名，具体讲就是初始化计算机上配置的 DNS 域名和 IP 地址的手动动态的注册信息。目的是使用该参数可对失败的 DNS 域名注册进行疑难解答或解决 DNS 客户端和 DNS 服务器之间的动态更新问题，而不必重新启动客户端计算机，利用 TCP/IP 协议高级属性中的 DNS 设置可以确定 DNS 中都注册了哪些 DNS 域名。

（10）/showclassid adapter：显示指定适配器的 DHCP 类别 ID。若要查看所有适配器的 DHCP 类别 ID，则可使用星号（*）通配符代替 adapter。该参数仅在具有配置为自动获取 IP 地址的网卡的计算机上可用。

（11）/setclassid adapter[classid]：配置特定适配器的 DHCP 类别 ID。若要设置所有适配器的 DHCP 类别 ID，则可使用星号（*）通配符代替 adapter。该参数仅在具有配置为自动获取 IP 地址的网卡的计算机上可用。若未指定 DHCP 类别 ID，则会删除当前类别 ID。

2. 使用实例

（1）DOS>: ipconfig /all

含义：显示本地主机网络配置的详细信息，若要显示网络配置简要信息，则输入DOS>: ipconfig 命令即可。

（2）DOS>: ipconfig /displaydns

含义：显示本地主机 DNS 缓存中的内容。

（3）DOS>: ipconfig / flushdns

含义：释放本地主机 DNS 缓存中的内容。

（4）DOS>: ipconfig / renew

含义：为本地网卡重新分配 IP 地址（需要调用 DHCP 协议）。

（5）DOS>: ipconfig / renew 1

含义：为本地网卡 1 重新分配 IP 地址。

（6）DOS>: ipconfig / release

含义：释放本地网卡分配的 IP 地址。

（7）DOS>: ipconfig / release 1

含义：释放本地网卡 1 分配的 IP 地址。

（8）DOS>:ipconfig /batch bak-netcfg

含义：将有关网络配置信息备份到文件 bak-netcfg 中（Windows 98 系统适用）。

7.4 tracert 命令

1. tracert 命令的工作原理

发送节点发送一个 IP 分组给目的节点，第一次发送设置 TTL=1，当该 IP 分组到达网关时，由于 TTL−1=1−1=0，因此网关丢弃该 IP 分组，并通过 ICMP 协议向发送节点发送一个 ICMP 超时差错报告报文，发送节点通过超时差错报告得到网关的 IP 地址（IP1）；发送节点第二次再向目的节点发送一个 IP 分组，设置 TTL=2，当该 IP 分组到达网关时，由于 TTL−1=2−1=1，因此网关转发该 IP 分组给第二个三层网络交换设备，该交换设备接收到 IP 分组后，若 TTL−1=1−1=0，则丢弃该分组，并通过 ICMP 协议向发送节点发送一个 ICMP 超时差错报告报文，发送节点通过该超时差错报告得到第二个网络交换设备的 IP 地址（IP2）；依此类推，发送节点通过多次发送 IP 分组给目的节点，直到最后目的节点接收到一个 IP 分组，并且 TTL−1=1−1=0，丢弃该 IP 分组，并通过 ICMP 协议向发送节点发送一个 ICMP 超时差错报告报文，发送节点通过该超时差错报告得到目的节点的 IP 地址（IP*n*）。这样，tracert 命令就会得到一个从发送节点到目的节点完整的路径信息（IP1, IP2,⋯, IP*n*）。

2. tracert 命令的使用方法

用户在 DOS 窗口中输入“tracert /?”然后按回车键，出现如图 7-4 所示的 tracert 命令使用帮助界面。如图 7-5 所示是 tracert 命令使用界面。

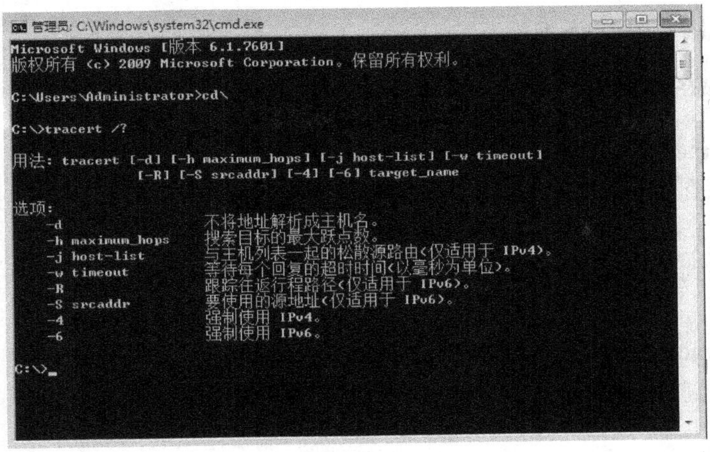

```
管理员: C:\Windows\system32\cmd.exe
Microsoft Windows [版本 6.1.7601]
版权所有 (c) 2009 Microsoft Corporation。保留所有权利。

C:\Users\Administrator>cd\

C:\>tracert /?

用法: tracert [-d] [-h maximum_hops] [-j host-list] [-w timeout]
               [-R] [-S srcaddr] [-4] [-6] target_name

选项:
    -d                 不将地址解析成主机名。
    -h maximum_hops    搜索目标的最大跃点数。
    -j host-list       与主机列表一起的松散源路由(仅适用于 IPv4)。
    -w timeout         等待每个回复的超时时间(以毫秒为单位)。
    -R                 跟踪往返行程路径(仅适用于 IPv6)。
    -S srcaddr         要使用的源地址(仅适用于 IPv6)。
    -4                 强制使用 IPv4。
    -6                 强制使用 IPv6。

C:\>_
```

图 7-4 tracert 命令使用帮助界面

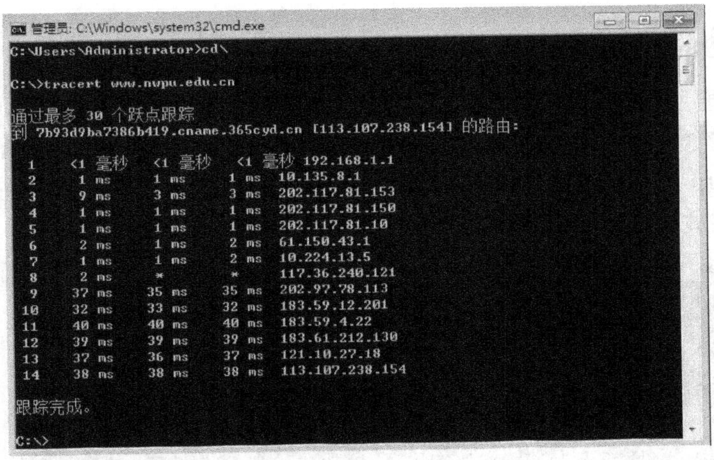

```
管理员: C:\Windows\system32\cmd.exe
C:\Users\Administrator>cd\

C:\>tracert www.nvpu.edu.cn

通过最多 30 个跃点跟踪
到 7b93d9ba7386b419.cname.365cyd.cn [113.107.238.154] 的路由:

  1    <1 毫秒   <1 毫秒   <1 毫秒 192.168.1.1
  2     1 ms      1 ms      1 ms  10.135.8.1
  3     9 ms      3 ms      3 ms  202.117.81.153
  4     1 ms      1 ms      1 ms  202.117.81.150
  5     1 ms      1 ms      1 ms  202.117.81.10
  6     2 ms      1 ms      2 ms  61.150.43.1
  7     1 ms      1 ms      2 ms  10.224.13.5
  8     2 ms      *         *     117.36.240.121
  9    37 ms     35 ms     35 ms  202.97.78.113
 10    32 ms     33 ms     32 ms  183.59.12.201
 11    40 ms     40 ms     40 ms  183.59.4.22
 12    39 ms     39 ms     39 ms  183.61.212.130
 13    37 ms     36 ms     37 ms  121.10.27.18
 14    38 ms     38 ms     38 ms  113.107.238.154

跟踪完成。

C:\>
```

图 7-5 tracert 命令使用界面

tracert 命令使用语法如下。

```
Usage: tracert [-d] [-h maximum_hops] [-j host-list] [-w timeout] [-R]
[-S srcaddr] [-4] [-6] target_name
```

tracert 命令相关参数的含义如下。

（1）-d：表示不需要将 IP 地址解析为主机名称，只显示中间网络节点的 IP 地址，目的是加速跟踪速度。

（2）-h maximum_hops：指定跃点数以跟踪名为 target_name 的目的主机的路由信息，默认为 30 个跃点数。

（3）-j host-list：指定 tracert 实用程序数据包所采用路径中的路由器接口列表，可以是中间网络节点的名称或 IP 地址，最多可列出 9 个中间网络节点，不同网络节点之间用空格隔开。

（4）-w timeout：等待应答超时时间设置，时间以毫秒为单位。若超时，则显示星号“*”，默认超时时间为 4s。

（5）-target_name：目标主机的域名或 IP 地址。

（6）-4：强制使用 IPv4 地址。

（7）-6：强制使用 IPv6 地址。

3. tracert 命令的使用实例

（1）DOS>tracert　www.baidu.com

含义：跟踪到达www.baidu.com的路径信息。

（2）DOS>: tracert　–d　www.baidu.com

含义：跟踪到达www.baidu.com的路径信息，不进行名字解析，只显示中间网络节点的IP 地址。

（3）DOS>tracert　-j　192.168.0.1 192.168.1.2　www.baidu.com

含义：跟踪到达www.baidu.com的路径信息，采用松散源路由选项。

7.5 arp 命令

1. arp 命令的使用方法

arp 命令主要用于显示和修改本地主机 arp 缓存中内容，主机上安装的每个网卡都有一个 arp 缓存，该缓存中存储的是通过 arp 协议动态学习到的 IP 地址与 MAC 地址映射关系，以及通过 arp 命令静态配置的 IP 地址与 MAC 地址映射关系。用户在 DOS 窗口中输入“arp　/?”然后按回车键，出现如图 7-6 所示的 arp 命令使用帮助界面。

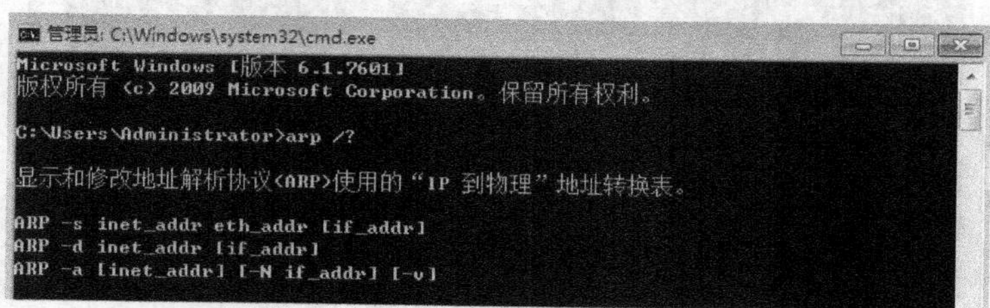

图 7-6　arp 命令使用帮助界面

arp 命令使用语法如下。

```
arp [-a [inetaddr] [-N ifaceaddr] [-g [inetaddr] [-n ifaceaddr] [-d inetaddr [ifaceaddr] [-s inetaddr etheraddr [ifaceaddr]
```

arp 命令相关参数的含义如下。

（1）-a[inetaddr] [-N ifaceaddr]：显示所有接口的当前 arp 缓存表。若要显示指定 IP 地址的对应 MAC 地址的 arp 缓存项，则使用带有 inetaddr 参数的“arp -a”，其中 inetaddr 表示指定的 IP 地址。若显示指定网络接口的 arp 缓存表，则使用“-N ifaceaddr”参数，其中-N 参数区分大小写，ifaceaddr 代表分配给该接口的 IP 地址。

（2）-g [inetaddr] [-n ifaceaddr]：与-a[inetaddr] [-N ifaceaddr]参数含义相同。

（3）-d inetaddr [ifaceaddr]：删除指定 IP 地址的 arp 缓存项，其中 inetaddr 代表 IP 地址。对于指定接口，若要删除表中的某个 arp 缓存项，则需要使用 ifaceaddr 参数，其中 ifaceaddr 代表分配给该接口的 IP 地址。若要删除所有项，则使用星号（*）通配符代替 inetaddr。

（4）-s inetaddr etheraddr [ifaceaddr]：向本地主机 arp 缓存添加 IP 地址 inetaddr 与物理地址 etheraddr 的静态缓存项。此处的 ifaceaddr 代表局域网中任意网络接口的 IP 地址，

etheraddr 表示该网络接口对应的物理地址。inetaddr 与 ifaceaddr 的 IP 地址用十进制记数法表示。物理地址 Etheraddr 由 6 字节组成，用十六进制记数法表示并且用连字符隔开，如 00-AA-00-4F-2A-9C。

2. arp 命令的使用实例

（1）DOS>: arp　-a

表示查看当前所有网络接口的 arp 缓存内容，如图 7-7 所示。

```
C:\Documents and Settings\yangyu.YANGYANG.000>arp -a

Interface: 192.168.1.8 --- 0x2
  Internet Address      Physical Address      Type
  192.168.1.1           00-30-da-2a-46-20     dynamic
```

图 7-7　arp 缓存内容

（2）DOS>: arp -a 192.168.0.1

表示仅显示本地网络接口 arp 缓存中 IP 地址为 192.168.0.1 对应的 arp 缓存项。例如，将 IP 地址 192.168.1.8 映射成物理地址 00-30-da-2a-22-22。

（3）DOS>: arp –s 192.168.1.8　00-30-da-2a-46-20

表示在本地网络接口 arp 缓存中，增加一项 IP 地址为 192.168.1.8 和物理地址为 00-30-da-2a-46-20 的 arp 缓存项。增加的 arp 缓存映射关系如图 7-8 所示。

```
C:\Documents and Settings\yangyu.YANGYANG.000>arp -s 192.168.1.8 00-30-da-2a-46-20

C:\Documents and Settings\yangyu.YANGYANG.000>arp -a

Interface: 192.168.1.8 --- 0x2
  Internet Address      Physical Address      Type
  192.168.1.1           00-30-da-2a-46-20     dynamic
  192.168.1.8           00-30-da-2a-46-20     static
```

图 7-8　增加的 arp 缓存映射关系

（4）DOS>: arp　–d

表示删除本地主机 arp 缓存的所有内容。删除 arp 缓存映射关系如图 7-9 所示。

```
C:\Documents and Settings\yangyu.YANGYANG.000>arp -d

C:\Documents and Settings\yangyu.YANGYANG.000>arp -a

Interface: 192.168.1.8 --- 0x2
  Internet Address      Physical Address      Type
  192.168.1.1           00-30-da-2a-46-20     dynamic

C:\Documents and Settings\yangyu.YANGYANG.000>arp -d

C:\Documents and Settings\yangyu.YANGYANG.000>arp -a
No ARP Entries Found
```

图 7-9　删除 arp 缓存映射关系

（5）DOS>: arp –d 192.168.1.8　00-30-da-2a-46-20

表示仅删除本地 arp 缓存中 IP 地址为 192.168.1.8 和物理地址为 00-30-da-2a-46-20 的 arp 缓存项。

7.6 route 命令

1. route 命令的使用方法

route 命令主要用来管理本地主机路由表，可以用来查看、添加、修改或删除本地主机路由表项，在 Windows 2000 以上操作系统中均可使用。用户在 DOS 窗口中输入“route /?”然后按回车键，出现如图 7-10 所示的 route 命令使用帮助界面。

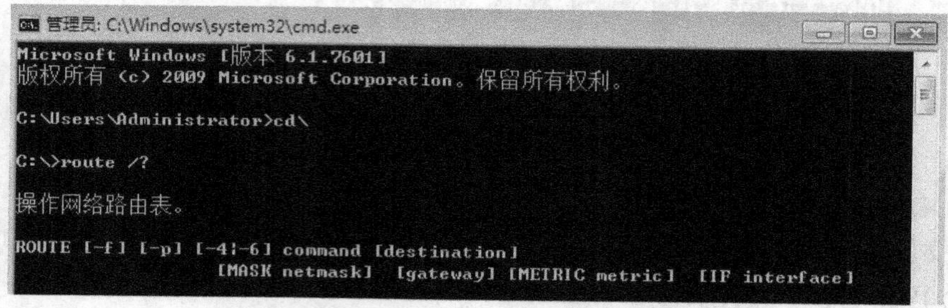

图 7-10 route 命令使用帮助界面

route 命令格式语法如下。

```
route [-f] [-p] [command] [destination] [MASK netmask] [gateway] [METRIC metric] [IF interface]
```

route 命令相关参数的含义如下（带方括号的参数可以省略）。

（1）command：可以是 print（列出本地主机路由表项）、delete（删除本地主机路由表项）、add（添加本地主机路由表项）和 change（修改本地主机已有路由表项）等命令之一。若是 print 或 delete，则目标网络和网关可以包括通配符（*或?，其中*代表字符串，?代表单个字符），而且网关参数可以省略。

（2）-f：清空路由表所有路由项（除主机路由和默认路由外），如网络路由（子网掩码不是 255.255.255.255）、本地环路路由（目的网络地址为 127.0.0.0，子网掩码为 255.0.0.0）和组播路由（目的网络地址为 224.0.0.0，子网掩码为 240.0.0.0）。若该参数与 route 指令同时使用，则会在执行该命令前先清空路由表。

（3）-p：该参数与 add 命令同时使用时，用于添加永久性静态路由表项。若没有该参数，则添加的路由表项在系统重启后会丢失。若该参数与 print 命令联合使用，则仅显示永久路由表项。对于其他命令，此选项会被忽略，这是因为其他命令对路由表的影响总是永久的。在 Windows 95 系统中的 route 命令不支持这个选项。持久路由信息一般保存在注册表的 HKEY_LOCAL_MACHINE\SYSTEM\CurrentControlSet\Tcpip\Parameters\PersistentRoutes 位置。Windows 9X 系统不支持该参数。

（4）destination：表示目的地址，可以是网络地址、主机地址和默认路由地址（0.0.0.0）。

（5）netmask：表示目的地址对应的子网掩码。

（6）gateway：表示从本地主机到目的网络的“下一跳”IP 地址，一般为本地网络的网关 IP 地址。

（7）metric：表示从本地到目的网络的代价度量值（1～9999），通常选择度量值最小的路由为最优路由。

（8）interface：表示接口索引，可以使用 route print 命令显示接口索引列表。

该命令中目标网络和网关的 IP 可以用域名替代表示，对于域名表示的网络或 IP 地址，系统会查找位于 C:\Windows\system32\drivers\etc 目录下 Hosts 文件来对域名进行解析。若目的地址与子网掩码相与结果出现错误或无效，则系统会显示"Route: bad gateway address netmask"的错误信息。命令的很多参数可以省略，如网络接口参数。若在添加或修改的路由项的命令中省略网络接口参数，则系统会自动选择使用到达指定目的网络最优的网络接口。

2. route 命令的使用实例

（1）route print

含义：打印显示本地主机路由表的所有内容。

（2）route print 20*

含义：打印显示本地主机路由表以 20 开头的目的网络的路由项。

（3）route add 0.0.0.0 mask 0.0.0.0 192.168.0.1

含义：增加一条默认路由，其中 192.168.0.1 为本地网络网关地址。

（4）route add 10.10.0.0 mask 255.0.0.0 192.168.0.2

含义：增加一条路由项：到达目的网络地址为 10.0.0.0，"下一跳"IP 地址为 192.168.0.2。

（5）route add 157.0.0.0 MASK 255.0.0.0 157.55.80.1 metric 3 if 2

含义：增加一条路由项：到达目的网络地址为 10.0.0.0，"下一跳"IP 地址为 192.168.0.2，代价度量定位为 3，网络接口定义为 2。

（6）route –p add 10.10.0.0 mask 255.0.0.0 192.168.0.2

含义：增加一条路由项：到达目的网络地址为 10.0.0.0，"下一跳"IP 地址为 192.168.0.2。

（7）route add 10.10.0.0 mask 255.0.0.0 192.168.0.2 metric 6

含义：增加一条静态永久路由项：到达目的网络地址为 10.0.0.0，"下一跳"IP 地址为 192.168.0.2。

（8）route delete 10.10.0.0 mask 255.0.0.0

含义：删除路由项：目的网络地址为 10.0.0.0，子网掩码为 255.0.0.0。

（9）route delete 10.*

含义：删除所有目的网络地址以 10 开头的路由项。

（10）route DELETE 157.0.0.0

含义：删除所有到达 157.0.0.0 的路由项。

（11）route change 10.10.0.0 mask 255.0.0.0 192.168.1.2

含义：把目的网络地址为 10.0.0.0、子网掩码为 255.0.0.0 的路由项中的"下一跳"IP 地址改为 192.168.1.2。

7.7 netstat 命令

1. netstat 命令的使用方法

该命令主要用于显示 TCP 连接情况和网络协议运行情况统计信息，对于 IPv4 网络，主要统计信息包括 IP、ICMP、TCP 和 UDP 等协议；对于 IPv6 网络，主要统计信息包括 IPv6、ICMPv6、TCP 和 UDP 等协议。若不使用任何参数，则显示所有活动 TCP 连接。用户在 DOS

窗口中输入“netstat　/?”然后按回车键，出现如图 7-11 所示的 netstat 命令使用帮助界面。

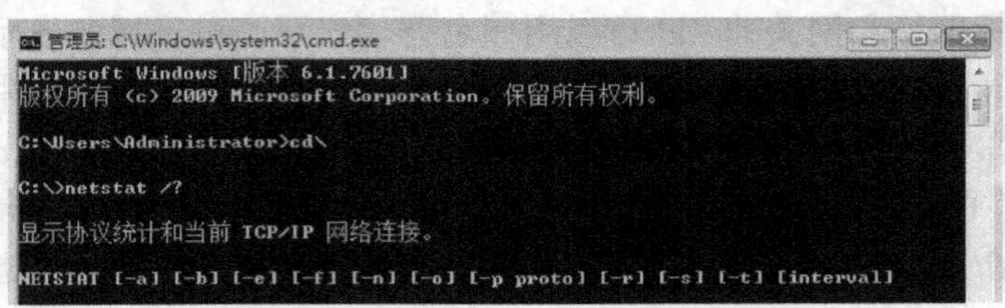

图 7-11　netstat 命令使用帮助界面

netstat 命令格式语法如下。

```
NETSTAT [-a] [-b] [-e] [-n] [-o] [-p proto] [-r] [-s] [-v] [interval]
```

netstat 命令相关参数的含义如下（带方括相关号的参数可以省略）。

（1）-a：显示所有 TCP 连接信息，以及正在监听的 TCP 端口和 UDP 端口。

（2）-b：显示包含创建每个连接或监听端口的可执行组件，执行此选项可能需要很长时间，若用户没有足够权限，则可能执行失败。

（3）-e：显示以太网统计信息。如发送和接收的字节数及出错的次数等，此选项可以与-s 选项组合使用。

（4）-n：以数字形式显示活动的 TCP 连接、地址和端口号信息。

（5）-o：显示与每个活动 TCP 连接相关的所属进程 ID，在 Windows 任务管理器中可以找到与进程 ID 对应的应用。该参数可以与-a、-n 和-p 联合使用。

（6）-p protocol：用标识符 protocol 指定协议名称，protocol 可以是下列协议之一：TCP、UDP、TCPv6 或 UDPv6。若与 -s 选项同时使用，则显示 IPv4、IPv6、ICMP、ICMPv6、TCP、TCPv6、UDP 及 UDPv6 等协议统计信息

（7）-r：显示本地主机路由表信息，与 route print 命令等价。

（8）-s：按协议显示统计信息。默认情况下显示 IP、ICMP、TCP 和 UDP 等协议的统计信息。

（9）-v：与 -b 选项同时使用时，将显示创建连接或监听端口的组件。

（10）interval：重新显示统计信息的时间间隔（以秒为单位）。按“Ctrl+C”组合键停止重新显示统计信息。若省略，则只显示一次统计信息。

netstat 显示的统计信息分为 4 栏或者 5 栏，如图 7-12 所示。

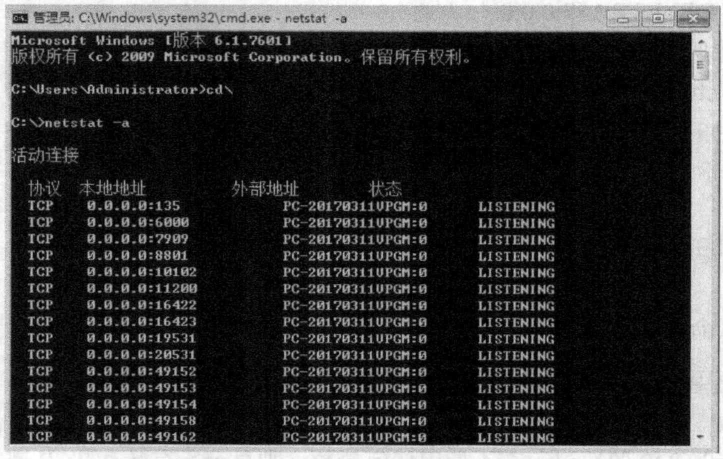

图 7-12　netstat 显示的统计信息

netstat 显示的统计信息具体含义如下。

（1）Protocol：表示协议名称。

（2）Local Address：表示本地主机的 IP 地址（或名称）和端口号（或端口名称，如 HTTP 和 FTP 等），若使用-n 参数，则显示本地主机 IP 地址和端口号；若端口尚未建立，则用“*”表示。

（3）Foreign Address：表示远程主机的 IP 地址（或名称）和端口号（或端口名称，如 HTTP 和 FTP 等），若使用-n 参数，则显示远程主机 IP 地址和端口号；若端口尚未建立，则用“*”表示。

（4）State：表示 TCP 连接的当前状态，主要用到如下状态信息。

① SYS_SEND：客户已主动发送了建立连接请求。

② SYN_RECEIVED：服务器已经接收到客户发送来的连接请求。

③ LISTEN：服务器正在监听。

④ ESRABLISHED：连接已经建立。

⑤ FIN_WAIT_1：已经发送释放连接请求。

⑥ FIN_WAIT_2：等待对方释放连接应答。

⑦ CLOSE_WAIT：收到对方释放连接请求。

⑧ TIMED_WAIT：等待一段时间后释放连接。

⑨ CLOSED：连接已经释放。

2. netstat 的使用实例

（1）DOS>: netstat-a

含义：显示所有的有效连接信息列表，包括已建立的连接（Established），以及监听连接信息（Listening）。

（2）DOS>: netstat -e

含义：显示关于以太网的统计数据，列出的内容包括传送数据报的总字节数、错误数、删除数、数据报的数量和广播报文的数量。这些统计数据既有发送的数据报数量，又有接收的数据报数量。该选项可以统计一些基本的网络流量。

（3）DOS>: netstat -n

含义：显示所有已建立的有效 TCP 连接。

（4）DOS>: netstat -o 4

含义：显示 TCP 连接和其对应的进程 ID，每 4 秒显示一次。

（5）DOS>: netstat -n -o

含义：以数字形式显示 TCP 连接和其对应的进程 ID。

（6）DOS>: netstat -r

含义：显示本地主机路由表信息，与 route print 命令类似，该命令除显示有效路由信息外，还显示当前有效的连接。

（7）DOS>: netstat -s

含义：能够按照不同协议分别显示其统计数据。若应用程序（如 Web 浏览器）运行速度较慢，或者不能显示 Web 页之类的数据，则可以用该命令查看所显示的信息，通过分析查看各行统计数据，找到出错信息，进而确定问题所在。

（8）DOS>: netstat -e

含义：显示关于以太网的统计信息，如传送的数据报的总字节数、错误数、删除数、数据报数量（发送的数据报数量、接收的数据报数量）和广播报文数量，还可以用来统计一些基本的网络流量。

（9）DOS>: netstat -s -p tcp udp

含义：显示 TCP 和 UDP 协议的统计信息。

7.8 nslookup 命令

nslookup 是一个监测网络中 DNS 服务器是否能运行正常的命令行工具。系统只有在已安装 TCP/IP 协议的情况下才可以使用 nslookup 命令行工具，其命令行长度必须少于 256 个字符。用户在 DOS 窗口中输入“nslookup /?”然后按回车键，出现如图 7-13 所示的 nslookup 命令使用帮助界面。

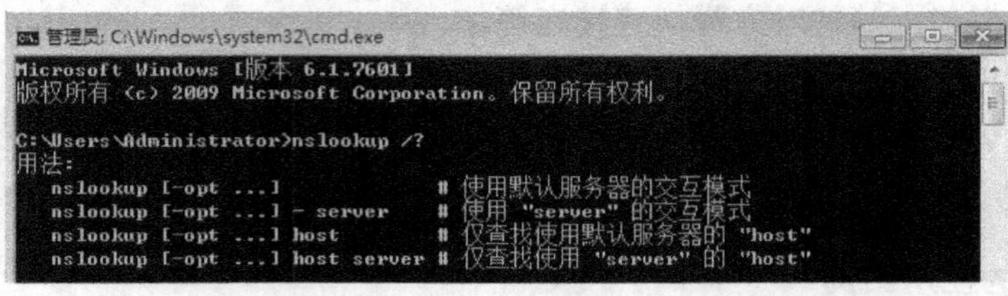

图 7-13 nslookup 命令使用帮助界面

nslookup 命令语法如下。

```
nslookup [-SubCommand ...] [{ComputerToFind| [-Server]}]
```

nslookup 命令相关参数的含义如下。

（1）-SubCommand ...

含义：将一个或多个 nslookup 子命令指定为命令行选项。

（2）ComputerToFind

含义：若未指定其他 DNS 服务器，则使用当前默认 DNS 服务器查询 ComputerToFind 的信息。若要查找不在当前 DNS 域名的计算机，则在 DNS 域名后附加句号。

（3）-Server

含义：指定将该服务器作为 DNS 域名服务器使用。若省略-Server，则使用默认的 DNS 域名服务器。

（4）{help|?}

含义：显示 nslookup 子命令的功能。

若 ComputerToFind 是一个 IP 地址，并且查询类型为 A 或 PTR 资源记录类型，则返回计算机的域名。若 ComputerToFind 是一个域名，并且没有跟踪期，则向该域名添加默认 DNS 域名。此行为取决于 set 子命令的状态，包括 domain、srchlist、defname 和 search。若输入连字符（-）代替 ComputerToFind，命令提示符更改为 nslookup 交互式模式（nslookup 有两种模式：交互式和非交互式）。若仅需要查询一次域名，则使用非交互式模式。对于第一个参数，输入要查找的计算机的域名或 IP 地址；对于第二个参数，输入 DNS 域名服务器的名称或 IP 地址。若省略第二个参数，则 nslookup 使用默认 DNS 域名服务器。若需要查找多次，则可以使用交互式模式，并且需要为第一个参数输入连字符（-），为第二个参数输入 DNS 域名称服务器的域名或 IP 地址，或者省略两个参数，nslookup 使用默认 DNS 名称服务器。

下面是一些有关在交互式模式下工作的提示。

（1）若需要随时中断交互式命令，则按组合键“Ctrl+B”。

（2）若需要退出，请输入 exit。

（3）若需要将内置命令当作计算机名，则在该命令前面放置转义字符（\），将无法识别的命令解释为计算机名。

（4）若查找请求失败，则 nslookup 将打印错误消息，错误信息说明如下。

① Timed out：若重试一定时间和一定次数后，DNS 服务器没有响应请求，则可以通过 set timeout 子命令设置超时期，而利用 set retry 子命令设置重试次数。

② No response from server：服务器上没有运行 DNS 域名服务。

③ No records：尽管计算机域名有效，但是 DNS 域名服务器没有计算机当前查询类型的资源记录，查询类型使用 set query type 命令指定。

④ Non-existent domain：计算机或 DNS 域名不存在。

⑤ Connection refused or Network is unreachable：无法与 DNS 域名服务器或指针服务器建立连接，该错误通常发生在 ls 和 finger 请求中。

⑥ Server failure DNS：域名服务器发现在其数据库中存在内容不一致情况，无法返回有效应答。

⑦ Refused DNS：域名服务器拒绝为 DNS 请求服务。

⑧ Format error DNS：域名服务器发现请求数据包的格式不正确，存在错误。

使用 nslookup.exe 命令文件时，需要注意以下几个问题。

（1）TCP/IP 协议必须首先安装在运行 nslookup.exe 的计算机上。

（2）在 Microsoft TCP/IP 属性页的 DNS 选项卡的“DNS 服务搜索顺序”字段中必须至少指定一个 DNS 服务器。

（3）每个命令行选项均由连字符（-）后紧跟命令名组成，有时是等号（=）后跟一个数值。例如，若要将默认的查询类型更改为主机（计算机）信息，并将初始超时时间改为 10 秒，则需要输入 nslookup－querytype = hinfo－timeout = 10。

（4）若 nslookup 无法实施完全合格的域名查询，则查询将被附加到当前上下文中。例如，当前 DNS 设置是 att.com，并且在 www.microsoft.com 中执行查询，那么第一次查询 www.microsoft.com.att.com 失败，这是因为这种查询方式是不规范的。这种查询方式与其他供应商的 nslookup 方式可能不一致。

（5）若已经使用 Microsoft TCP/IP 属性页 DNS 选项卡上定义的“域后缀搜索顺序”（Domain Suffix Search Order）中的搜索列表，将不会发生抽取操作。查询将被附加到列表中指定的域后缀中。若要避免使用搜索列表，则需要始终使用“完全合格的域名称”（即在名称中添加尾随点）。

（6）默认服务器超时，若启动 nslookup.exe 工具，则可能出现以下错误。

```
*** Can't find server name for address w.x.y.z : Timed out
```

备注：w.x.y.z 是在 DNS 服务搜索顺序列表中列出的第一个 DNS 服务器。

```
*** Can't find server name for address 127.0.0.1: Timed out
```

第一个错误指出不能连接 DNS 服务器，或者该计算机上的域名服务没有运行。要解决此问题，需要启动该服务器上的 DNS 服务，或检查可能存在的连接问题。第二个错误指出在 DNS 服务搜索顺序列表中还没有定义 DNS 服务器。若要解决此问题，则需要将有效 DNS 服务器的 IP 地址添加到此列表中。

（7）若启动 nslookup.exe 找不到域名服务器名，则在启动 nslookup.exe 工具时，可能出现以下错误。

```
*** Can't find server name for address w.x.y.z: Non-existent domain
```

当域名服务器中没有 PTR 记录时，会出现此错误。当 nslookup.exe 启动时，会执行反向搜索，以得到默认域名服务器的名称。若没有 PTR 数据，则返回此错误消息。若要解决此问题，则需要确保反向搜索区域存在，并包含域名服务器的 PTR 记录。

（8）nslookup 在子域上无法执行，当在子域上执行查询或进行区域转移时，nslookup 可能返回以下错误。

```
*** ns.domain.com can't find child.domain.com.: Non-existent domain
*** Can't list domain child.domain.com.: Non-existent domain
```

在 DNS Manager 中，可以在主区域中添加一个新区域，这样就创建了一个子域。利用这种方法创建子域并不为该域创建一个单独的db 文件，这样在该域进行查询或在该域进行区域转移时将会产生以上错误。在父域上进行区域转移时将同时列出父域数据和子域数据。若要解决此问题，则在 DNS 服务器上为该子域创建一个新主域。

nslookup.exe 可以在两种模式下运行：交互模式和非交互模式。当需要返回单次查询数据时，使用非交互模式，非交互模式的语法如下。

```
nslookup [-option] [hostname] [server]
```

（1）nslookup.exe 的基本使用。若要在交互模式下启动 nslookup.exe，则只需在命令提示符下输入 nslookup。

```
C:\> nslookup
Default Server: nameserver1.domain.com
Address: 10.0.0.1
>
```

在命令提示符下输入“help”或“?”将生成可用的命令列表。若在命令提示符下输入的内容不是有效命令，则系统均认为它是主机域名，并尝试使用默认服务器来解析它。若要中断交互命令，则需要按组合键 Ctrl+C。若要退出交互模式并返回到命令提示符处，则需要在命令提示符处输入 exit。以下是帮助（help）输出，包含选项的完整列表。

```
Commands: (identifiers are shown in uppercase, [] means optional)
NAME - print info about the host/domain NAME using default
server
NAME1 NAME2 - as above, but use NAME2 as server
help or ? - print info on common commands
set OPTION - set an option
all - print options, current server and host
[no]debug - print debugging information
[no]d2 - print exhaustive debugging information
[no]defname - append domain name to each query
[no]recurse - ask for recursive answer to query
[no]search - use domain search list
[no]vc - always use a virtual circuit
```

```
domain=NAME - set default domain name to NAME
srchlist=N1[/N2/.../N6] - set domain to N1 and search list to N1, N2,
and so on
root=NAME - set root server to NAME
retry=X - set number of retries to X
timeout=X - set initial time-out interval to X seconds
type=X - set query type (for example, A, ANY, CNAME, MX,
NS, PTR, SOA, SRV)
querytype=X - same as type
class=X - set query class (for example, IN (Internet), ANY)
[no]msxfr - use MS fast zone transfer
ixfrver=X - current version to use in IXFR transfer request
server NAME - set default server to NAME, using current default server
lserver NAME - set default server to NAME, using initial server
finger [USER] - finger the optional NAME at the current default host
root - set current default server to the root
ls [opt] DOMAIN [> FILE] - list addresses in DOMAIN (optional: output to
FILE)
-a - list canonical names and aliases
-d - list all records
-t TYPE - list records of the given type (for example, A, CNAME,
MX, NS, PTR, and so on)
view FILE - sort an 'ls' output file and view it with pg
exit - exit the program
```


通过在命令提示符下运行 set 命令，可以实现在 nslookup.exe 中设置许多不同的选项。若要得到这些选项的完整列表，则只需输入 set all。在 set 命令下，得到可用选项的显示内容（请参见以上内容）。

（2）查找不同的数据类型。若要在域名空间中查找不同的数据类型，则需要在命令提示符下使用 set type 命令或 set q[uerytype]命令。例如，若要查询邮件交换器数据，则输入以下内容。

```
C:\> nslookup
Default Server: ns1.domain.com
Address: 10.0.0.1
> set q=mx
> mailhost
Server: ns1.domain.com
Address: 10.0.0.1
mailhost.domain.com MX preference = 0, mail exchanger =
mailhost.domain.com
mailhost.domain.com internet address = 10.0.0.5
>
```

第一次查询是查找远程主机的域名，此次查询的结果是权威结果，但随后的查询结果是非权威结果。第一次查询远程主机时，本地 DNS 服务器与作为该域权威 DNS 服务器取得联系，然后本地 DNS 服务器缓存该信息，以便从本地服务器缓存中取出查询结果，作为非权威结果回答随后的查询。

（3）直接跳转从另一个域名服务器中进行查询。若要直接查询另一个域名服务器，则使用 server 命令或 lserver 命令，切换到该域名服务器上。lserver 命令从本地服务器得到要跳转的服务器地址，而 server 命令从当前默认服务器得到要跳转的服务器地址。例如：

```
C:\> nslookup
Default Server: nameserver1.domain.com
Address: 10.0.0.1
> server 10.0.0.2
Default Server: nameserver2.domain.com
Address: 10.0.0.2
>
```

（4）使用 nslookup.exe 获得整个区域信息。通过使用 ls 命令，nslookup 可以获得整个区域信息，并且查看远程域中的所有主机是必要的。ls 命令的语法如下。

```
ls [- a | d | t type] domain [> filename]
```

不带参数使用 ls 命令，将返回所有地址和名称服务器数据的列表。-a 参数将返回别名和正式名称，-d 将返回所有数据，而-t 将按类型进行筛选。例如：

```
>ls domain.com
[nameserver1.domain.com]
nameserver1.domain.com. NS server = ns1.domain.com
nameserver2.domain.com NS server = ns2.domain.com
nameserver1 A 10.0.0.1
nameserver2 A 10.0.0.2
>
```

在 DNS 服务器中可以按块获得区域信息，以便只有授权的地址和网络才可以执行此操作。若设置了区域安全，有可能返回以下错误消息。

```
*** Can't list domain example.com .: Query refused
```

假设网络中已经部署好了一台 DNS 服务器，主机域名为 linlin，它可以把域名 www.etradeway.com 解析为 192.168.0.1 的 IP 地址，这是平时用得比较多的正向解析功能。

nslookup 命令使用步骤如下。

在 Windows 2000 系统中依次单击“开始”→“程序”→“附件”→“命令提示符”，在 C:\>的后面输入 nslookup www.nwpu.edu.cn，然后按回车键即可看到如下结果。

```
Server: nwpu
Address: 192.168.0.5
Name: www.nwpu.edu.cn
Address: 192.168.0.1
```

以上结果显示，目前正在工作的 DNS 服务器的主机名为 nwpu，它的 IP 地址是 192.168.0.5，而域名 www.nwpu.edu.cn 所对应的 IP 地址为 192.168.0.1。在检测到 DNS 服务器 nwpu 已经能顺利实现正向解析的情况下，检测它的反向解析功能是否正常。也就是说，能否把 IP 地址 192.168.0.1 反向解析为域名 www.nwpu.edu.cn。可以在命令提示符 C:\>的后面输入 nslookup 192.168.0.1，得到以下结果。

```
Server: nwpu
Address: 192.168.0.5
Name: www.nwpu.edu.cn
Address: 192.168.0.1
```

这说明 DNS 服务器 nwpu 的反向解析功能也正常。然而，有时在输入 nslookup www.nwpu.edu.cn 后，会出现以下结果。

```
Server: nwpu
Address: 192.168.0.5
*** linlin can't find www.etradeway.com: Non-existent domain
```

这种情况说明网络中 DNS 服务器 nwpu 虽然在工作，但是不能实现域名 www.nwpu.edu.cn 的正确解析。此时，若要分析 DNS 服务器的配置情况，则需要查看 www.nwpu.edu.cn 这条域名对应的 IP 地址记录是否已经添加到了 DNS 的数据库中。

有时在输入 nslookup www.etradeway.com 后，会出现以下结果。

```
*** Can't find server name for domain: No response from server
*** Can't find www.etradeway.com : Non-existent domain
```

这说明测试主机在目前的网络中，没有找到可以使用的 DNS 服务器。此时，需要对整个网络的连通性进行全面检测，并检查 DNS 服务器是否处于正常工作状态，采用逐步排错的方法找出 DNS 服务不能启动的原因。

在网络环境下，除以上常用网络管理命令外，还包括 netsh、pathing、net、nbtstat 等命令，读者可以自学这些命令的功能和常用方法。

第 8 章

ping 命令分析与实现

8.1 引言

IP 协议提供了无连接的数据报传送服务。在传送过程中，若出现数据差错或异常情况（如数据报目的地址不可达、数据报在网络中的滞留时间超过其生存期、转发节点或目的节点主机因缓冲区不足而无法处理数据报等），则需要通过一种通信机制向源节点报告差错情况，以便源节点对差错报文进行相应的处理。网际控制报文协议（Internetwork Control Message Protocol，ICMP）正是提供此类差错报告服务的协议。它在 IP 层加入一类特殊用途的报文机制，以满足 IP 协议报告差错的需求。ICMP 是 IP 协议的一部分，它必须包含在每个 IP 协议中。ICMP 数据报要通过 IP 协议发送出去，它有多种类型，提供多种服务。例如，测试报文目的可达性和状态，报告不可达报文目的地址，控制数据报流量，请求网关路由改变，检查循环路由或超长路由，报告错误数据报报头以获取网络地址等。ICMP 报文格式如图 8-1 所示。

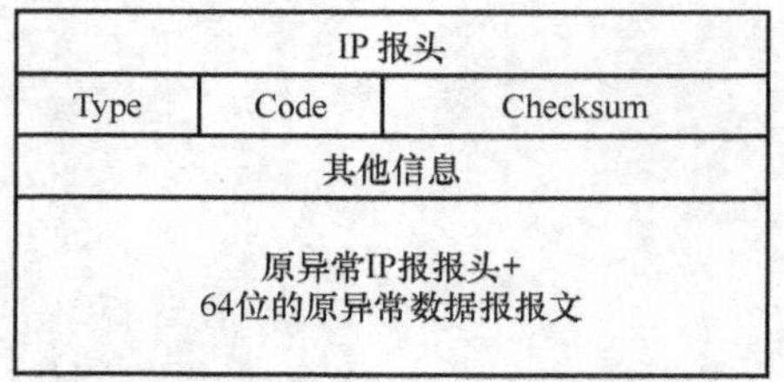

图 8-1　ICMP 报文格式

每个 ICMP 报文都是以 IP 分组的形式在网际间传送的，其中 Type 字段为 1 字节，用于指出 ICMP 报文的类型；Code 字段也是 1 字节，用于提供关于报文类型下的不同子类型。校验范围为 ICMP 首部和数据，而 IP 协议只对 IP 分组首部进行校验。数据字段主要包含出错分组 IP 报头和该分组前 64 比特位数据（传输层的重要信息，特别是端口号和发送序号）。ICMP 协议首部类型及其含义如表 8-1 所示。

表 8-1　ICMP 协议首部类型及其含义

种类	Type	含义
差错报告报文	3	目的不可达到
	11	超时
	12	参数出错
控制报文	4	源抑制
	5	路由重定向

续表

种类	Type	含义
查询报文	8 / 0	回送请求/应答
	13 / 14	时间戳请求/应答
	17 / 18	掩码请求/应答
	10 / 19	路由器请求/通告

在 ICMP 报文类型中，差错报告报文和控制报文均为单方向传输，即从路由器（或目的节点）到源节点；查询报文为双方向传输，即在发送节点与目的节点（或路由器）之间互相传输。掩码请求/应答和路由器请求/通告报文不再使用[Come 06]。ICMP 报文数据字段一般包含出错数据报报头及该数据报前 64 位数据（TCP/IP 规定各个协议都要把重要信息包含在这 64 位数据中），提供这些信息的目的在于帮助源主机分析出错的数据报。尽管 ICMP 报文是被封装在 IP 分组中，作为 IP 数据报的一部分向外发送，但是并不能把 ICMP 协议看成一种高层协议，如前所述，它只是 IP 协议的一部分，主要为 IP 协议提供差错报告处理服务。

8.2 ping 命令实现分析

回送请求/应答报文主要用于测试网络源节点到目的节点（或路由器某个接口）的可达性。源节点使用 ICMP 回送请求报文向某个特定的目的主机发送请求，目的节点接收到请求后必须使用 ICMP 回送响应报文来应答对方。在 TCP/IP 实现过程中，提供一种用户命令 ping，该命令是利用这种 ICMP 回送请求/响应报文来测试目的可达性。具体命令如下。

（1）命令 ipconfig /all：查看主机网络配置信息。

（2）命令 ping 127.0.0.1：测试 TCP/IP 协议组件是否安装或工作正常。

（3）命令 ping 本机 IP：测试本机网络配置信息是否正确。

（4）命令 ping 网关 IP：测试到本机网关路径是否可达。

ping 命令主要用来测试两个主机之间的连通性，使用了 ICMP 回送请求与回送回答报文。源节点向目的节点发送 ICMP 回送请求，目的节点接收到请求后，给源节点回送一个应答报文。ping 命令是应用层直接使用网络层 ICMP 的例子，它没有通过传输层的 TCP 或 UDP 协议。返回结果信息主要包括发送报文数、接收报文数和丢失报文数，以及往返时间最小值、最大值和平均值，如图 8-2 所示。

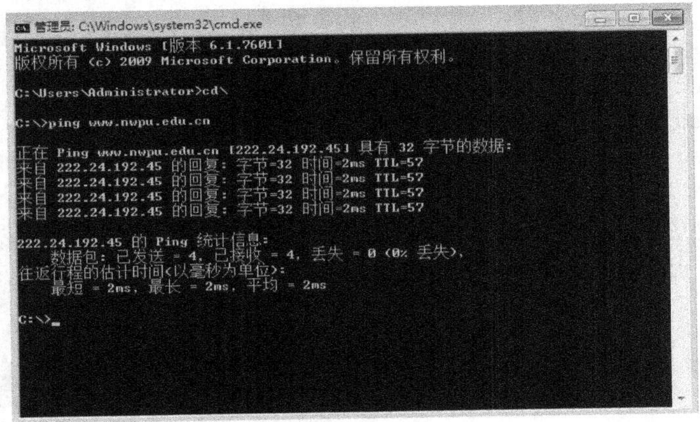

图 8-2　ping 命令执行结果

ping 命令源代码如下。

```
#include <stdio.h>
#include <winsock2.h>

#pragma comment(lib, "ws2_32.lib")  /* WinSock使用的库函数 */

/* ICMP 类型 */
#define ICMP_TYPE_ECHO          8
#define ICMP_TYPE_ECHO_REPLY    0

#define ICMP_MIN_LEN            8      /* ICMP 最小长度，只有首部 */
#define ICMP_DEF_COUNT          4      /* 默认数据次数 */
#define ICMP_DEF_SIZE          32      /* 默认数据长度 */
#define ICMP_DEF_TIMEOUT     1000      /* 默认超时时间，毫秒 */
#define ICMP_MAX_SIZE       65500      /* 最大数据长度 */

/* IP 首部 -- RFC 791 */
struct ip_hdr
{
    unsigned char vers_len;       /* 版本和首部长度 */
    unsigned char tos;            /* 服务类型 */
    unsigned short total_len;     /* 数据报的总长度 */
    unsigned short id;            /* 标识符 */
    unsigned short frag;          /* 标志和片偏移 */
    unsigned char ttl;            /* 生存时间 */
    unsigned char proto;          /* 协议 */
    unsigned short checksum;      /* 校验和 */
    unsigned int sour;            /* 源 IP 地址 */
    unsigned int dest;            /* 目的 IP 地址 */
};

/* ICMP 首部 -- RFC 792 */
struct icmp_hdr
{
    unsigned char type;           /* 类型 */
    unsigned char code;           /* 代码 */
    unsigned short checksum;      /* 校验和 */
    unsigned short id;            /* 标识符 */
    unsigned short seq;           /* 序列号 */

    /* 这之后的不是标准 ICMP 首部，用于记录时间 */
    unsigned long timestamp;
};

struct icmp_user_opt
{
    unsigned int persist;   /* 一直 Ping            */
```

```
    unsigned int  count;      /* 发送 ECHO 请求的数量 */
    unsigned int  size;       /* 发送数据的大小      */
    unsigned int  timeout;    /* 等待答复的超时时间    */
    char         *host;       /* 主机地址 */
    unsigned int  send;       /* 发送数量 */
    unsigned int  recv;       /* 接收数量 */
    unsigned int  min_t;      /* 最短时间 */
    unsigned int  max_t;      /* 最长时间 */
    unsigned int  total_t;    /* 总的累计时间 */
};

/* 随机数据 */
const char icmp_rand_data[] = "abcdefghigklmnopqrstuvwxyz0123456789"
                              "ABCDEFGHIJKLMNOPQRSTUVWXYZ";

struct icmp_user_opt user_opt_g = {
    0, ICMP_DEF_COUNT, ICMP_DEF_SIZE, ICMP_DEF_TIMEOUT, NULL,
    0, 0, 0xFFFF, 0
  };

unsigned short ip_checksum(unsigned short *buf, int buf_len);

//构造 ICMP 数据
//参数说明: [IN, OUT] icmp_data, ICMP 缓冲区;[IN] data_size, icmp_data 的
长度
//[IN] sequence, 序列号
void icmp_make_data(char *icmp_data, int data_size, int sequence)
{
    struct icmp_hdr *icmp_hdr;
    char *data_buf;
    int data_len;
    int fill_count = sizeof(icmp_rand_data) / sizeof(icmp_rand_data[0]);

    /* 填写 ICMP 数据 */
    data_buf = icmp_data + sizeof(struct icmp_hdr);
    data_len = data_size - sizeof(struct icmp_hdr);

    while (data_len > fill_count)
    {
        memcpy(data_buf, icmp_rand_data, fill_count);
        data_len -= fill_count;
    }

    if (data_len > 0)
        memcpy(data_buf, icmp_rand_data, data_len);

    /* 填写 ICMP 首部 */
    icmp_hdr = (struct icmp_hdr *)icmp_data;
```

```
    icmp_hdr->type = ICMP_TYPE_ECHO;
    icmp_hdr->code = 0;
    icmp_hdr->id = (unsigned short)GetCurrentProcessId();
    icmp_hdr->checksum = 0;
    icmp_hdr->seq = sequence;
    icmp_hdr->timestamp = GetTickCount();

    icmp_hdr->checksum = ip_checksum((unsigned short*)icmp_data, data_size);
}

// 解析接收到的数据
// 参数说明：[IN] buf, 数据缓冲区；[IN] buf_len, buf 的长度；[IN] from, 对方的
地址
// 返回值，若返回成功则为 0，若返回失败则为-1
int icmp_parse_reply(char *buf, int buf_len,struct sockaddr_in *from)
{
    struct ip_hdr *ip_hdr;
    struct icmp_hdr *icmp_hdr;
    unsigned short hdr_len;
    int icmp_len;
    unsigned long trip_t;

    ip_hdr = (struct ip_hdr *)buf;
    hdr_len = (ip_hdr->vers_len & 0xf) << 2 ; /* IP 首部长度 */

    if (buf_len < hdr_len + ICMP_MIN_LEN)
    {
        printf("[Ping] Too few bytes from %s\n", inet_ntoa(from->sin_
addr));
        return -1;
    }

    icmp_hdr = (struct icmp_hdr *)(buf + hdr_len);
    icmp_len = ntohs(ip_hdr->total_len) - hdr_len;

    /* 检查校验和 */
    if (ip_checksum((unsigned short *)icmp_hdr, icmp_len))
    {
        printf("[Ping] icmp checksum error!\n");
        return -1;
    }

    /* 检查 ICMP 类型 */
    if (icmp_hdr->type != ICMP_TYPE_ECHO_REPLY)
    {
        printf("[Ping] not echo reply : %d\n", icmp_hdr->type);
        return -1;
```

```
    }

    /* 检查 ICMP 的 ID */
    if (icmp_hdr->id != (unsigned short)GetCurrentProcessId())
    {
        printf("[Ping] someone else's message!\n");
        return -1;
    }

    /* 输出响应信息 */
    trip_t = GetTickCount() - icmp_hdr->timestamp;
    buf_len = ntohs(ip_hdr->total_len) - hdr_len - ICMP_MIN_LEN;
    printf("%d bytes from %s:", buf_len, inet_ntoa(from->sin_addr));
    printf(" icmp_seq = %d  time: %d ms\n",icmp_hdr->seq, trip_t);

    user_opt_g.recv++;
    user_opt_g.total_t += trip_t;

    /* 记录返回时间 */
    if (user_opt_g.min_t > trip_t)
        user_opt_g.min_t = trip_t;

    if (user_opt_g.max_t < trip_t)
        user_opt_g.max_t = trip_t;

    return 0;
}

// 函数功能：接收数据，处理应答
// 参数说明：[IN] icmp_soc，套接口描述符
//返回值：若返回成功则为 0，若返回失败则为-1
int icmp_process_reply(SOCKET icmp_soc)
{
    struct sockaddr_in from_addr;
    int result, data_size = user_opt_g.size;
    int from_len = sizeof(from_addr);
    char *recv_buf;

    data_size += sizeof(struct ip_hdr) + sizeof(struct icmp_hdr);
    recv_buf = malloc(data_size);

    /* 接收数据 */
    result = recvfrom(icmp_soc, recv_buf, data_size, 0,
                  (struct sockaddr*)&from_addr, &from_len);
    if (result == SOCKET_ERROR)
    {
        if (WSAGetLastError() == WSAETIMEDOUT)
            printf("timed out\n");
```

```
        else
            printf("[PING] recvfrom_ failed: %d\n", WSAGetLastError());

        return -1;
    }

    result = icmp_parse_reply(recv_buf, result, &from_addr);
    free(recv_buf);

    return result;
}

//显示 ECHO 的帮助信息
// 参数说明: [IN] prog_name, 程序名
//返回值为 void

void icmp_help(char *prog_name)
{
    char *file_name;

    file_name = strrchr(prog_name, '\\');
    if (file_name != NULL)
        file_name++;
    else
        file_name = prog_name;

    /* 显示帮助信息 */
    printf(" usage:     %s host_address [-t] [-n count] [-l size] "
           "[-w timeout]\n", file_name);
    printf(" -t         Ping the host until stopped.\n");
    printf(" -n count   the count to send ECHO\n");
    printf(" -l size    the size to send data\n");
    printf(" -w timeout timeout to wait the reply\n");
    exit(1);
}

// 解析命令行选项, 保存到全局变量中
// 参数说明: [IN] argc, 参数的个数; [IN] argv, 字符串指针数组
//返回值: void
void icmp_parse_param(int argc, char **argv)
{
    int i;

    for(i = 1; i < argc; i++)
    {
        if ((argv[i][0] != '-') && (argv[i][0] != '/'))
        {
            /* 处理主机名 */
```

```
        if (user_opt_g.host)
            icmp_help(argv[0]);
        else
        {
            user_opt_g.host = argv[i];
            continue;
        }
    }

    switch (tolower(argv[i][1]))
    {
    case 't':   /* 持续 Ping */
        user_opt_g.persist = 1;
        break;

    case 'n':   /* 发送请求的数量 */
        i++;
        user_opt_g.count = atoi(argv[i]);
        break;

    case 'l':   /* 发送数据的大小 */
        i++;
        user_opt_g.size = atoi(argv[i]);
        if (user_opt_g.size > ICMP_MAX_SIZE)
            user_opt_g.size = ICMP_MAX_SIZE;
        break;

    case 'w':   /* 等待接收的超时时间 */
        i++;
        user_opt_g.timeout = atoi(argv[i]);
        break;

    default:
        icmp_help(argv[0]);
        break;
    }
  }
}

int main(int argc, char **argv)
{
    WSADATA wsaData;
    SOCKET icmp_soc;
    struct sockaddr_in dest_addr;
    struct hostent *host_ent = NULL;

    int result, data_size, send_len;
```

```
    unsigned int i, timeout, lost;
    char *icmp_data;
    unsigned int ip_addr = 0;
    unsigned short seq_no = 0;

    if (argc < 2)
        icmp_help(argv[0]);

    icmp_parse_param(argc, argv);
    WSAStartup(MAKEWORD(2,0),&wsaData);

    /* 解析主机地址 */
    user_opt_g.host = "10.12.1.188";
    ip_addr = inet_addr(user_opt_g.host);
    if (ip_addr == INADDR_NONE)
    {
        host_ent = gethostbyname(user_opt_g.host);
        if (!host_ent)
        {
            printf("[PING] Fail to resolve %s\n", user_opt_g.host);
            return -1;
        }

        memcpy(&ip_addr, host_ent->h_addr_list[0], host_ent->h_length);
    }

    icmp_soc = socket(AF_INET, SOCK_RAW, IPPROTO_ICMP);
    if (icmp_soc == INVALID_SOCKET)
    {
        printf("[PING] socket() failed: %d\n", WSAGetLastError());
        return -1;
    }

    /* 设置选项，接收和发送的超时时间 */
    timeout = user_opt_g.timeout;
    result = setsockopt(icmp_soc, SOL_SOCKET, SO_RCVTIMEO,
                    (char*)&timeout, sizeof(timeout));

    timeout = 1000;
    result = setsockopt(icmp_soc, SOL_SOCKET, SO_SNDTIMEO,
                    (char*)&timeout, sizeof(timeout));

    memset(&dest_addr,0,sizeof(dest_addr));
    dest_addr.sin_family = AF_INET;
    dest_addr.sin_addr.s_addr = ip_addr;

    data_size = user_opt_g.size + sizeof(struct icmp_hdr) - sizeof(long);
    icmp_data = malloc(data_size);
```

```
    if (host_ent)
        printf("Ping %s [%s] with %d bytes data\n", user_opt_g.host,
            inet_ntoa(dest_addr.sin_addr), user_opt_g.size);
    else
        printf("Ping [%s] with %d bytes data\n", inet_ntoa(dest_addr.sin_
addr),
            user_opt_g.size);

    /* 发送请求并接收响应 */
    for (i = 0; i < user_opt_g.count; i++)
    {
        icmp_make_data(icmp_data, data_size, seq_no++);

        send_len = sendto(icmp_soc, icmp_data, data_size, 0,
                    (struct sockaddr*)&dest_addr, sizeof(dest_addr));
        if (send_len == SOCKET_ERROR)
        {
            if (WSAGetLastError() == WSAETIMEDOUT)
            {
                printf("[PING] sendto is timeout\n");
                continue;
            }

            printf("[PING] sendto failed: %d\n", WSAGetLastError());
            break;
        }

        user_opt_g.send++;
        result = icmp_process_reply(icmp_soc);

        user_opt_g.persist ? i-- : i; /* 持续 ping */
        Sleep(1000); /* 延迟 1 秒 */
    }

    lost = user_opt_g.send - user_opt_g.recv;

    /* 打印统计数据 */
    printf("\nStatistic :\n");
    printf("    Packet : sent = %d, recv = %d, lost = %d (%3.f%% lost)\n",
      user_opt_g.send,  user_opt_g.recv,  lost,  (float)lost*100/user_opt_
g.send);

    if (user_opt_g.recv > 0)
    {
        printf("Roundtrip time (ms)\n");
        printf("    min = %d ms, max = %d ms, avg = %d ms\n", user_opt_g.min_t,
            user_opt_g.max_t, user_opt_g.total_t / user_opt_g.recv);
```

```
    }

    free(icmp_data);
    closesocket(icmp_soc);
    WSACleanup();

    return 0;
}

//函数功能：计算校验和
//参数说明：[IN] buf，数据缓冲区；[IN] buf_len，buf 的字节长度
//返回值：校验和

unsigned short ip_checksum(unsigned short *buf, int buf_len)
{
    unsigned long checksum = 0;

    while (buf_len > 1)
    {
        checksum += *buf++;
        buf_len -= sizeof(unsigned short);
    }

    if (buf_len)
    {
        checksum += *(unsigned char *)buf;
    }

    checksum = (checksum >> 16) + (checksum & 0xffff);
    checksum += (checksum >> 16);

    return (unsigned short)(~checksum);
}
```


8.3 ICMP 协议接收 ECHO 请求报文

ICMP 协议接收 ECHO 请求报文的源代码如下。

```
#include "Winsock2.h"
#include "stdio.h"
#include "Ws2tcpip.h"

#define ICMP_TYPE_ECHO          8     //ECHO 请求报文类型
#define ICMP_TYPE_ECHO_REPLY    0     //ECHO 应答报文类型
#define ICMP_MIN_LEN            8     /* ICMP 最小长度，只有首部 */
```

```
#define ICMP_DEF_SIZE         32     /* 默认数据长度 */
#define ICMP_MAX_SIZE       1024     /* 最大数据长度 */
#pragma comment(lib,"ws2_32.lib")

    //定义 ICMP 报文首部
typedef struct  tagICMPHeader
{
unsigned char type;                  /* 类型 */
    unsigned char code;              /* 代码 */
    unsigned short icmpheadercheck;  /* 校验和 */
    unsigned short id;               /* 标识符 */
    unsigned short seq;              /* 序列号 */
}ICMPHeader, *ptrICMPHeader;


//定义 IP 分组首部
typedef struct   tagIPHeader
{
 Union
{
  Unsigned  char version;   //1 字节的前 4 个比特位表示版本号
  Unsigned char Headlen;    //1 字节的后 4 个比特位表示首部长度
}
 unsigned char ip_tos;                       //8 位服务类型
 unsigned short ip_totallength;              //16 位总长度（字节）
 unsigned short ip_id;                       //16 位标识
 union
{
  Unsigned short  flags;    //2 字节的前 3 个比特位表示标志位
  Unsigned short offset;    //2 字节的后 13 个比特位表示片偏移
}
 unsigned short ip_ttl;                      //8 位生存时间 TTL
 unsigned short ip_protocol;                 //8 位协议类型（TCP，UDP 或其他）
 unsigned short ip_checksum;                 //16 位 IP 首部简单校验和
 unsigned long ip_srcaddr;                   //32 位源 IP 地址
 unsigned long ip_destaddr;                  //32 位目的 IP 地址
}IPHeader, *ptrIPHeader;


 int main()
 {
 //初始化要发送的数据
   const int BUFFER_SIZE = 1000;
   char icmp_buffer[BUFFER_SIZE];
 Unsigned short checkBuffer[65535];
   const char *icmpData = "create ICMP echo request packet and send!";

   //初始化 WINDOWS SOCKET DLL
```

```
    WSADATA wsd;
    if (WSAStartup(MAKEWORD(2, 2), &wsd) != 0)
    {
      printf("WSAStartup() failed: %d ", GetLastError());
      return -1;
    }
    //创建 RAW SOCKET
      SOCKET rawSocket = WSASocket(AF_INET, SOCK_RAW, IPPROTO_IP, NULL, 0,
  WSA_FLAG_OVERLAPPED);
    if (rawSocket == INVALID_SOCKET)
    {
      printf("WSASocket() failed: %d ", WSAGetLastError());
      return -1;
    }


  // 设置首部控制选项
   /*DWORD bOption  = TRUE;
    int retResult= setsockopt(rawSocket, IPPROTO_IP, IP_HDRINCL, (char*) &bOpt
ion, sizeof(// bOption));
  if (retResult == SOCKET_ERROR)
    {
      printf("setsockopt(IP_HDRINCL) failed: %d ", WSAGetLastError());
      closesocket(rawSocket);
      WSACleanup();
      return -1;
    } */

  Int recv_timeout = 1000; //设置接收超时时间
  int retResult= setsockopt(rawSocket, SOL_SOCKET, SO_RECVTIMEO, (char*) &
recv_timeout, sizeof(recv_timeout));
  if (retResult == SOCKET_ERROR)
   {
     printf("setsockopt( SO_RECVTIMEO) failed: %d ", WSAGetLastError());
     closesocket(rawSocket);
     WSACleanup();
     return -1;
   }
   sockaddr_in  remote_addr;
   int remote_addr_len = sizeof(remote_addr);
  memset(&remote_assr,0,sizeof(remote_addr));
  char *recvbuf = new char[MAX_PACKET + sizeof(tagIPHead)];

   int nRecv = recvfrom(rawSocket,recvbuf,MAX_PACKET + sizeof(tagIPHead),0,
  (struct sockaddr *)&remote_addr,&remote_addr_len );


  Unsigned short ip_packet_size;
```

```
    ptrIPHeader = (tagIPHeader *)recvbuf;
    ip_packet_size = (ptrIPHeader->HeadLen&0x0f) * 4;
    ptrICMPHeader = (tagICMPHeader *)(recvbuf + ip_packet_size);

    sprintf("the type of icmp packet:%d\n", ptrICMPHeader -> type);
    sprintf("the code of icmp packet:%d\n", ptrICMPHeader -> code);
    sprintf("the   type   of   checksum   packet:%h\n",   ptrICMPHeader   ->
icmpheadcheck);
    sprintf("the idtype of icmp packet:%d\n", ptrICMPHeader -> id);
    sprintf("the sequence of icmp packet:%d\n", ptrICMPHeader -> seq);

      //关闭SOCKET，释放资源
      closesocket(rawSocket);
      WSACleanup();
      return  true;
    }
```

第 9 章

计算机网络原理实验

9.1 实验一：网线制作

一、实验目的

本实验通过介绍双绞线的通信特点、568A 和 568B 线序的国际标准制作交叉线和直通线，利用线缆测通仪对制作的网线进行测试，验证网线制作的正确性，增强对双绞线连线特点的认识，了解不同类型双绞线的应用场景。

二、实验内容

了解双绞线的特点，掌握 568A 和 568B 线序的国际标准，分别制作交叉线和直通线，并利用线缆测通仪测试网线制作的正确性。

三、实验要求

（1）两名学生一组，为每组提供两根 1 米左右的双绞线，4 个水晶头，一个剥线钳（共享），一个线缆测通仪（共享）。

（2）两名学生合作分别制作一根交叉线和直通线。

四、实验步骤

（1）剥线：用专用剥线钳剥线刀口将双绞线线头剪齐，再将双绞线一端伸入剥线刀口并触及前挡板，紧握专用剥线钳同时慢慢旋转双绞线，使刀口划开双绞线保护塑料外胶皮，并取下塑料外胶皮。注意，不要划伤铜线芯，剥线长度约为 20mm。

（2）理线：将双绞线按照 568A 或 568B 标准线序进行平行排列，用手轻轻整理排列好的线，然后用专用剥线钳的剥线刀口将整理好的线前端剪齐，长度留 12～15mm 为宜。

（3）插线：左手捏住 RJ45 水晶头，注意有塑料卡子的一侧向下，右手平捏双绞线并用力将双绞线水平插入水晶头线槽顶端。对于 568B 标准线序，第一引脚应为白橙线；对于 568A 标准线序，第一引脚应为白绿线。

（4）压线：将 RJ45 水晶头放入专用剥线钳的夹槽中，用力捏几下专用剥线钳，压紧线头即可。双绞线另一端采用相同的方法，网线即可制作完成。

五、实验检查点

（1）直通线制作完毕后，利用线缆测通仪测试网线制作的正确性，并记录完成实验的学生姓名和完成时间。针对直通线，线缆测通仪 LED 灯逐对显示顺序应该为：1 对 1，2 对 2，3 对 3，4 对 6，5 对 5，6 对 4，7 对 7，8 对 8。

（2）交叉线制作完毕后，利用线缆测通仪测试网线制作的正确性，并记录实验完成的学生姓名和完成时间，针对交叉线，线缆测通仪 LED 灯逐对显示顺序应该为：1 对 3，2 对 6，3 对 1，4 对 4，5 对 5，6 对 2，7 对 7，8 对 8。

实　验　报　告

实验一：网线制作

姓　　名：＿＿＿＿＿＿＿＿＿＿＿＿

学　　号：＿＿＿＿＿＿＿＿＿＿＿＿

班　　级：＿＿＿＿＿＿＿＿＿＿＿＿

指导教师：＿＿＿＿＿＿＿＿＿＿＿＿

时　　间：＿＿＿＿＿＿＿＿＿＿＿＿

1. 实验目的

2. 实验原理（568A 和 568B 线序标准）

3. 实验方法及具体步骤

4. 实验结果及问题分析

5. 发现的技术问题及建议

6. 参考文献

9.2 实验二：多媒体文件传输

一、实验目的

掌握 TCP、UDP 协议通信流程，以及 TCP 协议可靠性通信应用系统设计与实现原理；掌握 TCP、UDP 协议通信时序关系，并分析采用这种时序关系的原因；掌握利用 TCP、UDP 协议实现两台计算机之间的多媒体文件传输。

二、实验内容

（1）利用 TCP、UDP 协议分别实现客户端到服务器端字符及数据的发送与接收。

（2）利用 TCP、UDP 协议分别实现客户端到服务器端文件的发送与接收。

三、实验要求

（1）两名同学一组，分别完成发送端和接收端的程序设计。

（2）每名同学独立完成所有实验内容。

（3）分析在 UDP 通信中，发送端和接收端分别在什么时刻知道通信的五元组信息；分析为什么在 UDP 通信中，第一次通信必须是客户端向服务器发送数据，而不能颠倒顺序。

（4）分析在 TCP 通信中，发送端和接收端分别在什么时刻知道通信的五元组信息；分析为什么在 TCP 通信中，第一次通信必须是客户端向服务器发送连接请求，而一旦 TCP 连接建立完成后，第一次发送数据可能是从客户端到服务器，也可能从服务器到客户端；分析在 TCP 通信中，客户端和服务器分别在什么时刻知道 TCP 连接建立完成。

（5）分析为什么在 TCP 通信中需要建立连接，连接含义是什么，并且通信结束后释放连接的原因。

四、实验步骤

（1）理解 TCP 和 UDP 协议的通信流程；分析实验要求中的（3）、（4）和（5）中的问题。

（2）编写程序，分别利用 TCP 和 UDP 协议实现客户端到服务器单向数据的传输和接收。

（3）编写程序，分别利用 TCP 和 UDP 协议实现客户端到服务器单向文件（*.avi）的传输；在文件传输过程中，将网络分别中断 1s、5s、10s 等时间，然后查看文件传输能否成功，并分析原因。

五、实验检查点

（1）在 TCP 和 UDP 协议通信过程中，在接收端可以接收到发送端单向发送来的字符或数据，并在屏幕上正确打印；检查发送端和接收端程序是否能够正确打印通信的五元组信息。

（2）在 TCP 通信过程中，完成将文件从客户端传输到服务器端正确传送。

实验报告

实验二：多媒体文件传输

姓　　名：________________

学　　号：________________

班　　级：________________

指导教师：________________

时　　间：________________

1. 实验目的

2. 实验原理或流程（TCP、UDP通信）

3. 实验方法及其具体步骤

4. 实验结果及分析

5. 分析实验要求中的问题（3）、（4）、（5）

6. 发现的技术问题及建议

7. 参考文献

9.3 实验三：网络服务配置综合实验

一、实验目的

掌握 DNS、Web 和 FTP 等网络服务系统的工作原理；掌握相关服务器的配置方法；掌握 Web 服务应用程序发布方法等。

二、实验内容

（1）DNS 服务器配置以及应用。

（2）Web 服务器配置以及应用。

（3）FTP 服务器配置以及应用。

三、实验要求

（1）每三名学生一组完成 DNS、Web、FTP 服务器配置以及应用综合实验。

（2）独立完成实验报告，包括所有实验内容。

四、实验步骤

（1）本实验需要三台计算机：PC1、PC2 和 PC3；其中 PC1 作为客户端测试机，PC2 作为 Web、FTP 服务器（Windows 2003 server），PC3 作为 DNS 服务器（Windows 2003 server）。

（2）首先配置 PC1、PC2 和 PC3 三台计算机网络信息，以 PC1 为例：

IP 地址：192.168.0. x （x 为实验室 PC1 的编号）。

子网掩码：255.255.255.0。

默认网关：空。

DNS1 服务器 IP 地址：PC3 的 IP 地址。

DNS2 服务器 IP 地址：空。

（3）检查局域网的连通性，确保 PC1、PC2 和 PC3 之间可以 ping 通。

（4）配置 DNS 服务器，建立两个域名与 IP 地址之间的对应关系，即

www.abc- x.com （x 为实验室 PC2 的编号），PC2 的 IP 地址。

ftp. abc- x. com （x 为实验室 PC2 的编号），PC2 的 IP 地址。

（5）检查 DNS 配置的正确性，在 PC1 的 DOS 命令窗口下，分别输入 dos>ping www.abc-x.com 和 dos>ping ftp. abc- x. com。若可以 ping 通，则说明 DNS 服务器配置正确。

（6）配置 Web 服务器，端口号为80，IP地址 = PC2 的 IP 地址。在 C:\test\目录下建立 index.html 网页，并发布网页。

（7）检查 Web 服务器配置的正确性，在 PC1 的浏览器地址栏中输入 www.abc-x.com。若测试网页在浏览器上可以正确显示，则说明 Web 服务器配置正确。

（8）配置 FTP 服务器，在 FTP 服务器的 C 盘根目录下建立两个目录：C:\子目录 1 和 C:\子目录 2，并在两个子目录下复制一些文件。

（9）检查 FTP 服务器配置的正确性，在 PC1 的浏览器地址栏输入 ftp. abc- x. com。

若 PC1 的浏览器上可以显示 C 盘下两个子目录及其相关文件信息，则认为 FTP 服务器配置正确。

五、实验检查点

（1）检查 DNS 服务器配置是否正确，参照实验步骤（7）。

（2）检查 Web 服务器配置是否正确，参照实验步骤（8）。

（3）检查 FTP 服务器配置是否正确，参照实验步骤（9）。

实验报告

实验三：网络服务配置综合实验

姓　　名：____________________

学　　号：____________________

班　　级：____________________

指导教师：____________________

时　　间：____________________

1. 实验目的

2. DNS服务器配置方法及具体步骤

3. Web服务器配置方法及具体步骤

4. FTP服务器配置方法及具体步骤

5. 实验结果及分析

6. 发现的技术问题及建议

7. 参考文献

9.4 实验四：TCP 端口扫描

一、实验目的

理解TCP端口扫描的含义及其实现方法，分析并比较采用单进程与多进程实现方法对扫描效率的影响。

二、实验内容

在网络环境中，不同计算机进程之间的通信通常采用C/S模式，服务器在周知端口上开启一项服务，等待客户机连接请求，建立TCP连接，并提供服务。本实验利用操作系统提供的connect()系统调用来判断TCP应用服务器某个端口是否开放。若端口处于侦听状态，则connect()成功返回，同时表明该TCP端口开放；否则，表明该TCP端口未开放，即没有提供服务。这个技术最大的优点是，该系统调用不受任何限制，系统中任何用户都有权限使用这个调用。但存在的问题是，该调用容易被目的端日志系统记录而被管理员发现。若扫描程序采用单线程方式，则扫描速度很慢，故可以利用多线程的扫描方式加快扫描速度。

三、实验要求

（1）独立完成实验内容和实验报告。

（2）首先完成单进程下的 TCP 端口扫描程序，再设计和实现多进程下的 TCP 端口扫描程序。分析采用不同实现方式对扫描效率的影响，并画出扫描完成时间与进程数量之间关系曲线。

（3）分析实验步骤中的示例代码在扫描技术上存在的安全问题，并给出解决思路。

四、实验步骤

（1）设计并实现单进程下的TCP端口扫描程序。

（2）设计并实现多进程下的TCP端口扫描程序。

（3）多进程扫描程序的示例代码（编程环境：VC ++ 6.0）如下。

```
#include "stdafx.h"
#include <iostream.h>
#include <winsock2.h>
#pragma comment (lib,"ws2_32.lib")
#define STATUS_FAILED 0xFFFF
unsigned long  serverIPAddress;
long  MaxThreadNum =200;
long  ThreadCount=0;
long  *lockTreadCount=&ThreadCount;
DWORD WINAPI ScanTcpPort(LPVOID lpParam)
{
    short TcpPort =*(short*)lpParam;
    InterlockedIncrement(lockTreadCount);
    SOCKET socketid =socket(AF_INET,SOCK_STREAM,0);
    if(socketid==INVALID_SOCKET)
    {
        cout<<"Create socketid error!"<<endl;
        return 0;
    }
```

```
        else {
            sockaddr_in  severAddress;
            severAddr.sin_family=AF_INET;
            severAddr.sin_port =htons(TcpPort);
            severAddr.sin_addr.S_un.S_addr =serverIPAddress;
            connect(socketid,(sockaddr*)&severAddr,sizeof(severAddr));
            struct fd_set  write;
            FD_ZERO (&write);
            FD_SET(socketid,&write);
            struct timeval timeout;
            timeout.tv_sec= 0.3;
            timeout.tv_usec=0;
            if(select(0,NULL,&write,NULL,&timeout)>0)
                cout<< TcpPort <<endl;
            closesocket(socketid);
        }
        InterlockedDecrement(lockTreadCount);
        return 0;
    }
    void main(int argc,char *argv[])
    {
        if(argc!=2)
        {
            cout<<"Please input parameter:ScanTcpPort server_address"<<endl;
            return;
        }
        WSADATA WSAData;
        if(WSAStartup(MAKEWORD(2,2),&WSAData)!=0)
        {
            cout<<"WSAStartup failed: "<<GetLastError()<<endl;
            ExitProcess(STATUS_FAILED);
        }
        serverIPAddress=inet_addr(argv[1]);
        cout<<"Open TCP  Ports: "<<endl;
        for(int i=1;i<1024;i++)
        {
            while(ThreadCount >= MaxThreadNum)
                Sleep(20);
            DWORD ThreadId;
            CreateThread(NULL,0,ScanTcpPort,(LPVOID)new
short(i),0,&ThreadId);
        }
        while(ThreadCount > 0)
        {
            Sleep(100);
            WSACleanup();
        }
    }
```

五、实验检查点

（1）采用单进程完成对 0~1024 范围内的 TCP 端口扫描，并检验结果是否正确，将正确的结果显示在屏幕上。

（2）采用多进程完成对 0~1024 范围内的 TCP 端口扫描，并检验结果是否正确，将正确的结果显示在屏幕上。

实验报告

实验四：TCP 端口扫描

姓　　名：________________

学　　号：________________

班　　级：________________

指导教师：________________

时　　间：________________

1. 实验目的

2. 单进程TCP端口扫描程序的设计原理、工作流程以及实现代码

3. 多进程TCP端口扫描程序的设计原理、工作流程以及实现代码

4. 安全TCP端口扫描技术的设计思路

5. 实验结果及分析

6. 分析实验要求中的问题（2）和（3）

7. 发现的技术问题及建议

8. 参考文献

9.5 实验五：网络协议分析与验证

一、实验目的

以用户访问一个 Web 网站首页为例，深入理解 Web 服务系统的工作原理，从计算机网络体系结构的角度出发，分别从应用层、传输层、网络层以及数据链路层分析网络为 Web 服务提供的技术支持以及工作原理；通过分析 Wireshark 抓包工具所抓取的数据报，分析 DNS、Web 协议的工作原理，进而类推到 FTP、SMTP、DHCP 等协议的分析；分析 TCP 协议通过三次握手建立连接的时序关系，以及通过四次挥手释放 TCP 连接的时序关序；分析 IP 分组发送和分片机制；分析 ARP 协议工作原理以及数据链路层工业以太网工作原理；分析 HTTP 协议 1.1 版本所采用的持续连接（流水线工作方式和非流水线工作方式），以及 HTTP 协议 1.0 版本采用的一次一连接通信方式等。

二、实验内容

（1）学习 Wireshark 或 Ethereal 工具的使用方法。

（2）访问www.baidu.com网站首页，并对通信完整过程抓包。

（3）通过对抓取的数据包进行分析，深入理解网络协议工作原理。

三、实验要求

（1）每名同学独立完成实验，并撰写实现报告。

（2）分析客户端浏览器获得www.baidu.com网站首页过程中，网络的通信流程。

① 调用 DNS 协议获得域名对应的 IP 地址。

② TCP 协议通过三次握手建立 TCP 连接。

③ 客户端向 Web 服务器发送 HTTP 请求报文。

④ Web 服务器接收到 HTTP 请求报文并进行处理。

⑤ Web 服务器将 www.baidu.com 网站首页通过 HTTP 应答发送给客户端。

⑥ TCP 协议通过四次挥手释放 TCP 连接。

⑦ 客户端浏览器对 HTTP 的应答进行解析，并在屏幕上显示解析结果。

对以上①，②，③，④，⑥等过程报文进行捕获，说明 DNS 协议、ARP 协议和 HTTP 协议的工作原理；分析在通信过程中会用到 DNS、HTTP、TCP、UDP、ICMP、IP、ARP 以及数据链路层工业以太网协议的原因；分析每个协议在此通信过程中的作用。

（4）针对 DNS 请求报文和 HTTP 请求报文，从应用层到数据链路层不同协议单元首部各个字段进行解释说明。

（5）针对 TCP 连接请求报文，从传输层到数据链路层不同协议单元首部各个字段进行解释说明。

（6）针对 ARP 请求报文和应答报文，从网络层到数据链路层不同协议单元首部各个字段进行解释说明。

（7）通过对捕获的数据包进行分析说明如何获得以下信息并提供相关证据。

① 获得网站首页 www.baidu.com 对应的 IP 地址，有几种方法可以获得该 IP 地址。

② 网关 IP 地址和 MAC 地址分别是什么？有几种方法可以获得。

③ 发送方和接收方的 TCP 协议协商的初始序号是多少？发送数据时，第一个 TCP 报文端实际起始序号是多少？并分析原因。

④ HTTP 协议版本号是多少？该版本号 HTTP 协议的工作特点是什么？并提供证据说明。

⑤ 一个 TCP 连接从建立到释放总共发送和接收了多少个字节数据？为什么？

⑥ 抓取 TCP 连接建立三次握手报文段和四次挥手报文段，为什么说建立和释放的连接是针对一个 TCP 连接？

（8）以 HTTP 请求报文为例，当 Web 服务器接收到该报文后，接收方如何从数据链路层到应用层知道不同层数据的真实长度？以及数据的开始位置和起始位置。

（9）从应用层到数据链路层有哪些校验字段？分别采用什么方法计算校验码？其校验范围分别是什么？不同层重复的校验是否多余？为什么？

（10）若在本次实验过程中对抓取的报文进行分析，则有时会发现 DNS 和 ARP 协议实际没有工作，为什么？如何解决该问题？在解决该问题过程中，会用到两条网络管理命令，分别是什么？写出这两条命令的具体使用方法。

（11）在本次实验过程，用户在客户端利用 DOS>ping www.baidu.com 命令连续发送了三次 ICMP ECHO 请求报文，若显示第一次接收 ICMP ECHO 应答报文超时，则说明网络不通；若后面两次 ICMP ECHO 应答报文接收正常，则说明网络连通，解释为什么？

（12）ping 命令和 tracert 命令的实现原理是什么？如何设计和实现。

四、实验步骤

（1）安装 Winpcap 组件。

（2）安装 Wireshark 抓包工具。

（3）启动 Wireshark 抓包工具，并在激活的网络接口上开始抓包。

（4）用户在浏览器地址栏中输入 www.baidu.com 然后按回车键，直到百度首页在浏览器上显示为止。

（5）抓包结束，开始对报文分析，获取以上问题的依据。

五、实验检查点

（1）检验是否抓到 DNS 请求报文和对应的 DNS 应答报文。

（2）检验是否抓到 ARP 请求报文和对应的 ARP 应答报文。

（3）检验是否抓到一个 TCP 连接建立三次握手的报文段。

（4）检验是否抓到实验（3）中对应的 TCP 连接四次握手释放的报文段。

实验报告

实验五：网络协议分析与验证

姓　　名：________________

学　　号：________________

班　　级：________________

指导教师：________________

时　　间：________________

1. 实验目的

2. 实验原理或流程（Wireshark抓包工具主要的应用方法）

3. 实验方法及具体步骤

4. 实验结果及分析

5. 分析实验要求中问题（2）～（12），并提供相关证据。

6. 发现的技术问题及建议

7. 参考文献

9.6 实验六：网络广播报文的发送与接收

一、实验目的

设计并实现基于广播方式的通信程序；理解受限广播报文在局域网中传输的特点；初步认识对等通信模式；理解广播风暴产生的原因和解决该问题的方法。

二、实验内容

目前，TCP/IP网络支持广播通信，采用一种对等的通信方式，并且没有客户端和服务器之分，不提供通信的可靠性保证，参与通信的计算机采用同一个通信程序。该通信方式的局限性是：容易产生广播风暴。由于采用受限目的广播地址，因此广播报文无法跨越三层设备传输到另一个网络。

在创建广播套接字时，Winsock支持的套接字类型中，只有数据报套接字（SOCK_DGRAM）才支持广播通信。将数据报套接字绑定在指定的地址和端口，通过套接字选项设置数据报套接字的广播属性，具体创建广播套接字的方法如下。


```
BOOL optReturn = TRUE;
SOCKET sock;
SOCKETADDR_IN sockAddrIn;
If(( sock = socket(AF_INET, SOCK_DGRAM, 0)) == INVALID_SOCKET)
{
Printf("create socket failed!\n")
Return FALSE;
}
sockAddrIn.sin_family = AF_INET;
sockAddrIn.sin_addr.s_addr = INADDR_ANY;
sockAddrIn.sin_port = htons(PORT);
if(bind(sock,(LPSOCLADDR)&in, sizeof(in)))
{
 Closesocket(sock);
 Return FALSE;
}
If(setsockopt(sock,SOL_SOCKET, SO_BROADCAST,(char *)&optReturn,
Sizeof(optReturn) == SOCKET_ERROR))
{
Closesocket(sock);
 Return FALSE;
}
```

通过sendto()函数发送广播报文，不能使用send函数（该函数是针对面向字节流套接字数据发送），发送地址必须为INADDR_BROADCAST（广播地址），发送广播报文的具体方法如下。

```
Int lengthSend;
SOCKADDR SockAddrTo;
```

```
SockAddrTo.sin_family = AF_INET;
SockAddrTo.sin_addr.s_addr = INADDR_BROADCAST;
SockAddrTo.sin_port= htons(PORT);
If((lengthSend = sendto(sock,lpBuffer,len,0,(LPSOCKADDR)&to,
Sizeof(SOCKADDR))) == SOCKET_ERROR)
{
  Closesocket(sock);
Return FALSE;
}
通过 recvfrom()函数接收广播报文，具体方法如下：
Int len, fromlength;
SOCKADDR_IN fromSockAddr;
Fromlength = sizeof(SOCKADDR);
If((len = recvfrom(sock,lpBuffer,length,0,
(LPSOCKADDR)&fromSockAddr,&fromlength)) == SOCKET_ERROR)
{
  Closesocket(sock);
Return FALSE;
}
```


三、实验要求

（1）每名学生独立完成实验内容和实验报告。

（2）抓取发送的第一个广播报文，找出通信的五元组信息和数据帧首部信息；分析目的IP地址、源IP地址、协议类型、目的MAC地址、源MAC地址与单播UDP用户数据报的不同。

四、实验步骤

（1）设计发送广播报文的程序流程

（2）示例代码。

```
#include "winsock.h"
#include "windows.h"
#include "stdio.h"
#pragma comment(lib, "wsock32.lib")
#define RECV_PROT  1000
#define SEND_PORT  2000
BOOL optReturn = TRUE;
SOCKET sock;
SOCKETADDR_IN sockAddrFrom, sockAddrTo;

DWORD  CreatSoket( )
{
WSADATA WSAData;
  If(WSAStartup(MAKEWORD(2,2), &WSAData)!=0 )
  {
    Printf("socket lib load error!");
```

```
Return FALSE;
}
//创建套接字
If(( sock = socket(AF_INET, SOCK_DGRAM, 0)) == INVALID_SOCKET)
{
Printf("create socket failed!\n");
WSACleanup();
Return FALSE;
}
sockAddrIn.sin_family = AF_INET;
sockAddrIn.sin_addr.s_addr = INADDR_ANY;
sockAddrIn.sin_port = htons(SEND_PORT);
//套接字上绑定 IP 地址和端口号
if(bind(sock,(LPSOCLADDR)& sockAddrIn, sizeof(sockAddrIn)))
{
  Closesocket(sock);
WSACleanup();
  Return FALSE;
}
//套接字选项设置
If(setsockopt(sock,SOL_SOCKET, SO_BROADCAST,(char *)&optReturn,
Sizeof(optReturn) == SOCKET_ERROR))
{
Closesocket(sock);
WSACleanup();
  Return FALSE;
}
Return TRUE;
}
//发送广播报文
DWORD BroadDataSend(char lpBuffer [])
{
  Int lengthSend =0;
sockAddrTo.sin_family = AF_INET;
sockAddrTo.sin_addr.s_addr = INADDR_BROADCAST;
sockAddrTo.sin_port= htons(RECV_PORT);
If((lengthSend = sendto(sock,lpBuffer,strlen(lpBuffer),
MSG_DONTROUTE ,(struct sockaddr*)&sockAddrTo,
Sizeof(sockaddr))) == SOCKET_ERROR)
{
  //发送失败
Closesocket(sock);
WSACleanup();
Return FALSE;
}
```

```
    Return TRUE;
  }
  Int main()
  {
  Char buffer[100];
  Int I;
  CreateSocket();
  Printf("press any key to continue!");
  Getchar();
  For (i =0; i<100; i++)
  {
    Sprintf(buffer, "data  %d", i);
    broadDataSend(buffer);
  sleep(50);
  }
  Getchar();
  Return TRUE;
  }
```


五、实验检查点

检查是否抓取到发送的第一个广播报文；检验是否找到通信的五元组信息和数据帧首部信息；检查目的IP地址、源IP地址、协议类型、目的MAC地址、源MAC地址等与单播UDP用户数据报是否相同。

实 验 报 告

实验六：网络广播报文的发送与接收

姓　　名：____________

学　　号：____________

班　　级：____________

指导教师：____________

时　　间：____________

1. 实验目的

2. 设计发送广播报文的程序流程

3. 实现发送广播报文的程序

4. 实验结果及分析

5. 分析实验要求中的问题（2）

6. 发现的技术问题及建议

7. 参考文献

9.7 试验七：ICMP 协议分析与验证

一、实验目的

在分析ping命令实现实例代码基础上，理解该命令的实现原理；通过构造ICMP ECHO请求报文，在目标计算机上对ICMP ECHO 请求报文进行接收和解析，深刻理解ICMP协议的工作原理。

二、实验内容

（1）分析ping命令实现的实例代码。

（2）在发送端构造ICMP ECHO请求报文并发送给接收端。

（3）在接收端接收ICMP ECHO请求报文并解析显示。

三、实验要求

（1）两名学生一组完成以上实验内容。

（2）每名学生独立完成实验报告。

（3）对ping命令实现的实例代码进行功能扩展。

（4）设计一个tracert命令，根据IP数据报通信的特点，分析利用该命令获取的发送端到目的端的路径信息是否正确。若利用该命令可以获取发送端网络的网关IP地址（可通过抓包获取发送端网络网关的MAC地址），则分析利用该命令是否可以获取目的端所在网络的网关的IP和MAC地址，并解释原因。

四、实验步骤

（1）分析ping命令实现的实例代码，并总结分析其实现原理和工作流程。

（2）在发送端构造ICMP ECHO请求报文并发送给接收端。

（3）在接收端接收ICMP ECHO请求报文，并解析其ICMP报文首部各个字段，在屏幕上显示解析结果。

五、实验检查点

（1）利用 Wireshark 抓包工具，捕获发送端发送的第一个 ICMP ECHO 请求报文，分析 IP 报文首部，ICMP 报文首部各个字段的含义。

（2）利用 Wireshark 抓包工具，捕获接收端接收的第一个 ICMP ECHO 请求报文，分析 IP 报文首部，ICMP 报文首部各个字段的含义，检查第一个 ICMP ECHO 请求报文是否与发送的 ICMP ECHO 请求报文完全一致，IP 报文首部是否有变化。

实 验 报 告

实验七：ICMP 协议分析与验证

姓　　名：________________

学　　号：________________

班　　级：________________

指导教师：________________

时　　间：________________

1. 实验目的

2. ping命令的设计原理与工作流程

3. ICMP ECHO请求报文发送端的构造和发送流程

4. ICMP ECHO请求报文接收端的接收和解析流程

5. 实验结果及分析

6. 分析实验要求中的问题（3）和（4）

7. 发现的技术问题及建议

8. 参考文献

9.8 实验八：FTP 客户端设计与实现

一、实验目的

通过设计和实现一个 FTP 客户端系统，深刻理解 FTP 协议工作原理，重点掌握 FTP 协议设计与实现中控制连接和数据连接建立过程，两个连接通信模式特点，以及多进程通信编程方法。

二、实验内容

（1）FTP 客户端系统的设计，理解 FTP 协议中数据连接建立两种方式区别：被动模式和主动模式；

（2）FTP 客户端系统的实现，涉及控制连接、数据连接建立；通过在控制连接传输命令，数据连接传输数据，利用多进程编程，实现一个 FTP 客户端系统。

三、实验要求

（1）每名学生独立完成实验内容和实验报告。

（2）理解 FTP 协议中数据连接建立两种方式（被动模式和主动模式）的区别。

（3）掌握控制连接和数据连接的建立方法和通信特点。

（4）掌握多进程编程方法。

四、实验步骤

FTP 协议的设计和工作流程。

（1）首先 FTP 客户端和服务器之间建立控制连接。

（2）FTP 客户端通过控制连接向服务器发送账号信息（用户名+密码），进行身份认证。

（3）FTP 客户端通过控制连接向服务器发送 passiv 命令，说明采用被动模式建立数据连接。

（4）FTP 客户端与服务器之间通过被动模式建立数据连接。

（5）FTP 客户端向服务器发送 dir 命令，服务器对该命令进行处理，并向客户端发送处理结果；

（6）FTP 客户端接收服务器发送来的处理结果（获得服务器当前目录下的列表信息），并在屏幕上显示。

（7）释放数据连接。

（8）FTP 客户端向服务器发送 quit 命令，并释放控制连接。

（9）通信结束。

五、实验检查点

（1）利用抓包工具获取 passiv 模式设置过程，以及数据连接建立过程，分析被动模式与主动模式在建立数据连接过程中有何不同？

（2）利用抓包工具分析本次执行 dir 命令的通信流程，在数据连接上 FTP 服务器发送给 FTP 客户端数据字节数是多少？

实 验 报 告

实验八：FTP 客户端的设计与实现

姓　　名：________

学　　号：________

班　　级：________

指导教师：________

时　　间：________

1. 实验目的

2. 实验原理或流程（FTP协议工作原理）

3. FTP客户端的设计及实现

4. 实验结果及分析

5. 分析实验要求中的问题（2）、（3）、（4）

6. 发现的技术问题及建议

7. 参考文献

参 考 文 献

[1] 鲁斌，李莉. 网络程序设计与开发[M]. 北京：清华大学出版社，2010.

[2] 吴英. 计算机网络软件编程指导书[M]. 北京：清华大学出版社，2008.

[3] 王盛邦. 计算机网络实验教程第 2 版[M]. 北京：清华大学出版社，2017.

[4] 郭雅. 计算机网络实验指导书[M]. 北京：电子工业出版社， 2012.

[5] 何波，崔贯勋. 计算机网络实验教程[M]. 北京：清华大学出版社，2013.

[6] 尹圣雨，金国哲. TCP/IP 网络编程[M]. 北京：人民邮电出版社，2014.

[7] 杨秋黎，金智. Windows 网络编程[M]. 北京：人民邮电出版社， 2015.

[8] 张胜兵. 计算机网络原理实验[M]. 西安：西北工业大学出版社，2007.

[9] 刘琰，王清贤，刘龙，陈熹. Windows 网络编程[M]. 北京：机械工业出版社, 2013.

[10] 梁伟等. Visual C++网络编程案例实战[M]. 北京：清华大学出版社，2013.

举报电话：（010）88254396；（010）88258888
传　　真：（010）88254397
E-mail：　dbqq@phei.com.cn
通信地址：北京市万寿路 173 信箱
　　　　　电子工业出版社总编办公室
邮　　编：100036